高等院校网络空间安全专业实战化人才培养系列教材

郭启全　丛书主编

网络空间安全导论

郭启全　张海霞　张　潮　荆继武　雷灵光
杨正军　魏　薇　景慧昀　吴云坤　刘　健　编著
王新猛　张　征　肖新光　王耀华　崔宝江

电子工业出版社

Publishing House of Electronics Industry

北京·BEIJING

内容简介

本书共 12 章，围绕"网络空间安全导论"这一主题，系统介绍网络空间安全的基本制度、基础知识、基本理论、基本技术。其中，第 1 章概括性介绍网络空间安全，第 2 章介绍网络安全保护制度与实施，第 3 章介绍网络安全建设与运营，第 4 章介绍商用密码应用技术，第 5 章介绍数据安全管理与技术，第 6 章介绍人工智能安全治理与技术，第 7 章介绍网络安全事件处置与追踪溯源技术，第 8 章介绍网络安全检测评估技术，第 9 章介绍数字勘查与取证技术，第 10 章介绍网络威胁情报分析与挖掘技术，第 11 章介绍恶意代码分析与检测技术，第 12 章介绍漏洞挖掘与渗透测试技术。

本书是高等院校网络空间安全专业实战化人才培养系列教材之一，可做为高等院校基础课教材，适合所有专业大学生系统学习网络空间安全的基本制度、基础知识、基本理论、基本技术，也适合各单位各部门从事网络安全工作者、科研机构和网络安全企业的研究人员阅读。

图书在版编目（CIP）数据

网络空间安全导论 / 郭启全等编著 . -- 北京 ：电子工业出版社，2025. 7. -- ISBN 978-7-121-50081-7

Ⅰ . TP393.08

中国国家版本馆 CIP 数据核字第 20258QL265 号

责任编辑：刘御廷　　文字编辑：路　越

印　　刷：涿州市京南印刷厂

装　　订：涿州市京南印刷厂

出版发行：电子工业出版社

　　　　　北京市海淀区万寿路 173 信箱　　邮编：100036

开　　本：787×1 092　1/16　印张：21　　　字数：537.6 千字

版　　次：2025 年 7 月第 1 版

印　　次：2025 年 7 月第 1 次印刷

定　　价：69.00 元

高等院校网络空间安全专业实战化人才培养系列教材

编委会

在数字化智慧化高速发展的今天，网络和数据安全的重要性愈发凸显，直接关系到国家政治、经济、国防、文化、社会等各个领域的安全和发展。网络空间技术对抗能力是国家整体实力的重要方面，面对日益复杂的网络安全威胁和挑战，按照"打造一支攻防兼备的队伍，开展一组实战行动，建设一批网络与数据安全基地"的思路，培养具有实战化能力的网络安全人才队伍，已成为国家重大战略需求。

一、培养网络安全实战化人才的根本目的

在网络安全"三化六防"（实战化、体系化、常态化；动态防御、主动防御、纵深防御、精准防护、整体防控、联防联控）理念的指引下，网络安全业务越来越贴近实战。实战行动和实战措施都离不开实战化人才队伍的支撑。培养网络安全实战化人才的根本目的，在于培养一批既具备扎实的理论基础，又掌握高新技术和前沿技术、具备攻防技术对抗能力，还能灵活运用各种技术措施和手段，应对各种网络安全威胁的高素质实战化人才，打造"攻防兼备"和具有网络安全新质战斗力的队伍，支撑国家网络安全整体实战能力的提升。

二、培养网络安全实战化人才的重大意义

习近平总书记强调："网络空间的竞争，归根结底是人才竞争"，"网络安全的本质在对抗，对抗的本质在攻防两端能力较量"。要建设网络强国，必须打造一支高素质的网络安全实战化人才队伍。我国网络安全人才特别是实战化人才严重缺乏，因此，破解难题，从网络安全保卫、保护、保障三个方面加强实战化人才教育训练，已成为国家重大战略需求。

当前，国家在加快推进数字化智慧化建设，本质是打造数字化生态，而数字化建设面临的最大威胁是网络攻击。与此同时，国家网络安全进入新时代，新时代网络安全最显著的特征是技术对抗。因此，新时代要求我们要树立新理念、采取新举措，从网络安全、数据安全、人工智能安全等方面，大力培养实战化人才队伍，加强"网络备战"，提升队伍的技术对抗和应急处突能力，有效应对新威胁和新技术带来的新挑战，为国家经济发展保驾护航。

三、构建新型网络安全实战化人才教育训练体系

为全面提升我国网络安全领域的实战化人才培养能力和水平，按照"理论支撑技术、技术支撑实战"的理念，创新高等院校及社会差异化实战人才培养的思路和方法，建立新型实战化人才教育训练体系。遵循"问题导向、实战引领、体系化设计、督办落实"四项原则，认真落实"制定实战型教育训练体系规划、建设实战型课程体系、建设实战型师资队伍、建设实战型系列教材、建设实战型实训环境、以实战行动提升实战能力、创新实战

型教育训练模式、加强指导和督办落实"八项重大措施，形成实战化人才培养的"四梁八柱"，有力提升网络安全人才队伍的新质战斗力。

四、精心打造高等院校网络空间安全专业实战化人才培养系列教材

在有关部门的大力支持下，具有 20 多年网络安全实战经验的资深专家统筹规划和整体设计，会同 20 多位部委、高等院校、科研机构、大型企业具有丰富实战经验和教学经验的专家学者，共同打造了 14 部技术先进、案例鲜活、贴近实战的高等院校网络空间安全专业实战化人才培养系列教材，由电子工业出版社出版，以期贡献给读者最高水平、最强实战的网络安全重要知识、核心技术和能力，满足高等院校和社会培养实战化人才的迫切需要。

网络安全实战化人才队伍培养是一项长期而艰巨的任务，按照教、训、战一体化原则，以国家战略为引领，以法规政策标准为遵循，以系统化措施为抓手，政府、高校、企业和社会各界应共同努力，加快推进我国网络安全实战化人才培养，为筑梦网络强国、护航中国式现代化贡献我们的智慧和力量！

郭启全

网络空间安全是一门综合数学、计算机科学与技术、密码学、信息与通信工程、软件工程、控制科学与工程等学科的交叉学科，包含网络安全法律、政策、标准、制度、管理、技术、情报、勘查取证等内容。习近平总书记指出："没有网络安全就没有国家安全"，网络安全是保护我国经济健康发展，维护国家安全、社会秩序和公共利益的重要保障，与政治安全、经济安全、国土安全、社会安全共同构成了我国总体国家安全观。

进入新时代，网络安全最显著的特征是技术对抗，应树立新理念，采取新举措，有效应对大规模网络攻击，认真落实"实战化、体系化、常态化"和"动态防御、主动防御、纵深防御、精准防护、整体防控、联防联控"的"三化六防"措施，按照"打造一支攻防兼备的队伍，开展一组实战演习行动，建设一批网络与数据安全基地"这条主线，加强战略谋划和战术设计，建立完善网络安全综合防御体系，大力提升综合防御能力和技术对抗能力。从创新角度出发，按照"理论支撑技术、技术支撑实战"的理念，加强理论创新和技术突破，实施"挂图作战"；从"打造一支攻防兼备的队伍"出发，创新高等院校和企业差异化网络安全人才培养思路和方法，建立实战型人才教育训练体系，加强教育训练体系规划，强化课程体系、师资队伍、系列教材、实训环境建设和培养模式创新，培养网络安全实战型人才。

为了满足培养网络安全实战型人才需要，郭启全组织成立编委会，共同编著高等院校网络空间安全专业实战化人才培养系列教材，包括《网络安全保护制度与实施》《网络安全建设与运营》《网络空间安全技术》《商用密码应用技术》《数据安全管理与技术》《人工智能安全治理与技术》《网络安全事件处置与追踪溯源技术》《网络安全检测评估技术与方法》《网络安全威胁情报分析与挖掘技术》《数字勘查与取证技术》《恶意代码分析与检测技术》《恶意代码分析与检测技术实验指导书》《漏洞挖掘与渗透测试技术》《网络空间安全导论》。全套教材由郭启全统筹规划和整体设计，组织具有丰富的网络安全实战经验和教学经验的专家、学者，撰写这套高等院校网络空间安全专业教材，并对内容严格把关，以期贡献给读者最高水平、最强实战的网络安全、数据安全、人工智能安全等重要内容和技术。

《网络空间安全导论》一书由郭启全等编著，从第 1 章到第 12 章分别由张海霞、郭启全、张潮、荆继武、杨正军、魏薇、段晓光、刘健、王新猛、张征、肖新光、崔宝江编著。该书主要介绍网络空间安全的基本制度、基础知识、基本理论、基本技能，包括网络空间安全有关概念、网络空间安全技术体系、网络安全主要产品、网络安全态势分析、网络攻防技术对抗、网络空间地理学基础理论和技术实践、网络安全保护制度与实施、网络安全建设与运营、商用密码应用技术、数据安全管理与技术、人工智能安全治理与技术、网络安全事件处置与追踪溯源技术、网络安全检测评估技术、数据勘查与取证技术、网络威胁情报分析与挖掘技术、恶意代码分析与检测技术、漏洞挖掘与渗透测试技术，内容全面丰富。本书是高等院校基础课教材，也可以做为培训教材使用。

　　书中不足之处，敬请读者指正。

作者

目录 CONTENTS

第2章

网络安全保护制度与实施

第6章

**人工智能安全
治理与技术**

第 7 章

网络安全事件处置与追踪溯源技术

第 10 章

**网络威胁情报
分析与挖掘
技术**

第 12 章

漏洞挖掘与渗透测试技术

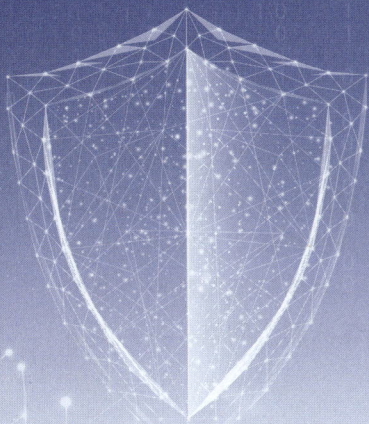

第 1 章

网络空间安全概述

本章对网络空间安全进行概括性介绍，包括网络空间安全基本概念、基础知识、基本技术和研究内容、网络安全主要产品、国内外网络空间安全战略，以及网络空间安全技术体系框架等，为本书后续章节的学习奠定基础。

1.1 基本概念

1.1.1 网络空间

网络空间（Cyberspace）一词是控制论（Cybernetics）和空间（Space）两个词的组合，直译就是"赛伯空间"，我国学者将其翻译成"网络空间""网域空间"等。由于其内涵和外延都不断在发展，不同的国家或机构和不同的人从不同的角度都有不同的理解。

2008 年，美国第 54 号总统令对 Cyberspace 进行了定义：Cyberspace 是信息环境中的一个整体域，它由独立且互相依存的信息基础设施和网络组成，包括互联网、电信网、计算机系统、嵌入式处理器和控制器系统。

2014 年，俄罗斯发布的《网络安全战略构想》草案中指出：信息空间是指与形成、创建、转换、传递、使用、保存信息活动相关的，能够对个人和社会认知、信息基础设施和信息本身产生影响的领域。网络空间是指信息空间中基于互联网和其他电子通信网络沟通渠道、保障其运行的技术基础设施，以及直接使用这些渠道和设施的任何形式人（个人、组织、国家）活动的领域。

德国发布的《网络安全战略》中给出网络空间的定义：网络空间是指在全球范围内，在数据层面上链接的所有信息技术（IT）系统的虚拟空间。网络空间的基础是互联网，互联网是可公开访问的通用连接与传输网络，可以用其他数据网络补充及扩展，孤立的虚拟空间中的 IT 系统并非是网络空间的一部分。

2016 年，我国《国家网络空间安全战略》中指出，网络空间由"互联网、通信网、计算机系统、自动化控制系统、数字设备及其承载的应用、服务和数据等组成"。

通过上述这些定义，结合国内外学者对网络空间的理解和认识，本书中沿用以下定义：网络空间是一个由相关联的基础设施、设备、系统、应用和人等组成的交互网络，利用电子方式生成、传输、存储、处理和利用数据，通过对数据的控制实现对物理系统的操控并影响人的认知和社会活动[1]。网络空间实际上是一个虚实结合的特殊宇宙空间，在这个空间中，物联网使得虚拟世界与物理世界加速融合，云计算使得网络资源与数据资源进一步集中，泛在网保证人、设备和系统通过各种无线或有线手段接入整个网络，各种网络应用、设备、系统和人逐渐融为一体。

1.1.2　网络空间安全

网络空间安全，顾名思义，是指"网络空间"的"安全"，已有许多关于网络空间安全（Cybersecurity）的定义，典型的定义如下。

（1）美国国家标准技术研究所（NIST）在 2014 年发布的《增强关键基础设施网络安全框架》（1.0 版）中给出的定义：网络空间安全是通过预防、检测和响应攻击以保护信息的过程。该框架提出的网络安全风险管理生命周期五环论，期望用"最佳行为指南"为私营部门管理网络安全风险提供指引。由识别、保护、检测、响应、恢复 5 个环节组成的框架核心，包含 22 类活动，并进一步细分为 98 个子类。

（2）2014 年，俄罗斯发布的《网络安全战略构想》中给出的定义：网络空间安全是所有网络空间组成部分处在避免潜在威胁及其后果影响的各种条件的总和。

（3）2009 年，英国发布的《网络安全战略》中给出的定义：网络空间安全包括在网络空间对英国利益的保护和利用网络空间带来的机遇实现英国安全政策的广泛化。一个安全、可靠和富有活力的网络空间可以让所有人受益，无论是公民、企业还是政府，无论是国内还是海外，均应携手合作，理解和应对风险，打击犯罪和恐怖分子利益，并利用网络空间带来的机遇提高英国的总体安全和防御能力。

（4）2011 年，法国发布的《信息系统防和安全战略》中给出的定义：网络空间安全是信息系统的理想模式，可以抵御任何来自网络空间并且可能对系统提供的或能够实现的存储、处理、传递的数据和相关服务的可用性、完整性或机密性造成损害的情况。

（5）2011 年，德国发布的《网络安全战略》中给出的定义：网络空间安全是大家所期待实现的 IT 安全目标，即将网络空间的风险降到最低限度。

（6）2011 年，新西兰发布的《网络安全战略》中给出的定义：网络空间安全是由网络构成的网络空间，要尽可能保证其安全，防范入侵，保持信息的机密性、可用性和完整性，检测确实发生的入侵事件，并及时响应和恢复网络。

（7）2023 年，《信息安全技术　网络安全事件分类分级指南》[2] 中给出的定义：网络安全是通过采取必要措施，防范对网络的攻击、侵入、干扰、破坏和非法使用以及意外事故，使网络处于稳定可靠运行的状态，以保障数据的完整性、保密性、可用性的能力。

基于上述这些定义，结合国内外学者对网络空间安全的理解和认识，本书中沿用以下《中华人民共和国网络安全法》中的定义。

网络空间安全指通过采取必要措施，防范对网络安全攻击、侵入、干扰、破坏和非法使用以及意外事故，使网络处于稳定可靠运行的状态，以及保障网络数据的完整性、保密性、可用性的能力[3]，也指通过识别、保护、检测、响应和恢复等环节保护信息、设备、系统或网络等的过程。在这个过程中，其核心是基于风险管理理念，动态实施连续协作的五环论，即识别、保护、检测、响应、恢复。识别环节评估组织理解和管理网络空间安全风险的能力，包括系统、网络、数据等的风险；保护环节采取适当的防护技术和措施保护信息、设备、系统和网络等的安全，或者确保系统和网络服务正常；检测环节识别发生的网络空间安全事件；响应环节对检测到的网络空间安全事件采取行动或措施；恢复环节完善恢复规划、恢复由网络空间安全事件损坏的能力或服务[1]。

1.1.3　安全属性

属性是指事物所具有的性质、特点。网络空间的安全属性就是指网络空间或网络空间中的信息、信息系统所具有的安全性质、安全特点。网络安全可被理解为网络与信息系统抵御意外事件或恶意行为的能力，这些意外事件和恶意行为将危及所存储、处理或传输的数据，或者将危及经由这些网络与信息系统所提供的服务的机密性、完整性、可用性、非否认性、真实性和可控性。以上这六个属性被普遍认为是网络安全的基本属性。其具体含义如下。

1. 机密性（Confidentiality）

能够确保敏感或机密数据的传输和存储不遭受未授权的浏览或访问，甚至可以做到不暴露保密通信的事实。

2. 完整性（Integrity）

能够保障被传输、接收或存储的数据以及网络和信息系统内的软件、程序等内容是完整的和未被篡改的，在被篡改的情况下能够发现篡改的事实或者篡改的位置。

3. 可用性（Availability）

即使在突发事件下，依然能够保障数据和服务的正常使用，例如网络攻击、计算机病毒感染、系统崩溃、战争破坏、自然灾害等。

4. 非否认性（Non-repudiation）

能够保证网络与信息系统的操作者或信息的处理者不能否认其行为或者处理结果，这可以防止参与某次操作或通信的一方事后否认该事件曾发生过。

5. 真实性（Authenticity）

真实性也称为可认证性，能够确保实体（如人、进程或系统）身份或者信息、信息来源的真实性。

6. 可控性（Controllability）

能够保证掌握和控制网络系统的基本情况，可对网络系统的使用实施可靠的授权、审计、责任认定、传播源追踪和监管等控制措施。

除此之外，网络空间安全属性还包括隐私性、公平性、匿名性，从信息归属、交互对等性、不被泄露性方面体现了网络空间安全活动的特点。

从工程角度而言，一个安全的网络与信息系统是指"一个按预期方式运作的可靠系统"。这意味着系统不会出现超预期的运作方式，也意味着系统的所有状态和运行数据都是可预期的。在这种情况下，这个系统是可以受到信赖的。那么，这种信赖程度可以计量吗？所谓的预期运作方式是如何确定的？如何检验和判断系统是否出现了超出预期的方式？这些都是在工程实践中需要解决的问题。

1.1.4　安全威胁

安全威胁是指对系统、网络、数据的安全使用可能造成潜在危害的因素，如某人、物、组织、方法或概念等。通常把可能威胁安全的行为称为攻击，行为的完成者或行为完成的主体称为攻击者。常见的安全威胁大致可分为四类，分别是暴露、欺骗、打扰和占用。

（1）暴露是指导致对信息进行非授权访问的因素，例如窃听、截收、人员疏忽等。

（2）欺骗是致使信息系统接收错误数据或做出错误判断的因素，例如篡改、重放、假冒、否认等。

（3）打扰是指干扰或打断信息系统执行的因素，例如网络攻击、灾害、故障等。

（4）占用是指非授权使用信息或信息系统的因素，例如利用恶意代码。

安全威胁是可能会危及网络空间安全属性的因素，不同的安全威胁可能会危及网络空间安全一种或多种不同的安全属性，例如网络攻击会破坏网络或系统的可用性，恶意代码可能会破坏网络空间的可用性、机密性和可控性。

1.1.5　安全策略

安全策略是指组织或企业为保障网络、系统、数据或资产而制定的一系列的规则和程序，或者说是为了达到网络空间安全目标，或确保网络空间要素始终处于安全状态，或防止网络空间要素进入安全状态，而对允许做什么、禁止做什么的一种规定。安全策略明确了安全目标、权责等，是网络安全管理的基础。

在专业领域，安全策略通常描述的是网络空间要素的安全需求和安全属性，涉及网络空间要素，包括但不限于硬件、软件、用户、访问、连接、网络等。安全策略表述通常不涉及实现过程，其具体实现往往通过某种技术或管理机制达成，而不需要在安全策略自身表述中限定。安全策略可用来指导网络安全体系结构的规划设计、产品选型、系统开发、运营维护等。

1.1.6　安全机制

安全机制是为了实施安全策略、实现安全功能或提供安全服务而采用的方法，常见的安全机制如加密、数字签名、访问控制、完整性校验、路由控制、安全审计、入侵检测、病毒防范、安全操作手册等。

1.1.7　安全保障

保障的英文单词是 Assurance，在英文中解释为"确信、确保、信心、保障"等；安全保障的英文为 Security Assurance，通常在中文中翻译为安全确信、安全确保、安全保证，也就是说，确保安全策略落地[1]。安全保障通过一定的安全保障技术而获得，在相关安全保障技术的支持下，能够获取证据来说明系统的实现和运行能够满足安全策略中定义的安全需求。安全保障的目标是确保系统从实现到运行的整个生命周期都满足其安全需求。

安全保障技术包括开发过程的技术、设计分析和测试中所用到的技术方法等，包括策略、设计、实现、运行等安全保障技术。策略安全保障技术确保策略中的安全需求是完整的、一致的，并在技术上是可行的；设计安全保障技术确保系统设计满足策略中的安全需求；实现安全保障技术确保系统实现与策略中的安全需求是一致的；运行安全保障技术确保系统安装、配置和日常运行的过程中仍然与策略中的安全需求是一致的。安全验证、安全测试、安全评估、安全审查等属于安全保障技术范畴，通过在生命周期的某个阶段消除可能破坏安全属性的疏忽或错误。

1.1.8　漏洞或脆弱性

漏洞（Vulnerability），又称脆弱性，是指在硬件设计、软件开发、通信协议执行或系统安全配置中存在的弱点或缺陷，可以被恶意用户（也成为攻击者）利用，以未经授权的方式访问、篡改或破坏系统资源，从而对系统的安全性、完整性和可用性造成威胁。

漏洞可能来自应用软件或操作系统设计时的缺陷或编码时产生的错误，也可能来自业务在交互处理过程中的设计缺陷或逻辑流程上的不合理之处。这些缺陷、错误或不合理之处可能被有意或无意地利用，从而对一个组织地资产或运行造成不利影响。如信息系统被攻击或控制，重要资料被窃取，用户数据被篡改，系统被作为入侵其他主机系统的跳板。

网络安全漏洞（Cybersecurity Vulnerability）是指网络产品和服务在需求分析、设计、实现、配置、测试、运行、维护等过程中，无意或有意产生的、有可能被利用的缺陷或薄弱点。这些缺陷或薄弱点以不同形式存在于网络产品和服务的各个层次和环节中，一旦被恶意主体所利用，就会对网络产品和服务的安全造成损害，从而影响其运行。

在网络安全领域，漏洞通过采用 $x$day 的方式来表示其曝光程度，x 通常为 0、1、n，0day 漏洞指那些已经被攻击者发现掌握并开始利用，但还没被包括受影响软件厂商在内的公众所知的漏洞，这类漏洞的危害极高；1day 漏洞指漏洞已公开但仍未发布补丁的漏洞，此类漏洞的危害仍然较高；$n$day 漏洞是指已经发布官方补丁的漏洞，此类漏洞只需更新补丁即可，但由于种种原因，大量漏洞补丁更新不及时，漏洞利用方式已经公开，仍然具有一定危害，它是未达到一定水平的黑客最为常用的漏洞。

1.1.9　恶意软件

恶意软件（Malware）是指设计用于破坏、非法访问或干扰网络或系统运行的恶意程序，通常包括病毒（Virus）、蠕虫（Worm）、特洛伊木马（Trojan Horse）、间谍软件（Spyware）。病毒是一种能够自我复制并传播的恶意软件，它能够附加到其他合法程序上，随程序的运行执行恶意操作；蠕虫是一种能够自我复制并通过网络自动传播的恶意软件，不需要附加到其他程序上，且可在没有用户操作的情况下传播；特洛伊木马是一种伪装成合法程序的恶意软件，当用户运行它时，可能会执行恶意操作；间谍软件是一种隐蔽地收集用户信息并发送给攻击者的恶意软件，它可以记录键盘输入、截屏、监控网络活动等，通常用于窃取敏感信息。

近年来，出现了一种危害极高的恶意软件——勒索软件（Ransomware），它是一种通过加密受害者的文件，要求支付赎金才能解密的恶意软件，通常通过钓鱼邮件和漏洞利用攻击传播。

1.1.10　僵尸网络

僵尸网络（Botnet）是指黑客采用一种或多种传播手段，致使大量主机感染僵尸程序病毒，被感染的主机（Bot）通过控制协议接收黑客的指令，从而在黑客和被感染主机之间形成的可一对多控制的网络，往往被黑客用来发起大规模的网络攻击。黑客即监视网络的控制者，能够控制僵尸网络上的主机；跳板主机是用户控制僵尸主机的计算机，黑客通过跳板主机下发控制指令，实现对僵尸网络中大片僵尸主机的控制；控制协议是僵尸网络控制者用来控制僵尸主机的媒介；僵尸主机指已经被黑客控制的主机，可以在远程操纵下执行恶意任务。常见的利用僵尸网络发动的攻击行为包括：发动分布式拒绝服务攻击、僵尸网络挖矿、发送海量垃圾邮件。

1.1.11　网络攻击

在网络空间安全领域，攻击（Attack）指企图破坏、泄露、篡改、损伤、窃取、未授权访问或未授权使用系统或网络资产的行为，攻击的发起人通常称为攻击者，指故意利用技术或非技术安全控制的脆弱性，以窃取或损害信息系统和网络，或者损害合法用户对信息系统和网络资源可用性为目的的任何人。攻击通常利用网络或针对网络实施，又常被人们称为网络攻击。

常见的网络攻击包括网络钓鱼（Phishing）、中间人攻击（Man-In-The-Middle attack，MITM）、拒绝服务攻击（Denial-of-Service attack，DoS）、分布式拒绝服务攻击（Distributed Denial-of-Service attack，DDoS）等。网络钓鱼是一种社会工程攻击，通过伪装称可信实体来欺骗用户透露敏感信息（如用户名、密码、信用卡信息等），常见方式包括伪造电子邮件、网站和短信。中间人攻击是指攻击者在通信双方之间插入自己，拦截并篡改通信内容。拒绝服务攻击是指通过向目标系统发送大量请求，使其无法正常提供服务。分布式拒绝服务攻击是指通过多个受控计算机同时向目标系统发送大量请求，从而使其无法正常提供服务，分布式拒绝服务攻击比拒绝服务攻击更具破坏性。

根据攻击造成的危害程度不同，攻击层次由浅入深依次划分为：简单拒绝服务、本地用户获得非授权读权限、本地用户获得非授权写权限、远程用户获得非授权账号信息、远程用户获得特权文件的读权限、远程用户获得特权文件的写权限、远程用户拥有了系统管理员的权限。根据攻击位置不同可以将攻击划分为远程攻击、本地攻击、临近攻击和伪远程攻击。攻击的分类有很多种，包括基于攻击术语的分类、基于攻击过程的分类、基于攻击效果评估的分类等，这里不再一一列举，读者要深入了解网络攻击的内容，可参考本系列教材中的其他教材。

1.1.12　网络安全事件

本书中沿用国家标准《信息安全技术　网络安全事件分类分级指南》（GB/T 20986—2023）对网络安全事件（Cybersecurity incident）的定义。网络安全事件是指由于人为原因、网络遭受攻击、网络存在漏洞隐患、软硬件缺陷或故障、不可抗力等因素，对网络和信息系统或者其中的数据和业务应用造成的危害，对国家、社会、经济造成负面影响的事件 [2]。常见的网络安全事件包括：恶意程序事件、网络攻击事件、数据安全事件、信息内容安全事件、设备设施故障事件等。

1.1.13　高可持续性威胁

高可持续性威胁（Advanced Persistent Threat，APT）攻击指由有组织地攻击者针对特定目标进行长期、复杂的攻击。APT 攻击具有高水平和持续性，难以检测和防御。本书中将 APT 攻击理解为针对目标攻击的有组织和有计划的攻击。APT 攻击通常包含三个主要元素：高级，强调使用复杂的恶意程序或利用系统中的高级漏洞；可持续性，强调监控攻击目标的持久性；威胁，强调具有蓄意和严重影响的复杂网络攻击。APT 攻击通常具有高度隐蔽性，可以穿透受害者的网络，停留时间长，缓慢而隐蔽地移动，以达到攻击意图。

APT 攻击者花费更多时间选择目标、准备攻击模式、发现漏洞以及自定义恶意工具和恶意软件来执行攻击。攻击周期包括信息收集、武器定制、有效载荷投送、初始入侵、安装和操作、C&C 通道的建立和攻击实现。

1.2 网络空间安全基础知识

网络空间安全学科是一个综合了计算机科学与技术、数学、信息与通信工程、软件工程、控制科学与工程、生物管理、法律等的交叉学科，因此其技术体系基于各学科相关理论技术构建，与密码学共同构成了网络空间技术体系的基础。

1.2.1 网络空间安全理论基础

1. 数学

目前网络空间安全领域广泛应用的密码仍然是基于数学的密码。对于基于数学的密码，密码学界普遍认为设计一个密码就是设计一个数学函数，而破译一个密码就是求解一个数学难题，这就从本质上清晰地阐明了数学是密码学的理论基础。作为密码学理论基础之一的数学分支主要有代数、数论、概率统计、组合数学等。协议安全是网络安全的核心，作为协议安全理论基础之一的数学主要有逻辑学等[4]。

博弈论是现代数学的一个分支，是研究具有对抗或竞争性质的行为的理论与方法。一般称具有对抗或竞争性质的行为为博弈行为。在博弈行为中，参加对抗或竞争的各方各自具有不同的目标或利益，并力图选取对自己最有利的或最合理的方案。博弈论研究的就是博弈行为中对抗各方是否存在最合理的行为方案，以及如何找到这个合理方案。博弈论考虑对抗双方的预期行为和实际行为，并研究其优化策略。信息安全领域的斗争无一不具有这种对抗性或竞争性。例如，网络的攻与防、密码的加密与破译、病毒的制毒与杀毒、信息隐藏与分析、信息对抗，等等。因为信息安全领域的斗争，本质上都是人与人之间的攻防斗争，因此博弈论便成为网络空间安全学科的基础理论[4]。

2. 信息论、系统论和控制论

信息论奠定了密码学和信息隐藏的基础。信息论对信息源、密钥、加密和密码分析进行了数学分析，用不确定性和唯一解距离来度量密码体制的安全性，阐明了密码体制、完善保密、纯密码、理论保密和实际保密等重要概念，把密码置于坚实的数学基础之上，标志着密码学作为一门独立的学科的形成。因此，信息论成为密码学的重要的理论基础之一[4]。

系统论是研究系统的一般模式、结构和规律的科学，系统论的核心思想是整体观念。任何一个系统都是一个有机的整体，不是各个部件的机械组合和简单相加。系统的功能是各部件在孤立状态下所不具有的。

控制论是研究机器、生命社会中控制和通信的一般规律的科学，它研究动态系统在变化的环境条件下如何保持平衡状态或稳定状态。控制论中把"控制"定义为，为了改善受控对象的功能或状态，获得并使用一些信息，以这种信息为基础施加到该对象上的作用。由此可见，控制的基础是信息，信息的传递是为了控制，任何控制又都依赖于信息反馈。

保护、检测、响应策略是确保信息系统和网络系统安全的基本策略，在信息系统和网络系统中，系统的安全状态是系统的平衡状态或稳定状态。恶意软件的入侵打破了这种平衡和稳定。检测到这种入侵，便获得了控制的信息，进而杀灭这些恶意软件，使系统恢复安全状态。确保信息系统安全是一个系统工程，只有从信息系统的硬件和软件的底层做起，从整体上综合采取措施，才能比较有效地确保信息系统的安全。这表明，系统论和控制论是信息系统和网络系统安全的基础理论[4]。

3. 可计算性与计算复杂性

可计算性理论是研究计算的一般性质的数学理论，它通过建立计算的数学模型，精确区分哪些是可计算的，哪些是不可计算的。计算复杂性理论使用数学方法对计算中所需的各种资源的耗费做定量的分析，并研究各类问题之间在计算复杂程度上的相互关系和基本性质，研究计算一个问题类需要多少时间，多少存储空间；研究哪些问题是现实可计算的，哪些问题虽然是理论可计算的，但因计算复杂性太大而实际上是无法计算的。

在网络空间安全中，授权是访问控制的核心。从可计算性的视角出发，一般意义上，对于给定的授权系统是否安全这一问题是不可判定问题，但是一些"受限"的授权系统的安全问题又是可判定问题。由此可知，一般操作系统的安全问题是一个不可判定问题，而具体的操作系统的安全问题却是可判定问题。又例如，密码破译就是求解一个数学难题，若这个难题是理论不可计算的，则这个密码就是理论上安全的；若这个难题虽然是理论可计算的，但是由于计算复杂性太大而实际上不可计算，则这个密码就是实际安全的，或计算上安全的。因此可以说，可计算性与计算复杂性是网络空间安全的理论基础之一[4]。

4. 密码学理论

虽然信息论奠定了密码学的基础，但密码学在其发展过程中已经超越了传统信息论，形成了自己的一些新理论，如单向陷门函数理论、公钥密码理论、零知识证明理论、多方安全计算理论、以及部分密码设计与分析理论。从应用角度看，密码技术是信息安全的一种共性技术，许多信息安全领域都要应用密码技术。因此，密码学理论是网络空间安全学科的理论基础，而且是网络空间安全学科特有的理论基础[4-6]。

1.2.2　网络空间安全方法论基础

1. 分而治之与系统工程相结合的方式是网络空间安全的方法论之一

传统针对复杂问题的解决思路通常是将其分解为一些细小的问题分别解决，是一种分而治之的思想，它为解决复杂问题提供了可行的途径；随着近代科学的发展，人们发现许多复杂问题无法分解，分解之后的局部并不具有原来整体的性质，因此必须用整体的思想和方法来处理，由此导致系统工程的出现。网络空间安全学科既包含分而治之的传统方法论，又包含综合治理的系统工程方法论，应将这两者有机地融合为一体，从理论分析、逆向分析、实验验证、技术实现4个核心方面开展关键技术研究和工程系统建设，这四者既可以独立运用，也可以相互结合，指导解决网络安全问题，推动网络空间安全技术发展。

2. 逆向分析是网络空间安全方法论之一

在网络空间安全领域攻防双方的对抗，本质上是攻防双方之间的斗争，许多核心关键问题都具有攻和防两个方面。例如，密码学由密码编码学和密码分析学组成，网络安全由网络安全防护和网络攻击组成等。因此需要引入逆向分析的方法从攻的角度研究防。例如，在密码学的研究中，既要研究密码设计，又要研究密码分析；在网络安全保护体系建设中，既要研究网络安全防护，又要研究网络攻击。

3. 以人为核心是网络空间安全方法论之一

在网络安全保障领域，人们常说"三分技术、七分管理"，说明网络安全问题不仅是技防问题，更重要的是组织管理、人员意识和法律保障的问题，许多网络安全事件的发生表明，组织管理不到位、人员意识薄弱等是事件发生的直接原因。所以，网络空间安全技术研究和各项活动的开展应该以人为核心，同时遵守法律法规，并要推动新兴技术领域立法工作开展。

1.2.3 密码技术

密码学是一门结合了数学、计算机科学、电子与通信等诸多学科的交叉学科，主要研究信息安全保密。密码学（Cryptology）分为密码编码学（Cryptography）和密码分析学（Cryptanalysis），前者寻求提供机密性、完整性、真实性和不可否认性等的方法，后者研究针对加密消息的破译和伪造等破坏密码技术所能提供安全性的方法，两者之间彼此关联又相互促进。密码学之前是信息安全的基础，现在是网络空间安全的基础，在政治、经济、军事、外交等领域的信息、数据、通信安全方面发挥着不可替代的作用，是实现认证、加密、访问控制的基础技术。

一个典型的密码系统通常由明文、密文、密钥及密码算法组成，如图1-1所示。明文通常指人们能够看到的文字、内容或信息，通常用 m 标识；明文经过加密后称为密文，通常用 c 表示。把明文加密称密文的算法称为加密算法，把密文解密成明文的算法称为解密算法。密钥加密和解密过程所使用的关键值，可以分为加密密钥和解密密钥，通常用 k 表示，由通信双方掌握，可以相同也可以不同。

在网络安全领域通常使用一个五元组 (M,C,K,E,D) 来表示密码系统。其中 M 为明文空间，C 为密文空间，K 为密钥空间，E 和 D 分别表示加密算法和解密算法。

密钥是密码系统中的可变部分，也是最核心的部分。一方面，现代密码体制的密码算法是公开的，甚至有的加密算法已经成为国际标准；另一方面，在计算机网络环境中，存在者许多用户和节点，需要大量密钥，密钥一旦丢失，就会对系统的安全造成威胁。因此，在设计密码系统时，需要解决密钥管理问题。密钥管理技术主要包括密钥的产生、存储、分配、保护、销毁等，需要确保在公共互联网络传递过程中的安全性。

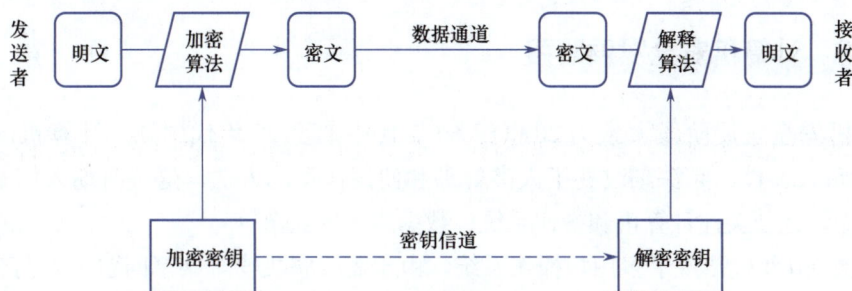

图 1-1　密码系统组成

密钥管理需要实现如下目标：

（1）密钥难以被非法窃取；

（2）密钥分配和交换对用户是透明的；

（3）脱离密码设备的密钥是绝对保密的；

（4）密钥不再使用后需要彻底销毁或更换。

有关密码技术的详细介绍见第 4 章商用密码应用技术。

1.3　网络空间安全的演进过程

从信息安全的角度来看，我们可以把网络空间安全理解为网络空间环境下信息安全发展的新阶段。从这种意义上来讲，网络空间安全发展历程就是信息安全发展历程。纵观它的发展历史，可以将其大致归纳为以下 5 个阶段。

1.3.1　通信安全发展阶段

通信安全发展阶段大致从古代至 20 世纪 60 年代中期，这一时期人们最关心的是信息在传输中的机密性。

自 19 世纪 40 年代电报发明后，安全通信主要面向保护电文的机密性，密码技术成为支撑机密性的核心技术。在两次世界大战中，各发达国家均研制了自己的密码算法和密码机，如德国的 ENIGMA 密码机、日本的 PURPLE 密码机、美国的 ECM 密码机，但当时的密码技术本身并未摆脱主要依靠经验的设计方法，并且由于在技术上没有安全的密钥或密码本分发方法，因此在战争中有大量的密码通信被破解。以上密码被普遍称为古典密码。

1949 年，Shannon 发表了论文《保密系统的通信理论》，提出了著名的 Shannon 保密通信系统模型，明确了密码设计者需要考虑的问题，并用信息论阐述了保密通信的原则，这为对称密码学建立了理论基础，从此密码学发展成为一门科学。

1.3.2　计算机安全发展阶段

计算机安全发展阶段大致为 20 世纪 60 年代中期至 80 年代中期。计算机的出现是 20 世纪的重大事件，它深刻改变了人类处理和使用信息的方法。这一时期人们不仅要关注通信安全，还要关注计算机和操作系统、数据库等的安全。

20 世纪 60 年代出现了多用户操作系统，由于需要解决安全共享问题，人们对信息安全的关注从机密性扩大到"机密性、访问控制与认证"，并逐渐意识到还需要保障可用。1965 年至 1969 年间，美国军方和科研机构组织开展了有关操作系统安全的研究。

进入 20 世纪 80 年代后，人们在计算机安全方面开始了标准化和商业应用的进程。1980 年，Anderson 做的题为《计算机安全威胁监控与监视》的技术报告首次详细地阐述了主机入侵检测的概念，并首次为入侵和入侵检测提出一个统一的架构，这标志着人们已经关注利用技术手段获得可用性。1985 年，美国国防部发布了可信计算机系统评估准则（Trusted Computer System Evaluation Criteria，TCSEC），推进了计算机安全的标准化和等级测评。之后，美国国防部又陆续发表了 TNI、TDI 等 TCSEC 解释性评估标准。标准化工作带动了安全产品的大量出现。访问控制研究也不可避免地涉及商业安全策略，其典型代表是 Clark-wilson 和 Chinesewall 策略模型。

1.3.3　信息安全发展阶段

随着信息技术应用越来越广泛和网络的普及，20 世纪 80 年代中期至 90 年代中期，学术界、产业界和政府、军事等部门对信息和信息系统安全越来越重视，人们对信息安全的关注已扩大到可用性、机密性、完整性、非否认性、真实性和可控性等基本属性。在这一时期，密码学、安全协议、通信安全、计算机安全、安全评估和网络安全等得到了较大发展，尤其是互联网的应用和发展大大促进了信息安全技术的发展与应用，因此，这个时期也可以称之为网络安全发展阶段。

自美国国防部发布 TCSEC 起，世界各国根据自己的实际情况相继发布了一系列安全评估准则和标准：英国、法国、德国、荷兰 4 国于 20 世纪 90 年代初发布了信息技术安全评估准则（Information Technology Security Evaluation Criteria，ITSEC），加拿大于 1993 年发布了可信计算机产品评价准则（Canadian Trusted Computer Product Evaluation Criteria），加拿大、法国、德国、荷兰、英国、美国的 NIST 与国家安全局（National Security Agency，NSA）于 20 世纪 90 年代中期提出了信息技术安全通用评估准则（Common Criteria，CC）。

随着计算机网络的发展，这一阶段的网络攻击事件逐渐增多，传统的安全保密措施难以抵御计算机黑客入侵及有组织的网络攻击，学术界和产业界先后提出了基于网络的 IDS、分布式 IDS、防火墙等网络系统防护技术；1989 年，美国国防部资助卡内基梅隆大学建立了世界上第 1 个计算机应急响应小组及协调中心（Computer Emergency Response Team Coordination Center，CERT/CC），标志着信息安全从静态防护阶段过渡到主动防护阶段。

1.3.4　信息安全保障阶段

20 世纪 90 年代中期以来，随着信息安全越来越受到各国的高度重视以及信息技术本身的发展，人们更加关注信息安全的整体发展以及在新型应用下的安全问题。人们也开始深刻认识到安全是建立在过程基础上的，这包括"预警、保护、检测、响应、恢复、反击"整个过程，信息安全的发展也越来越多地与国家战略结合在一起。

在这一阶段，新型网络、计算和应用环境下的算法和协议设计也逐渐成为热点问题，主要包括移动、传感器或 Ad-Hoc 网络下的算法和安全协议、量子密码及其协议、现代信息隐藏、数字版权保护和电子选举等。

为了保护日益庞大、重要的网络和信息系统，信息安全保障（也称为信息保障）的重要性被提到空前的高度。1995 年，美国国防部提出了"保护—监测—响应"的动态模型——PDR 模型，后来增加了恢复，成为 PDRR（Protection,Detection,Reaction,Restore）模型；1998 年 10 月，美国 NSA 颁布了信息保障技术框架（Information Assurance Technical Framework，IATF），以后又分别于 1999 年、2000 年和 2002 年颁布了改进的版本；自 2001 年下半年发生"9·11"事件以来，美国政府以国土安全战略为指导，出台了一系列信息安全保障策略，将信息安全保障体系纳入国家战略；一些西方发达国家也高度重视信息安全战略，试图全面建立信息安全保障机制。在我国，国家信息化领导小组于 2003 年出台了《国家信息化领导小组关于加强信息安全保障工作的意见》（中办发（2003）27 号文），这是我国信息安全领域的指导性和纲领性文件。

1.3.5　网络空间安全发展阶段

进入 21 世纪以来，尤其是自 2010 年以来，世界各国纷纷出台国家层面的网络空间安全战略，网络空间安全上升至国家战略层面，网络空间安全概念正式被提出，牵引信息安全的发展，并替代信息安全成为富有时代意义的热点领域。我国于 2015 年在"工科"门类下增设了"网络空间安全"一级学科，随后多所高校增设了相关院系或专业。我国于 2016 年 11 月颁布了《中华人民共和国网络安全法》、2019 年 10 月颁布了《中华人民共和国密码法》、2021 年 6 月颁布了《中华人民共和国数据安全法》、2021 年 8 月颁布了《中华人民共和国个人信息保护法》，为保障我国网络安全，维护网络空间主权和国家安全、社会公共利益，保护公民、法人和其他组织的合法权益，促进经济社会信息化健康发展提供了直接的法律支撑。

在这种大背景下，信息安全技术在攻防两方面都取得了大量的技术突破。攻击者不断利用技术、管理和人性的弱点实施渗透，而网络安全防御体系也在逐步完善；大数据、量子通信等新技术的发展，也带来了信息安全技术的新思路，正推动着信息安全技术的变革。网络攻击与对抗、大数据安全与隐私保护、量子通信与抗量子密码、工业控制系统安全和网络空间身份管理等成为信息安全领域关注的重点和焦点。虽然在这些领域取得了一些重要进展，但仍有众多问题需要研究和解决。以 APT 攻击为代表的有组织攻击越来越普遍，攻击技术在不断发展，如何在不掌握攻击特征的情况下，检测、防御这些高水平攻击是当前防御的难点。量子通信为信息安全传输提供了新的手段，但量子计算却对现用的密码体系提出了新的挑战，在后量子时代，如何实现抗量子的密码保护是目前该领域的重要前沿问题之一。

近年来，大规模信息泄露事件频发，在大数据时代，保护数据安全、保护个人隐私是大数据应用繁荣的重要保障之一。工业控制系统的"以太"化带来了工业信息化的繁荣，但同时也为网络攻击提供了便利，如何保障工业控制系统的安全是关系国计民生的大问题。各类网络犯罪猖獗的重要原因之一就是打击网络犯罪难度大，建立网络空间可信身份管理体系是提高网络空间治理能力的关键，但构建一个良性的可信身份生态系统任重而道远。

1.4 国际网络空间安全战略

1.4.1 美国网络空间安全战略

美国在 2003 年发布了《确保网络空间安全战略》，把网络空间安全提升到国家安全的高度。2011 年，美国发布了《网络空间行动战略》，从作战概念、防御策略、国内协作、国际联盟以及人才培养和技术创新 5 个方面明确了美国网络空间行动的方向和准则。同年，美国发布了《网络空间可信身份国家战略》，并发布了美国首份《网络空间国际战略》文件，阐述美国"在日益以网络相连的世界如何建立繁荣、增进安全和保护开放"，这份战略文件被视为美国 21 世纪的"历史性政策文件"。2015 年，美国颁布《网络安全法》，并于 2016 年发布了《国家网络安全行动计划》，成立了"国家网络安全促进委员会"，为国家网络空间安全领域的政策与规划提供咨询与指导，使美国有能力更好地控制网络空间安全。

2023 年 3 月，美国发布了《国家网络安全战略》（National Cybersecurity Strategy），其中详细阐述了美国政府改善数字安全的系统性方法，旨在帮助美国准备和应对新出现的网络威胁。报告围绕建立"可防御、有韧性的数字生态系统"，给出了保护关键信息基础设施、破坏和摧毁威胁行为者、塑造市场力量、投资于有人性的未来、建立国际合作伙伴关系等五大支柱 27 项举措，它不仅体现了拜登政府在网络安全领域的优先事项，也为本届政府后半段任期中解决网络威胁具体方式提供清晰的路线图。美国政府拟从根本上调整其对网络空间角色、责任和资源的分配方式，并做出两大转变：一是重新平衡网络空间安全责任，今后将更多地将责任转移到专业机构；二是重新调整激励措施，强调在解决当前紧迫威胁的同时面向未来进行战略规划和投入。该战略充斥着对华意识形态的偏见，毫不掩饰其反华制华立场，充分说明了国际网络空间博弈斗争的复杂性。

2023 年 7 月 13 日，美国发布《国家网络安全战略实施计划》（NCSIP），详细述了相关职能部门在保障美国网络安全方面的举措和要求，并设定具体时间节点，体现了美国抢占"第五空间"制高点的战略图谋。该计划的实施要点与美国《国家网络安全战略》相配套，聚焦于强化 5 个方面的工作：一是基础设施防护；二是威胁实体应对；三是市场力量培塑；四是网络标准把控；五是国际网络合作。

2023 年 8 月，美国网络安全与基础设施安全局（CISA）发布《2024—2026 年网络安全战略计划》，其中阐述了三年网络安全的目标：一是解决现有威胁，为此 CISA 将了解美国及其合作伙伴的网络威胁，挫败地方活动，并更快消除可被对手反复利用的漏洞。二是加固网络态势，包括促进、支持和评估具有安全性和弹性的做法。三是大规模提升安全性，包括理解和减少人工智能等新兴技术带来的风险，要求技术提供商考虑产品全周期的安全问题，以及加强国家网络安全队伍。

1.4.2　欧盟网络空间安全战略

2023 年 1 月，《关于在欧盟全境实施高度统一网络安全措施的指令》正式生效，主要内容包括：建设协调的网络安全框架；加强欧盟和国际层面的合作；明确网络安全风险管理措施和报告义务；规定对各类网络运营主体的登记和管理要求；建立成员国的信息共享机制；完善对各类网络运行实体的监督和执法措施。为保障该指令得到落地实施，欧盟还制定了严格的时间表和路线图。

2023 年 2 月，欧盟发布的《为实施国家网络安全战略而建立有效的治理框架》提出，各成员国应努力建设一套治理框架，以实现更好的网络安全战略实施效果。为保障战略目标的实现，欧盟将治理框架划分为政治治理、战略治理、运营治理、技术治理四大维度，其中，政治治理维度上提出鼓励网络空间建设使用公私合作关系（PPP）模式；战略治理维度上提出重视预算规划和资源分配以及设置风险识别和缓解机构；运营治理维度上提出完善突发事件应急响应机制，并重视网络安全宣传教育；技术治理维度上加强认证与标准化建设。另外，该框架还提出要实行配套的监测评估机制，用以评价成员国网络安全战略实施效果。

2023 年 4 月 18 日，欧盟委员会通过了关于《网络团结法案》的提案。法案通过时间正值俄乌战争之际，体现了欧盟促进成员国之间合作并为重大网络危机做好准备的意愿，以更好应对因地缘政治局势紧张而产生的网络安全威胁。其目标的实现主要依托以下行动内容：一是部署泛欧安全运营中心基础设施（欧洲网络盾牌），以建立和加强共同检测与态势感知能力；二是建立网络应急机制，形成欧盟网络安全储备，以支持成员国准备、应对重大和大规模网络安全事件；三是建立欧洲网络安全事件审查机制，审查和评估重大或大规模事件。

1.5　我国网络空间安全战略

近年来，我国也越来越重视网络空间安全。2013 年 11 月 12 日，中央国家安全委员会正式成立；2014 年 2 月 27 日，中央网络安全和信息化领导小组成立。习近平总书记在主持召开中央网络安全和信息化领导小组第 1 次会议时指出：没有网络安全就没有国家安全，没有信息化就没有现代化。2014 年 4 月 15 日，习近平总书记在中央国家安全委员会第 1 次会议上的讲话中将信息安全列为我国国家安全体系的重要组成部分，标志着我国持续对探索建立明晰的网络空间国家安全战略高度重视。在 2015 年 7 月发布施行的新国家安全法中，首次明确了"网络空间主权"概念，提出要"维护国家网络空间主权"。

2016 年 12 月 27 日，经中央网络安全和信息化领导小组批准，国家互联网信息办公室发布我国首部《国家网络空间安全战略》（以下简称《网络空间战略》），《网络空间战略》作为我国网络空间安全的纲领性文件，重点分析了目前我国网络安全面临的"七种机遇和六大挑战"，提出了国家总体安全观指导下的"五大目标"，建立了共同维护网络空间和平安全的"四项原则"，制定了推动网络空间和平利用与共同治理的"九大任务"。"五大目标"指在总体国家安全观指导下，通过统筹国内、国际两个大局和统筹发展、安全两件大事的基础上，推进网络空间"和平、安全、开放、合作、有序"的发展战略目标。"四项原则"即尊重维护网络空间主权、和平利用网络空间、依法治理网络空间、统筹网络安全与发展。"九大任务"指坚定捍卫网络空间主权、坚决维护国家安全、保护关键信息基础设施、加强网络文化建设、打击网络恐怖和违法犯罪、完善网络治理体系、夯实网络安全基础、提升网络空间防护能力、强化网络空间国际合作。

1.6　网络安全技术体系与常见技术和产品

1.6.1　网络安全技术体系框架

网络空间安全发展的不同阶段，因信息安全、系统安全、网络安全保护、保卫和保障工作的不同需要，演化发展形成不同类型的网络安全技术，有的针对共性的安全保护需要，例如访问控制；有的针对特定的保护目标，例如操作系统安全；有的针对特定的威胁，例如入侵检测；有的则针对特定的领域。可以说从不同的视角出发，网络安全技术会有不同的分类方式。

从网络空间学科的构建开始，网络安全研究领域先后提出了多个网络安全技术体系框架，尝试从不同的视角构建相对完整的技术体系架构。本书综合了相关技术体系架构的优点，从网络安全保护、监测/检测、响应、恢复、反击和管理环节进行技术分类梳理，同时考虑网络安全技术对重点保护领域和新技术新应用领域的支撑，采用如图 1-2 所示的网络空间安全体系架构，包括密码学与安全基础、网络安全保护（分为网络与通信安全、系统安全与可信计算、数据与信息安全、应用安全）、监测感知、响应对抗、安全测评、重点保护领域与新应用安全技术，其中密码学与安全基础技术为其他技术提供支撑，网络保护对应网络安全保护环节，监测感知对应监测/检测环节，响应对抗对应响应、恢复、反击环节，安全测评对检测、管理环节，重点保护领域与新应用安全则对应全链条。

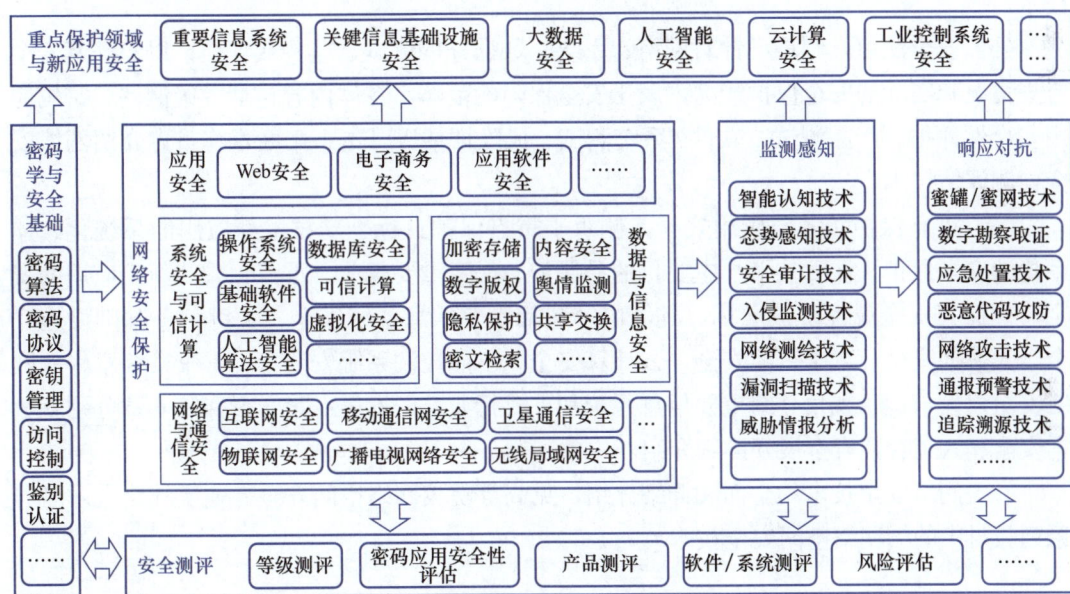

图 1-2　网络空间安全技术体系架构

（1）密码学与安全基础，由密码学理论以及访问控制等共性安全技术构成，具体内容包括密码算法、密码协议、密钥管理、访问控制、鉴别认证等。本书第 4 章将重点介绍商用密码应用技术。有关密码应用技术内容的详细介绍，见高等院校网络空间安全专业实战化人才培养系列教材中的《商用密码应用技术》。

（2）网络安全保护，侧重于网络空间威胁攻击防护，以保护网络、系统、数据以及应用等安全为目的，具体内容包括网络与通信安全，如互联网安全、移动通信安全、卫星通信网络安全、广播电视网络安全、物联网安全、无线局域网安全等；系统安全与可信计算，如操作系统安全、基础软件安全、数据库安全、虚拟化安全、人工智能算法安全、可信计算等；数据与信息安全，如加密存储、数字版权、隐私保护、密文检索、内容安全、舆情监测、共享交换等；应用安全，如 Web 安全、电子商务安全、应用软件安全等。

（3）监测感知，侧重于探测发现网络威胁行为，主要目的是通过相应的技术手段，监测、分析、感知网络中已经发生、正在发生或即将发生的威胁行为。具体内容包括漏洞扫描技术、网络测绘技术、入侵检测技术、安全审计技术、态势感知技术等。本书第 10 章将重点介绍网络威胁情报分析与挖掘技术，第 11 章将重点介绍恶意代码分析与检测技术。

（4）响应对抗，侧重于针对网络空间威胁的应急响应与实战对抗，主要目的是针对网络空间主要的攻击手段，例如口令破解、后门攻击、拒绝服务、缓冲区溢出、APT 攻击、勒索病毒等，开展应急演练、攻防对抗等关键技术研究，以便更好地开展响应处置、应急恢复、溯源反制工作。具体包括网络攻击技术、恶意代码攻防、应急处置技术、数字勘查取证、蜜罐 / 蜜网技术等内容。本书第 7 章将重点介绍网络安全事件处置与追踪溯源技术，第 9 章将重点介绍数据勘查与取证技术，第 12 章将详细介绍漏洞挖掘与渗透测试技术。

（5）安全测评，侧重于针对网络、系统、数据开展测试、监测或评估，以验证其安全合规情况和实际的安全保护能力，属于安全保障的范畴。具体内容包括等级测评、密码应用安全性评估、产品测试、软件 / 系统测试、风险评估等。本书第 8 章将重点介绍网络安全检测评估技术。

（6）重点保护领域与应用安全，侧重于重点保护目标、新技术新应用的系统化、体系化的安全保护、保障技术，主要目的是保护、保障重要行业、重点领域、新型应用的安全，确保其安全属性不被破坏。具体内容包括重要信息系统安全、关键信息基础设施安全、大数据安全、人工智能安全、云计算安全、工业控制系统安全等。本书第 3 章将从网络安全建设与运营视角介绍重要信息系统和重要行业部门安全；第 5 章和第 6 章分别就数据安全和人工智能安全展开详细介绍。

有关网络安全技术的全面和详细介绍，见高等院校网络空间安全专业实战化人才培养系列教材中的《网络空间安全技术》。

1.6.2　网络安全常见技术

1. 互联网安全技术

随着信息技术的飞速发展，互联网已成为承载全球信息系统的网络基础设施之一，其安全问题直接关系到国计民生、社会稳定和国家安全。从承载内容来看，互联网安全涵盖面非常广，涉及多类网络安全技术；从其他类型安全技术不同来看，互联网安全侧重于开放系统互联安全体系结构（Open Systems Interconnection，OSI）中各层次安全，其中物理层（第 1 层）、数据链路层（第 2 层）、网络层（第 3 层）、传输层（第 4 层）常以底层网络安全协议来实现，进一步又可分为链路级安全、网络级安全，后者是互联网安全协议技术关注的重点。会话层（第 5 层）、表示层（第 6 层）、应用层（第 7 层）通常以安全按组件的方式，包括系统安全组件、安全通信组件实现，通常可分为端系统级安全、应用级安全，应用层安全是互联网安全关注的又一重点。

网络级安全主要在网络层和传输层实现。确保网络层安全的代表性协议 IPSec（Internet Protocol Security）已经成为行业标准，通过在 IP 层引入数据认证机制、加密机制和相关密钥管理，实现比较全面的网络层安全；此外网络层具有代表性的安全协议还包括 AH 协议、ESP 协议、IKE 协议等，有兴趣的读者可参考其他文献进一步了解。安全套接字层协议（Secure Socket Layer，SSL）是建立在 TCP 协议传输层的、有代表性的安全协议，用于保护面向连接的 TCP 通信，应用层协议可以在其上透明地使用 SSL 协议，目前该协议历经多版本的升级，在互联网应用中广泛存在，主流的浏览器和 Web 服务器都支持该协议。

2. 移动通信网络安全

随着无线网络技术的快速发展，移动通信网络成为承载人们工作和生活，促进社会交流的重要网络基础设施之一，其安全问题也成为促进、保障或制约其发展的重要因素，受到学术界、产业界的广泛关注。移动通信网络与传统互联网相比具有开放性、移动性、拓扑结构动态性特点，且计算、存储能力在节点端都比较有限，因此这也成为移动通信网络安全关注的重点。同互联网相似，密码算法、鉴别认证、访问控制以及威胁攻击的防范在移动通信网络安全中起到了重要作用。从自身特性出发，移动通信网络从 2G 时代设计 GSM 安全机制来保障移动通信安全，主要包括基于 IMSI 的用户身份保护、用户接入认证以及传输加密机制，以此来确保移动通信安全。3G 时代因传输内容富化，传输速率提升以及国际漫游需要，传输认证由之前的单行认证扩展至双向认证，接入链路数据完整性保护机制进一步强化，增加了移动台和服务网络之间的安全协商机制实现跨网通信，增强用户身份保密机制（Enhanced User Identify Confidentiality，EUIC）被定义用于确保 IMSI 信息加密传输。4G 时代移动通信网络安全在 3G 体系结构基础上进一步增强，主要体现在防窃听、防伪基站攻击等方面。

5G 时代是一个万物互联的时代，移动通信网络承载的系统和设备扩充迅猛，宽带速率大幅提升，个性化场景和特殊需求层出不穷，其中网络功能虚拟化、软件定义网络成为 5G 组网的关键技术，用户角色进一步扩充，传统基于物理设备隔离的安全保障不再适用，虚拟化安全、转发节点安全成为关注焦点；加之移动 App 的服务，使得个人隐私和关键数据安全问题加剧，需要 5G 安全机制严格控制数据生命周期的各个环节。因此，5G 时代安全机制扩充为覆盖接入安全域、网络安全域、用户安全域、应用安全域、可信安全域的更为复杂的安全框架。5G 安全关键技术包括接入安全——统一的认证框架（Extensible Authentication Protocol，EAP），解决海量异构终端设备认证身份绑定问题，解决海量异构终端接入；接入安全——基于群组的海量 IoT 设备认证，实现一次性认证一组设备，解决海量设备接入和频繁接入问题；网络切片安全——基于标识的切片安全隔离，旨在实现网络灵活组合配置的网络切片安全需要有效的隔离机制，以此实现网络功能在不同切片之间、基础网络功能域第三方提供的网络功能之间安全共存、安全共享。

3. 无线局域网安全

无线局域网是指应用无线通信技术将计算机、终端、工作站等信息设备互联起来，构成可以互相通信和实现资源共享的网络体系。与传统的有线网络相比，无线局域网配置便捷，扩展性和移动性较好，适用于布线困难、人员流动频繁的环境。随着无线局域网的广泛应用，其安全保护需求日渐突出，需要专门的网络传输保护机制保护数据的传输安全，需要边界接入控制相关技术，如身份认证、访问控制等，保护无线局域网的边界安全。因此，无线局域网安全研究的目标是构建无线局域网安全保护机制，实现安全的无线局域网传输和边界保护。

针对无线局域网自身特点，无线局域网络标准 IEEE802.11 中定义了开放系统认证（Open System Authentication）和共享密钥认证（Shared Key Authentication）两种认证方式，定义有线等价保密（Wired Equivalent Privacy，WEP）采用序列密码算法 RC4 保障数据传输安全。针对上述机制中 WEP 存在弱密钥、密钥管理、初始向量重用等问题，难以有效保护传输数据安全性问题，IEEE802.11i 中重新定义了新的安全体系——坚固安全网络，其中定义了 TKIP（Temporal Key Integrity Protocol）或 CCMP（Counter-Mode/CBC-MAC Protocol）两种加密机制，前者对 RC4 进行升级，可通过升级固件和驱动程序来提高适用 WEP 加密机制的设备安全性，并增加 RSN 作为可选算法；后者基于高级加密标准 AES 加密算法和 CCM*（Counter-Mode/CBC-MAC）认证方式，是 IEEE802.11i 最强的安全算法。

针对 OSA 认证为单向认证，无法提供站点单向认证，容易受到会话劫持和中间人攻击的问题，IEEE802.11 工作组公布了 IEEE802.1x 协议，该协议提供了可靠的用户认证和密钥分发框架，其核心是 EAP。EAP 是一种封装协议，在具体应用中根据不同的认证方式进行扩展，可选 EAP-TLS、PEAP、EAP-SIM 等任意一种，其中 EAP-TLS 最为主流，可以有效地抵抗窃听攻击、身份欺骗、中间人攻击、会话劫持、重放攻击、报文篡改等。感兴趣的读者可借鉴参考文献进一步了解。

4. 操作系统安全

操作系统安全是保障计算机系统、网络、数据安全的基础，一个安全的操作系统能够有效防御各类安全威胁，保护敏感数据，维护系统的稳定性。操作系统安全分狭义和广义两个方面，前者主要是指对外部攻击的防范，而后者是指保障系统的机密性、完整性和可用性。作为网络空间安全一项常见技术，这里我们重点介绍安全操作系统。

安全操作系统是指计算机信息系统在自主访问控制、强制访问控制、标记、身份鉴别、客体重用、安全审计、数据完整性、隐蔽信道分析、可信路径、可信恢复等十个方面满足响应的安全技术要求。主流操作系统 Linux 和 Windows 均通过自身安全机制设计实现操作系统的安全。SELinux 通过定义 LSM（Linux Security Module）框架、SELinux 引用监视器（含授权模块和策略库）、强制访问控制策略来实现一个安全的操作系统，其中

LSM 旨在通过在 Linux 中加载该安全内核模块实现操作系统底层用户进程的监测、可信和保护；引用监视器则通过授权模块为强制保护系统在策略库中建立抽全查询；强制访问控制策略确保只有系统管理员可以修改保护系统的状态。

Windows 操作系统的安全性一直为人诟病，其安全机制设计主要体现在 Windows Vista，Windows 7 之后沿用 Windows Vista 的安全机制，具体包括用户账号控制、强制完整性控制、用户界面特权隔离、网络访问保护等。用户访问控制旨在使用户能够适用标准用户权限而不是管理员权限运行系统；强制完整性控制基于 Biba 完整型模型建立，由系统保护对象（文件、进程、注册表）的系统防控控制列表的访问控制项控制，实现对资源分等级保护；用户界面特权不允许低特权等级进程向高特权等级进程发送窗口消息；网络访问保护则确保每台计算机在连接本地网络时必须通过网络访问保护策略的允许，确保隔离出现问题的计算机。

5. 数据库安全

数据库系统是当今大多数信息系统中数据存储和处理的核心。数据库安全研究的基本目标是研究如何实现数据库内容的机密性、完整性与可用性保护，防止非授权的信息泄露、内容篡改及拒绝服务等。数据库安全相关技术包括高安全等级数据库管理技术、数据库访问控制技术、数据库加密技术等。安全数据库管理通常通过数据库形式化安全模型确保数据库多级关系、多级关系完整性约束、多级关系操作能够实现；数据库访问控制技术则通过访问控制机制的设计防止数据库表及内容的非授权访问，确保访问控制过程中不存在隐通道；数据库加密提供密码控制手段来保护数据的存储安全。

随着网络技术的飞速发展，数据集服务、云计算存储成为新的数据库模式，伴随而生新的数据库安全问题。其关注的焦点主要集中在数据库安全检索、数据库密文访问控制、数据库水印、数据完整性保护、海量数据隐私保护等方面。

6. 可信计算

可信计算（Trusted Computing）通过建立一种特定的完整性度量机制，使计算平台运行时具有分辨可信程序代码和不可信程序代码的能力，从而对不可信程序代码建立有效的防止方法和措施。可信计算利用硬件属性作为信任根，系统启动时层层度量，建立一种隔离执行的运行环境，保障计算平台敏感操作的安全性，从而实现对可信代码的保护。

可信计算平台模块（Trusted Computing Module，TPM）通常的构建方式是结合计算机系统平台体系结构，在硬件系统中嵌入一个可信硬件模块（Trusted Cryptography/Control Module，TCM），在软件系统中构建一个可信平台服务模块，然后以可信硬件模块为可信根，通过可信平台服务模块，建立系统平台完整性、身份可信性和数据安全性 3 个维度的安全功能。信任根、隔离执行和远程执行是可信计算的信任核心。信任根通常在物理层，将用户信任锚点固定在系统中最基础、变化最小的部分，以便确保信任证据的绝对可信；隔离执行基于 CPU 的隔离首保来保护环境运行的代码、数据的安全性，可信执行环境（TEE）是隔离执行的重要技术手段，独立于主机系统之外的安全隔离子系统，可以对主系统的敏感操作进行安全检查，依据安全策略检查内核和应用程序的状态，对外证明当前系统的可信性；远程证明将可信计算平台的内部信任通过网络拓展至外部。安全启动、可信执行环境、度量与执行、可信存储是可信计算的四大关键技术，安全启动确保系统的初始可信；可信执行环境建立隔离受保护的安全计算环境，确保系统运行时信任；度量与证明基于信任根或可信执行环境度量系统当前运行状态，并对外证明当前系统可信；可信存储则用于保障系统运行时敏感数据安全和数据存储安全。

有关可信计算内容的详细介绍，见高等院校网络空间安全专业实战化人才培养系列教材中的《网络空间安全技术》。

7. 数据与信息安全

数据安全是研究网络与系统中数据保护方法的一门科学，它既包括访问控制、信息流控制、隐私保护等各种控制手段，也包括容灾备份与数据恢复等各种方法。数据安全涉及数据产生、采集、传输、共享、交换、处理、存储、使用、销毁的全生命周期，周期中的每个环节都面临不同的网络安全威胁，需要面向数据的全生命周期进行安全保护。数据安全相关关键技术包括隐私计算、密文检索、密文计算、信息流控制、容灾备份、数据恢复等。

有关数据安全的详细介绍，见高等院校网络空间安全专业实战化人才培养系列教材中的《网络安全保护制度与实施》和《数据安全管理与技术》。

8. 应用安全

应用安全是为保障各种应用系统在信息的获取、存储、传输和处理各个环节的安全所涉及的相关技术的总称。密码技术是应用安全的核心支撑技术，系统安全技术与网络安会技术则是应用安全技术的基础和关键技术。应用安全涉及如何防止身份或资源的假冒、未经授权的访问、数据的泄露、数据完整性的破坏，系统可用性的破坏等。关键技术包括身份认证与信任管理、应用访问控制、Web 安全、App 安全、电子商务安全等。

有关应用安全内容的详细介绍，见高等院校网络空间安全专业实战化人才培养系列教材中的《网络安全建设与运营》。

9. 网络安全检测与评估

网络安全检测评估（简称安全测评）是指对网络安全模块、产品或信息系统的安全性进行验证、测试、评价和定级，以规范它们的安全特性。安全测评的目的是形成针对模块、产品或信息系统安全性的系统性、权威性的判断，对于模块和产品的设计、研发、集成、使用，以及信息系统的规划、设计、建设、运营、维护等工作提供安全性指导。安全测评技术能够系统、客观、准确、全面地测试并评价模块、产品和信息系统的安全性并给出量化评估结果，包括测试和评估两方面的技术，前者通过分析或技术手段对测试对象（模块、产品、信息系统等）的安全性进行检测和验证，获得测试对象的网络安全度量指标；后者包括一系列标准化的流程和方法，用于在测试的基础上对测试对象的安全性进行客观、公正的评价和估算。典型的网络安全测评技术包括等级测评、密码应用安全性评估、产品测评与认证、软件 / 系统安全测试、风险评估、渗透测试等。本书第 8 章将重点介绍，这里不再赘述。

有关网络安全检测与评估的详细介绍，见高等院校网络空间安全专业实战化人才培养系列教材中的《网络安全检测评估技术与方法》。

10. 等级保护 / 重要信息系统安全

《中华人民共和国网络安全法》第二十一条规定，国家实行网络安全等级保护制度。该制度的核心是对网络实施分等级保护和分等级监管。2003 年，《国家信息化领导小组关于加强信息安全保障工作的意见》在部署等级保护工作时指出："信息化发展的不同阶段和不同的信息系统有着不同的安全需求，必须从实际出发，综合平衡安全成本和风险，优化信息安全资源的配置，确保重点。要重点保护基础信息网络和关系国家安全、经济命脉、社会稳定等方面的重要信息系统，抓紧建立信息安全等级保护制度，制定信息安全等级保护的管理办法和技术指南。"

根据网络在国家安全、经济建设、社会生活中的重要程度，以及其一旦遭到破坏、丧失功能或者数据被篡改、泄露、丢失、损毁后，对国家安全、社会秩序、公共利益以及相关公民、法人和其他组织的合法权益的危害程度等因素，网络分为五个安全保护等级。安全等级越高，其安全保护能力要求也就越高，应保证等级保护对象具有相应等级的安全保护能力。第三级及以上的等级保护对象是国家核心系统。等级保护工作分为定级（确定等级保护对象等级）、备案（向公安机关报备）、建设整改（按等级要求进行规划设计 / 建设 / 整改）、等级测评（对安全状况进行检测评估）、监督检查（对三级以上系统安全保护状况进行监督检查）。

有关网络安全等级保护内容的详细介绍，见高等院校网络空间安全专业实战化人才培养系列教材中的《网络安全保护制度与实施》。

11. 关键信息基础设施保护

《中华人民共和国网络安全法》第三十一条规定，国家对公共通信和信息服务、能源、交通、水利、金融、公共服务、电子政务等重要行业和领域，以及其他一旦遭到破坏、丧失功能或数据泄露就可能严重危害国家安全、国计民生、公共利益的关键信息基础设施，在网络安全等级保护制度的基础上实行重点保护。

关键信息基础设施运营者应按照《关键信息基础设施安全保护要求》，落实关键信息基础设施安全保护措施，包括分析识别、安全防护、检测评估、技术对抗、事件处置六个环节的措施。分析识别是关键信息基础设施安全保护的首要环节，主要是围绕关键信息基础设施所承载的关键业务，开展业务依赖性识别、关键资产识别、风险识别等，当关键信息基础设施发生重大变化时，重新开展分析识别和认定工作。安全防护应在落实等级保护制度的前提下，从安全管理制度、安全管理制度、安全管理机构、安全管理人员、安全通信网络、安全计算环境、安全建设管理、安全运维管理、供应链安全、数据安全防护等方面进行保护措施加强。检测评估要求运营者应建立健全关键信息基础设施安全检测评估制度，制定检测评估方案，确定检测评估的服务机构选择、流程、过程管理、方式方法、周期、人员组织、资金保障等。监测预警应建立监测预警制度、建设监测预警技术手段，开展网络安全风险威胁的通报预警和应急处置，建立攻防对抗队伍、开展攻防演练，加强供应链和数据安全防护。

有关关键信息基础设施保护内容的详细介绍，见高等院校网络空间安全专业实战化人才培养系列教材中的《网络安全保护制度与实施》。

12. 云计算安全

网络空间应用的不断发展产生了海量数据，这对传统的数据存储、计算提出了巨大挑战，云计算技术应运而生。云计算是一种计算方法，即按需提供的服务汇聚成高效资源池，以服务的形式交付给用户使用，云服务、云主机、云平台相继出现，云计算安全是一个从云计算所需要的伴生安全概念，是指云及其承载的服务可以高效、安全、持续、稳定运行。云安全类似传统领域安全，涵盖云环境所涉及的物理安全、网络安全、主机安全、数据库安全、应用安全等，云安全在传统安全的基础上还增加了虚拟安全等方面的安全保护。同时，在安全设备商也可以实现虚拟化安全设备的部署，如云 WAF 等。

虚拟化技术通过将物理硬件资源虚拟化为多个独立的虚拟机（Virtual Machine，VM），提高了硬件利用效率和灵活性，也因此带来了安全隔离的挑战。虚拟化安全是一种保障虚拟机之间、虚拟机和宿主机之间、以及虚拟机与外部网络之间的隔离与通信安全的技术，通常包括虚拟化软件安全、虚拟网络隔离、虚拟机加密技术。其中虚拟化软件安全研究虚拟化软件自身身份认证、访问控制、虚拟机隔离、安全漏洞修补更新等技术，确保管理虚拟机运行的底层软件安全。虚拟网络隔离技术研究虚拟机之间的网络通信安全，防止因虚拟化带来的网络攻击、数据泄露、配置管理等威胁风险，确保虚拟机网络通信隔离和安全。虚拟机加密技术研究虚拟机承载数据安全性、隐私保护以及响应密钥管理和分发问题。

有关云计算安全内容的详细介绍，见高等院校网络空间安全专业实战化人才培养系列教材中的《网络安全保护制度与实施》。

13. 内容安全

内容安全主要是指数字内容的制作、复制、传播和流动得到人们预期的控制和监管，内容安全技术就是指实施这类控制和监管的技术，又称网络舆情监管，通常在对网络公开发布信息的深入与全面提取的基础上，通过对海量非结构化信息的挖掘与分析，实现对网络舆情的热点、焦点、演变等信息的掌握，从而为网络舆情监测与引导部门的决策提供科学的依据。随着网络空间应用的富化，舆情监管对象从文本内容向图片、音频、视频等多媒体内容监管过渡。

内容安全关键技术主要包括文本内容过滤、话题识别与跟踪、内容分级监管以及多媒体内容安全。内容过滤通过分析获得内容本身的性质，之后根据相关监管要求实施响应的控制策略；话题识别与跟踪技术以网络新闻、广播和电视信息流为处理对象，将内容按照话题区分，监控对新话题的报道，并将涉及某个话题的报道组织起来，以某种需要的方式呈现给用户；内容分级监管是一种主动内容安全技术，它是指在内容发布之前，在内容中嵌入分级标识，随后各种监管措施基于分级标识进行。多媒体内容安全主要通过监管多媒体内容的制作和散布情况，制约不良和盗版内容的制作和传播，包括了大量的多媒体编解码、信号处理和模式识别等技术。

14. 人工智能安全

在 5G、大数据、云计算、深度学习等新技术的共同驱动下，人工智能作为新型基础设施的重要战略性技术加速发展，并与社会各行各业创新融合。人工智能技术的快速发展和广泛应用为社会带来了巨大的变革，同时也带来了一系列的安全挑战。这些挑战不仅涉及个人隐私和数据安全，也关乎国家安全和社会稳定。人工智能的发展表现出以下特征：一是人工智能执行的关键业务对安全防护的实时性提出了更高要求；二是人工智能的个性化服务需求对敏感信息保护提出了更高要求；三是人工智能跨组织融合对数据安全共享提出了更高要求；四是基于机器学习的安全算法与软件漏洞问题日益突出。

有关人工智能安全的详细介绍，见高等院校网络空间安全专业实战化人才培养系列教材中的《人工智能安全治理与技术》。

15. 入侵检测技术

入侵检测（Intrusion Detection）是用于检测损害或者企图损害系统的机密性、完整性或可用性等行为的一类安全技术。这类技术通过在受保护网络或系统中部署检测设备，监视受保护网络或系统的状态与活动，根据采集的数据，采用相应的检测方法发现非授权或者恶意的系统及网络行为，并为防范入侵行为提供支持手段。

入侵检测的核心技术是其采用的分析检测方法，即根据已有的知识，判断网络和系统是否遭受攻击以及遭受何种攻击。主流的分析检测方法包括异常入侵检测和误用入侵检测两类，也出现了一些新的方法，例如引入人工免疫、基因算法、代理方法、数据挖掘思想的检测方法，以及利用当前快速发展的人工智能技术进行的智能化检测。

误用检测（Misuse Detection）也称为特征检测、指纹检测或基于签名的检测（Signature-based Detection）等。误用检测基于以下事实：程序或者用户的攻击行为存在特定的模式，这类攻击行为被称为系统的误用行为。误用检测技术首先建立各类入侵的行为模式，对它们进行标识或编码，形成误用模式库；在运行中，入侵检测系统对数据进行分析检测，检查是否存在已知的误用模式（攻击行为）。异常检测的关键在于建立"正常使用描述"（Normal Usage Profile，NUP）以及利用 NUP 对当前系统或者用户行为进行比较，判断出与正常模式的偏离程度。"描述"（Profile）通常由一组系统或用户行为特性的度量（Metrics）组成，一般为每个度量设置一个门限值（Threshold）或者一个变化范围，当超出它们时认为出现异常。

有关入侵检测技术的详细介绍，见高等院校网络空间安全专业实战化人才培养系列教材中的《网络安全事件处置与追踪溯源技术》《网络安全威胁情报分析与挖掘技术》《恶意代码分析与检测技术》。

16. 网络威胁情报分析与挖掘

根据 Gartner 的定义，安全威胁情报是针对已经存在或正在显露的威胁或危害资产行为，基于证据知识，包含情境、机制、影响和应对建议，用于帮助解决威胁或危害进行决策的知识。威胁的三要素包括意图、能力和机会，如果攻击者有意图有能力，但是攻击对象没有脆弱性或者说没有机会，那么攻击者并不构成威胁。威胁情报分析与挖掘技术是一种基于威胁模型和安全数据分析威胁行为的技术，通过挖掘行为模式和推理攻击意图来了解这些数据之间的关系。在大数据和人工智能技术中进行智能威胁情报分析，可以智能地支持防御策略的制定，实现更精准的动态防御。威胁分析的价值在于通过获取和关联攻击数据来提高威胁参与者的攻击检测和归因准确性。

在当前复杂的网络攻防博弈过程中，攻击方通常根据攻击意图和能力，通过杀伤链7 个步骤（侦察、武器化、装载、利用、安装、控制、达成目标）向攻击目标发起攻击，而防御方则依赖主动防御的思想采取 WPDRRC（预警、防御、检测、响应、恢复、反制）模型的纵深动态防御机制。由于攻防双方信息的非对称性，使得传统的防御方大多处于被动局面，即攻击方暗处而防御方的信息已先期被侦察、掌握。从杀伤链来看，越早发现攻击者的踪迹，就能使防御方越早控制攻击进程，使攻击陷入被动。这也正是安全威胁情报分析在化解攻击杀伤链过程中的价值所在，即安全专家以基于大数据的威胁情报分析为有力武器，通过跨部门、跨组织边界的威胁情报共享，使关于攻击者和攻击手段的各种信息逐步明朗起来，使防御方对正在和即将面临风险的不确定性逐渐消失，并针对安全威胁加固资产，进而成功阻断瓦解攻击方的进攻。

有关网络威胁情报分析与挖掘的详细介绍，见高等院校网络空间安全专业实战化人才培养系列教材中的《网络安全威胁情报分析与挖掘技术》。

17. 恶意代码分析与检测

以计算机病毒、蠕虫和特洛伊木马为代表的恶意代码对网络、系统的正常使用以及信息安全造成了危害。恶意代码分析技术对恶意代码传播、感知和出发机制进行分析挖掘，包括恶意代码散布和侵入受害系统的方法分析、恶意代码依附于宿主机或隐藏于系统中的方法分析、恶意代码执行的方法 / 条件 / 路径出发机制分析等，以此为恶意代码监测、清除与预防提供基础。

恶意代码分析从技术层面可以分为静态分析和动态分析，静态分析可通过反汇编而进行文件寻找关键的代码流程来帮助分析理解恶意代码的内部细节；动态分析则通过调试或虚拟运行等手段运行恶意代码，通过查看指令执行信息来跟踪发现恶意代码的行为。恶意代码监测通常包括特征代码法、校验和法、行为监测法、软件模拟法、比较法和感染实验法。恶意代码清除是指尽量在保全被感染程序功能的情况下移除恶意代码或使其失效。恶意代码预防则通过切断传播和感染的途径或破坏它们实施的条件来抵御恶意代码的传播和感染。

有关恶意代码分析与检测内容的详细介绍，见高等院校网络空间安全专业实战化人才培养系列教材中的《恶意代码分析与检测技术》。

18. 漏洞挖掘与渗透测试

漏洞挖掘是一种查找目标软件、系统中可能存在脆弱性的技术。根据挖掘对象的不同，漏洞挖掘技术通常分为基于源代码的漏洞挖掘和基于目标代码的挖掘。漏洞挖掘的主要方法包括：手工测试技术，通过人的手工方式向测试的目标系统或软件发送特殊的数据，这些数据包括正确的或错误的输入，在发送数据后，通过观察测试目标对输入数据的反应来查找系统中可能存在的漏洞；Fuzzing 技术的实现原理是软件工程中的黑盒测试思想，其主要方法是使用大量的数据作为应用系统或软件的输入，以目标对象接受输入后是否出现异常为标志，来查找目标系统中可能存在的安全漏洞；动态分析技术是指在目标系统或软件的动态运行中查找漏洞的技术。其主要思想是在特定的容器中运行目标程序，通过目标程序在执行过程中的状态信息来发现潜在问题，这些状态信息包括当前内存使用状况、CPU 寄存器的状态等方面；静态分析技术是通过程序的语法、语义来检测目标中可能潜在的安全问题。其基本思想是对测试的目标系统或软件的源代码进行静态分析、扫描，重点是检查函数的调用、边界检测和缓冲区检测，也就是对容易在安全方面出现漏洞的代码进行重点的查找、分析，以期能够发现问题；补丁比较技术也称为二进制文件比较技术，在漏洞挖掘中往往是指对"已知"漏洞的探查，通过对比打上补丁前后的二进制文件来发现目标是否存在漏洞。

渗透测试（Penetration Testing）是指由安全人员利用安全工具并结合个人实战经验，通过模拟攻击的技术与方法，对指定的目标进行非破坏性质的模拟黑客攻击和深入的安全测试，发现信息系统隐藏的安全脆弱性，并根据系统的实际情况，测试系统脆弱性被一般攻击者利用的可能性和被利用后的影响，了解攻击者可能利用的攻击方法和进入信息系统的途径，帮助用户进一步了解目标系统的安全状况，采取强有力的安全方式提前防御。

有关漏洞挖掘与渗透测试内容的详细介绍，见高等院校网络空间安全专业实战化人才培养系列教材中的《漏洞挖掘与渗透测试技术》。

19. 数据勘查与取证

数据勘查与取证是基于侦查思维，采用取证技术，获取、分析、固定电子数据作为认定事实的科学过程，是能够为法庭接受的、足够可靠和有说服力的、存在于网络设备中的电子数据的确认、保护、提取和归档的过程。数据勘查与取证通常由勘验准备、保护现场、外围勘验、搜集证物、提取和固定证据、固定证物、证物的传递和移交等步骤组成。数据勘查与取证技术按照勘查取证的目标对象不同，通常可分为单机电子数据取证技术（包括计算机、移动智能终端、移动存储介质等）、服务器电子数据取证技术、网络电子数据取证技术，这些技术在满足电子取证基本原则的前提下，辅助公安机关完成网络违法犯罪现场的勘验。

有关数据勘查与取证内容的详细介绍，见高等院校网络空间安全专业实战化人才培养系列教材中的《数字勘查与取证技术》。

1.6.3 网络安全常见产品

网络安全技术的发展促成了大量网络安全产品的成熟、落地与应用，当前市场主流的网络安全产品包括身份认证与访问控制产品，如智能 IC 卡、统一认证与单点登录系统、智能密码钥匙等；数据与信息安全产品，如数据加密机、加密存储系统、数据防泄露产品、加密硬盘等；计算环境安全产品，如安全操作系统、安全数据库系统、可信计算平台、终端安全管理系统、主机防病毒产品等；通信安全产品，如 VPN、安全网关等；边界安全防护产品，如防火墙、安全隔离设备、网络接入控制系统、信息安全交换产品等；安全检测与监测审计产品，如入侵检测系统、入侵防御系统、态势感知系统、主机 / 网络脆弱性扫描器、安全审计系统等；应用安全产品，如反垃圾邮件系统、网页防篡改、敏感内容过滤系统；安全服务产品，如安全运营管理系统、安全检测工具等。本节对防火墙、入侵监测系统、VPN、安全运营 4 类典型网络安全产品进行介绍。

1. 防火墙

防火墙是最为常见的网络防护技术产品，几乎所有组织机构的网络出口处都会选择部署防火墙，部分机构在内部不同网络之间也部署了防火墙设备。防火墙是一个网络安全设备或者由多个硬件设备和相应软件组成的系统，位于不可信的外部网络和被保护的内部网络之间，目的是保护内部网络不遭受来自外部网络的攻击和执行规定的访问控制策略。如果防火墙部署在内外网之间，所有内网到外网的通信以及外网到内网的通信都必须经过防火墙，只有满足访问控制策略的通信才允许通过。防火墙本质上是一种实现网络层访问控制策略的设备，由于防火墙通常串接在网络中，因此设备本身具有较高的计算能力和通信处理能力。

防火墙的主要功能包括：过滤不安全的网络服务和通信行为，例如阻止外部 ICMP 数据包进入内部网络；禁止未授权用户访问内部网络，例如不允许来自特殊地址的通信，或对外部连接进行用户认证；控制对内网的访问方式，例如只允许外部访问连接内部网络特定区域中的 WWW、FTP 和邮件服务器，而不允许访问其他服务器；记录相关的网络访问事件，提供访问数据统计、预警和访问审计功能。

随着防火墙技术的发展，其功能也逐渐扩展，增加了如防止内部信息泄露、提供应用层安全过滤等功能。同时，防火墙也越来越多地和其他类型网络设备或安全设备结合在一起，例如路由器、网关、虚拟专用网（Virtual Private Network，VPN）设备等。

（1）包过滤防火墙

包过滤防火墙是最经典的防火墙，也是防火墙实现安全防护工作的设计初衷。包过滤防火墙工作在网络协议栈的网络层，逐一检查每个流经的网络层数据包（通常是 IP 数据包），判断数据包是否满足既定的过滤规则，如果满足则允许通过，否则进行阻断。IP 数据包的包头中包含了承载的协议类型、源地址、目的地址、源端口、目的端口、标志位等信息，包过滤防火墙可以检查协议类型控制各个协议的通信，检查 IP 地址控制来自特定源地址或者发往特定目的地址的通信，也可以检查端口控制对外部服务的访问和内部服务的开设。包过滤防火墙的管理员负责制定这些过滤规则，将规则配置到防火墙系统中并启用。

包过滤防火墙具有通用性强、效率高、性价比高等优势，但也存在较为明显的缺点，主要包括：仅能够执行较简单的安全策略，例如只能对单个 IP 数据包进行检查，当需要完成复杂的涉及多个数据包的检查任务时，就显得力不从心；另一方面，包过滤防火墙通常只针对包头部分进行检查，对于利用特定应用层协议的攻击行为，则无法检查；另外，仅通过端口来管理服务和应用通信不够合理，因为一些特定服务或应用的端口号并不固定。因此，在网络安全实际应用的不断推动下，防火墙逐渐发展出了更多的功能。

（2）连接状态防火墙

连接状态防火墙增加了对连接状态的控制。连接状态是指一个连接的上下文情况，连接状态防火墙可以更准确地判断一个从外向内或从内向外的连接的合法性，在一定程度上防止了一些潜在的网络攻击。由于连接状态是随着通信进行不断变化的，因此基于连接状态的访问控制也被称为"动态过滤"。

很多网络攻击都利用正常的网络应用协议（如 HTTP、SMTP、FTP 等）来实施，需要对网络连接的完整信息进行综合判断后，才能确定是属于攻击还是正常的访问请求，此时如果仅使用前面介绍的包过滤防火墙，则由于缺乏完整的连接信息而无法完成检查工作。利用连接状态防火墙，结合应用载荷检查，可以较为精准地发现此类攻击。

（3）代理网关

一般认为来自外部网络的连接请求是不可靠的，代理网关是执行连接代理程序的网关设备或系统，按照一定的安全策略，判断是否将外部网络对内部网络的访问请求提交给相应的内部服务器，如果可以提交，代理网关将代替外部用户与内部服务器进行连接，也代替内部服务器与外部用户连接。在此过程中，代理网关相当于外部用户与内部服务器之间的"中间人"，面向外部用户担当服务器的角色，面向内部服务器担当用户的角色，因此，代理网关中既包含服务器的部分，也包含客户端的部分。按照网关所处的网络层次，可以将其分为回路层代理和应用层代理。

回路级代理也称为电路级代理，建立在传输层上。在建立连接之前，先由代理服务器检查连接会话请求，若满足配置的安全策略，再以代理的方式建立连接。在连接中，代理将一直监控连接状态，若符合所配置的安全策略则进行转发，否则禁止相关的 IP 通信。由于这类代理需要将数据传输给上层处理，再接收处理或回应结果，类似于建立了数据回路，所以被称为回路级代理。由于回路级代理工作在传输层，它可以提供较为复杂的访问控制策略，而不仅是通过检查数据包包头实施访问控制策略。回路级代理的特点是：对于全部面向连接的应用和服务，只存在一个代理。回路层代理的代表是 SOCKS 代理系统，它面向控制 TCP 连接，由于需要实现对客户端连接请求的统一认证和代理，普通客户端需要加入额外的模块，多数浏览器都提供了对于这项功能的支持。

应用层代理则针对不同的应用或服务具体设计，因此对不同的应用或服务存在不同的代理。应用层代理由于需要对应用层协议进行还原和分析，其处理性能明显低于前面介绍的包过滤防火墙。

（4）应用防火墙

典型的应用防火墙如 Web 应用防火墙（WAF），能够为 Web 服务器提供应用层防护功能，对通过 HTTP 协议传输的 Web 访问数据进行分析和过滤，根据预定义的检测规则或自适应检测算法，自动发现并过滤掉那些存在典型 Web 攻击（如 SQL 注入、XSS 等）的访问请求，从而实现功能较强的应用级安全防护策略。

2. 入侵检测系统

入侵检测系统（IDS）通常分为数据源、分析检测和响应三个模块，如图 1-3 所示。数据源模块为分析检测模块提供网络和系统的相关数据和状态，分析检测模块执行入侵检测后，将结果提交给响应模块，后者采用必要的措施，以阻止进一步的入侵或恢复受损害的系统。在以上过程中，用于支持检测工作的数据库起到了重要作用，它负责存储入侵行为的特征模式，通常也称为入侵模式库或入侵特征库。

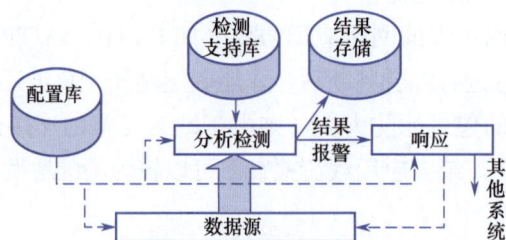

图 1-3　IDS 的系统架构

针对 IDS 的系统架构，比较有影响的成果是美国加州大学戴维斯分校研究人员提出的通用入侵检测框架（Common Intrusion Detection Framework，CIDF）。CIDF 是一套规范，它定义了 IDS 表达检测信息的标准语言以及 IDS 组件之间的通信协议。符合 CIDF 规范的 IDS 可以共享检测信息、相互通信、协同工作，还可以与其他系统配合实施统一的配置响应和恢复策略。CIDF 的主要作用在于集成各种 IDS 使之协同工作，实现各 IDS 之间的组件重用。按照 IDS 数据源的不同，IDS 主要可以分为以下三类。

（1）基于主机的 IDS

基于主机的 IDS 的检测目标主要是主机系统和本地用户，它可以运行在被检测主机或者其他单独的主机上，根据主机的审计数据和系统日志发现攻击迹象。若攻击者已经突破网络防护设施，进入被攻击主机的操作系统中，则基于主机的 IDS 能够发现主机被攻击情况并提供及时的响应。基于主机的 IDS 依赖于主机的审计数据和系统日志，这些数据本身容易被攻击者清除或者修改，攻击者也可能使用某些特权操作或者低级别操作逃避审计。基于主机的 IDS 仅分析主机的审计数据和系统日志，一般不能发现网络层面的攻击和审计范围之外的系统攻击。

基于主机的 IDS 进一步发展出了基于系统内核的 IDS，它可以在操作系统内核中检测异常行为，从而提高了检测的准确性和时效性。

（2）基于网络的 IDS

基于网络的 IDS 主要根据网络流量检测入侵，可以采用分布式部署模式：一个或多个网络探测器（探针）负责采集网络的数据流，对网络数据进行初步处理后传递给分析检测模块。需要指出，为了避免影响网络性能，基于网络的 IDS 通常采用旁路模式部署（而不是串接模式），例如通过分光设备将流量复制后送到 IDS 进行检测，或是将 IDS 部署在交换机的镜像端口，以获得该交换机中传输的全部网络数据。

IDS 的核心技术是其采用的分析检测方法，即根据已有的知识，判断网络和系统是否遭受攻击以及遭受何种攻击。主流的分析检测方法包括异常入侵检测和误用入侵检测两类，也出现了一些新的方法，例如引入人工免疫、基因算法、代理方法、数据挖掘思想的检测方法，以及利用当前快速发展的人工智能技术进行的智能化检测。

（3）分布式入侵检测

分布式入侵检测系统（Distributed Intrusion Detection System，DIDS）能够同时分析来自主机系统审计日志和网络数据流，一般为分布式结构，由多个部件组成。DIDS 可以从多个主机获取数据，也可以从网络传输取得数据。典型的 DIDS 采用控制台 / 探测器结构。NIDS 和 HIDS 作为探测器放置在网络的关键节点，并向中央控制台汇报情况。攻击日志定时传送到控制台，并保存到中央数据库中，新的攻击特征能及时发送到各个探测器上。每个探测器能够根据所在网络的实际需要配置不同的规则集。

3. VPN

虚拟专用网络（VPN）是一种网络技术，它通过加密和隧道协议在公共互联网或不受信任的网络上创建了安全的连接，以实现远程访问、数据保护和隐私保护，在该项技术的支持下，用户可以在不安全的网络上创建一个安全的、私密的网络连接，使得用户可以在远程地点访问网络资源。

VPN 设备主要实现如下功能：隧道建立，隧道建立是 VPN 技术中最关键的技术，是指在隧道的两端通过封装以及解封装技术在公网上建立一条数据通道，使用这条通道对数据报文进行传输；加解密，该项功能设计确保即使传输信息被窃听或者截取，攻击者也无法知晓信息的真实内容，可以对抗网络攻击中的被动攻击；身份认证技术，通过标识和鉴别用户的身份，防止攻击者假冒合法用户来获取访问权限；密钥管理技术，实现对认证过程中密钥信息的安全管理。

VPN 根据其实现方式和协议的不同可以分为多种类型，其中两种主要分类是 IPsec VPN 和 SSLVPN。

（1）IPsec VPN

IPsec VPN 是一种常见的 VPN 类型，它以 Internet 协议安全（IPsec）协议为基础，提供了强大的数据加密和安全性功能。IPsec VPN 在不同网络之间建立安全通道，以确保数据传输的保密性和完整性。

IPsec VPN 使用多个协议来确保数据的安全传输。其中两个主要的 IPsec 协议是 AH（身份验证报头）协议和 ESP（封装安全有效负载）协议。AH 协议负责数据的身份验证，确保数据在传输过程中不被篡改，而 ESP 协议则用于加密和保护数据的隐私。此外，IKE（Internet 密钥交换）协议用于建立和管理 VPN 连接，协商密钥和安全参数。

IPsec VPN 广泛应用于企业和组织中，用于远程访问、分支机构连接、云连接和合规性要求。它们通常用于连接不同地理位置的局域网络（LANs），建立虚拟专用网络，确保远程用户和分支机构能够安全地访问中央网络和资源。

（2）SSLVPN

SSLVPN 是另一种流行的 VPN 类型，它以安全套接层（SSL）协议为基础，提供了通过 Web 浏览器安全访问内部网络资源的能力。SSLVPN 通常不需要额外的客户端软件，因为它使用常见的 Web 浏览器作为接口。

SSLVPN 使用 SSL/TLS 协议来加密数据传输，确保数据的安全性。用户可以通过 Web 浏览器或特定的 SSLVPN 门户访问内部网络资源，通过 SSL 加密通道进行数据传输。SSLVPN 网关负责验证用户身份，并控制用户对资源的访问。

SSLVPN 通常用于提供远程访问，允许用户通过互联网安全地访问公司网络。它们适用于远程办公、出差、合规性要求和访问内部应用程序。

4. 漏洞扫描器

漏洞扫描器是一种用于对目标网络进行漏洞扫描的专业产品，它能够自动检测远程或本地计算机系统的安全脆弱性，发现可利用的漏洞，并提供相应的修复建议。漏洞扫描器基于漏洞数据库，通过扫描等手段对指定的计算机系统进行安全检测，从而发现系统中的安全漏洞，其主要功能包括对网站、系统、数据库、端口、应用软件等网络设备进行智能识别扫描检测，并对其检测出的漏洞进行报警提示管理人员进行修复。漏洞扫描器在网络安全领域中发挥着重要的作用，它可以及时发现和修复网络中存在的安全漏洞，提高系统的安全性，降低被攻击的风险。

漏洞扫描器的主要功能如下。

（1）漏洞检测，漏洞扫描设备能够对网络中的各种设备和系统进行自动化的漏洞检测，包括操作系统、数据库、网络设备、应用程序等。它通过模拟攻击者的行为来尝试利用各种漏洞，并记录下目标系统的反应，以判断是否存在漏洞。

（2）脆弱性评估，漏洞扫描设备能够对目标系统的脆弱性进行评估，识别出可能被攻击者利用的漏洞和弱点。它还能够提供详细的漏洞描述和影响范围，帮助管理员及时了解系统存在的安全风险。

（3）实时监测，漏洞扫描设备可以实时监测网络中的异常行为和恶意攻击，及时发现并阻止潜在的入侵行为。它还可以与防火墙、入侵检测系统等其他安全设备进行联动，共同构建起强大的安全防护体系。

（4）报告生成，漏洞扫描设备能够生成详细的漏洞报告，列出已检测到的漏洞信息和修复建议。这些报告可以帮助管理员快速了解系统的安全状况，并制订相应的修复计划。

（5）自动化修复，一些高端的漏洞扫描设备还具备自动化的修复功能，能够自动安装补丁或配置安全设置，以消除检测到的漏洞。这大大提高了漏洞修复的效率和安全性。

漏洞扫描器根据扫描对象不同可大致分为如下几类。

（1）网络扫描器，基于网络的扫描器就是通过网络来扫描远程计算机中的漏洞。价格相对来说比较便宜；在操作过程中，不需要涉及目标系统的管理员，在检测过程中不需要在目标系统上安装任何东西，维护简便。

（2）主机扫描器，基于主机的扫描器则是在目标系统上安装了一个代理或者服务，以便能够访问所有的文件与进程，这也使得基于主机的扫描器能够扫描到更多的漏洞。

（3）数据库扫描器，数据库漏洞扫描系统可以检测出数据库的 DBMS 漏洞、默认配置、权限提升漏洞、缓冲区溢出、补丁未升级等自身漏洞。

（4）Web 应用扫描器，专门用于扫描 Web 应用程序的漏洞，例如 SQL 注入、跨站脚本（XSS）和跨站请求伪造（CSRF）等，可以模拟攻击者的行为，识别应用程序中的漏洞并生成报告。

（5）移动应用扫描器，用于扫描移动应用程序中的漏洞和安全问题，可以检测移动应用中的 API 漏洞、不安全的数据存储和未加密的通信等问题。

5. 安全运营管理

安全运营管理是面向信息系统运行阶段的安全服务产品。由于在信息系统运行过程中，安全事件随时都可能发生，因此及时掌握出现的故障和存在的隐患等问题，并采取必要的应对措施。安全运营管理通过统一的运营管理体系和风险管理平台，提供有效的技术、人员及流程支持，帮助用户及时地检测、响应安全事件，针对安全状况实施动态监控和运营管理支持。

安全运营管理中心（SOC）包含安全运营管理类产品的常见形态。它是一个集人员、流程和技术于一体的中心，负责全天候检测端点、服务器、数据库、网络应用程序、网站和其他系统的所有活动，以实时发现潜在的威胁；对网络安全事件进行预防、分析和响应，以改进企业的网络安全态势。其主要功能如下。

（1）监测中心，通过仪表板或态势大屏，总览特定单位范围内的资产安全状况、最新待处理威胁、风险事件、安全事件趋势等值得关注的安全信息。

（2）资产中心，为用户提供资产可视功能，从资产角度了解安全态势，盘点现有资产，对资产进行编辑管理，同时方便运维人员对企业内网资产进行管理。可对用户环境中的各个资产实现列表管理，包含列表呈现各个资产基本信息，例如资产名称、资产 IP、资产来源、资产分组等。

（3）漏洞管理，实时收集互联网最新安全漏洞情报，扫描内网资产安全状况，发现并生成漏洞事件，方便运维跟踪处理。

（4）告警与事件管理，将接收的日志归一化为事件，经关联引擎匹配告警策略，生成安全告警，帮助用户调查分析、溯源事件、联动处置问题。

（5）调查中心，供用户对日志进行查询、检索。通过接收并保存企业内部各种设备日志及流量日志，提供给安全运维人员进行关键字段筛选搜索。

（6）响应中心，响应中心支持用户在发现安全事件或漏洞事件后进一步处置操作。

（7）报表中心，可根据用户实际需求制定并输出安全报表，方便安全运维人员总结一段时间内的安全工作成果，提供向上汇报、内部总结分析的材料支撑。

根据 SOC 构建模式的不同，SOC 可分为虚拟型 SOC、混合型 SOC、多功能型 SOC/NOC、专业型 SOC、指挥型 SOC 等，不同类型的 SOC 适用于不同的应用场景，在运维人员参与程度方面存在差异，用户单位应根据自身需要选择配备。

习　题

1. 什么是网络空间？
2. 什么是网络空间安全？
3. 网络空间安全的基本属性有哪些？
4. 安全威胁主要包括哪些？
5. 简述漏洞、恶意软件、僵尸网络的定义。
6. 什么是网络攻击？
7. 什么是网络安全事件？
8. 简述密码系统的基本原理。
9. 简述网络空间安全的发展历程。
10. 简述网络安全技术体系。
11. 网络安全产品主要有哪些？

第 2 章

网络安全保护制度与实施

网络安全保护制度是网络安全领域的"交通规则",任何组织和个人都要遵守。本章主要分析国际和国内网络空间安全态势以及面临的威胁和挑战,从国家间冲突网络战和全球重大网络安全事件得到的重要警示和启示;重点介绍我国网络安全保护制度体系,包括网络安全等级保护制度、关键信息基础设施安全保护制度、数据安全保护制度以及落实措施和数字化生态安全保护;还包含落实网络安全保护制度的网络空间地理学理论与技术实践、网络攻防技术对抗方法和网络安全实战型人才培养等重要内容。

2.1 网络空间安全态势分析

2.1.1 国际国内网络安全态势

网络安全工作者需要实时审视国际和国内网络安全态势,及时了解网络安全技术发展和网络安全事件情况,准确把握我国面临的严峻形势,才能采取有效措施,应对网络安全威胁和挑战。

1. 国家间对抗中的网络战全景展示,给了我们重要警示和启示,值得认真思考和借鉴

(1)网络战是现代战争重要手段。国家间的现代战争是综合战争,军事战与网络战、经济战、舆论战、信息战等交织,构成了现代战争的基本形态。

(2)关键信息基础设施是网络战的首要打击目标。在国家间的现代战争中,双方的政府网站、电信网络,以及电力、交通、金融、能源等领域的关键信息基础设施被攻击,引发断网、断电等严重事件,大大削弱对方的军事行动能力和国家安全能力。

(3)重要情报信息是网络战双方争夺的焦点。重要情报信息为军事打击提供精准情报支持。在近年来发生的国家战争中,参战军事人员信息遭到窃取和曝光,并被"人肉搜索"和精准打击,战斗机制造、飞机发动机和导弹设计等重要文件被窃取,对国家军事战略行动产生重大危害。

(4)战略设施被网络攻击入侵,严重威胁国家安全。在国家间的现代战争中,一些有国家背景的黑客组织成功入侵参战方的核研究所，获取大量敏感文件；对航天部门实施攻击入侵，窃取了月球探测任务有关文件。

（5）多种攻击手法组合形成多层次网络攻击杀伤链。网络战双方使用大规模 DDoS 攻击、高级可持续攻击、漏洞利用、钓鱼攻击、供应链攻击、数据擦除攻击等方法，呈现了隐蔽性高、破坏性强的特征，形成多层次杀伤链，展现了网络战基本形态。

（6）大国在国家间的网络战中起重要作用。大国网络部队通常具备完善的网络战战略战术体系和超一流网络战能力，可以从网络情报、技术、资源、武器、人员等方面支撑某一参战方，对另一方实施网络攻击。

国家冲突中的网络战，对我们具有重要参考和借鉴意义。我国要聚焦网络战威胁，大力加强网络与数据安全工作，有力维护国家安全和经济社会稳定运行。

2. 有组织的网络攻击入侵活动明显上升，给我国国家安全和数字化建设带来严重威胁

事件一：伊朗遭"震网"病毒攻击。2010 年 7 月，伊朗核设施遭"震网"病毒攻击事件爆发。针对西门子工控系统的"震网"病毒攻击了伊朗核设施，导致伊朗浓缩铀工厂内约五分之一的离心机报废，大大延迟了伊朗核进程。

事件二：斯诺登事件。2013 年，斯诺登曝光了美国的棱镜计划（PRISM），揭露了美国及其"五眼联盟"在"9·11 事件"后建立的全球网络监视活动。该计划由美国国家安全局自 2007 年起开始实施，对即时通信进行深度监听，可获得大量网络数据等。

事件三：希拉里"邮件门"事件。2013 年年初，一名黑客入侵了与克林顿家族关系密切的记者邮箱，发现机密文件，并溯源定位到希拉里家地下室的个人邮件服务器。2016 年 10 月，美联邦调查局重启调查希拉里"邮件门"事件，直接导致希拉里竞选总统失败。

事件四：朴槿惠"闺密门"事件。2016 年 10 月 24 日，朴槿惠闺密崔顺实的个人笔记本电脑中的 44 份涉及国家秘密的总统演讲稿遭泄露，导致朴槿惠政府垮台、朴槿惠入狱。

事件五："永恒之蓝"勒索病毒攻击事件。2017 年 5 月 12 日 20 时，勒索病毒"永恒之蓝"全球爆发，150 多个国家和地区网络系统遭攻击，导致众多医院、学校等网络瘫痪，给社会带来重大危害。

事件六：美国燃油断供事件。2021 年 5 月 7 日，美国最大燃油管道公司遭"黑暗面"黑客组织勒索病毒攻击，致使燃油供应中断，宣布部分地区进入国家紧急状态。

事件七：微软蓝屏事件。2024 年 7 月 19 日，总部位于美国加利福尼亚州的 CrowdStrike 公司向 Windows 操作系统发布传感器配置更新，触发了逻辑漏洞，致使全球约 850 万台装有 Windows 操作系统的计算机出现"蓝屏"死机现象，至少 20 多个国家的政府、企业、航空、银行、医疗、港口等受到严重影响。

全球网络和数据安全重大事件频发，一再给我们敲响警钟。这些重大事件告诫我们：网络和数据安全事关国家安全、政权安全、经济安全、国防安全等，关系到企业生存安全、个人生命安全。

3. 有组织的网络攻击入侵活动明显上升，给我国国家安全和数字化建设带来严重威胁

（1）某些国家将我国作为主要战略对手，不断加速网络空间军事化进程，从法律政策

规划、机构设置、行动部署、关键基础设施保护、前沿技术创新等多个方面，加快推进重大变革和网络作战现代化。这些国家还开展了一系列攻防演习，研发突破性网络武器，严重威胁我国的国家安全。

（2）一些具有国家背景的黑客组织，长期对我国重要行业部门实施网络攻击，窃取情报和重要数据。国家级有组织的网络攻击、高级可持续威胁（APT）攻击、漏洞利用攻击、供应链攻击、勒索病毒攻击等活动日益猖獗，我国网络空间安全面临的外部威胁挑战显著增大。

（3）我国网络和数据安全重大案事件显著增加，犯罪团伙入侵攻击控制全国大网络、大系统、大平台，实施网络破坏和窃密活动，严重危害社会公共安全和人民群众利益。

4. 我国加快发展数字化建设，网络和数据安全面临新挑战

（1）国家加快信息基础设施、融合基础设施、创新基础设施建设，包括 5G、6G 网络和基站、特高压、大数据中心、算力网络、人工智能、工业互联网等，新型基础设施是网络攻击的重点目标。

（2）国家加快推进数字经济发展，加快建设数字政府、数字中国、数字化企业，本质是打造数字化生态，构建一个数字化、网络化、智能化的全新社会。而数字化建设面临的最大威胁是网络攻击，国家经济安全的脆弱性及风险显著上升。

（3）国家网络数据安全提挡升级跨进新时代。《中华人民共和国网络安全法》《中华人民共和国数据安全法》《中华人民共和国个人信息保护法》《中华人民共和国关键信息基础设施安全保护条例》密集出台，为解决我国网络安全突出问题提供了法律保障。国家网络安全进入新时代，进程明显加快。新时代网络数据安全最显著的特征是技术对抗，要求我们树立新理念、采取新举措，大力提升防御能力和技术对抗能力，在技术对抗和斗争中赢得胜利。

（4）人工智能技术的双刃剑作用凸显。人工智能技术极大地促进了社会进步和经济发展，与此同时，该技术被犯罪团伙用于实施网络犯罪，大大提升了网络攻击能力，人工智能技术滥用，给网络安全、社会公共安全、人民财产安全带来了很大的风险威胁。

（5）我国在按照"创新、协调、绿色、开放、共享"新发展理念，加快发展新质生产力，扎实推进高质量发展。新质生产力是以创新为主导，摆脱传统经济增长方式和生产力发展路径，以劳动者、劳动资料、劳动对象及其优化组合的跃升为基本内涵，以全要素生产率大幅提升为核心标志，具有高科技、高效能、高质量特征，符合新发展理念的先进生产力质态。在网络安全领域，将新质生产力凝练为网络安全新质战斗力，大力提升网络安全实战能力。

5. 我国网络和数据安全还存在许多不足，整体保护能力不强，难以有效应对大规模网络攻击

（1）数据大集中、大流动、大应用，客观上造成重要数据保护困难、网络攻击容易

随着我国数字基础设施建设的加速推进，各地区和各重点单位的数据从分散到大集

中、从有限流动到大范围流动、从简单应用到广泛应用。这一转变有力地促进了我国数字经济、数字政府、数字中国建设和数字化转型。但在此过程中，重要数据的保护变得越来越困难，成本也在不断增加。而网络攻击窃取数据却变得容易、快捷，导致我国涉及数据违法犯罪活动和数据安全事件明显增加，给国家安全、经济社会发展和人民群众合法权益带来严重危害。

（2）当前我国网络和数据安全问题隐患突出，需要下大力气解决

一是总体上敌情意识、危机意识、网络与数据安全意识不强，实体经济部门对来自网络空间的威胁和风险认识不足，网络数据安全案（事）件频发，部分单位在网络和数据遭受攻击、窃取、破坏时隐瞒不报；二是四方责任落实不到位，包括主管责任、主体责任、监管责任和第三方服务责任；三是网络数据安全"打防管控"一体化的综合防控体系和治理体系尚未建立，缺乏创新性措施；四是数据重应用、轻安全的老问题依然突出，数据安全保护滞后于数字化建设与应用；五是数据全生命周期保护能力不强，数据违规采集、存储、传输、使用、共享和外包等问题突出，导致地下黑产和暗网非法出售数据活动猖獗；六是部分地方和部门在数字基础设施建设过程中，不按照上级要求开展，存在严重业务逻辑缺陷，重要验证措施缺失，频繁造成重要数据泄露。

（3）网络与数据安全防护存在许多薄弱环节和重大隐患

一是互联网暴露点过多，非法外联问题突出；二是老旧漏洞不修补、弱口令等低级问题仍然存在；三是内网缺乏分区分域隔离，纵深防御措施不到位；四是神经中枢系统防护薄弱，系统和网络访问控制不健全；五是数据安全为最大短板，全生命周期防护不到位，重要数据遭窃取、非法交易和出境等频发；六是大量采用国外产品和服务，重大风险隐患依然存在；七是供应链是最大风险点，成为黑客攻击的跳板和桥梁；八是防范"社会工程学"攻击的意识和措施不强，网上防策反、防渗透、防间谍意识不强；九是重要、敏感信息在互联网上泄露问题严重，变相成为了网络攻击的帮凶；十是基层单位网络防守薄弱，人防、物防、技防措施不足，可导致"一点突破，全网沦陷"的严重后果；十一是网络广泛互连、数据共享，难于抵御跨行业、跨网络攻击。

2.1.2　国家间冲突网络战及全球重大网络安全事件的警示和启示

启示一：增强敌情意识、风险意识，坚定不移地实施国产化替代，软硬件产品和核心技术自主可控，打造和提升网络安全新质实战能力，提升预知预判、预警预防能力，有力防范"网络战"打击和关键时刻"貌似小动作"的致命一击。

启示二：打造网络安全新质实战能力。在网络安全领域将新质生产力凝练为新质战斗力。网络安全新质实战能力即是网络安全领域的新质生产力，是以创新为主导，先进技术和大数据为支撑，机制改革为途径，高效能和高质量为目标，按照"专业力量专业能力＋新型打防管控机制＋人工智能＋大数据"四位一体的新理念，打造符合新发展理念的网络安全新质实战能力质态。

启示三：国家间意识形态的斗争和军事战争，网络战先行。因此，从"攻防"两个维度，建立完善网络空间技术对抗体系，"打造一支攻防兼备的队伍，开展一组实战行动，建设一批网络与数据安全基地"，提档升级网络空间安全保卫、保护和保障措施，实施"网络备战"。

启示四：从"理论、技术、实战"三个维度，完善网络安全理论体系；在理论指导下，突破一批核心技术；利用核心技术，支撑情报获取、侦查打击、主动防御、监测预警、事件处置、攻防演习等实战行动，全方位筑牢网络空间安全屏障。

启示五：大力提升队伍实战能力。建立实战人才发现选拔、培养使用机制，打造攻防兼备的队伍；建设红、蓝军，依托网络靶场，组织开展演习演练、沙盘推演、专项演练、应急演练、比武竞赛等一系列实战行动。

启示六：提升实战支撑能力。按照"战训结合、平战结合"原则，建设一批网络与数据安全基地，包括"网络攻防靶场、模拟仿真实验室、技术研发中心、威胁情报中心、检测鉴定中心、教育训练中心、展示警示中心、产业孵化平台"等。

启示七：提升技术攻关能力。按照"理论支撑技术、技术支撑实战"的理念，开展网络空间地理学等理论研究，指导技术攻关；开展核心技术攻关，突破网络空间智能认知、资产测绘、画像与定位、可视化表达、地理图谱构建、行为认知和智能挖掘等核心技术，支撑实战。

启示八：提升指挥调度能力。从落实"实战化、体系化、常态化"三化要求出发，建设网络安全监控指挥中心、综合实战平台，开发平台智慧大脑，全要素全业务上图，绘制网络地图，建立网络空间安全综合防御体系，实施"挂图作战"。

2.2　我国网络安全法律政策和标准体系

近年来，我国出台了一系列网络安全法律、政策和标准，为开展网络和数据安全工作提供了法律、政策和标准保障，本节简要介绍有关网络和数据安全的法律、政策和标准。

2.2.1　网络安全法律体系

我国高度重视网络安全法制建设，坚持依法治网，大力推进网络空间法治化建设，努力构建完备的网络安全法律法规体系，为全社会开展网络和数据安全工作提供了坚强保障。

1994 年，国务院发布第 147 号令《中华人民共和国计算机信息系统安全保护条例》标志着我国网络安全进入法制轨道。2016 年，我国网络安全的基本法——《中华人民共和国网络安全法》出台，是我国网络安全法治建设的重要里程碑，标志着我国网络安全工作进入新时代。2019 年出台的《中华人民共和国密码法》，使得密码应用和管理有法可依，密码工作得到法律充分保障。2021 年，《中华人民共和国数据安全法》出台，标志着我国具有了数据安全监督管理的基础性法律。2021 年《中华人民共和国个人信息保护法》出台，使得保护个人信息、维护公民合法权益有法可依。2021 年，国务院发布《关键信息基础设施安全保护条例》，标志着我国网络安全保护的重中之重——关键信息基础设施有了明确的保护要求。这些法律法规是我国网络安全法律法规体系中的主要内容。

由于网络安全非常重要，深刻影响国家安全、经济社会发展和人民群众的合法权益，因此，有关法律法规对网络安全也提出了明确要求，例如，2015 年出台的《中华人民共和国国家安全法》、1995 年出台的《中华人民共和国人民警察法》以及后续的修正、1979 年出台的《中华人民共和国刑法》以及一系列修正案、2005 年出台的《中华人民共和国治安管理处罚法》以及后续的修正等为强化网络安全工作、维护国家安全提供了有力支撑。

2.2.2　网络安全政策体系

依据网络和数据安全法律法规，国家出台了许多网络安全政策文件，主要包括《党委（党组）网络安全工作责任制实施办法》《网络安全审查办法》《贯彻落实网络安全等级保护制度和关键信息基础设施安全保护制度的指导意见》《关于落实网络安全保护重点措施 深入实施网络安全等级保护制度的指导意见》《网络产品安全漏洞管理规定》。这些政策文件对国家构建网络安全责任制、网络安全审查制度、网络安全等级保护制度、关键信息基础设施安全保护制度等，发挥了重要作用。

2.2.3　网络安全标准体系

国家高度重视网络安全标准体系建设，《中华人民共和国网络安全法》第十五条规定，国家建立和完善网络安全标准体系。国务院标准化行政主管部门和国务院其他有关部门根据各自的职责，组织制定并适时修订有关网络安全管理以及网络产品、服务和运行安全的国家标准、行业标准。国家支持企业、研究机构、高等学校、网络相关行业组织参与网络安全国家标准、行业标准的制定。

我国标准化工作管理机构是国家标准化委员会，设在国家市场监督管理总局。全国网络安全标准化技术委员会是在网络安全技术专业领域内，从事网络安全标准化工作的技术工作组织；在国家标准化委员会领导下，负责组织开展网络安全有关的标准化技术工作，研究起草并组织实施有关网络安全技术、安全机制、安全服务、安全管理、安全评估等方面的标准。全国网络安全标准化技术委员会设置了信息安全标准体系与协调工作组（WG1）、密码技术工作组（WG2）、鉴别与授权工作组（WG4）、信息安全评估工作组（WG5）、通信安全标准工作组（WG6）、信息安全管理工作组（WG7）、大数据安全标准工作组等机构，分别负责相应领域的安全标准化工作。

在国家网络安全职能部门的指导下，全国网络安全标准化技术委员会同有关部门，在有关企业、研究机构、专家的大力支持下，牵头制定了一系列网络安全国家标准，包括基础标准、技术与机制标准、安全管理标准、安全测评标准、产品与服务标准、网络与系统标准、数据安全标准、组织管理标准、新技术新应用安全标准共九个大类，建立了国家网络安全标准体系，为全社会开展网络安全工作提供了重要保障。

2.3　我国网络空间安全基本原则和主要对策措施

2.3.1　网络空间安全基本原则

（1）坚持依法保护，落实责任。深入贯彻落实网络和数据安全的法律法规、政策文件和各项制度要求，依法落实四方责任，包括行业主管责任、主体责任、监管责任、服务责任，全面加强网络安全保卫、保护和保障工作。

（2）坚持问题导向、实战引领、体系化作战。树立新理念，聚焦突出问题和薄弱环节，从网络安全、数据安全、人工智能安全等方面，构建从制度、管理和技术有机衔接的综合防控和安全治理体系。

（3）加强战略谋划和战术设计。立足有效应对大规模网络攻击，从网络和数据安全的保护、保卫、保障三个方面进行谋划，从战略层面进行设计，从战术层面进行实施，保护网络空间和数字化生态安全。

（4）坚持底线思维和极限思维，树立一盘棋思想。实时审视国际国内大局，加强技术攻关和自主可控，采取超常规举措，大力提升技术对抗能力，守住关键，保住要害。

（5）坚持数字化发展和安全并重，促进数字文明进步。安全的目的是保障发展，而不是制约和限制发展，在数据安全和数字化发展中寻找平衡点，建立可信可控的数据安全屏障。

（6）坚持综合保障，形成整体合力。从机构、编制、人员、经费、装备、工程、科研、教育训练等方面，创新数字化企业安全管理方式，全力构建数字化生态安全综合保障体系。

2.3.2　我国网络空间安全的主要措施

1. 采取网络安全保护措施，提升网络安全综合防御能力

（1）建立领导体系和工作体系。按照《党委（党组）网络安全责任制实施办法》要求，设立网络安全领导机构、管理机构和专职人员；建立决策机制，保障人力、财力、物力投入。

（2）开展顶层设计和规划。从战略规划和布局出发，突出网络安全、数据安全和人工

智能安全，健全完善保护网络和数据安全的法律、政策、标准体系。制定行业网络安全管理办法、标准规范、安全保护规划、年度计划，经专家评审后实施。

（3）落实行业主管责任。行业主管部门加强对本行业网络安全工作的组织领导、监督检查，督办整改；横向到边、纵向到底。

（4）落实网络运营者主体责任。按照法律法规和有关制度要求，落实网络安全责任和各项任务要求，守土有责、守土尽责。

（5）落实网络安全等级保护制度。按照《中华人民共和国网络安全法》要求和国家标准规范，坚持分等级保护、分等级监管，保障各级网络系统的安全合规，筑牢网络安全基石。

（6）落实关键信息基础设施安全保护制度。按照《中华人民共和国网络安全法》《关键信息基础设施安全保护条例》等法律法规要求，制定关键信息基础设施识别认定规则，确定关键信息基础设施，加强安全保卫、保护和保障。

（7）落实数据安全保护制度。按照《中华人民共和国网络安全法》《中华人民共和国数据安全法》等法律法规要求，建立数据分类分级制度、安全保护制度等一系列制度，加强重要数据安全保护。

（8）制度结合。将数据安全保护制度、网络安全等级保护制度、关键信息基础设施保护制度、个人信息保护制度有机结合，确保在安全保护、检测评估、监测预警、应急处置、威胁情报、技术对抗等方面协调统一行动。

（9）落实密码安全防护要求。落实《中华人民共和国密码法》《商用密码管理条例》和密码应用相关标准规范，使用符合规定的密码技术、密码产品和服务，提高技术保护能力。

（10）开展数字化生态保护。在保护数字化生态基础要素基础上，加强对数据流通过程和环节、数据应用、算力网络、AI大模型、数字人、数字基础设施的安全保护，进而保护好由此构成的数字化新生态、新业态、新产业、新模式的安全。

（11）开展安全检测和风险评估。将隐患识别、威胁分析、等级测评、风险评估、密码安全性检测评估等统筹安排，开展网络安全检测和风险评估，有效管控风险威胁。

（12）制定网络安全建设整改方案并实施。根据安全检测评估、风险分析、事件分析、实战检验等发现的问题隐患，以应对大规模网络攻击为目标，制定安全建设整改方案并实施。

（13）采取多种方式检验保护措施的有效性。开展网络攻防演习、沙盘推演，聘请专门安全检测机构，远程渗透测试与现场检测相结合，对关键信息基础设施和重要网络系统进行全流程、全方位检测评估。

（14）落实实时监测预警措施。健全完善网络安全监测预警机制和信息共享机制，强化预知预判、预警预防。利用网络安全保护平台和技术措施，开展实时监测预警，大力提高发现网络攻击能力和监测预警能力。

（15）落实物理设施保护和电力电信保障措施。保护机房、大数据中心、云平台等物理设施安全，严防地震、洪灾等破坏，保障网络运行正常、数据免遭破坏。

（16）落实"三化六防"措施。认真落实"实战化、体系化、常态化"和"动态防御、主动防御、纵深防御、精准防护、整体防控、联防联控"措施，提升整体防控能力。

（17）实施"挂图作战"。建设网络安全监控指挥中心和网络安全综合保护平台，研发网络与数据安全大模型，实施"挂图作战"，提升整体实战能力。

（18）落实信息通报措施。依托国家网络与信息安全信息通报机制，加强各行业、各领域、各地区网络安全信息通报预警机制建设和力量保障，提升信息通报预警能力。

（19）落实责任追究制度。制定网络安全责任制管理办法和问责规范，健全完善网络安全考核评价和责任追究制度，确定问责范围，明确约谈、罚款、行政警告、记过、降级、开除等处罚措施。

（20）落实指挥调度措施。重点行业、网络运营者要建设网络安全监控指挥中心，落实 7×24 小时值班值守制度，提升网络安全指挥调度能力。

（21）落实事件处置机制。要制定网络安全事件应急预案，加强应急力量建设和应急资源储备，与公安机关密切配合，建立事件报告制度和应急处置机制，落实重大事件处置措施和协同联动措施，提升事件处置能力。

（22）定期进行"排雷"行动。针对渗透攻击、预埋木马和逻辑炸弹、开后门、网络控制权被剥夺等重大网络安全问题隐患，通过"探雷、固证、排雷、整改"等措施，及时发现攻击、消除重大风险隐患，封堵攻击通道，有效提升网络安全防范能力水平。

（23）落实协同联动措施。建立协同联动、信息共享与会商决策机制，在机构的业务应用、系统建设、技术实施、运营运维、综合管理等部门间建立内部机制；与保护工作部门、行业内上下级单位、直属机构建立纵向配合机制；与公安机关、横向合作单位、技术支撑机构建立横向机制，形成一体化联合工作机制。

（24）落实技术对抗措施。科学设计网络架构，对网络应用进行集约化建设。在监测发现基础上，采取收敛暴露面、捕获、溯源、干扰、阻断和反制等技术措施，在网络关键节点架设监测设备、蜜罐、沙箱等设备，诱捕和溯源网络攻击。构建以密码、可信计算、人工智能、大数据分析技术为核心的网络安全技术保护体系，提升技术对抗能力。

（25）开展审查认证。落实网络安全审查要求。落实 2021 年 11 月 16 日国家网信办、公安部等 13 个部委联合印发的《网络安全审查办法》。根据数据安全法律法规、政策和数据安全审查制度要求，数据处理者应建立数据审查和认证制度，对数据及其相关安全管理负责人、关键岗位人员以及为数据处理活动全流程开展审查，保障重要数据安全关键岗位人员可信、可靠，数据处理活动合规有序；配合相关部门开展数据安全审查工作。

（26）容灾备份。建立重要数据容灾备份机制。按照业务连续性管理需求，建立重要数据和数据库容灾备份机制，重要数据和数据库采取异地备份措施。业务安全性要求高的可采取数据异地实时备份，业务连续性要求高的可采取重要系统异地备份。

（27）技术保护。各类网络联通、数据大流动是大趋势。一是优化完善数据传输政策，确定数据传输规则，采取量子技术、密码技术、IPv6 等核心技术，确保数据传输安全；二是采取多方计算、区块链、人工智能等新技术，对不能提供和流通的数据，按照"数据不出门、可用不可见"原则，采取建桥、建模、加密传输等新理念新措施，实现"数据积极应用与确保安全"。

2. 采取网络安全保卫措施，提升网络安全"打防管控"一体化综合防御能力

（1）开展比武竞赛。建设网络靶场，设立红、蓝军，组织开展网络攻防演练、比武竞赛和技术对抗，大力提升对抗反制能力。

（2）开展联合作战。公安机关与重要行业部门、企业等社会力量密切配合，建立网络安全联合作战机制，立足网络备战，打整体仗、合成仗。

（3）落实威胁情报措施。建立社会化的网络安全威胁情报支撑体系，按照"两端一路"理念，利用核心技术和平台等，开展威胁信息搜集、分析、挖掘等工作，建立完善情报信息共享机制，利用威胁情报引领网络安全"打防管控"综合防控体系建设。

（4）开展网络安全执法检查。各级公安机关人民警察，应依据《中华人民共和国警察法》《中华人民共和国网络安全法》《中华人民共和国数据安全法》《关键信息基础设施安全保护条例》等法律法规，对重点单位开展网络安全执法检查。

（5）严厉打击网络违法犯罪活动。利用事件处置、安全监测、安全检测、攻防演习、扫雷等手段，及时搜集发现危害网络和数据安全的违法犯罪线索，及时开展调查取证、追踪溯源，严厉打击危害关键信息基础设施、重要网络系统和重要数据安全的违法犯罪活动。

3. 采取网络安全保障措施，提升网络安全综合保障能力

（1）落实供应链安全措施。在网络的规划设计、建设、运维、产品、服务等各环节中，加强对网络服务商和产品供应商的安全管理，防范供应链安全风险。加强互联网远程运维安全评估论证，并采取相应的管控措施。

（2）开展技术攻关。按照"理论支撑技术、技术支撑实战"的理念，开展理论研究和技术攻关，研究网络空间智能认知、资产测绘、画像与定位、可视化表达、地理图谱构建、行为认知和智能挖掘等核心技术，支撑网络安全实战。

（3）实施自主可控和技术创新工程。梳理排查网络系统中使用国外产品和服务；加强算法的审核、运用和监督；制定国产化替代方案，在有关部门的支持下，从基础软硬件、业务系统以及网络安全产品等方面，逐步实现国产化替代。

（4）落实各项保障。加强统筹领导和保障，研究解决网络安全机构编制、人员、经费、科研、工程建设等各项保障，特别要保障设备设施改造升级经费。

（5）培养攻防兼备的专门队伍。建立教育训练和实战型人才的发现、培养、选拔和使用机制，培养攻防兼备的人才队伍。

（6）开展网络安全保险。借鉴发达国家经验，在网络与数据安全领域引入保险机制，提高网络与数据安全风险治理能力。加强顶层设计，研究网络与数据安全保险法律、政策、标准规范，共同培育市场，试点先行，支持保险机构构建"保险＋风险管控＋服务"模式。

（7）实施"一带一路"网络安全战略。有关部门研究出台政策、标准规范，支持国有企业与网络安全企业走出去，让"一带一路"国家共享中国网络安全等级保护经验，同时，保护中国企业在海外的网络基础设施和数据安全，保护企业生产业务安全，保护国家海外利益。

（8）开展人工智能安全治理。研究出台保障人工智能健康发展应用的法律、政策和标准规范，加强伦理、社会问题研究，从算法安全、数据安全、伦理安全、国家安全等维度综合研究施策，提升人工智能安全治理能力。

（9）产业支撑。从强化基础出发，进一步加强对企业、研究机构、高等院校的支持，壮大网络和数字化安全产业，为网络和数据安全工作提供有力支撑。

2.4　我国网络安全保护制度体系

国家网络安全法律法规确定的网络安全保护制度，主要包括网络安全等级保护制度、关键信息基础设施安全保护制度、数据安全保护制度和个人信息保护制度等，构成了我国网络安全保护制度体系。

搞清网络安全等级保护制度、关键信息基础设施安全保护制度和数据安全保护制度的内在关系非常重要，涉及在开展网络安全工作的具体实践中，如何进行统筹规划、顶层设计、方案制定和组织落实。在网络安全保护环节，个人信息纳入数据安全保护范畴，因此，这里只介绍上述三个制度的关系。有关个人信息保护的内容详见第 5.5 节。

2.4.1　三个制度的关系

（1）《中华人民共和国网络安全法》第二十一条规定，国家实行网络安全等级保护制度，该制度是网络安全的基本制度、基本国策、基本方法，是网络与数据安全的基础。

（2）《中华人民共和国网络安全法》第三十一条和《关键信息基础设施安全保护条例》第六条规定：关键信息基础设施在网络安全等级保护制度的基础上，实行重点保护。

（3）《中华人民共和国数据安全法》第二十七条规定：利用互联网等信息网络开展数据处理活动，应当在网络安全等级保护制度的基础上，履行数据安全保护义务。

由此可见，法律明确规定了三个制度的关系，即网络安全等级保护制度是基础，关键信息基础设施安全保护制度和数据安全保护制度是重点（一个基础两个重点）。《关键信息基础设施安全保护条例》和《中华人民共和国数据安全法》将网络安全等级保护制度延伸到关键信息基础设施安全保护领域和数据安全保护领域，并将网络安全等级保护制度作为二者的基础，国家从法律层面确定了三个制度之间的关系。因此，从网络安全政策层面、标准层面，对三个制度应依据法律规定进行有效衔接，协调落实。

2.4.2 建立科学的网络安全保护制度体系

1. 建立了科学的网络安全等级保护制度

我国建立了比较完备的科学的网络安全等级保护制度，该制度在法律、政策、标准等方面协调一致，有机衔接。

（1）《中华人民共和国网络安全法》等法律法规以及中央政策文件对网络安全等级保护制度作出明确规定，提出了明确要求。

（2）公安部作为国家网络安全保护制度的主管部门，依据法律规定和中央政策要求，出台了与法律法规和中央政策有机衔接的一系列网络安全等级保护政策文件，例如《贯彻落实网络安全等级保护制度和关键信息基础设施安全保护制度的指导意见》（公网安〔2020〕1960号）和《关于落实网络安全保护重点措施 深入实施网络安全等级保护制度的指导意见》（公网安〔2022〕1058号）等，有力支撑了网络安全保护制度的实施。

（3）在法律、政策的指引下，国家出台了与法律、政策有机衔接的国家标准、行业标准，例如《网络安全等级保护定级指南》《网络安全等级保护基本要求》《网络安全等级保护安全设计技术要求》《网络安全等级保护测评要求》《网络安全等级保护测评过程指南》《网络安全等级保护实施指南》等。由此，国家形成了科学的网络安全等级保护制度体系。

2. 建立科学的关键信息基础设施安全保护制度

关键信息基础设施是网络安全保护的重中之重，建立科学的关键信息基础设施安全保护制度是网络安全领域的重要任务之一。从国家层面，一是出台了《关键信息基础设施安全保护条例》；二是出台了有关政策文件，公安部也出台了有关加强关键信息基础设施安全保护的政策文件（鉴于文件涉密，不能公开）；三是出台了《关键信息基础设施安全保护要求》国家标准。但是，关键信息基础设施安全保护标准体系尚未建立。因此，需要加快制定与法律政策相衔接、与网络安全等级保护国家标准协调一致的关键信息基础设施安全保护国家标准、行业标准，形成在法律、政策、标准等方面协调一致的关键信息基础设施安全保护制度。

3. 建立科学的数据安全保护制度

重要数据与国家关键信息基础设施一样，都是网络安全保护的重中之重，建立科学的数据安全保护制度也是网络安全领域的重要任务之一。国家出台了《中华人民共和国数据安全法》，中央出台了有关加强数据安全保护的政策文件。需要建立与法律政策相衔接的、与网络安全等级保护国家标准协调一致的数据安全标准体系，加快建立科学的数据安全保护制度。

4. 三个制度应从法律政策标准措施四个层面有机衔接和协调一致

网络安全等级保护制度、关键信息基础设施安全保护制度、数据安全保护制度应从法律、政策、标准三个层面有机衔接、协调一致，才能建立科学的网络安全保护制度体系。法律确定了三个制度的关系，即网络安全等级保护制度是基础，关键信息基础设施安全保护制度、数据安全保护制度在网络安全等级保护制度基础上实施。法律确定了三个制度的关系后，三个制度在政策、标准层面需要有机衔接、协调一致，才能将网络安全三个重要制度建立好并落到实处；同时，在落实三个制度的具体措施方面需要有机衔接、协调一致。

2.5　网络安全等级保护制度

网络安全等级保护制度是我国网络安全的基本制度、基本国策和基本方法，是我国网络安全工作的创举、网络安全界的智慧结晶、网络安全的基础防线和基石，是保障我国经济健康发展，维护国家安全、社会秩序和公共利益的根本保障。网络安全等级保护制度历经三十多年，从信息安全等级保护制度发展到现在的网络安全等级保护制度，进入2.0 时代。

2.5.1　网络安全等级保护制度的基本含义

1. 网络安全等级保护制度的基本含义

国家实行网络安全等级保护制度，对网络实施分等级保护、分等级监管，对网络中使用的网络安全产品实行按等级管理，对网络中发生的安全事件分等级响应、处置。

"网络"是指由计算机或者其他信息终端及相关设备组成的按照一定的规则和程序对信息进行收集、存储、传输、交换、处理的系统，包括网络设施、信息系统、数据资源等。

2. 网络安全等级保护制度的具体内容

（1）网络安全等级保护制度中的"分等级保护、分等级监管"。包括五个环节，分别是网络定级、备案、等级测评、建设整改和监督检查。这部分内容，称为网络安全等级保护工作。

（2）国家对网络安全产品的使用实行分等级管理制度。网络安全产品应当符合国家标准和网络安全等级保护制度的相关要求。网络安全产品提供者应当为其产品依法提供安全维护，对其产品的安全缺陷、漏洞，应当及时采取补救措施，按照规定及时告知用户，同时向公安机关报告。网络运营者应当根据网络的安全保护等级和安全需求，采购、使用符合国家法律法规和有关标准规范要求的网络安全产品。第三级以上网络运营者应当按照国家有关法律法规要求，采用与其安全保护等级相适应的网络安全产品。

（3）网络安全事件实行分等级响应、处置制度。依据网络安全事件对网络、信息系统和数据的破坏程度、所造成的社会影响以及涉及的范围确定事件等级。根据不同安全保护等级的网络中发生的不同等级事件制定相应的应急预案，确定事件响应和处置的范围、程度及相应的管理制度等。网络安全事件发生后，按照预案分等级进行事件响应和处置。

3. 网络安全等级保护制度的法律、政策和标准

我国出台了一系列有关法律、政策和标准，确立了科学的网络安全等级保护制度。

（1）国家出台《中华人民共和国网络安全法》《中华人民共和国计算机信息系统安全保护条例》等法律法规，确立网络安全等级保护制度的法律地位。

（2）国家出台《国家信息化领导小组关于加强信息安全保障工作的意见》，公安部、国家保密局、国家密码管理局、原国家信息化领导小组办公室四部门联合出台《信息安全等级保护管理办法》（公通字〔2006〕43号），公安部出台《贯彻落实网络安全等级保护制度和关键信息基础设施安全保护制度的指导意见》（公网安〔2020〕1960号）和《关于落实网络安全保护重点措施 深入实施网络安全等级保护制度的指导意见》（公网安〔2022〕1058号）等政策文件，对如何落实网络安全等级保护制度提出明确要求。

（3）在法律、政策的指引下，国家出台了与法律、政策有机衔接的国家标准，例如《网络安全等级保护定级指南》《网络安全等级保护基本要求》《网络安全等级保护测评要求》《网络安全等级保护安全设计技术要求》《网络安全等级保护实施指南》等，形成了网络安全等级保护标准体系，指导各地区各部门开展网络安全等级保护工作。

4. 网络安全等级保护工作的主要环节

开展网络安全等级保护工作，涉及公安机关、保密部门、密码管理部门、网信部门等职能部门，以及行业主管部门、网络运营者、第三方测评机构、网络安全企业、专家队伍等，各方应按照国家网络安全等级保护制度要求，按照职责任务和分工，密切配合，共同落实网络安全法和网络安全等级保护制度要求，依法维护网络安全。

（1）网络定级

网络安全等级保护制度将网络（包括网络设施、信息系统、数据资源等）分成五个安全保护等级，从第一级到第五级，逐级增高。

根据网络在国家安全、经济建设、社会生活中的重要程度，以及其一旦遭到破坏、丧失功能或者数据被篡改、泄露、丢失、损毁后，对国家安全、社会秩序、公共利益以及相关公民、法人和其他组织的合法权益的危害程度等因素，网络安全等级保护制度将网络分为以下五个安全保护等级。

第一级，一旦受到破坏会对相关公民、法人和其他组织的合法权益造成损害，但不危害国家安全、社会秩序和公共利益的一般网络。

第二级，一旦受到破坏会对相关公民、法人和其他组织的合法权益造成严重损害，或者对社会秩序和公共利益造成危害，但不危害国家安全的一般网络。

第三级，一旦受到破坏会对社会秩序和社会公共利益造成严重危害，或者对国家安全造成危害的重要网络。

第四级，一旦受到破坏会对社会秩序和公共利益造成特别严重危害，或者对国家安全

造成严重危害的特别重要网络。

第五级，一旦受到破坏后会对国家安全造成特别严重危害的极其重要网络。

网络运营者根据《网络安全等级保护定级指南》（GB/T 22240—2020）拟定网络的安全保护等级，组织召开专家评审会，对拟定的安全保护等级进行评审，出具专家评审意见。有主管部门的，网络运营者将定级结果上报行业主管部门进行核准。

（2）网络备案

网络安全等级保护备案工作包括网络备案、受理、审核和备案信息管理等环节。网络的安全保护等级确定后，第二级（含）以上网络的网络运营者按照相关管理规定，将定级结果和备案材料提交公安机关进行备案审核。公安机关收到网络运营者备案材料后，应对网络定级的准确性进行审核。网络定级准确、定级材料符合要求的，公安机关颁发由公安部统一监制的《网络安全等级保护备案证明》。行业主管部门有备案要求的，网络运营者应当向行业主管部门备案。行业主管部门统一向同级公安机关报送备案材料。

（3）等级测评

网络安全等级保护的等级测评活动是国家网络安全等级保护制度规定的工作环节。网络运营者选择符合国家规定条件的测评机构，依据依据《网络安全等级保护测评要求》《网络安全等级保护测评过程指南》等国家标准进行，对非涉及国家秘密的网络安全等级保护状况进行检测评估的活动，查找网络安全问题、隐患，分析威胁风险，提出安全建设整改意见。

（4）安全建设整改

网络运营者根据网络的安全保护等级，按照国家有关法律、政策以及《网络安全等级保护基本要求》《网络安全等级保护安全设计技术要求》等国家标准，以及"一个中心（安全管理中心）、三重防护（安全通信网络、安全区域边界、安全计算环境）"的要求，开展网络安全建设整改，建设安全设施，落实安全措施和安全责任，建立和落实人员管理、教育培训、系统建设、运维等安全管理制度；在网络建设过程中，"同步规划、同步建设、同步运行"网络安全保护措施，履行网络安全保护责任和义务，建立网络安全综合防御体系，提高网络安全综合防护能力。

（5）监督检查

公安机关对第二级网络运营者的网络安全工作进行指导，对第三、第四级网络运营者的网络安全工作定期开展监督检查；监督检查网络运营者开展网络安全保护各项工作情况和网络安全状况，发现问题和隐患等，提出整改意见，并督办整改。

2.5.2 落实网络安全等级保护制度的主要措施

依据《中华人民共和国网络安全法》，全面落实公安部《贯彻落实网络安全等级保护制度和关键信息基础设施安全保护制度的指导意见》（公网安〔2020〕1960 号）和国家网络安全等级保护协调小组办公室印发的《关于落实网络安全保护重点措施 深入实施网络安全等级保护制度的指导意见》（公网安〔2022〕1058号），建立良好的网络安全保护生态，全面提升网络安全基础支撑能力。

各部门、相关单位要深入落实以下重点措施。

（1）建立完善网络安全领导体系和工作体系，制定网络安全规划和行业标准规范，将网络安全等级保护制度与其他制度有机结合，建立网络安全责任制和问责制度。

（2）深化开展网络安全等级保护定级备案工作，制定网络安全等级保护建设方案并实施，认真组织开展网络安全等级测评工作，制定网络安全整改方案并实施。

（3）强化物理环境基础设施安全保障，加强通信网络安全保护、区域边界安全保护、计算环境安全保护，构建网络安全管理中心，健全完善网络安全管理体系，加强数据全生命周期安全保护，强化供应链安全管理。

（4）采取多种方式检验安全保护措施的有效性。加强云平台的安全保护、移动互联网络系统安全保护、物联网安全保护、工业控制系统安全保护、大数据及平台安全保护，加强自主可控和创新工程安全管理。

（5）加强采用5G网络技术的网络系统安全保护、区块链技术架构安全保护、IPv6技术网络系统安全保护。

（6）建设网络安全综合业务平台，落实网络安全实时监测措施，健全完善网络与信息安全信息通报机制，建立重大事件和威胁报告制度，落实事件处置措施。

（7）落实技术应对措施，提升技术对抗能力，实施"挂图作战"，提升综合防御能力。加强网络安全经费和设备设施改造升级经费保障，加强网络安全教育训练和人才培养。

2.6 关键信息基础设施安全保护制度

2.6.1 关键信息基础设施安全保护制度的基本含义

1. 关键信息基础设施安全保护制度的确立

《中华人民共和国网络安全法》从网络安全工作的实际需要出发，对关键信息基础设施安全保护作出了法律规定，对关键信息基础设施的运行安全提出了明确要求；2017年中央出台有关文件，要求建立关键信息基础设施安全保护制度；2021年7月，国务院出台《关键信息基础设施安全保护条例》，确立了关键信息基础设施安全保护制度，标志着我国开启了关键信息基础设施安全保护时代。

2. 关键信息基础设施的定义

关键信息基础设施是指公共通信和信息服务、能源、交通、水利、金融、公共服务、电子政务、国防科技工业等重要行业和领域的，以及其他一旦遭到破坏、丧失功能或者数据泄露，可能严重危害国家安全、国计民生、公共利益的重要网络设施、信息系统等。

关键信息基础设施是经济社会运行的神经中枢，是网络安全保护的重中之重，日益发挥着基础性、全局性、支撑性作用。保证关键信息基础设施安全，对于维护国家网络空间主权和国家安全、保障经济社会健康发展、维护公共利益和公民合法权益具有重大意义。

3. 关键信息基础设施安全保护制度的主要内容

关键信息基础设施安全保护制度是网络安全重点保护制度，国家对关键信息基础设施实行重点保护，采取措施，监测、防御、处置来源于我国境内外的网络安全风险和威胁，保护关键信息基础设施免受非法侵入、干扰和破坏，依法惩治危害关键信息基础设施安全的违法犯罪活动。该制度规定了以下重要内容。

（1）关键信息基础设施的范围，即指重要行业和领域的以及其他涉及可能严重危害国家安全、国计民生、公共利益的重要网络设施、信息系统等，明确了关键信息基础设施的认定流程和方法。

（2）国家、网络安全职能部门、关键信息基础设施保护工作部门、关键信息基础设施运营者和公民个人的责任义务以及应采取的措施。网络安全职能部门、保护工作部门、运营者、公民个人应承担的法律责任义务。

（3）对关键信息基础设施安全，应从保卫、保护和保障三个方面予以加强。同时强调，运营者在落实网络安全等级保护制度的基础上，采取有效措施，保障关键信息基础设施的运行安全和数据安全。

2.6.2　落实关键信息基础设施安全保护制度的主要措施

1. 加强组织领导，落实责任制

（1）加强领导：建立关键信息基础设施安全保护领导体系和工作体系，组织制定安全规划和年度计划。

（2）制度结合：将关键信息基础设施保护制度与其他制度有机结合，在安全保护、检测评估等方面协调一致。

（3）落实责任制：建立关键信息基础设施安全责任制和问责制度，确保国家有关法律法规、政策文件、标准要求落实到位。

2. 开展识别认定，实施加强型安全保护

（1）识别认定：制定关键信息基础设施认定规则，组织开展识别认定关键信息基础设施，确定后报公安部。

（2）分析识别：围绕关键信息基础设施承载的关键业务，开展业务依赖性识别、关键资产识别、风险识别活动，提高分析识别能力，为开展安全保护奠定基础。

（3）采取加强型保护措施。根据已识别的关键业务、资产、安全风险，在落实网络安全等级保护制度和国家标准、满足"合规性"保护要求基础上，采取加强型特殊型保护措施，从安全管理制度、机构、人员、通信网络、计算环境、建设管理、运维管理、供应链

安全、数据安全等方面加强管理和保护，大力提升风险识别能力、抗攻击能力、可恢复能力，确保关键基础设施稳定运行。

3. 采取检测评估、监测预警和技术对抗等重要措施

（1）检测评估：开展安全检测和风险评估，针对发现的问题隐患和外部风险威胁，制定建设整改方案并开展整改；采取等多种方式检验保护措施的有效性，提升检测评估能力。

（2）监测预警：落实实时监测措施，健全完善网络安全监测预警机制、信息通报机制、信息共享机制，提升发现攻击能力和监测预警能力。

（3）技术对抗：以监测发现为基础，采取收敛暴露面、捕获、溯源、干扰和阻断等技术应对措施，开展演习和威胁情报工作，落实识别分析网络威胁与攻击行为的措施，提升技术对抗能力。

（4）事件处置：建立重大事件和威胁报告制度，落实重大事件处置措施，制定应急预案并演练，落实协同联动措施，开展应急响应、报告和处置，提升事件处置能力。

（5）数据安全：依法建立数据分类分级制度、安全保护制度，落实数据安全保护措施，提升重要数据全生命周期安全防护能力。

（6）供应链安全：在网络的规划设计、建设、运维、产品、服务等各环节中，加强对服务商和产品供应商的安全管理，落实供应链安全管控措施，提升防范化解供应链风险能力。

4. 立足应对大规模网络攻击威胁，加强安全保卫、保护和保障

（1）按照"实战化、体系化、常态化"要求，落实"动态防御、主动防御、纵深防御、精准防护、整体防控、联防联控"的"三化六防"措施，建立网络安全综合防御体系。

（2）以保护关键业务和运行安全为重点，变单点防护为整体防控。对业务所涉及的一个或多个网络和信息系统进行体系化安全设计，构建关键信息基础设施整体防控体系。

（3）以风险管理为导向，变静态防护为动态防护。根据安全威胁态势变化，动态调整监测和安全控制措施，形成动态的安全防护机制，增强保护弹性，有效应对重大安全风险威胁。

（4）以信息共享为基础，变单一防护为联防联控。建立与国家网络安全监管部门、保护工作部门、其他利益相关方的信息共享、协调配合、共同防护机制，提升应对大规模网络攻击能力。

（5）以可信计算等核心技术为支撑，变被动防护为主动防御。基于密码、可信计算、人工智能、大数据分析等核心技术，构建安全防护框架，结合威胁情报、态势感知，及时发现和处置未知威胁，提高内生安全和主动免疫能力、主动防御能力。

（6）以域间隔离为手段，变单层防护为纵深防御。网络实行分区分域管理，区域间进行安全隔离和认证；实行事前监测，事中遏制及阻断，事后跟踪及恢复，实现层层阻击、

纵深防御。

（7）以核心资产数据为重点，变粗放防护为精准防护。基于资产的自动化管理，协同威胁情报，检测未知威胁、异常行为等，实现对核心资产的精准防护，确保大数据、神经中枢系统安全。

5. 提档升级，加强关键信息基础设施安全保护

（1）挂图作战：建设网络安全监控指挥中心和关键信息基础设施安全保护平台，实施"挂图作战"，提升整体实战能力。

（2）技术创新：按照"理论支撑技术、技术支撑实战"理念，研究网络空间地理学理论，突破网络空间资产测绘、可视化表达、图谱构建、行为认知等核心技术，提升技术创新能力。

（3）威胁情报：建立社会化的网络安全威胁情报支撑体系，企业和研究机构等应加大力度，基于大数据，利用大数据分析挖掘技术、人工智能技术等，开展威胁信息搜集、分析、挖掘等工作，提升威胁情报能力。

（4）行政执法：加强监督检查，对不落实网络安全制度的单位、机构和个人，开展行政执法和挂牌督办，提升行政执法能力。

（5）侦查打击：严厉打击网络违法犯罪活动。利用多种渠道和方法，及时搜集违法犯罪线索，及时开展调查取证、追踪溯源、立案侦查打击。充分发挥企业、研究机构、高等院校的积极性，建立侦查打击社会力量技术支撑体系，提升侦查打击能力。

（6）综合保障：加强机构、编制、人员、经费、科研、工程建设等各项保障，实施自主可控和创新工程，加强教育训练和人才培养，提升综合保障能力。

2.7　数据安全保护制度

数据作为关键生产要素和重要战略资源，在国家经济发展和社会进步中发挥基础性和全局性作用。保护数据安全，是维护国家安全、经济社会发展的重要内容。

2.7.1　数据安全保护制度的基本含义

1. 数据安全保护制度的确立

党中央明确提出要加强数据安全工作，2021 年 6 月，国家出台《中华人民共和国数据安全法》，对数据安全提出了明确要求，确立了数据安全保护制度，是国家网络安全领域重点保护制度。

2. 数据安全保护制度的主要内容

一是国家建立数据安全制度和协调机制；二是建立数据分类分级制度，数据按照重要性等因素分为一般、重要、核心三个等级；三是在网络安全等级保护制度基础上，加强数

据安全保卫、保护和保障工作；四是建立数据安全监管机制，加强数据在交易、出境、传输、使用中的安全监管；五是明确数据处理者的主体责任和行业主管部门的主管责任；六是在网络安全审查制度基础上，建立数据安全审查制度；七是依托国家网络与信息安全信息通报机制，建立数据安全信息通报预警机制，建立应急处置机制、事件调查机制；八是加强数据全生命周期和全流程安全保护；九是打击涉及数据安全的违法犯罪活动。

3. 数据分级

根据数据的影响对象、影响程度，确定数据的级别，包括核心数据、重要数据、一般数据。

（1）核心数据：一旦遭到泄露、篡改、损毁或者非法获取、非法使用、非法共享，直接对国家安全造成特别严重危害或严重危害，或者直接对经济运行造成特别严重危害，或者直接对社会秩序造成特别严重危害，或者直接对公共利益造成特别严重危害的数据；对领域、群体、区域具有较高覆盖度，直接影响政治安全的重要数据；达到较高精度、较大规模、较高重要性或深度，直接影响政治安全的重要数据；有关部门评估确定的核心数据。

（2）重要数据：一旦遭到泄露、篡改、损毁或者非法获取、非法使用、非法共享，直接对国家安全造成一般危害，或者直接对经济运行造成严重危害，或者直接对社会秩序造成严重危害，或者直接对公共利益造成严重危害的数据；直接关系国家安全、经济运行、社会稳定、公共健康和安全的特定领域、特定群体或特定区域的数据；达到一定精度、规模、深度或重要性直接影响国家安全、经济运行、社会稳定、公共健康和安全的数据；有关部门部门评估确定的重要数据。

（3）一般数据：一旦遭到泄露、篡改、损毁或者非法获取、非法使用、非法共享，对经济运行、社会秩序、公共利益仅造成一般危害的数据，或仅对组织自身权益、个人权益造成危害的数据；未确定为核心数据、重要数据的其他数据。

2.7.2 落实数据安全保护制度的基本原则

（1）按照党管数据原则，建立国家数据安全制度和协调机制，落实《中华人民共和国数据安全法》。

（2）建立数据分类分级体系，数据分为一般、重要、核心三个等级。在网络安全等级保护制度基础上，建立数据分类分级制度和备案制度。

（3）在网络安全等级保护制度基础上，加强数据安全保卫、保护和保障。

（4）建立数据安全监管机制。落实数据处理者的主体责任、主管部门的主管责任、监管部门的监管责任、服务机构的服务责任。

（5）将数据安全保护制度与网络安全等级保护制度、关键信息基础设施安全保护制度等有机结合，协调落实。

（6）在网络安全审查制度的基础上，建立数据安全审查制度。

（7）依托国家网络与信息安全信息通报机制，建立数据安全信息通报预警机制、应急处置机制、事件调查机制。

（8）加强数据全生命周期、全流程安全保护和安全监管，数据在交易、出境、传输、使用中的安全监管和违法犯罪打击。

2.7.3　落实数据安全保护制度的主要措施

数据作为关键生产要素和重要战略资源，在国家经济发展和社会进步中发挥基础性和全局性作用。当前，数据泄露和遭窃取日益成为威胁国家安全的一大隐患。

认真落实《中华人民共和国数据安全法》和《国务院关于加强数字政府建设的指导意见》《关于构建数据基础制度更好发挥数据要素作用的意见》《数字中国建设整体布局规划》，建立并实施数据安全保护制度，在落实网络安全等级保护制度基础上，强化数据保护和数据治理措施，保护数据化生态安全。

（1）开展数据资产和数据应用大排查。对本机构产生、汇总、存储、加工、使用、提供的数据、数字基础设施和数据应用情况进行全面梳理排查，形成数据资产清单、数据应用清单。

（2）建立数据分类分级制度。数据按照重要性等因素分为一般、重要、核心三个等级。各行业各领域应制定数据分类分级指南和数据认定规则，开展数据分类分级工作，并按照有关规定，将数据分类分级指南和数据认定规则、数据认定结果、数据目录清单等向有关部门备案。

（3）建立数据安全保护制度。按照法定职责，落实数据安全责任部门、人员，明确任务分工，从数据采集、存储、传输、处理、应用、提供和销毁等各个环节，开展风险和威胁分析，强化全链条安全风险管控，在此基础上加强数据全生命周期、全流程安全保护。

（4）强化数字化生态安全保护。将数据安全保护制度与网络安全等级保护制度、关键信息基础设施安全保护制度、个人信息保护制度密切结合，在保护数字化生态基础要素基础上，加强对数据流通过程和环节、数据应用、算力网络、人工智能大模型、数字人、数字基础设施的安全保护，进而保护好由此构成的数字化新生态、新业态、新产业、新模式的安全。

（5）落实重点保护措施。建立数据安全检测评估、安全审查、出境安全评估、安全风险监测、通报预警、应急处置、事件调查等机制，以及数据流转、交易、出境等管理制度。

（6）采取技术对抗和精准防护措施。以监测发现为基础，采取收敛暴露面、捕获、溯源、干扰和阻断、实战演习等应对措施，并加强核心数据资产自动化管理，协同威胁情报、未知威胁检测等措施，实现精准防护，提升技术对抗能力和精准防护能力。

（7）加强供应链安全。在数据基础设施的规划设计、建设、运维、产品、服务等各环节中，加强对服务商和产品供应商的安全管理，落实供应链安全管控措施，提升防范化解供应链风险能力。

（8）严厉打击数据违法犯罪活动。利用多种渠道和方法，及时搜集违法犯罪线索，及时开展调查取证、追踪溯源、立案侦查打击。充分发挥企业、研究机构、高等院校的积极性，建立侦查打击社会力量技术支撑体系，提升侦查打击能力。

（9）保护数据应用安全。各类网络联通、数据大流动是大趋势。一是优化政策，原则上任何网络都可以采用隔离装置联通；二是确定好数据传输规则，采取量子技术、密码技术、IPv6等核心技术，确保数据传输安全；三是采取多方计算、区块链、人工智能等新技术，按照"数据不出门、可用不可见"原则，采取建桥、建模、加密传输等新理念新措施，实现"数据积极应用与确保安全"。

（10）加强监测预警体系建设：深化实时监测措施，建立完善安全监测机制，及时发现网络攻击、重大威胁和重大隐患；深化信息通报预警措施，建立完善网络与数据安全通报预警机制，对发现的威胁和风险及时进行通报预警，大力提升监测监控、预判预知、通报预警、应急处置等能力。

2.7.4　数字化生态安全保护

1. 什么是数字化生态

国家加快推进数字经济、数字政府、数字中国建设，企业开展数字化转型，本质是打造数字化生态，建设数字化智慧化社会。数字化生态由基础要素（网络、系统、平台、数据、技术等）支撑，数据流打通相关领域和行业，数据资源得到有效和充分利用，构成数字化新生态。

数字化生态有四个特性。数字化生态建设是一个复杂的系统工程，与自然生态建设类似，具有"脆弱性、风险性、长期性和复杂性"等四个特性，建设难，破坏容易。

数字化建设应坚持总体设计。在开展"数字经济建设、数字中国建设、数字政府建设、数字企业建设"中，应坚持"四位一体"，通盘考虑数字化的新生态新业态建设。

2. 在数字化生态建设中要同步开展数字化生态安全建设

为使我国全面建成科学、健康、高质量的数字化生态，保障国家安全和经济社会高质量发展，加快实现中国式现代化，在数字化生态建设中，必须大力加强数字生态安全保护。

数字化建设面临的最大威胁是网络攻击，因此，要保护好数字化生态安全，应该从"数字经济建设、数字中国建设、数字政府建设、数字企业建设"四个领域，加强"数字化基础要素安全、数据流通安全以及数据应用安全"，从而保护数字化生态安全。

具体来讲，保护好数字化生态安全，就是要全面构建制度、管理和技术相衔接的数字化安全综合防护体系。

（1）保护基础要素安全。数字化建设、运行、管理中支撑企业管理和生产的核心网络、系统、平台、数据、技术等数字化基础要素安全。

（2）保护数据流通安全。数据跨国、跨区域、跨部门流动，带动整个社会和企业的数字化建设。应确定哪些数据能流通、哪些数据不能流通，哪些环境能流通，哪些环境不能流通；确保数据在流通过程中的安全。

（3）保护数据应用安全。数据根据国家标准进行分类分级，根据其类别和级别，确定其应用范围、应用环境和应用方法，确保应用安全。

2.8 网络空间地理学的理论与技术实践

利用地理学理论、方法论和成果，研究网络空间与现实空间（融合空间），建立网络空间新的理论体系和技术体系，形成交叉学科——网络空间地理学。

2.8.1 网络空间地理学的研究目的

按照"理论支撑技术、技术支撑实战"的理念，将地理学、网络安全学、计算机科学、人工智能技术理论等有机结合，研究网络空间与地理空间内在关系与作用机制，形成一门新兴交叉学科——网络空间地理学。

（1）在网络空间地理学理论的指导下，突破网络空间安全图谱要素生成技术、地理环境要素获取与处理技术、地理空间网络空间资产测绘技术、网络空间地理图谱构建技术、网络空间可视化表达技术、网络空间行为的智能认知技术、网络空间及地理空间现象的时空模拟技术等一批核心技术，为网络安全实战需要提供技术支撑（如图 2-1 所示）。

（2）在网络空间地理学理论的指导下，利用人工智能技术、大数据分析技术，以及上述核心技术，建设网络安全综合防御体系指挥作战平台，研发智慧大脑，构建网络空间安全图谱，将安全防护、安全监测、通报预警、态势感知、检测评估、应急指挥、事件处置、威胁情报、侦查打击、技术对抗等网络安全核心业务上图，实施"挂图作战"。

（3）支撑公安机关开展网络安全情报侦察、侦查打击、安全监管、通报预警、应急指挥、事件处置、重大实战专项行动，建立情报技术支撑体系、侦查打击技术支撑体系。

（4）支撑重要行业建设网络安全管理系统、技术防护体系、运营体系、保障体系，提升技术对抗能力和综合防护能力。

（5）补齐网络空间安全理论短板，解决我国与对手在网络安全方面存在的技术代差，大力提升国家网络安全整体实战能力，为构建国家网络空间安全综合防御体系提供技术支撑。

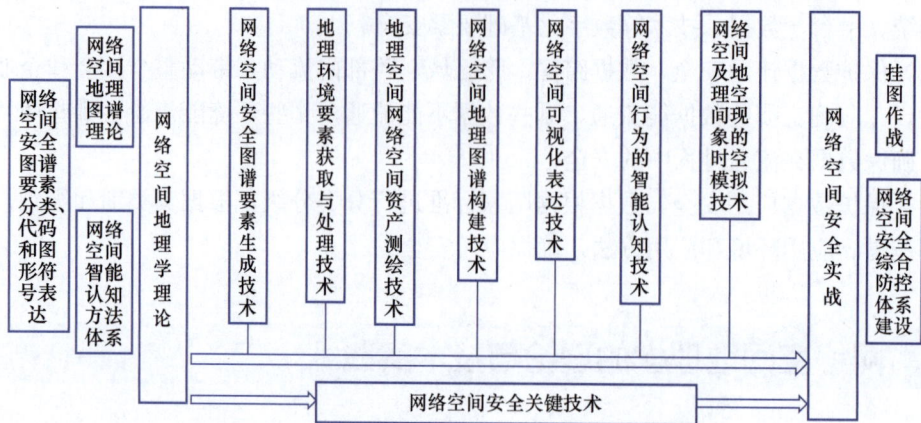

图 2-1 "理论支撑技术、技术支撑实战"框架图

2.8.2　网络空间地理学的基础理论

人们在生产、生活中越来越依赖网络空间,"人—地—网"新型纽带关系已经形成。地理空间是网络空间的物质载体,网络空间是地理空间在时空上的延续和拓展,两者交织融合发展,密不可分;地理空间为人类的生产生活提供了必要的物质环境条件,人类则发挥自身的主观能动性,利用和改造自然;网络空间为人类提供了新的活动场所,人类作为网络空间的行为主体,其行为和相互关系也不断塑造着网络空间的形态。

网络空间地理学的基础理论包括三部分内容:网络空间地理图谱理论,网络空间图谱要素分类、代码和图形符号,网络空间智能认知方法体系。

1. 网络空间地理图谱理论

一是将地理学的"人—地"关系拓展到"人—地—网"关系,将"人地"协调论发展到"人地网"协调论,形成网络空间地理学的理论基础。二是综合考虑网络空间的物质属性、社会属性和地理属性,将网络空间划分为地理环境、网络环境、行为主体和业务环境4个层次,如图 2-2 所示。三是构建网络空间与地理空间的映射关系,建立网络空间要素、网络要素关系、网络安全业务可视化等理论。

2. 网络空间图谱要素分类、代码与图形符号

为了实施"挂图作战",需要构建网络空间图谱。为了构建网络空间图谱,需要对网络空间的所有要素进行分类,设计其代码和图形符号,在网络空间中统一术语。围绕人和组织、现实空间、网络空间(简称"人—地—网")涉及的对象(要素),将网络空间划分为地理环境层、网络环境层、行为主体层和业务环境层。

(1)网络空间安全图谱要素分类采用线分类法,建立 4 级分类体系,依次为门类、大类、中类、小类。门类的层级最高,是第一层级,大类是第二层级,中类是第三层级,小类是第四层级。

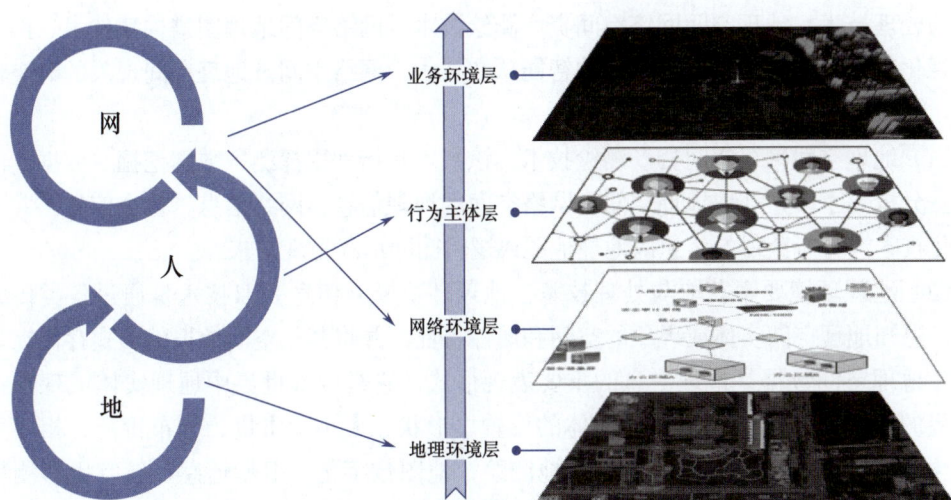

图 2-2 网络空间层次划分

（2）门类共划分为 4 类，包括：地理环境要素、网络环境要素、行为主体要素和业务环境要素。大类共划分为 11 类，包括：基础地理信息、公共地理信息（属于地理环境要素）；物理环境、逻辑环境（属于网络环境要素）；网络安全监管者、行业主管者、网络运营者、网络使用者、网络服务提供者（属于行为主体要素）；业务对象、安全业务（属于业务环境要素）。

（3）门类的四个层（地理环境要素、网络环境要素、行为主体要素和业务环境要素）为一级层，每个层可以通过若干个二级层展示其所包含的二级要素，每个二级层也可以通过若干个三级层展示其所包含的三级要素，依此类推，利用图层将上述要素进行可视化表达，构建网络空间图谱。

（4）将网络空间图谱要素进行区分和归类，建立分类代码体系。网络空间安全图谱要素代码由 1 位大写英文字母和 7 位数字组成。网络空间编码的具体介绍见有关国家标准。

（5）依据网络空间图谱要素分类，为地理环境要素、网络环境要素、行为主体要素和业务环境要素设计图形符号，形成图谱要素的图形符号集合，支持图谱构建。

3. 网络空间智能认知方法体系

基于人工智能技术、大数据分析技术、模式识别等技术，建立网络空间智能认知方法体系，包含要素获取、图谱构建、可视化表达、行为认知、现象模拟等重要内容，形成网络空间环境智能认知、现象智能认知和行为智能认知的方法论。

环境认知主要通过网络资源探测技术、实体定位技术和检测分析技术等网络空间环境认知进行实现；现象认知主要包括虚实映射、拓扑分析和实体关联在内的网络空间现象智能认知方法；行为认知主要通过模式识别、人工智能和大数据等技术实现。

2.8.3 网络空间地理学技术体系

网络空间地理学技术体系主要包括：网络空间安全图谱要素生成技术、地理环境要素获取与处理技术、地理空间网络空间资产测绘技术、网络空间地理图谱构建技术、网络空间可视化表达技术、网络空间行为的智能认知技术、网络空间及地理空间现象的时空模拟技术，如图 2-3 所示。

（1）地理空间网络空间资产测绘技术。该技术是指利用探测、数据挖掘、数据清洗以及算法分析等手段，获取地理空间和网络空间的地理信息、网络信息、社会信息，并采用可视化技术，将所获得的信息以地理地图或逻辑图的形式呈现出来。

（2）地理环境要素获取与处理技术。地理环境要素信息获取技术是通过各类传感器设备，感知地理空间实体或现象的空间和属性特征，并将其以空间数据的形式存储在计算机中。地理空间数据是地理信息的重要表现形式，它是现实世界中地理实体或现象在信息世界的映射，包含了地理空间实体的位置、形状、大小、质量、分布特征、相互关系和变化规律等多方面的信息。通过实地测绘、地图数字化、卫星遥感、航空摄影测量等方式可以采集地理空间数据。基础地理数据来自自然资源部等相关部门的基础测绘成果及部门之间的协调合作机制。地理环境要素处理技术，主要借助倾斜摄影测量技术、BIM 建筑信息建模技术、三维 GIS 技术等，全面呈现和还原网络空间要素所处的客观物质环境。

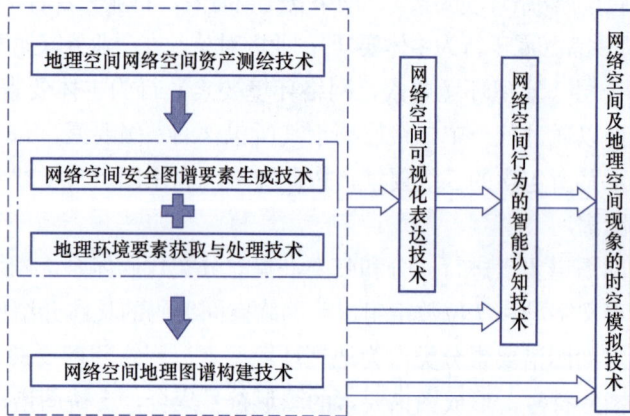

图 2-3 网络空间地理学技术体系

（3）网络空间图谱要素生成技术。网络空间地理学的研究对象是网络空间要素，这些要素是构建网络空间地理图谱、进行网络空间可视化分析和表达、实现网络空间行为智能认知以及进行现象时空模拟的数据基础。为了获取网络空间要素的信息，需要利用多种技术手段对网络空间中多尺度、多层次的要素、行为和关系进行感知，对海量多源异构数据进行采集和融合。网络空间图谱要素生成技术，是通过软件与硬件相结合方式，来生产和采集网络空间要素数据以及网络安全数据的过程。

（4）网络空间地理图谱构建技术。该技术以地图为载体，以知识图谱的形式挖掘网络空间关系，将网络空间的关系映射到地理空间，通过网络空间—地理空间映射，将网络空间知识图谱映射至地理空间，实现网络空间要素 / 关系的可视化，耦合地理环境演化特征，并利用图论进行知识表达，包括信息抽取与要素上图、关系识别与空间化、图谱构建与动态更新等内容。

（5）网络空间可视化表达技术。在网络空间、现实空间的映射关系的基础上，构建网络空间可视化表达的语言、模型、方法体系，绘制网络空间地图。网络空间可视化表达包括要素可视化、关系可视化和业务可视化。绘制网络空间地图需要融合多种技术，以实现对网络空间和地理空间的实时、动态、真实反应。

（6）网络空间行为智能认知技术。网络空间行为智能认知技术是一项多学科交叉技术，它结合了人工智能、机器学习、数据挖掘、自然语言处理和网络科学等领域的知识，旨在深入洞察和处理网络空间中复杂多变的行为和活动。网络空间行为智能认知技术广泛应用于网络安全、网络管理、信息检索、内容过滤等多个领域。具体来讲，网络空间行为智能认知技术借助网络安全预警与分析模型，采用威胁检测技术发现威胁事件，通过深度学习模型训练自动预警机制，从而实现网络空间行为威胁信息智能挖掘。

（7）网络空间及地理空间现象的时空模拟技术。时空模拟技术是根据地理现象的特征和规律，建立数学模型来描述其时空变化的过程。通过对地理现象的观测数据和理论知识的分析，构建出能够准确描述地理现象时空变化的模型，常见的时空模型包括时空回归模型、时空插值模型、时空随机过程模型等。

2.8.4　网络空间安全图谱的构建

网络空间安全图谱是通过网络空间与地理空间映射，以数字化地理空间场景为载体，以网络空间安全知识图谱为基础，涵盖地理环境、网络环境、行为主体和业务环境，形成的包括地理底图、物理网络地图、逻辑网络地图以及各种应用场景图形的系列地图集合。其构建框架如图 2-4 所示。

（1）网络空间安全图谱要素生成。在网络空间要素分类的基础上，结合实际业务和应用场景，构建网络空间安全要素指标体系，指导网络空间要素和地理空间要素的数据获取和数据集成。

（2）网络空间安全知识图谱构建。基于知识图谱技术，分析网络空间安全大数据的结构、类型、关系等，定义统一标准的本体模型，对获取的多源异构数据进行关联融合，形成一张由节点和链接构成的语义网络，构建网络空间安全知识图谱，并以图数据库的形式进行存储。

（3）网络空间安全图谱构建。利用网络空间要素的图形符号，在地图上描述网络空间资源及其物质载体，并直观绘制和显示它们之间的相互联系，其丰富的属性信息可以通过知识图谱的方式组织并进行可视化嵌入，最终形成多维度、多时序、多层级的网络空间安全图谱。

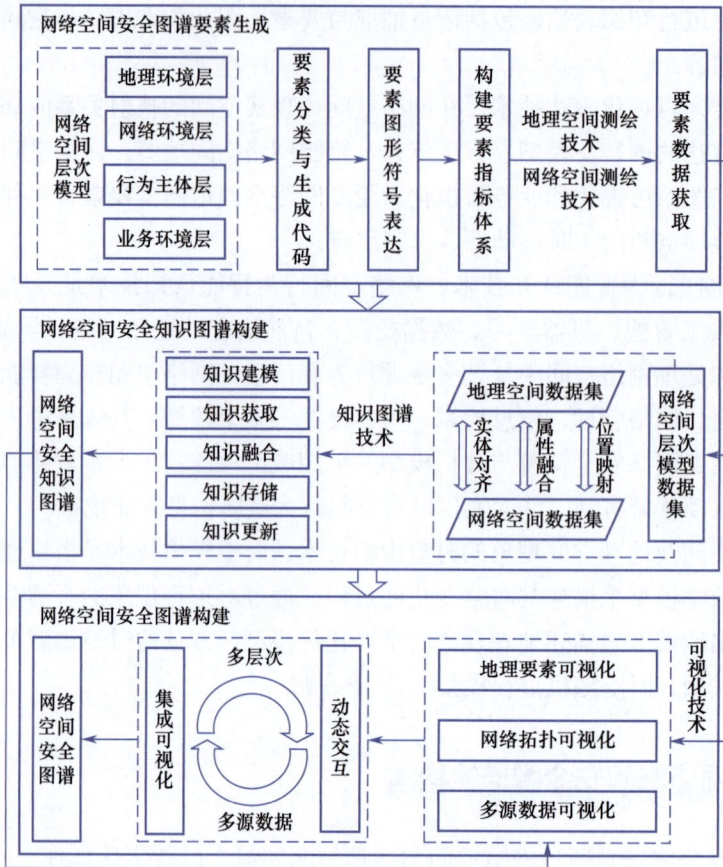

图 2-4　网络空间安全图谱构建框架

2.8.5　网络空间地理学的应用领域

随着网络空间的出现和发展，人类所有的生产、生活活动都由现实空间和网络空间共同支撑。由于网络空间自身的属性不同，使得两类空间所支撑的人类实践、流程、方式、功效都发生改变。由于数字化、信息化的快速发展，加速了全球范围内各种要素的流动，网络空间与地理空间的相互作用及融合发展，人类已经形成了"人—地—网"的新型纽带关系。在此基础上，网络空间地理学应运而生。

1. 网络空间地理学应用于各行各业

网络空间地理学研究地理空间、网络空间以及相互关系，并将网络空间划分为地理环境、网络环境、行为主体环境、业务环境，如图 2-2 所示。由于业务环境是可变的，行为主体环境也随之变化。业务环境可以是网络安全业务，也可以是交通指挥、应急处突、灾难救援、打击犯罪、能源管理、通信管理、金融业务等。无论业务环境、行为主体环境是什么，而地理环境、网络环境是公共环境，因此，网络空间地理学理论与技术可以应用于各行各业，为各行各业的生产生活活动、业务活动提供指导和支撑。

在网络空间地理学理论的指导下，人类可以深刻认识现实社会和网络社会、物理空间和网络空间的内在关系以及融合态势，研究地理环境、网络环境、人和组织、业务环境的智能认知、可视化表达和图谱构建，建立新型交叉理论体系，为技术攻关、实战应用提供支撑。

2. 网络空间地理学应用于网络安全"挂图作战"

研究网络空间地理学，来源于网络安全实战需要。如图 2-1 所示，为了实施网络安全"挂图作战"和国家网络空间安全综合防御体系建设，需要新型技术体系支撑（包括网络空间安全图谱要素生成技术、地理环境要素获取与处理技术、地理空间网络空间资产测绘技术、网络空间地理图谱构建技术、网络空间可视化表达技术、网络空间行为的智能认知技术、网络空间及地理空间现象的时空模拟技术），而新型技术体系的建立以及核心技术突破，需要有新型交叉学科网络空间地理学的指导。在网络空间地理学的指导下，突破一批核心技术，结合人工智能技术、大数据分析技术、区块链技术、量子技术等；利用这些关键技术，建设网络安全综合指挥作战平台，将安全防护、实时监测、通报预警、应急处置、威胁情报、态势感知、指挥调度、侦查打击和攻防演练等业务上图，建立网络安全图谱，才能实施"挂图作战"。

有关网络空间地理学的理论、技术与实际应用，详见《网络空间地理学关键技术与应用》。

2.9　网络攻防技术对抗

网络安全保护制度包含管理要求、技术要求和实战要求，网络攻防技术对抗是落实网络安全制度的重要方法和措施。网络安全是一个持续攻防技术对抗过程，了解网络攻击流程和技术，是为了更好地应对网络攻击，采取攻防技术对抗手段，提升网络安全防御能力和水平。

2.9.1　网络攻击流程和技术方法

1. 网络攻击流程

（1）基础信息收集。利用百度文库、Github、Fofa、域名注册、互联网暴露资产渠道，收集攻击目标的人员信息、组织架构、网络资产、技术手段、安全能力等，形成信息清单。

（2）暴露面探测。探测攻击目标的互联网开放端口服务，搜索爬取目标泄露信息，寻找薄弱点。

（3）攻击入侵。利用网站、系统应用、手机 App、微信小程序后台的漏洞以及已有信息，使用自动化攻击工具、漏洞攻击脚本、通过社工和 0day 等漏洞综合进行攻击。对内部员工发动水坑、钓鱼邮件攻击，控制办公终端，进入内网。

（4）内网信息收集。控制内部人员邮件、办公主机、OA 系统账号，开展内网情报收集。或利用新立足点，进行内网信息收集，包括网络结构、脆弱服务、用户账号密码等，为下一步行动做准备。

（5）权限提升。通过内核提权、不安全的服务等手段，将攻击者的权限进行一定提升，甚至到最高权限，以实施进一步攻击。

（6）建立通道。控制 VPN 设备，或者获取 VPN 账户密码进入生产网、测试网或办公内网；通过特定工具，利用初始入侵的突破口，建立进内网通道，做好隐蔽防止被发现，稳定地在内网立足。

（7）横向移动。结合之前搜集的信息，在通过特定的漏洞和工具进行横向移动，扩展到新的位置。

（8）权限维持。扩展到新位置后，利用工具稳定攻击者权限，使其能立足在内网新位置。

（9）控制目标。通过不断地提升权限—内部信息收集—横向移动—维持权限这个循环，逐步接近并控制目标，实施潜伏和执行任务。

2. 网络攻击技战法

（1）利用系统未修复漏洞、网络隔离不严格等安全隐患，从互联网打点，突破防护壁垒，实现外部渗透；使用 0day 漏洞突破防守，获取系统控制权，缩短攻击路径，实现内部渗透。利用第三方运维、内部违规员工非法外联入侵内网，或攻击第三方接入，利用接入点入侵目标单位。

（2）挖掘并利用技术漏洞，突破技术防御。开展信息收集，包括域名、IP 地址、端口、人员、应用、账户、字典、架构、防御产品、联络通信方式等；利用开发框架、应用自身代码、中间件、操作系统、数据库等方面的漏洞；关注边缘老旧资产、0day、突破 waf、邮箱、VPN、携带数据的系统。

（3）利用人员安全意识差，实施社会工程学攻击。使用弱口令、密码复用、密码猜测攻击获取权限；利用邮件钓鱼、推文钓鱼、钓鱼程序、U 盘等硬件钓鱼、短信钓鱼、文档钓鱼等，实施钓鱼攻击；了解组织关系及人物画像，对客服、运维、开发、安全、测试等人员，定向实施社工攻击；利用微信、电话、短信等社交软件，实施钓鱼欺骗。

（4）攻击供应链，挖掘漏洞或利用已分配权限进入内网。利用供应链弱点，实施供应链路突破。由于供应链的产品存在大量漏洞、与客户内网存在连接、内网存储大量客户 IT 资料、供应链人员被客户充分信任等，被攻击者利用。对运维、开发、服务提供商、附属机构等供应商链路，实施供应链攻击；对 CMS、OA 系统、邮件、VPN 等系统的远程运维，实施软件产品链路攻击；对 WIFI、ATM、PAD 等厅堂设备、打卡机等硬件产品，实施硬件链路攻击。

（5）利用威胁信息，实施精准攻击。利用地下互联网产业信息、威胁情报站等威胁信息，源代码被审计、数据泄露、开发运维方案等泄露的信息，撞库、查询、关联分析等社工库利用方法，实施精准网络攻击。

（6）控制域控系统、堡垒机、云平台、单点登录、杀毒软件后台等集权系统，以点打面。攻击核心主机获取重要系统权限。

（7）利用下级单位安全防御能力弱、互联网不收口等问题，迂回攻击下属单位，进入内网后，绕道攻击总部目标，也可以"从地方突入中央，或从中央回打地方"。

2.9.2　应对网络攻击的技术对抗措施

（1）科学设计网络整体架构，采取分区分域策略，缩减归并互联网出口，强化网络边界防护。

（2）对网络应用进行集中化、集约化建设，落实统一防护策略。采取技术加管理措施，解决弱口令、漏洞问题。

（3）开展互联网暴露面治理，收敛暴露面，关停废弃老旧资产，识别未知资产。

（4）清除暴露在互联网上的敏感信息，监控特权账户，清理僵尸账户。

（5）部署探针和蜜罐等设备，模拟真实业务场景，捕获攻击，及时发现和阻断攻击，有效反制攻击活动。

（6）全面收集安全日志，智能化构建攻击模型，溯源网络攻击路径，对攻击者进行画像，为案件侦查、事件调查、完善防护策略和措施提支持，发现 APT 攻击行为。

（7）加强安全教育培训，提高社工识别能力，提升全员安全防范意识，防范钓鱼攻击。

（8）采取纵深防御、双层或多层异构部署措施，落实区域边界隔离、接入认证、主客体访问控制等措施，建立网络访问规范，层层设防。

（9）落实互联网、业务内网等网络边界监测措施，严防发生违规外联。全网监控，聚焦攻击成功后的行为；强化主机防护，监控敏感操作命令。

（10）加强精准防护，对物理主机、云上主机等进行安全加固，开展各类终端系统集中管理，落实访问控制措施和白名单机制。

（11）针对 VPN 的保护，隐藏 VPN 入口，实施多因素认证、异构 VPN 串联，采取零信任架构，VPN 联动蜜罐。

（12）安全防护与业务深度融合。结合业务场景布设陷阱，对于各种业务应用上的异常行为实施监测与处置。

（13）威胁诱捕。在网络路径上投放诱饵，将攻击流量重定向至诱捕网络，迟滞攻击。采取多品牌、多型号、多位置部署蜜罐方法，建立高仿真的攻击诱捕体系，形成蜜网，实现全网攻击引流。

（14）利用人工智能和大数据技术研发机器人，升级换代网络攻防对抗技术。研发网络攻击（检验）机器人，以攻促防、以攻验防和以攻构防，以攻击检验网络系统的安全性和防御体系的有效性。研发网络防御机器人。利用人工智能技术研发网络防御机器人，以主动攻击检验的结果，结合自动化编排技术，动态调整安全防御策略，有效应对网络安全威胁。

（15）开展攻防实战演习和威胁情报工作，提升主动防御和技术对抗能力。

2.10　网络安全实战化人才培养

网络安全保护制度包含人才、机构和队伍管理要求，培养网络安全实战化人才是落实网络安全制度的重要方法和措施。

2.10.1　网络安全实战型人才培养的"四项"原则

1. 问题导向

当前，高等院校、企业、研究机构和社会团体等社会力量在培养网络安全实战人才方面还存在一定差距：一是实战意识不强；二是实战型教育训练体系尚未建立；三是缺乏实战型师资队伍和实战型教材，四是实训环节存在明显短板，五是缺乏实训环境支撑，六是"产学研用"尚未形成合力。这些问题制约了我国网络安全实战人才的培养、攻防兼备队伍的打造和技术对抗能力的提升，需要下大力气解决。

2. 需求引领

网络安全的人才，从实际需求角度可以分为三类：一是具有理论创新、科技攻关能力的科技型人才；二是重要行业、领域需要的实战型人才；三是众多领域需要的岗位型人才。后两类人才都需要具备一定的实战能力。需求引领人才培养，因此，高等院校和社会力量在培养人才方面，根据需求找好定位。

3. 体系化设计

培养实战型人才是一个复杂的系统工程，应该从打造攻防兼备的队伍出发，创新高等院校和社会力量培养实战人才的思路和方法，开展科学化体系化设计，建立实战型人才教育训练体系，加强社会各方力量协同配合，创新人才培养模式和方法，着力提升人才和队伍的实战能力。

4. 加强各环节督办落实

有关部门应加强组织领导，统筹网络安全实战型人才培养的课程体系建设、师资队伍建设、教材建设、实训环境建设、实战能力提升、产学研用协同、教育训练模式创新等重要内容。同时，有关部门牵头，加强对任务落实情况的检查和督办，组织专家力量进行指导，确保各环节和重要任务得到有效落实。

2.10.2　培养网络安全实战型人才的"八项措施"

按照"问题导向、实战引领、体系化设计、督办落实"网络安全实战型人才培养的

"四项"原则，落实以下"八项措施"。

1. 制定实战型教育训练体系规划

按照"教训战"一体化原则，将教育、实训、实战等环节结合起来，组织制定规划，设立"课程体系建设、师资队伍建设、系列教材建设、实训环境建设、实战能力提升、教育训练模式创新"等重点任务。建立联合工作组，对各项任务落实情况加强检查和督办；组织专家力量，加强指导，确保各项任务得到有效落实。

2. 建设实战型课程体系

实战型人才和岗位型人才都需要具备实战能力。因此，本科高等院校、高等职业院校可根据各自培养目标、培养计划，在原来工作的基础上，修定完善课程体系。根据实际需要和科学论证，确定基础课程、专业基础课程、专业课程、实践环节、实战活动，体系化构建实战型人才培养的课程体系。

3. 建设实战型师资队伍

培养实战型人才最大的困难在于实战型师资。高等院校应与重点单位、公安机关、企业、研究机构等合作，加强实战型师资培养。一是建立定期交流机制，高校教师与上述有关单位等进行定期交流；二是建立互派机制，高校与有关单位定期互派人员短期锻炼工作；三是聘请有实战经验的专家进行授课，有关教师可以听课学习；四是建立奖励激励机制。

4. 撰写实战型系列教材

组织高等院校、重要网络运营者、公安机关、企业、研究机构的专家，共同编写实战化教材。合力打造技术先进、案例鲜活、贴近实战的系列教材，可包括网络攻防、威胁情报、数据勘查取证、恶意代码分析、渗透测试、检测评估、监督管理、制度与标准、建设与运营、事件处置与追踪溯源、密码技术实战化应用、可信计算、人工智能安全治理、数据安全、供应链安全等内容。

5. 建设实战型实训环境

实训环境建设是培养实战人才的重要保障。高等院校和重要网络运营者、公安机关、企业、研究机构等开展实训环境建设，按照"战训结合"原则，共建共享攻防实验室、网络靶场、模拟仿真实验室、训练平台等。实训环境应满足实施网络攻击的方法、手段、技术、战术，网络对抗的措施、方法、技术、手段、战术，以及检验、验证、展示等重要内容。

6. 提升实战能力

实战能力的提升是人才培养的关键，可以采取多种方法达到目标：一是学练结合，在教学中，课堂教学与实践环节结合；二是赛练结合，组织红、蓝军，利用实训环境，开展攻防技术对抗；参加"网鼎杯""天府杯""蓝帽杯""陇剑杯""天网杯"等大赛；三是产学研用结合，签署战略合作协议，加强岗位训练合作。

7. 创新实战型教育训练模式

按照"理论支撑技术、技术支撑实战"理念，创新教育训练模式：一是加强理论创新，将地理学、计算机科学、人工智能技术、大数据分析技术等结合起来，研究网络空间地理学理论，完善知识体系和课程体系；二是研究创立定制化培养、差异化培养方式；三是高等院校与重要网络运营者、公安机关、企业、研究机构等开展联合培养模式；四是加强教育数字化、智慧化建设，提升教育训练能力和质量。

8. 加强组织和指导

实战型人才培养体系建设具有长期性和复杂性，为此，有关部门和高等院校要认真组织落实：一是按照规划，拉列任务清单、责任清单，明确落实单位和各项任务；二是组织高等院校、重要网络运营者、公安机关、企业、研究机构的专家，成立专家组，对各项任务的落实开展指导。

习 题

1. 简要对当前网络空间安全进行态势分析，可以得到哪些重要警示和启示。
2. 简述我国网络安全法律政策和标准体系的构成。
3. 简述我国网络空间安全基本原则和主要对策措施。
4. 我国网络安全保护制度体系主要包括哪些制度？
5. 什么是网络安全等级保护制度？《中华人民共和国网络安全法》中的哪条对网络安全等级保护制度作出了规定？是如何规定的？
6. 网络安全等级保护工作的主要环节有哪些？
7. 落实网络安全等级保护制度的主要措施有哪些？
8. 什么是关键信息基础设施？
9. 落实关键信息基础设施安全保护制度的主要措施有哪些？
10. 落实数据安全保护制度的主要措施有哪些？
11. 网络安全等级保护制度、关键信息基础设施安全保护制度和数据安全保护制度的内在关系是什么？
12. 什么是数字化生态？如何保护数字化生态安全？
13. 什么是网络空间地理学？网络空间地理学的研究目的包括哪些方面？
14. 网络空间地理学的基础理论包含哪些方面？
15. 简述网络空间地理学技术体系。
16. 简述网络空间安全图谱的构建过程。
17. 简述网络空间地理学包含的方面。
18. 简述网络攻击流程和技术方法。
19. 应对网络攻击的技术对抗措施有哪些？
20. 简述培养网络安全实战化人才的对策措施。

第 3 章

网络安全建设与运营

在网络安全防护能力建设中，网络安全的建设和运营工作至关重要。本章将从落实网络安全保护制度、相关法律法规和标准规范要求，构建符合机构自身实际发展需要的网络安全管理体系、网络安全技术体系、网络安全运营体系、网络安全保障体系等方面展开介绍，使读者了解掌握网络安全日常工作岗位的基本知识、基本技能、规范和要求。

3.1 概述

本节在介绍常见网络安全架构基础上，提出网络安全建设与运营架构，介绍架构所包含的网络安全管理、网络安全技术、网络安全运营和网络安全保障四个体系的内容以及各体系间的关系。

3.1.1 常见网络安全架构

网络安全架构通常包含拓扑结构、安全边界、访问控制策略、安全传输协议等部分，旨在帮助机构了解与管理面临的网络安全风险，保护机构的网络系统不受恶意攻击或故障影响，同时防止机构的关键信息资产损失或泄露。网络安全架构的规划与部署直接影响网络整体安全防护的效果。本节综合考虑安全架构的实用性、独特性、知名度等因素，简要介绍 3 个应用最为广泛的网络安全架构的组成要素及主要功能与特点。

1. P2DR 模型

P2DR（Policy,Protection,Detection,Response）模型是美国 ISS 公司于 20 世纪 90 年代末提出的一种动态安全模型。在整体的安全策略的控制和指导下，P2DR 模型综合运用防火墙、操作系统身份认证、加密等防护工具进行防护，利用检测工具（如漏洞评估、入侵检测等）了解和评估系统的安全状态，并通过适当的响应机制将系统调整到"最安全"和"风险最低"的状态。防护、检测和响应组成了一个完整的、动态的安全循环，在安全策略的指导下保证信息系统的安全，模型结构如图 3-1 所示。

P2DR 模型包括四个主要部分：策略（Policy）、防护（Protection）、检测（Detection）和

响应（Response）。

（1）策略：定义系统的监控周期，确立系统恢复机制，制定网络访问控制策略和明确系统的总体安全规划和原则。

（2）防护：通过修复系统漏洞、正确设计开发和安装系统来预防安全事件的发生；通过定期检查来发现可能存在的系统脆弱性；通过访问控制、监视等手段来防止恶意威胁。采用的防护技术通常包括数据加密、身份认证、访问控制、授权和虚拟专用网（Virtual Private Network，VPN）技术、防火墙、安全扫描和数据备份等。

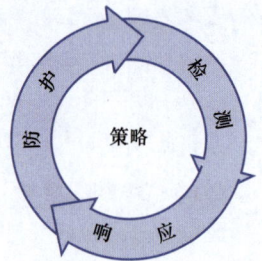

图 3-1　P2DR 模型

（3）检测：是动态响应和加强防护的依据，通过不断地检测和监控网络系统，来发现新的威胁和弱点，并通过循环反馈来及时做出有效的响应。当攻击者穿透防护系统时，检测功能可与防护系统形成互补，提高机构的防御效率。

（4）响应：在发生安全事件时，快速响应并采取适当的行动。具体包括隔离受感染的系统、恢复数据、修复漏洞、收集证据和通知相关方等。有效的响应可以降低损失，并帮助机构从安全事件中恢复过来。

2. 自适应安全架构

自适应安全架构（Adaptive Security Architecture，ASA）是 Gartner 于 2014 年提出的面向下一代的安全体系框架，以应对新时代网络安全所面临的严峻形势。ASA 从预测、防御、检测、响应四个维度，强调安全防护是一个持续处理的、循环的过程，细粒度、多角度、持续化的对安全威胁进行实时动态分析，自动适应不断变化的网络和威胁环境，并不断优化自身的安全防御机制。ASA 如图 3-2 所示。

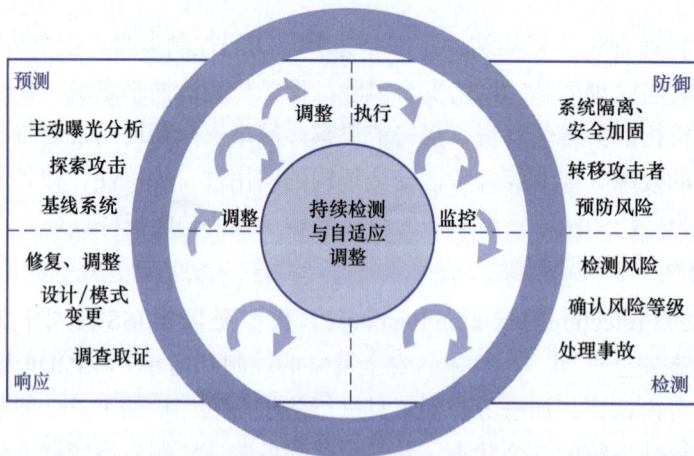

图 3-2　ASA

（1）防御：指一系列可以用于防御攻击的策略集、产品和服务。关键目标是通过减少攻击面来提升攻击门槛，并在受影响前拦截攻击动作。

（2）检测：用于发现未被成功防御的网络攻击，关键目标是降低网络攻击的威胁程度以及减少其他潜在的损失。

（3）响应：用于调查和补救被检测分析功能（或外部服务）查出的网络安全威胁，并提供入侵认证和攻击来源分析，帮助机构采取新的预防手段避免事故发生。

（4）预测：通过防御、检测、响应结果不断优化基线系统，不断提高对未知、新型攻击的预测精度，并将预测结果反馈到防御、检测与响应功能中，从而构成整个处理流程的闭环。

3. NIST 网络安全框架

NIST 网络安全框架是美国国家标准与技术研究院（National Institute of Standards and Technology，NIST）于 2014 年提出的一种信息安全管理框架，旨在帮助机构建立和维护有效的信息安全管理系统。该框架包括六个核心功能：治理、识别、保护、检测、响应、恢复。框架的整体结构如图 3-3 所示。

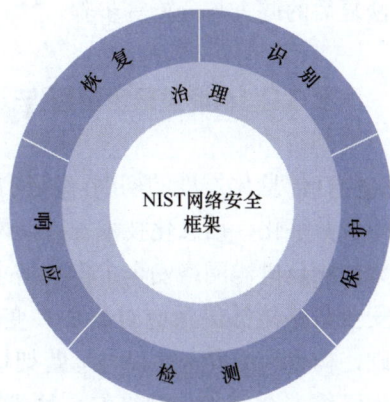

图 3-3　NIST 网络安全框架

（1）治理

建立、传达和监控机构的网络安全风险管理战略、期望和政策。治理的目的是告知机构可以采取哪些行动来实现其他五个功能的成果，并确定行动优先顺序。治理活动对于将网络安全纳入机构更广泛的风险管理战略至关重要，能够帮助机构建立网络安全战略和网络安全供应链风险管理，确定角色、职责和权限，制定相关政策以及对反垄断战略的监督。

（2）识别

了解当前存在的网络安全风险。了解机构的资产（例如，数据、硬件、软件、系统、设施、服务、人员）、供应商和相关的网络安全风险，根据机构的风险管理战略和任务需求确定各工作任务的优先顺序。该功能还包括对机构的政策、计划、流程、程序和实践环节进行改进，以支持网络安全风险管理。

（3）保护

使用安全措施来预防或降低网络安全风险。一旦确定了资产和风险的名单与优先级，保护功能就能够为这些资产提供担保，以减少网络安全事件出现的可能性和造成的影响。该功能涵盖的内容包括身份管理、身份验证和访问控制，安全意识培训，数据安全与平台安全（即保护物理和虚拟平台的硬件、软件和服务）防护以及关键信息基础设施的保护等。

（4）检测

查找并分析可能的网络安全攻击和危害。检测功能能够及时发现和分析异常、危害指标和其他可能表明网络安全攻击正在发生的潜在不良事件。此功能可以帮助机构实现及时的威胁检测和事件响应。检测措施具体包括安全监控、事件响应和漏洞管理等。

（5）响应

对检测到的网络安全事件采取行动。响应功能为机构提供了控制网络安全事件影响的能力，能够帮助机构快速响应安全事件，最小化事件对业务的影响。具体包括事件管理、分析、缓解、报告和沟通等流程。

（6）恢复

恢复受网络安全事件影响的资产和操作。恢复功能能帮助机构及时恢复信息系统的正常运行，减少突发安全事件的影响。具体包括制定并实施恢复计划、评估事件影响、进行恢复后的调查与分析等步骤。

3.1.2　网络安全建设与运营架构

在信息化发展的初期，机构常依赖静态的控制清单和安全架构来应对网络安全威胁。随着数字化、信息化技术发展，网络安全威胁变得更加频繁与复杂，传统网络防御策略已无法满足机构网络安全工作的需求。为了适应快速变化的数字服务和信息技术，确保网络安全策略能够灵活应对复杂多变的网络环境，机构需要以管理、技术与保障措施作为基础，构建网络安全建设与运营架构，以实现网络安全目标。本章将网络安全建设与运营分为网络安全管理、网络安全技术、网络安全运营和网络安全保障四个体系展开阐述，如图 3-4 所示。

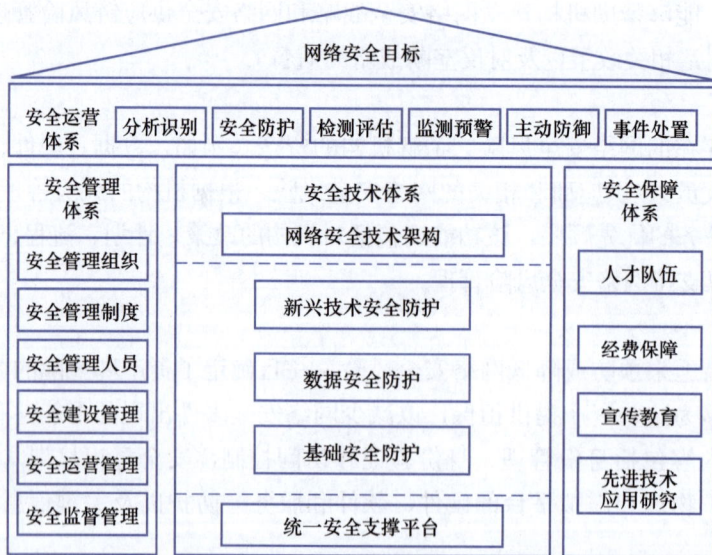

图 3-4　网络安全建设与运营架构

（1）网络安全管理体系涵盖网络安全策略、规程、指南以及相关资源和活动等，具体包括安全管理组织、安全管理制度、安全管理人员、安全建设管理、安全运营管理和安全监督管理等，是建立、实施、运行、监视、评审、维护和改进机构网络安全来实现业务目标的系统方法，旨在确保机构的网络安全各项措施遵守法律法规、符合有关规定，且能够有效控制网络安全风险。

（2）网络安全技术体系涵盖基础安全防护措施、数据安全防护措施、新兴技术安全防护措施，以及统一安全支撑平台等相关的网络安全设备与系统等，旨在为网络安全管理、运营与保障体系提供系统和工具支撑，以预防、识别并抵御外来威胁与内部风险。

（3）网络安全运营体系涵盖分析识别、安全防护、检测评估、监测预警、主动防御与事件处置等主要环节，是统筹协调机构网络安全运营团队人员，按照网络安全管理要求，利用网络安全技术体系的系统和工具，开展网络安全治理的一系列持续活动的总称，旨在发现机构已存在或未来可能会出现的安全风险，并利用高效的安全防控措施来主动化解风险，以此不断改善机构的安全状况。

（4）网络安全保障体系涵盖一系列用于支撑网络安全建设、保障网络安全工作顺利开展的措施，具体包括人才队伍、经费保障、宣传教育、先进技术应用研究等方面，旨在为机构的网络安全管理体系、网络安全技术体系、网络安全运营体系提供支撑，为网络安全建设与运营提供人、财、物全方位保障。

3.2　网络安全管理体系

网络安全管理体系是建立、实施、运行、监视、评审、维护和改进机构网络安全来实现业务目标的系统方法，由策略、规程、指南以及相关资源和活动组成，主要内容包括安全管理组织、安全管理制度、安全管理人员、安全建设管理和安全监督管理。

3.2.1　安全管理组织

1. 安全管理组织架构

机构作为网络运营者需要建立统一的、健全的、层次分明的安全管理组织架构，明确各组成部门的安全职责，在开展安全管理组织架构设计时，应依据网络安全法律法规、政策文件和标准规范，结合机构的实际情况进行设计，主要内容如下。

（1）建立健全网络安全领导体系，成立指导和管理网络安全工作的委员会或领导小组，由机构主要负责人担任其领导职务，领导小组成员由相关部门的分管领导组成；网络安全工作的领导小组下设办公室，具体承担领导小组日常工作。

（2）设立网络安全管理工作的职能部门，承担安全管理、应急演练、事件处置、教育培训和评价考核等日常工作。设立安全主管、安全管理各个方面的负责人岗位。

（3）设立系统管理员、审计管理员和安全管理员等岗位，具体执行网络安全相关操作。

2. 网络安全责任和职责

机构在设立网络安全组织和岗位时，要明确网络安全工作责任，结合机构具体的实际情况，确立机构网络安全组织的各项职能分工。

（1）党委（党组）网络安全责任

机构党委（党组）对网络安全工作负主体责任，领导班子主要负责人是第一责任人，主管网络安全的领导班子成员是直接责任人。

（2）网络安全和信息化领导机构职责

网络安全和信息化委员会或领导小组（以下简称"领导小组"）是机构网络安全工作的领导决策层，负责贯彻落实党中央、国务院和机构党组网络安全战略部署，统筹协调、决策网络安全工作有关重大事项。

（3）网络安全管理职能部门职责

网络安全管理工作的职能部门是专门的安全管理机构。主要承担网络安全管理、网络安全防护能力建设、网络安全教育培训、应急演练、安全事件处置和评价考核等网络安全管理的日常工作。专门的网络安全管理机构应设立安全主管、系统管理员、审计管理员和安全管理员等岗位。

（4）业务部门安全职责

业务部门在落实网络安全责任的过程中，作为业务系统的主管部门应根据具体的业务管理职能，对所辖业务信息系统的业务信息、系统服务的安全保护等级，提出业务系统的网络安全需求，组织开展网络安全等级保护定级备案和密码应用需求分析，组织所辖业务系统的上线、变更、报废，委托建设和运营单位对业务信息系统开展网络安全建设和运营工作，协调与业务信息系统安全有关的各项资源，落实业务系统安全建设和运行经费，开展业务系统安全的监督检查。

3. 网络安全责任追究

按照《党委（党组）网络安全工作责任制实施办法》有关责任追究事项，各级党委（党组）违反或者未能正确履行本办法所列职责，按照有关规定追究其相关责任。有下列情形之一的，各级党委（党组）应当逐级倒查，追究当事人、网络安全负责人直至主要负责人责任。协调监管不力的，还应当追究综合协调或监管部门负责人责任。依据《中华人民共和国网络安全法》《关键信息基础设施安全保护条例》等法律法规有关要求，机构作为网络运营者或关键信息基础设施运营者，不履行法律所规定的网络安全保护义务或违反法律规定，应承担相应的法律责任。

3.2.2　安全管理制度

1. 安全管理制度体系结构

参考《信息安全技术　网络安全等级保护基本要求》（GB/T 22239）《信息安全技术　网

络安全等级保护实施指南》（GB/T 25058）和网络安全管理体系有关标准，网络安全管理制度体系一般可分为四层。其中第一层为总体方针、安全策略，通过网络安全总体方针、安全策略明确机构网络安全工作的总体目标、范围和原则等；第二层为安全管理制度和技术规范，通过对网络安全活动中的各类内容建立管理制度和技术规范，约束网络安全相关行为，确定网络安全技术标准；第三层为安全流程和操作规程，通过对管理人员或操作人员执行的日常管理行为建立操作规程，规范网络安全管理制度的具体工作实现和操作细节；第四层为安全记录和表单，安全管理制度、操作规程实施时需填写和需保留的表单和操作记录，如图 3-5 所示。

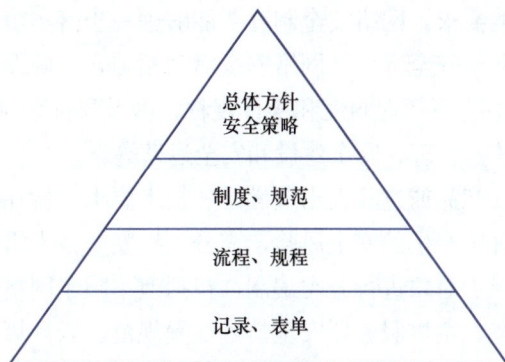

图 3-5　安全管理制度体系结构

2. 安全方针和策略

机构应制定网络安全工作的总体方针和策略，作为网络安全工作的顶层文件，明确机构网络安全方向。网络安全总体方针和策略应与业务策略、法律法规以及安全风险应对相结合，重点阐明机构安全工作的总体目标、范围、原则和安全框架等内容，旨在为网络安全工作提出目标方向和总体要求。

网络安全方针和策略中应明确网络安全目标，实际工作中机构可明确需要达到的网络安全保护等级要求，实现的安全保护程度作为网络安全目标，例如"确保业务系统的安全稳定运行，保障国家安全、社会公共利益和社会秩序等"。也可结合业务目标确定网络安全保护的保密性、完整性、可用性、可控性等安全可量化标准，例如"重要业务应用系统的可用性达到 99.9％以上、每年重大网络安全事件的发生为 0 次"等。

网络安全方针和策略中应明确网络安全工作有关原则，能够提出确保网络安全工作始终坚持的准则。实际网络安全工作中，常见的网络安全工作有关原则，例如"依法合规、责任明确、领导负责、全员参与、综合防范、重点保护、预防为主、技管并重、监督制约"等，网络安全工作有关原则在设计过程中要能够与机构的总体管理理念、业务保障目标以及网络安全法律法规和标准规范相结合，这些原则代表了机构领导层对于网络安全工作的定位，对于业务和安全之间的权衡，是对网络安全工作的指导。因此，机构要确保在网络安全建设和运营中始终能够坚持这些原则，即使在安全管理制度要求或规范不够完善或不够健全时，也能够始终坚持这些原则开展网络安全相关工作。

3. 安全制度和规范

机构应对网络安全管理活动中的各类管理内容建立安全管理制度。安全管理制度的制定可通过制定或授权专门的部门或人员负责制定，并应通过机构正式发布。网络安全管理制度要针对机构的风险情况进行识别和分析，编制网络安全管理要求，通过定期或不定期的安全评审，确保网络安全制度要求的合理性和适用性，对于存在的不足或需要改进的内容进行及时修订。

网络安全管理制度在制定过程中，要整体梳理网络安全管理活动，一方面要参考网络安全法律法规和政策要求，另一方面要结合风险情况形成安全控制要求，从而综合形成组织机构的网络安全制度要求。网络安全制度要能够进一步落实组织机构的网络安全目标和策略，同时要能够把网络安全责任与网络安全活动相结合，确保网络安全责任的有效落实。规范安全管理活动中各项管理制度和操作规程，涉及层面包括但不限于机构的人员、物理环境、网络通信、数据管理、安全建设和安全运营等。

技术规范是对技术、产品或过程提出应满足的技术要求，旨在降低因缺乏技术措施或技术措施自身配置不完善所产生的安全风险，充分发挥安全技术措施的作用和价值。技术规范通常根据网络安全保护对象进行分类编制，包括但不限于网络通信安全技术规范、网络边界访问控制技术规范、主机服务器安全技术配置规范、云计算平台安全技术规范、应用系统安全技术规范、移动应用安全技术规范、工控系统安全技术规范、终端安全技术配置规范、密码应用安全技术规范、身份和访问安全技术规范以及安全审计技术规范等。

4. 安全流程和规程

网络安全工作流程是对网络安全管理要求责任制落实的具体体现，网络安全流程编制过程中需要明确流程的目标、输入、输出、活动、资源、角色和职责等要素，并采用流程图等方式明确网络安全工作活动的顺序和逻辑关系，同时要对流程进行持续的监控和评估，及时发现和解决问题，确保流程的有效性和适应性。网络安全工作流程要明确每一项工作活动的具体执行者，形成网络安全运营工作闭环管理，确保每个人都能够通过流程的执行，落实安全管理有关要求。

操作规程是指导运营人员进行具体操作的规范性文件，在设计过程中要分析运营操作的具体对象，尤其是针对网络安全技术、产品或平台的运营操作，或针对某项具体的网络安全工作。网络安全运营操作规程在实际工作中包括但不限于指导某项服务具体执行的实施指南，指导某项工作的实施指引或操作指南，指导某类事件的处置操作规程以及工作手册、操作手册等文档，目的是确保操作人员动作不变形，保障操作的过程和结果正确。网络安全操作规程在设计过程中，与网络安全工作内容、网络安全运营岗位职责相匹配，设计时考虑操作步骤、操作指令、动作行为和操作结果等内容。

5. 安全记录和表单

安全操作记录和表单是安全运营人员在具体实施信息安全操作规程和流程的过程中，所产生的记录、说明和表单等文件。这些表单用于记录网络安全运营活动的执行情况、执行过程以及事件的处理和结果等重要信息。记录表单是网络安全运营和活动执行的重要体现。

3.2.3 安全管理人员

1. 内部人员安全管理

内部人员安全管理指对机构的人员在录用、工作期间、调离岗位等各个过程中的安全管理，保证机构内部人员的身份和背景安全，明确不同岗位的安全责任，确保各岗位人员的技术技能和岗位能力要求相适应。

（1）人员录用的安全管理

机构的人事管理部门要对被录用人的身份、安全背景、专业资格或资质等进行严格审查，确保被录用人员的身份和安全背景符合国家和机构有关要求。关键信息基础设施运营者按要求应对专门安全管理机构负责人和关键岗位人员开展安全背景审查，审查时可协调国家有关部门。同时开展技术能力和管理能力考核，明确录用人员的安全保密职责和义务。

（2）人员工作期间的安全管理

在职期间要开展人员上岗安全培训，对各岗位人员开展安全操作、安全意识和岗位技术技能等教育培训。机构的人事、业务和安全管理部门应明确在职人员岗位、权限、数据、责任相对应的权责关系，做到职责分离、相互制约、责任明确和最小授权管理。

（3）人员调离岗位的安全管理

机构的人事、业务、信息化和安全管理部门应在员工调离岗位的过程中，做好信息沟通和协同，业务部门要明确调岗、离岗的人员变更信息，人事、信息化和安全管理部门要能够根据人员调离岗的变更信息，及时调整或终止调离岗人员的所有资源访问权限。机构要与调离岗位员工核对安全保密协议内容，并承诺调离后的安全保密义务，必要时应签署承诺书后方可离岗。

2. 外部人员安全管理

外部人员通常可分为临时外部访问人员和非临时外部访问人员，其中临时外部访问人员主要是指因业务洽谈、参观、交流、提供短期和不频繁的技术支持服务等，短时间来访的外部组织或个人；非临时外部访问人员主要是指因从事合作开发、参与项目工程、提供技术支持、售后服务、服务外包或顾问服务等，到机构办公和工作的外部组织或个人。

外部人员安全管理主要是防范外部人员在访问、使用机构资源或提供服务过程中可能导致的网络安全风险，包括但不限于物理访问导致的设备丢失、误操作导致的软硬件故障、管理不当导致的信息泄露或恶意攻击、访问不当导致的滥用和越权等。外部人员安全管理主要涉及物理环境访问和网络资源访问的安全管理。

3.2.4 安全建设管理

根据我国网络安全相关政策法规和《国家政务信息化项目建设管理办法》等有关要求，信息化项目建设遵循网络安全与信息化"同步规划、同步建设、同步运行"的原则，在信息化项目的规划和建设阶段需加强网络安全管理，同步落实网络安全保护要求。

1. 项目规划

在信息化项目规划时，机构要同步落实网络安全等级保护定级备案和密码应用有关工作，属于关键信息基础设施的要同步向保护工作部门报告相关情况。安全保护等级初步确定为第二级及以上的等级保护对象，应组织有关部门和网络安全技术专家对定级结果的合理性、正确性进行评审，主管部门核准，最终确定其安全保护等级。信息系统定级相关材料报属地公安机关审核备案。

应根据最终确定的安全保护等级，由信息化项目的主管单位组织建设单位严格按照安全保护等级进行安全需求分析，依据相应等级的安全保护要求和风险分析的结果进行总体规划设计，编制安全规划和建设方案。

2. 项目建设

在信息化项目建设实施期间，机构要同步开展网络安全建设管理工作。按照国家有关要求，依据网络和信息系统安全规划和建设方案，开展网络安全技术和管理措施的建设和实施。应针对不同的保护对象明确相应的安全技术规范和安全配置标准，确保在建设期间能够同步实施安全策略、技术规范和配置要求。

3. 项目验收

信息化项目验收前，机构要完成所建信息系统的安全性测试，并出具安全测试报告。信息系统应通过等级保护测评和整改，才能够投入运行。信息化项目验收时应做好文档移交，包括但不限于安全需求分析、安全设计方案、安全开发、安全测试、安全实施、安全测试和整改报告等网络安全工程实施技术文档，确保信息化项目安全建设和安全运营工作有序衔接。

3.2.5 安全监督管理

机构应配合公安机关、行业主管部门的网络安全监管工作，建立良好的沟通和联络机制。同时应根据实际情况建立内部网络安全监管审计，发现网络安全工作不足，推进网络安全工作持续改进，开展内部监督管理。

（1）网络安全监督审核。对安全建设、运营和改进过程进行监督和评估，以确保安全措施的有效实施和持续改进。监督审核工作包括制定监督计划和评估标准，监测安全控制措施的执行情况，定期督促安全风险的改进情况，提供安全建议和指导，以及协调安全审核和审计工作。

（2）网络安全指标评价。定义、收集、分析和管理机构的网络安全指标，评价网络安全工作开展情况和效果。网络安全指标可能涉及对安全能力、管理过程和执行结果的评价，通过制定指标、确定收集和分析的方法、进行计算和评价等方式对数据结果进行展示。机构要能够从指标的结果中发现问题，提出改进建议并完善网络安全管理和技术措施。

（3）网络安全合规审查。依据国家网络安全法律法规和标准规范，基于机构自身制定的网络安全管理制度要求，定期开展网络安全内部审查，针对内部审查发现的问题，要评估、分析问题产生的原因，采取修补相应的防护措施，完善安全管理制度等要求。

（4）网络安全风险评估。对机构的网络安全风险进行评估和分析，以识别和评估潜在的威胁和漏洞，为制定有效的风险管理策略提供支持。具体工作包括收集和整理相关数据和信息，识别和分类安全威胁和风险，分析威胁的潜在影响和可能性，评估现有的安全控制措施的有效性和弱点，提出风险缓解和管理的建议和措施，编制风险评估报告和分析，推动风险管理策略的执行。

（5）网络安全策略有效性验证。评估和验证机构安全策略的实施情况和有效性，通过使用安全评估工具和技术，对纵深防御措施、应用和数据防护措施、主动防御措施等技术措施及相关安全策略的有效性进行审查、验证和评估，并提供改进建议。

3.3　网络安全技术体系

网络安全技术体系涵盖基础安全防护措施、数据安全防护措施等，以及统一安全支撑平台等相关的网络安全设备与系统等，旨在为机构网络安全管理、运营与保障体系提供系统和工具支撑，以预防、识别并抵御外来威胁与内部风险，保障机构网络和数据安全。

3.3.1　基础安全防护措施

参考我国网络安全等级保护体系架构中的网络安全通用技术要求介绍基础安全防护措施建设，主要包括安全物理环境、安全通信网络、安全区域边界、安全计算环境等内容。

1. 安全物理环境

安全的物理环境能够有效地防止各种物理攻击、自然灾害以及意外事件对系统网络和数据的损害，从而保障整个网络系统的稳定运行和网络安全。

（1）物理位置选择

机构数据中心的物理地址应选择在具有防震、防风和防雨等能力的建筑内，应避免设在建筑物的顶层或地下室。

（2）物理访问控制

数据中心出入口应配置电子门禁系统，控制、鉴别和记录进入的人员，并配备监控摄像头以实时监视设备区域的活动情况。

（3）防雷击

将各类机柜、设施和设备等通过接地系统安全接地，并可采取避雷针、接地网、雷电感应器等防雷技术措施。

（4）防火

应设置火灾自动消防系统，能够自动检测火情、自动报警，并自动灭火，房间应采用具有耐火等级的建筑材料。根据情况配置烟雾探测器、火灾报警器、灭火器、自动灭火系统、防火门等保护措施。

（5）防水和防潮

应采取措施防止雨水通过机房窗户、屋顶和墙壁渗透，防止机房内水蒸气结露和地下积水的转移与渗透，可采取适当提高设备安装高度、安装水浸传感器、配备抽水设备等措施。

（6）防静电

数据中心大量设备中包含无数的电子元件，当人体或其他带静电设备接触不带静电防护的电子元件或设备时，可能会通过静电放电损坏其中的微小电子元件，导致设备故障。可采用防静电地板或地面、防静电手环、静电消除器等技术措施。

（7）温湿度控制

在数据中心机房内需要通过设置温、湿度自动调节设施，使机房温、湿度的变化在设备运行所允许的范围，可部署精密空调、温湿度监控系统、空气循环系统等。

（8）电力供应

应在供电线路上配置稳压器和过电压防护设备，同时设置冗余或并行的电力电缆线路为计算机系统供电，可配备不间断电源（Uninterruptible Power Supply，UPS）和发电机（配备燃料）等供电备份设备，确保在停电或电力波动时数据中心能够正常运行。

2. 安全通信网络

安全通信网络实现主要从网络架构和通信传输两个方面开展安全防护。

（1）网络架构

网络架构是支撑机构运营和服务提供的基础设施，更是网络通信安全和稳定性的重要保障。应重点从网络设备、宽带资源、网络区域、网络隔离和硬件冗余五个方面考虑，以实现稳定可靠的网络架构。

① 网络设备的业务处理能力应能够满足业务高峰期的需求。网络架构必须充分考虑业务高峰期的需求，确保网络设备具备足够的处理能力，能够应对突发的大流量和高负载情况。

② 带宽能够满足业务高峰期的需求。带宽是网络通信的基础资源，直接影响着网络传输速度和数据传输效率。为了应对业务高峰期的需求，网络架构应当合理规划带宽资源，确保网络各个部分都具备足够的带宽，避免出现因带宽不足而导致的网络拥堵和传输延迟问题，保证业务的正常运行。

③ 应划分不同的网络区域，并合理开展网络地址分配，实施有效的网络访问控制策略，保障网络的安全性和稳定性。

④ 重要网络区域与其他网络区域之间应采取可靠的技术隔离手段。重要网络区域通常包括核心业务系统、敏感数据存储区域等，对这些重要网络区域应当采取严格的安全防护措施，避免将其直接暴露在外部网络环境中。通过采取如网络防火墙、访问控制列表等技术，有效隔离重要网络区域与其他网络区域，防止网络攻击和信息泄露风险。

⑤ 网络架构应当提供通信线路、关键网络设备和关键计算设备的硬件冗余，保证系统的可用性，避免因单点故障而导致的系统中断和服务中断问题。

（2）通信传输

可采用校验技术与密码技术等保障数据在通信传输中的安全性。

合理应用校验技术是确保通信过程中数据完整性的重要手段之一。通过在通信数据中添加校验位或校验码，接收方可以在接收数据时验证数据的完整性，从而防止数据被篡改或损坏。常见的校验技术包括循环冗余校验（Cyclic Redundancy Check，CRC）和消息认证码（Message Authentication Code，MAC）等。

密码技术通过对通信数据进行加密处理，使未授权的用户无法读取或理解数据内容，从而保护数据的保密性。常见的加密技术包括对称加密和非对称加密。对称加密使用相同的密钥对数据进行加密和解密。发送方和接收方在通信前都必须共享同一个密钥。在数据传输过程中，发送方使用密钥对数据进行加密，接收方使用相同的密钥对数据进行解密，从而实现数据的保密性。

非对称加密使用一对密钥，即公钥和私钥。公钥可以公开分享，而私钥则保密保存。发送方使用接收方的公钥对数据进行加密，接收方使用自己的私钥对数据进行解密。由于私钥只有接收方拥有，因此即使公钥被窃取，也无法解密数据，从而实现了数据的保密性。

3. 安全区域边界

应根据业务需求和安全策略灵活划分区域边界，常见的安全区域包括内部网络、隔离区（Demilitarized Zone，DMZ）、外部网络等。安全区域边界实现主要采取边界防护、访问控制、入侵防范等防护措施。

（1）边界防护

网络边界是指网络中的物理或逻辑边界，用于分隔内部网络和外部网络之间的通信流量。它可以是由防火墙、路由器、交换机等网络设备构成的物理边界，也可以是由访问控制列表（Access Control List，ACL）、VPN 等技术构成的逻辑边界。网络边界的主要功能包括控制入站和出站流量、监控网络访问、实施访问控制策略等，是保护网络安全的第一道防线。

（2）访问控制

访问控制是指在计算机系统或网络中，对用户、程序或设备访问资源的行为进行控制和管理的过程。其目的是确保只有经过授权的用户或设备才能够访问和使用系统资源，防止未经授权的访问和滥用，从而保护信息系统应用及其数据的安全。根据控制粒度和实现机制的不同，访问控制可以分为基于角色的访问控制、强制访问控制、自主访问控制和基于属性的访问控制四种类型。

① 基于角色的访问控制，是将用户分配到不同的角色中，每个角色拥有特定的权限，用户的访问权限由角色决定，简化了权限管理和维护。

② 强制访问控制，是基于系统管理员定义的安全策略，强制规定了对资源的访问权限，用户无法更改或绕过这些安全策略。

③ 自主访问控制，是资源的所有者可以自行决定谁可以访问其资源以及访问权限的范围，具有较大的灵活性和自主性。

④ 基于属性的访问控制，是根据用户的属性、所处环境等因素，动态地决定用户对资源的访问权限，实现精细化的访问控制。

机构可以通过防火墙设备实现网络的访问控制。访问控制是防火墙产品最基础的安全功能，通过报文的特征定义一系列的 ACL 策略，通过这些 ACL 策略可以控制通过防火墙的报文。防火墙基于状态检测技术，通过安全域、IP 地址、端口、协议、用户、应用、时间等维度对数据报文进行深度检测，阻断违规数据访问。

（3）入侵防范

入侵防范是指通过采取各种技术手段和安全措施，预防和阻止未经授权的用户或恶意攻击者进入网络系统，保护网络免受入侵和攻击。可采取多种技术措施实现入侵防范。比如依靠防火墙，通过设置访问控制策略和安全规则，限制和管理网络流量的进出，阻止未经授权的访问和攻击。也可以通过入侵检测系统（Intrusion Detection System，IDS）设备监测网络流量和系统日志，识别和检测网络中的异常行为和潜在威胁，及时发现并报警，以便及时采取应对措施。

4. 安全计算环境

安全计算环境包括身份鉴别、访问控制、安全审计、恶意代码防范、可信验证等方面的安全措施和技术。

（1）身份鉴别

身份鉴别是指确认用户或实体身份的安全措施。身份鉴别机制是机构信息系统的第一道"安全闸门"，是构建安全计算环境首先考虑的问题。

采取身份鉴别技术措施时，应对登录的用户进行身份标识和鉴别，身份标识具有唯一性，身份鉴别信息具有复杂度要求并定期更换；应具有登录失败处理功能，应配置并启用结束会话、限制非法登录次数和当登录连接超时自动退出等相关措施；采用用户名口令、商用密码技术、生物技术等两种或两种以上组合的鉴别技术对用户进行身份鉴别，且其中一种鉴别技术至少应使用商用密码技术来实现。

（2）访问控制

访问控制是指管理用户对系统资源的访问权限的安全措施。机构通过正确配置访问控制策略，可以限制用户对系统资源的访问权限，防止未经授权的访问和操作。

采取访问控制技术措施时，机构应对登录的用户分配账户和权限；应重命名或删除默认账户，修改默认账户的默认口令；应及时删除或停用多余的、过期的账户，避免共享账户的存在；应授予管理用户所需的最小权限，实现管理用户的权限分离；应由授权主体配置访问控制策略，访问控制策略规定主体对客体的访问规则；访问控制的粒度应达到主体为用户级或进程级，客体为文件、数据库表级；应对重要主体和客体设置安全标记，并控制主体对有安全标记信息资源的访问。

（3）安全审计

安全审计是指记录和审计系统中的关键操作和安全事件的安全措施。可以通过安全审计措施帮助系统管理员检测和响应安全事件。审计记录应包括事件的日期和时间、用户、事件类型、事件是否成功及其他与审计相关的信息；应对审计记录进行保护，定期备份，避免受到未预期的删除、修改或覆盖等；应对审计进程进行保护，防止未经授权的中断。

（4）恶意代码防范

恶意代码防范是指防止恶意软件对系统和数据造成损害的安全措施。安装反病毒软件是防范恶意代码的主要措施之一。反病毒软件可以检测和清除系统中的恶意软件，包括病毒、间谍软件、木马等，从而保护系统和数据免受恶意攻击的侵害。

（5）可信验证

可信验证是指确保系统和软件的完整性和可信度的安全措施。采取可信验证技术措施时，机构可基于可信根对计算设备的系统引导程序、系统程序、重要配置参数和应用程序等进行可信验证，并在应用程序的关键执行环节进行动态可信验证，在检测到其可信性受到破坏后进行报警，并将验证结果形成审计记录送至安全管理中心。

3.3.2　数据安全防护措施

数据安全是指通过采取必要措施，确保数据处于有效保护和合法利用的状态，以及具备保障持续安全状态的能力。按照数据流转环节，可以分为数据采集安全、数据传输安全、数据存储安全、数据处理安全、数据交换安全、数据销毁安全等。

1. 数据采集安全

常用的数据采集技术手段包括采用接口对接方式和感知终端采集的方式。

在采用接口对接方式收集重要数据时，应在数据收集前与数据提供方协商确定数据收集规模、范围、类型、频度等；应验证接口的真实性，宜采用绑定 IP、令牌认证、数字证书等技术进行校验；应采用消息摘要、消息校验码、数字签名等技术，保证收集过程数据的完整性。

通过感知终端采集方式收集重要数据，感知终端应用安全宜符合感知终端应用安全相关标准要求，如《信息安全技术　物联网感知终端应用安全技术要求》等；应对感知终端的身份进行鉴别，宜结合数字证书、设备指纹、设备物理位置、网络接入方式多种因素进行终端身份验证；应采用消息摘要、消息校验码、数字签名等技术，保证收集过程数据的完整性。

在数据采集中可采用数字签名技术实现身份鉴别和数据的完整性。数字签名技术一般采用非对称密码机制来实现签名。一个签名人具有一对密钥，包括一个公钥和一个私钥。签名人公开其公钥，签名验证人（简称验签人）需要在验证签名前获取签名人的真实公钥。

2. 数据传输安全

数据在流转过程中，会在不同节点之间传输，需采用适当的加密保护措施，保证传输通道、传输节点和传输数据的安全，防止数据在传输过程中被窃听、篡改或破坏。

（1）应对数据传输的通信双方进行身份认证，确保数据传输双方是可信任的；

（2）应采取加密、签名、防重放等措施，确保数据在传输过程中的保密性、完整性、不可否认性；

（3）宜在数据传输前，对数据内容进行加密；

（4）应在不同网络区域或安全域之间进行安全隔离，对数据传输至外部主体的情况进行重点监控；

（5）应对数据传输过程进行实时监测和内容检测，发现数据异常传输行为时进行实时阻断；

（6）应在数据传输不完整时清除传输缓存数据，应在数据传输完成后立即清除传输历史缓存数据。

3. 数据存储安全

数据存储安全主要包括对存储保护、存储位置、存储期限和备份与恢复4个方面的安全保护。

（1）存储保护方面，应采用密码技术保证数据存储的保密性和完整性，宜建设统一的密码服务资源；宜采用同态加密、隐私计算等技术手段减少重要数据复制存储，保障重要数据可用不可见。

（2）存储位置方面，机构在中国境内收集和产生的重要数据应在境内存储；应为重要数据存储划分专门的网络区域，存储重要数据的区域与其他网络区域间应配置有效的边界防护措施，重要数据存储区域不应部署在网络边界处。

（3）存储期限方面，数据存储时间应为业务必需的最短时间，在存储期限到期前，应对超过存储期限或已不需要的数据设置标志位，并按照要求及时销毁相关数据。

（4）备份与恢复方面，应利用通信网络定时、定期将重要数据备份至备份场地；实时数据宜采用数据库双活、远程镜像、多副本等方式备份，历史数据可采用磁带、冷备等方式备份。

4. 数据处理安全

数据处理安全应重点考虑安全的系统访问、数据加工安全和数据自身保护三个方面安全保护。

（1）系统访问方面，数据处理使用过程中应进行细粒度权限管控，综合考虑主体角色、业务需要、时效性等因素，将数据使用范围限制在最小的范围内；应建立数据使用权限申请与审核机制，申请中应明确数据使用目的、内容、时间、技术防护措施、数据使用后的处置方式等，申请通过后方可授予相应的数据使用权限，并将审批记录留存；对数据批量查询、批量修改、批量下载等高风险操作宜采取双因子认证、实人认证等鉴别方式，宜建设统一的身份认证平台。

（2）数据加工安全方面，对接入数据库、大数据平台、存储等的数据计算分析设备、系统、组件等进行身份鉴别、访问控制、入侵防范、恶意代码防范等；数据加工过程中使用的外部软件开发包、组件、源码等，应事先进行安全检测和评估；数据加工过程涉及第三方组织的，宜可采用同态加密、多方安全计算、联邦学习等技术，降低数据加工过程中数据泄露、窃取等风险。

（3）数据自身保护方面，机构应采用脱敏、水印、限制复制、去标识化等技术措施，确保数据自身安全性，防止数据泄露；在数据下载或导出时可采用水印、二维码等技术实现数据的可追溯性。在数据处理前，对数据进行脱敏是有效保护数据隐私的手段，数据脱敏使数据无法直接关联到特定个人或实体。数据脱敏通过对敏感数据进行修改、替换或删除等操作，以降低数据的敏感性，从而减少数据泄露的风险。例如，在软件开发过程中，开发人员可能需要使用真实的用户数据来进行测试，但为了保护用户隐私，需要对数据进行脱敏处理。常见的数据脱敏技术包括匿名化、脱敏、泛化、加密脱敏和随机扰动等。

5. 数据交换安全

在对外提供和共享数据时，机构应与数据接收方签订合同或协议等法律文件，约定数据提供和共享的目的、范围、方式、数据量、安全保护措施、数据返还或销毁方式等。

建立完善的接口验签机制，对接口使用方进行身份验证，宜采用令牌（Token）、数字证书等方式进行验证；应对接口上线、变更、下线等环节进行统一管理，接口上线前应进行风险评估，发现问题应暂停上线并及时调整；接口上线后发现接口运行异常、恶意调用等情况应采取告警、阻断等措施，并及时修复相应问题；定期对无业务流量或已下线业务的接口进行清理；通常使用 API 接口来实现数据的共享，对接口使用范围、使用期限、使用频度、流量等进行统一管控和限制。

机构可采用 API 安全网关系统降低 API 安全风险问题。API 安全网关系统能够对 Web 应用系统、API 服务进行请求接口的自动梳理，实现对敏感数据的自动发现，敏感数据资产的可视展现，基于用户、接口、数据的授权实现应用 API 的细粒度数据访问控制，可实现应用请求结果的动态数据脱敏，防止数据泄露，以及应用访问安全日志审计与风险识别、态势分析等安全功能。

6. 数据销毁安全

在进行数据销毁时，应通过多次覆写等方式（如全零、全一或随机零一填写 7 次）安全地擦除数据，多次覆写填充的字符应完全覆盖存储数据区域，确保数据不可再被恢复或以其他形式被利用。对数据载体进行报废处理时，应采用消磁、焚烧、粉碎等不可恢复的方式，以确保数据不能被恢复。

3.3.3 统一安全支撑平台

参考我国网络安全等级保护体系架构中安全管理中心的要求，机构可建设统一安全支撑平台，以实现集中管理、集中监控、集中分析、统一防护的目标。以下将介绍安全管理与运营平台、统一身份认证管理平台、统一密码服务平台。

1. 安全管理与运营平台

安全管理与运营平台采用集中管理方式支撑机构开展网络安全管理与运营活动。统一管理相关安全产品，收集所有网内资产的安全信息，并通过对收集到的各种安全事件进行深层的分析、统计和关联，及时反映被管理资产的安全态势，对各类安全事件及时发现和定位，并协助管理员进行事件分析、风险分析、预警管理和应急响应处理。

传统的网络运行中心（Network Operations Center，NOC）仅仅强调对用户网络的运行和维护，而在安全管理方面缺乏技术支撑。随着网络安全问题的日益突出和安全管理理论与技术的不断发展，安全管理与运营平台逐渐出现并发展起来。在此期间，安全事件管理（Security Event Management，SEM）或安全信息管理（Security Information Management，SIM）产品诞生，形成以安全信息和事件管理（Security Information and Event Management，SIEM）系统为基础的安全管理与运营平台。而随着大数据技术的不断发展，安全管理与运营平台具备更强的数据处理和分析能力，开始构建以信息系统资产为核心的全面安全监控、分析、响应系统。以资产为主线，为用户实现了较为全面的面向机构资产的风险管理与运维流程以及安全事件管理与处理流程，还强调对历史数据的深度挖掘和分析，以发现机构资产潜在的安全威胁和漏洞。同时，还可通过与其他安全系统和工具更好地进行深度集成和协作，实现更为全面和高效的安全防护。

当前，安全管理与运营平台是一个集成了各种安全工具和技术的平台，用于监测、感知、检测和响应安全威胁与事件，主要包括安全信息和事件管理、网络安全态势感知、威胁检测和响应等功能。

2. 统一身份认证管理平台

统一身份认证管理平台是一种集中管理和控制用户身份认证的系统。它通过统一的身份认证机制，实现了用户在多个应用系统中的单点登录和身份验证，为机构提供了便捷、安全和高效的用户身份管理和访问控制服务。

常见的统一身份认证管理平台应用架构如图3-6所示。平台应用涉及机构办公网络和分支机构的相关应用系统、管理员用户、本地用户和分支机构用户等。管理员用户、本地用户和分支机构用户通过用户终端与统一身份认证管理平台的通信，实现用户身份的认证和访问控制，应用系统是接入统一身份认证管理平台的各个业务系统，他们通过与平台的通信，实现对访问需求的用户身份的认证和授权。

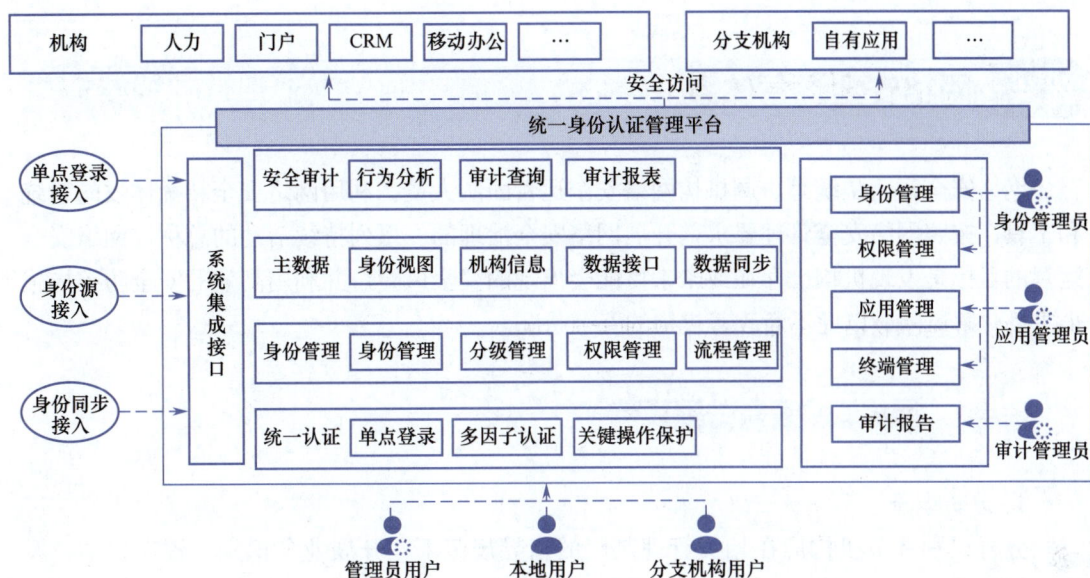

图 3-6　统一身份认证管理平台应用架构图

3. 统一密码服务平台

密码是保障网络安全的核心技术，在网络空间安全防护中发挥着重要的基础支撑作用。密码技术作为业务系统及重要数据安全防护的关键技术实现对信息进行"明""密"变换，实现信息的保密性、信息来源的真实性、数据的完整性和行为的不可否认性。统一密码服务平台是以密码资源池、基础密码服务、通用密码服务和密码应用服务聚合的密码集约化平台，构建一个集中化统一服务的平台、一套多样化密码服务模式、一组标准化密码调用接口、一个一体化密码管理体系，为机构应用提供"一站式"统一商用密码服务、密码管理和密码监管能力。

统一密码服务平台一般包含密码服务模块、服务支撑模块、密码资源池三个部分，平台框架如图 3-7 所示。

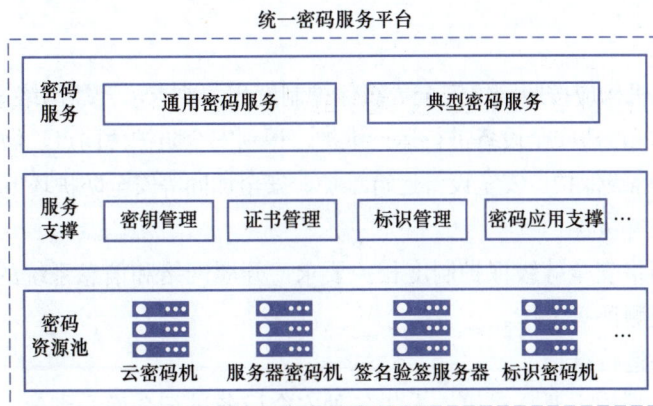

图 3-7　统一密码服务平台框架图

3.4 网络安全运营体系

网络安全运营是统筹协调机构网络安全运营团队人员，利用网络安全技术体系的系统和工具，按照网络安全管理要求，开展网络安全治理的一系列持续活动的总称。网络安全运营的目标是发现机构已存在或未来可能会出现的安全风险，并利用高效的安全防控措施来主动化解风险，以此不断改善机构的安全状况。

3.4.1 网络安全运营关键环节

1. 分析识别

分析识别环节机构应在相关管理制度的指导规范下，开展业务识别、资产识别、风险识别等活动，是开展安全防护、检测评估、监测预警、主动防御、事件处置等工作的基础。以下介绍业务识别、资产识别和风险识别等分析识别环节的基础工作。

（1）业务识别

业务识别是开展网络安全运营的基础工作，包括业务的属性、定位、完整性和关联性识别。业务识别内容包括建立业务台账、识别独立业务和非独立业务、识别业务之间关联关系和关联程度、对业务进行重要性赋值等。

（2）资产识别

开展资产管理和资产分类分级等工作，实时监测资产运行状态、业务重大变更情况等，对资产安全进行持续的运营，并形成资产安全清单与报告。

（3）风险识别

风险识别环节应对关键业务链开展安全风险分析，识别威胁、脆弱性与暴露面信息等，开展威胁识别和漏洞管理等活动，通过尽可能多地减少威胁和漏洞来降低机构的整体网络安全风险。

2. 安全防护

安全防护环节机构应按照网络安全等级保护制度相关要求，开展网络安全防护，结合系统自身安全防护情况，对安全设备进行运行维护，识别安全防护薄弱点，做好安全加固工作。以下介绍网络安全等级保护、安全设备运行维护、安全加固等安全防护环节的基础工作。

（1）网络安全等级保护

应落实国家网络安全等级保护制度相关要求，开展网络和信息系统的定级、备案、安全建设整改和等级测评等工作。

（2）安全设备运行维护

安全设备运行维护主要是对机构内的各种安全设备进行全面、细致、有效的日常维护和管理，以确保其正常运行并能够及时应对各种安全威胁。安全设备运行维护内容包括：

① 可用性监控：实时监控安全设备的运行状态和性能指标，及时发现和处理设备故障或异常情况，确保设备的可用性和可靠性。

② 设备更新和升级：根据组织机构的安全需求和设备厂商的建议，及时更新和升级安全设备，以提高设备的防护能力和安全性。

③ 安全策略管理：根据业务及安全需求，调整和修改安全设备策略，并对策略进行归并及优化。

④ 安全配置管理：定期梳理检查安全设备的配置，如访问控制配置等。对配置文件定期进行备份，并将备份文件存储在安全可靠的位置。同时，应测试配置恢复功能，确保在需要时能够快速恢复设备配置。

⑤ 设备的审计和记录：对安全设备的操作进行审计和记录，包括设备的配置操作、检测和监控操作、故障处理操作等，确保设备的操作合规性和可追溯性。

⑥ 设备安全性管理：建立设备安全管理制度，对安全策略、账户管理、配置管理、日志管理、日常操作、升级与打补丁、口令更新周期、维修过程等方面作出规定；根据运行参数研判、预测设备故障运行隐患、安全设备的告警进行及时分析和研判；定期开展安全设备漏洞排查，经过充分测试评估后，对已有漏洞及时修补。

⑦ 安全有效性验证：需结合安全运维实际工作的情况，对相关安全措施的有效性进行验证，以确保安全运维工作收到应有的效果。

（3）安全加固

安全加固主要是针对网络与应用系统的加固，在网络设备、安全设备、操作系统、硬件设备、应用程序等层次上建立符合安全需求的安全状态。机构应根据专业安全评估结果，制定相应的系统加固方案，针对不同目标系统实施不同策略的安全加固，例如打补丁、修改安全配置、增加安全机制等方法，合理进行安全性加强，从而保障信息系统的安全。安全加固内容包括以下几点。

① 安全现状调查：了解资产安全现状和资产关联关系，评估安全缺陷或安全隐患的影响范围和严重程度。

② 制定加固方案：针对发现的安全现状问题，与相关业务部门、建设部门、管理部门、运维部门等联合确认安全加固方案，包括实施时间、范围、流程、方法等，确认每项加固措施和操作方法的可行性，同步制定回退方案和应急方案。

③ 落实加固举措：安全加固前做数据备份、版本备份，分阶段、分批次有序开展安全加固举措、测试验证。针对重要资产，需先加固资产，测试无误后再小批量、分批次开展安全加固。

④ 验证加固结果：通过测试、攻击等手段，针对安全加固后的结论进行验证，根据验证结果判断是否符合加固要求，最终按需落实加固方案。

3. 检测评估

网络安全检测评估是确保机构网络系统安全性的重要环节，它涉及机构自身组织的内部评估和邀请第三方进行的外部评估。网络安全检测评估类型，包括网络安全风险评估、网络安全等级保护测评、数据安全风险评估、关键信息基础设施安全检测评估、上线前安全测试、网络安全渗透测试和商用密码应用安全性评估等。有关安全检测评估内容详见第8章。

4. 监测预警

应建立并实施网络安全监测预警和信息通报制度，通过网络流量监测、异常行为监测、终端监测、数据监测、DNS监测等活动，针对发生的网络安全事件或发现的网络安全威胁，提前或及时发出安全警示。同时应建立信息共享和预警机制，及时通知相关人员或系统，以便采取相应的处置与应对措施，保护网络安全。

5. 主动防御

网络安全主动防御是指在网络安全防护中采取积极主动的措施，包括主动收敛暴露面，针对监测发现的攻击活动采取捕获、干扰、阻断、加固等多种技术手段，组织开展攻防演练和威胁情报工作等，提升对网络威胁与攻击行为的识别、分析和主动防御能力。以下将介绍暴露面收敛、攻防演练、威胁情报等主动防御环节的主要工作。

（1）暴露面收敛

暴露在外的互联网资产经常成为网络攻击的突破口，在网络安全运营中应注重从多方面减少互联网暴露面，最小化对外开放服务。应关闭非必要互联网协议地址、端口、应用服务等，收敛互联网出口数量，减少对外暴露组织架构、邮箱账号、机构通信录等内部信息，避免在代码托管平台、文库、网盘等公共存储空间存储网络拓扑图、源代码、互联网协议地址规划等可能被攻击者利用的技术文档。

（2）攻防演练

攻防演练，也被称为"红蓝对抗"，是一种模拟真实网络攻击场景的活动，旨在评估和提高机构的网络安全防护能力。通过模拟攻击者的行为和防御者的应对策略，攻防演练可以帮助机构发现潜在的安全漏洞，测试安全策略的有效性，并提高员工的网络安全意识和应急响应能力。攻防演练的核心目的主要包括：发现安全漏洞、测试安全策略、提高应急响应能力、增强员工网络安全意识等。

（3）威胁情报

网络安全威胁情报是指通过收集、分析和整理各方面数据，以提供有关网络安全威胁的相关信息。这些信息包括但不限于网络攻击源、攻击方式、攻击目标以及攻击影响等。网络安全威胁情报收集的目的在于为网络安全防御提供有效的参考依据，帮助相关机构预防和应对网络安全威胁。机构应建立网络威胁情报共享机制，组织联动上下级单位，开展威胁情报搜集、加工、共享、处置，同时建立外部协同网络威胁情报共享机制，与权威网络威胁情报机构开展协同联动，实现跨行业领域网络安全联防联控。

6. 事件处置

网络安全事件处置是指在网络系统或网络环境中发生安全事件后，应按照网络安全事件不同级别，采取适当的措施和步骤来应对和解决网络安全事件，以最小化损失、恢复由于网络安全事件而受损的功能或服务，并防止类似事件再次发生。网络安全事件响应与处置的工作内容如下：

（1）对海量网络安全告警和疑是网络安全事件进行研判分析、分类分级，还原网络安全事件全过程，识别网络安全事件影响范围，溯源网络安全事件入口与攻击者等。

（2）通过网络安全事件自动化响应处置、网络安全工单对不同类型、级别的网络安全事件进行管理，如派发、审核事件处置工单，联动网络安全处置设备对网络安全事件进行全自动或半自动的响应处置等，实现网络安全事件的闭环。

（3）第一时间识别重大网络安全事件并启动应急预案，通过网络安全管理与运营平台对重大网络安全事件处置进行协调指挥、协同第三方机构进行应急、通过自动化响应处置进行联动处置等，对重大网络安全事件进行快速响应，并进行分析、总结、加固，生成事件报告进行上报。

（4）在事件处置的基础上，通过网络安全管理与运营平台，在网络安全运营团队的支撑下，对网络安全事件进行溯源调查与取证，开展网络安全事件根因分析，明确事件攻击入口、可能的攻击者或潜伏的威胁攻击者等，并基于分析结果对网络进行安全加固、主动拦截攻击者等，对外部威胁进行主动防御、消除自身可能存在的安全脆弱点，主动预防网络安全事件的发生。

（5）针对已研判分析、处置响应、溯源加固的网络安全事件进行总结，形成内部经验，用于网络安全运营团队作为类似网络安全事件的学习处置参考，同时可作为内部学习材料用于提升网络安全运营团队的安全技能。同时需要形成安全报告，依据相关规定要求上报、共享给相关单位与第三方组织。

3.4.2　网络安全运营关键指标

网络安全运营关键指标是用来衡量和评估网络安全运营工作成效的关键指标。这些指标可以帮助机构评估和改进其网络安全运营工作的效果和效率，以确保网络安全风险得到有效管理和控制。以下将介绍一些重要运行指标。

1. 识别资产覆盖率

资产覆盖率主要指的是 IT 资产管理系统能够覆盖到的资产范围，包括硬件、软件、网络设备等各种 IT 资源。一个高覆盖率的资产安全管理能够全面、准确地记录和跟踪机构的所有资产，确保没有遗漏，从而实现对资产的全面管理和控制。

$$资产覆盖率 = 纳入管理资产 / （已知资产 + 未知资产）×100\%$$

2. 漏洞整改复发率

漏洞整改复发率主要衡量网内漏洞修复的完整性和准确性。

$$漏洞整改复发率 = 复发漏洞 / 已修复漏洞 ×100\%$$

漏洞整改复发率计算的难点是如何判定一个漏洞为复发，一般来说有两种判定复发的方式。一种是某个系统的某个漏洞反复出现，比如某个 URL 的某个注入点重复出现 SQL

注入漏洞；另外一种是某个系统频繁出现某一类漏洞就算复发，比如某系统在不同的位置频繁出现 SQL 注入漏洞。

3. 安全流量覆盖率

流量覆盖率由南北向和东西向覆盖率组成。可根据机构实际情况调整南北向和东西向覆盖率对总体覆盖率的影响。

南北向流量覆盖率：所有南北向边界和重要网络核心的流量采集占比，以全流量采集为 100%。

东西向流量覆盖率：所有东西向边界和云内互访的流量采集占比，以全流量采集为 100%。

4. 检测准确率

检测准确率主要指网内检测出的威胁告警是否正确或描述不当。应充分利用人工分析和规则模型等手段不断提供检测准确率。

5. 平均威胁响应时间

威胁响应是指在安全事件检测与有效处置之间的事件应对情况。解决安全事件的总成本很大程度上取决于安全团队对突发事件的快速响应能力，响应时间越短，解决问题的成本就会越低。如果需要很长时间才能启动有效的响应机制和流程，这就反映出整体安全能力建设的不均衡。

6. 平均威胁处置时间

迅速响应网络安全事件只是安全事件处置的一方面，平均威胁处置时间则可以反映安全事件发生后安全运营团队的处置效率有多高。如果跟踪这个指标，就可以评估调整安全运营策略将可以获得哪些好处。本指标还可用于评估安全团队快速解决不同安全事件的能力，比如 DDoS 攻击、勒索软件攻击和数据泄露等。

3.5 网络安全保障体系

网络安全保障体系涵盖一系列用于支撑网络安全建设、保障网络安全工作顺利开展的措施，具体包括人才队伍、经费保障、宣传教育等方面，旨在为机构的网络安全管理体系、网络安全技术体系、网络安全运营体系提供支撑，为网络安全建设与运营提供人、财、物全方位保障。

3.5.1 网络安全人才队伍建设

1. 网络安全人才队伍组成

（1）网络安全人才队伍特点

网络安全人才队伍是指一群具备网络安全专业知识和技能，在机构内部专门从事网络安全管理体系的建立、网络安全技术体系的建设、网络安全运营体系的执行等网络安全相关工作的人员群体。网络安全人才队伍具有专业背景要求高、实战技能要求高、持续学习要求高、团队协作属性强等特点。

（2）网络安全人才队伍框架

网络安全人才队伍建设是一项战略性、基础性的工作，机构在进行网络安全人才队伍建设时，首先需要依据机构网络安全管理体系中关于安全管理组织架构的构成，明确本机构网络安全岗位设置、职责划分、能力要求等，建立适合本机构的网络安全人才队伍框架。关于网络安全人才队伍框架，具体可参考借鉴国际、国内的有关框架和标准，下面简要介绍美国 NICE 网络安全人才队伍框架。

2017 年 8 月，美国商务部国家标准与技术研究院（NIST）正式公布了《NICE 网络安全人才队伍框架（SP800—180）》，作为美国的网络安全人才标准。该框架将网络安全人才分为安全交付、操作与维护、监管与治理、保护与防御、分析、搜集与行动、调查等 7 个类别，用类别、专业领域和工作角色来描述网络安全工作，并通过知识、技能、能力、任务阐明每个工作角色的职责和所必须具备的知识、技能和能力。整体框架如图 3-8 所示。

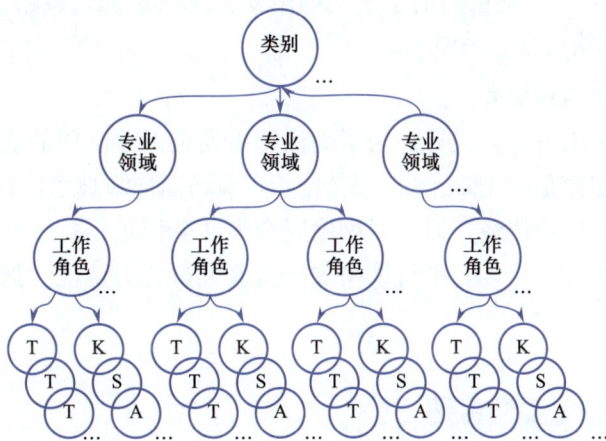

图 3-8　NICE 网络安全人才队伍框架

（3）人才队伍角色

根据上述分析，通常一个机构的网络安全人才队伍主要由以下角色组成。

① 首席网络安全官：负责整个机构网络安全战略、目标的制定和决策，负责与机构领导层进行沟通，对机构的网络安全负直接责任。

② 安全架构师：是机构的网络安全专家，负责按照机构领导层和首席网络安全官的决策部署，对机构网络安全技术架构进行规划设计，确保安全架构符合业务发展需求和安全保障需要。

③ 安全管理人员：负责机构网络安全建设、运营的管理和协调，按照首席网络安全官、安全架构师的工作要求，对机构网络安全日常工作进度、质量、成果进行管理。

④ 合规审计人员：负责对机构网络安全措施进行审核和评估，对照有关法律规范、标准制度等要求，发现机构网络安全合规风险，并提出改进意见建议，以确保符合机构内部和外部有关要求。

⑤ 策略维护人员：负责网络安全策略维护、配置变更等，并直接与机构员工打交道，提供必要的技术支持，处理安全策略相关问题，解决机构员工在网络安全方面的问题和疑虑。

⑥ 监测分析人员：负责机构网络安全资产、漏洞、情报收集，对网络安全流量、日志等信息进行分析，发现潜在的威胁，并给出应对措施和处置建议。

⑦ 溯源处置人员：负责对安全事件进行快速响应，采取必要的措施遏制、清除网络安全事件的影响，并进行溯源分析和调查取证。

⑧ 安全开发人员：负责机构网络安全系统的开发，并对其进行测试、更新和维护，以实现相关功能。

⑨ 网络实施人员：负责机构网络传输设备、通信链路、域名系统、负载均衡等上架调试、日常维护、故障处置等工作，以确保机构网络运行平稳。

⑩ 系统安全人员：负责机构信息系统网络安全基线加固、策略维护、漏洞修复等，确保信息系统符合网络安全有关要求。

2. 网络安全人才队伍培养

网络安全人才队伍组建完成后，为了确保网络安全人才队伍的能力水平能够与日新月异的技术环境、持续演变的安全威胁保持同步，具备适应新技术、新要求的能力，在复杂的网络安全竞争中保持优势，需要对网络安全人才队伍进行持续的教育培养。主要方式包括定期组织开展教育培训、推行网络安全从业人员能力认证、强化岗位实战实践锻炼等。

3.5.2　网络安全经费保障

为了科学合理的规划网络安全经费投入，可以将网络安全相关经费分为建设经费和运行经费两个门类科学全面计算经费保障需要。

建设经费是机构为满足网络安全法律法规和标准规范要求，立项建设网络安全管理体系、技术体系并达到使用要求或运行条件，在建设期内投入的费用，比如安全管理制度编制、基础安全防护设备购置、统一安全支撑平台建设等。运行经费是机构为保障网络安全运营体系正常运转、持续发挥作用等所需要的投入，比如管理制度修订完善、网络安全设备系统维保与升级授权、监测预警、检测评估、事件处置等费用。

网络安全运行经费主要用于网络安全建设项目建设的软硬件产品、系统的运行维护，以及监测值守、事件处置、检测评估等机构网络安全日常工作开展，可以分为硬件设备运维费、软件系统运维费、安全服务费等。

3.5.3　网络安全宣传教育

网络安全宣传教育是培养员工网络安全意识、筑牢网络安全防线的重要举措，对于机构网络安全保障体系的建设有着重大意义。明确宣传教育的主要内容，采取系统、科学、高效的宣传教育方式，可以有效避免网络安全事故的发生，保障机构的网络安全。

1. 宣传教育主要内容

（1）网络安全相关法律法规

我国为保障网络安全，维护网络空间主权和国家安全、社会公共利益，保护公民、法人和其他组织的合法权益，促进经济社会信息化健康发展，分别于 2016 年与 2021 年相继颁布了《中华人民共和国网络安全法》《关键信息基础设施安全保护条例》等一系列网络安全相关法律法规。各机构应将与本行业相关的网络安全法律法规作为宣传教育的重点内容，通过宣传教育的方式，增强员工的法律意识，规范员工的网络行为。

（2）网络安全基础防护措施

机构应积极引导员工采取相关措施，在日常工作中保护机构与个人的信息安全，加强在安全上网习惯、口令安全、数据备份等方面的培训。

在养成安全上网习惯方面，机构应倡导员工主动养成安全上网习惯，如定期更新软件和操作系统、使用正规来源的办公软件、设置社交媒体访问权限、避免在公共无线网络环境下处理敏感信息等。

在使用强口令方面，机构应督促员工设置复杂且无规律的强口令，并定期更换密码。此外还可以指导员工使用口令管理工具，安全地存储和自动填充口令，减少密码泄露的风险。

在数据备份方面，应加强对个人数据、工作数据、业务数据等方面的备份，降低数据损坏风险。

习　题

1. P2DR 网络安全模型主要由哪四部分组成？
2. 安全管理制度体系通常分成几级？每级主要包括哪些文件类型？
3. 机构针对内部人员与外部人员的安全管理主要区别有哪些？
4. 网络安全三同步具体是指哪三个方面？
5. 安全物理环境建设应考虑哪些方面因素？
6. 安全计算环境主要包括哪些安全措施和技术？
7. 数据安全防护具体包括哪些环节的保护？
8. 如何实现数据传输过程中的安全保护？

9. 安全管理与运营平台的主要作用是什么？

10. 网络安全运营主要可分为哪 6 个关键环节？

11. 请解释资产覆盖率指标的含义？

12. 网络安全人才队伍有哪些特点？

13. 网络安全经费可分为哪两大类？各自主要包括哪些内容？

第 4 章

商用密码应用技术

密码是保障网络空间安全的核心技术，在网络空间安全防护中发挥着重要的基础支撑作用，不仅直接关系到国家的政治、经济、国防和网络安全，也关系到公民和组织的合法权益。依据《中华人民共和国密码法》，密码分为核心密码、普通密码和商用密码。核心密码和普通密码用于保护国家秘密信息，会涉及一些保密的技术；商用密码用于保护不属于国家秘密的信息，相关的技术和标准较为开放。本章聚焦于商用密码技术，涵盖商用密码的基本原理，侧重于其在商业领域的实际应用，包括数据加密、身份认证、安全传输、版权保护等多个层面。

4.1 密码基本原理

4.1.1 基本概念

密码是指采用特定变换的方法，对信息等进行加密保护、安全认证的技术、产品和服务。密码在网络空间安全中扮演着基础性的角色，是维护网络安全的有效技术手段。其作用可以概括为以下三个方面：密码能够实现信息的保密、完整性、真实性和不可否认性，是网络数据与信息安全保护的关键基础技术；密码是构建网络信任体系的基石，通过密码算法和协议确保身份标识、鉴别、管理和审计，是传递价值和信任的核心技术；密码是国家战略性资源，与国家金融安全、交易安全、数字财富安全、国防安全强相关，是保护国家和公民安全的重要技术。随着信息化的发展，密码在保护国家安全、经济社会发展和个人隐私方面的重要性日益增加。正确使用密码，特别是自主、安全的密码，对国家安全和公民权益的保护至关重要。

密码技术包括密码算法、密码协议和密码工程技术。密码算法是实现信息"明""密"变换和生成认证标签的规则，包括加密算法、解密算法、数字签名算法和杂凑算法等。密码协议是多个参与者使用密码算法，为实现加密保护或安全认证而约定的交互规则，是密码技术应用于具体环境的重要形式。密码工程技术与计算机工程技术基本一致，其中最为重要的就是密钥管理。密钥管理涉及密钥全生命周期的安全管理，密钥是控制密码变换的关键，掌握密钥是解密密文和生成数字签名的前提。

随着科技进步，密码的应用范围不仅包括加密保护，还涵盖身份验证和信息来源的安全性等更广泛的安全需求。信息安全普遍认可的定义是"CIA"，强调信息安全的三个基本目标：保密性（Confidentiality）、完整性（Integrity）和可用性（Availability）。近年来，随着信息技术的分工越来越细化，真实性（Authenticity）也成为了信息安全的关键目标之一。特别是在云计算和移动互联网等新兴领域，多方协同处理信息时，验证各方身份的真实性变得尤为重要。此外，随着网络交易的蓬勃发展，不可否认性（Non-repudiation）的作用也日益凸显。在这些安全目标中，除可用性——它侧重于确保信息和服务的持续可访问性，通常通过高可用性、灾难恢复等技术来实现——之外，其他目标均与密码学紧密相关。相较于其他安全措施，如物理保护、设备加固、网络隔离、防火墙、监控系统、生物识别技术等，密码学在安全性方面扮演着最根本、最基础的角色。

4.1.2　密码的发展过程

密码技术的发展经历了古典密码、机械密码、现代密码三个阶段。当前，密码技术正面临着新的挑战和机遇。一方面，新兴技术如云计算、物联网和区块链等对密码技术提出了新的要求；另一方面，随着攻击手段的不断进化，密码技术也需要不断创新以保持其安全性。此外，量子计算等新技术的发展，也对现有加密算法构成了潜在威胁，推动着密码学界探索更为安全的后量子密码技术。因此，密码技术的发展是一个动态的过程，它需要不断地适应新的安全环境和应用需求。

现代密码学的发展始于香农的保密通信理论、DES 的推出和公钥密码学概念的提出。香农在 20 世纪 40 年代末发表的两篇论文为密码系统的设计和评估提供了科学基础，提出了保密度、密钥量、加密复杂性、误差传播和消息扩展五条评价标准。香农的"一次一密"理论指出，理想的密码应由无限长的随机密钥组成，但现实中难以实现。因此，密码学家设计了序列密码，通过短密钥生成长周期的密钥序列，以实现近似的"一次一密"。

20 世纪 70 年代，IBM 的 Horst Feistel 设计了 DES 算法，成为当时金融机构广泛使用的加密标准。但随着计算能力的提升，DES 算法的安全性受到挑战，最终在 1998 年被美国废弃。1997 年，NIST 征集了 AES 算法，以取代 DES 算法。欧洲研究的 Rijndael 算法胜出，成为美国新的加密标准。AES 算法基于有限域 GF（28），能抵抗多种分析方法，至今已有 20 多年历史。

随着互联网的发展，密码技术开始广泛应用于政治、经济等非军事领域。公钥密码学的发展，特别是 Diffie 和 Hellman 提出的密钥协商方法，为网络通信提供了更高效的密钥管理方案。RSA、ElGamal 等公钥算法的提出，进一步推动了密码学的进步。

进入 21 世纪，随着计算速度的提升，RSA 等公钥算法的安全性受到挑战。量子计算机的发展可能进一步威胁现有加密体系。同时，密码杂凑算法也面临安全挑战。我国在杂凑算法领域取得了突破，王小云教授成功破解了 MD4、MD5 和 SHA-1。NIST 于 2007 年征集新一代杂凑算法，最终 Keccak 算法成为美国的 SHA-3 标准。

当前，信息技术正处于快速发展和变革之中，云计算、物联网、大数据、互联网金融、数字货币、量子通信、量子计算、生物计算等新技术和新应用层出不穷，给密码技术带来了新的机遇和挑战。抗量子攻击密码、量子密钥分发、抗密钥攻击密码、同态密码、轻量级密码等新技术不断产生，并逐步走向成熟和标准化。

我国的商用密码发展历程大致可以分为三个主要阶段：起步形成、快速发展和立法规范。

1. 起步形成阶段（20 世纪 90 年代至 2008 年左右）

这一时期，商用密码产业在我国逐步形成，国家初步建立了商用密码的管理体制，商用密码技术、产品开始出现，并在各个行业开始得到初步应用。1996 年，中共中央政治局常委会研究决定大力发展商用密码并加强其管理。1999 年，国务院颁布《商用密码管理条例》，这是我国密码领域的第一个行政法规，标志着我国商用密码的发展和管理开始步入法治化轨道。

2. 快速发展阶段（2008 年至 2018 年左右）

在这一阶段，商用密码的技术标准体系逐步建立和完善，技术创新能力和产品服务能力得到了显著的提升。特别是随着数字化技术与社会经济发展的深度融合，商用密码的应用领域实现了突破性的扩展。2008—2013 年，电子政务、电子商务等数字化社会经济新模式的不断带动下，商用密码应用需求快速增长，产业得到了广泛的市场空间和发展机遇。

3. 立法规范阶段（2019 年至今）

2019 年，《中华人民共和国密码法》（简称《密码法》）的发布，标志着我国商用密码进入立法规范的新阶段。《密码法》的出台，不仅体现了国家对于密码这一网络信息安全核心技术的高度重视，也标志着我国商用密码产业进入了新的发展阶段。《密码法》明确了包括商用密码在内的密码管理和应用，顺应了全球视野下的商用密码管理变革，落实了中国密码管理职能的转变，重塑了全新的具有中国特色的商用密码管理体系。

4.1.3　常用密码算法

在这一发展过程中，我国商用密码技术不断取得创新突破，如 SM2、SM3、SM4、SM9、ZUC 等算法的自主研发，并逐步得到国际认可。同时，商用密码产品和服务在金融、通信、电子政务等关键领域得到广泛应用，为保障信息安全和促进经济社会发展发挥了重要作用。密码算法是信息安全的核心，通过不同的机制来确保数据的保密性、完整性和真实性。密码算法可以分为对称密码、公钥密码和密码杂凑函数三种类型。常用的密码算法如表 4-1 所示。

表 4-1　常用的密码算法

密码算法分类		国产密码算法	国际密码算法
对称密码	分组密码	SM4	DES、AES、IDEA
	序列密码	ZUC	Snow 3G、Chacha20
公钥密码	椭圆曲线密码	SM2	ECDH、ECDSA
	标识密码	SM9	BF-IBE、SK-IBE
密码杂凑函数		SM3	SHA-1、SHA-2、SHA-3

未来，随着 5G、物联网、云计算、大数据、人工智能、区块链、量子通信、数字经济等新技术新业态的发展，密码技术将面临更多的挑战和机遇。密码技术的发展将更加注重安全性、效率性和实用性的平衡，以适应不断变化的应用需求和安全环境。通过不断的技术创新和标准化，密码技术将为构建更加安全、可靠、智能的网络空间提供坚实的技术支撑，确保我们的数字生活更加安全、便捷。同时，密码技术也将在促进社会进步、推动经济发展中发挥更加重要的作用，为实现网络空间的和平、安全、开放、合作提供有力保障。

4.2　密码标准和产品

对密码算法及相关技术进行标准化和规范化，是密码技术走向大规模商用的必然要求。科学的密码标准体系不仅是促进密码产业发展、保障密码产品质量、规范密码技术应用的重要保障，也是加强密码管理的重要手段。密码产品标准化是密码标准应用的重要体现。

4.2.1　密码标准简介

密码标准体系框架从技术维、管理维和应用维三个维度对密码标准进行组织和刻画。

（1）技术维主要从标准所处技术层次的角度进行刻画，共有七大类，包括：密码基础类标准、基础设施类标准、密码产品类标准、应用支撑类标准、密码应用类、密码测评类标准和密码管理类标准。

（2）管理维主要体现了标准的管理层级和作用范围。《中华人民共和国标准化法》对国家标准、行业标准、团体标准等不同管理级别上的标准做了更为清晰的界定。当前已经颁布的密码标准涉及国家标准和行业标准，在密码标准体系框架中引入管理维，以表达密码在标准上的不同。

（3）应用维从密码应用领域的视角来刻画密码标准体系。"应用领域"既包括与社会行业相关的应用，如金融、电力、交通等；也包括与具体行业无关的应用领域，如物联网、云计算等。

4.2.2　商用密码产品

商用密码产品是指实现密码运算、密钥管理等密码相关功能的硬件、软件、固件或者其组合。商用密码产品是目前承载密码技术的主要载体，在密码应用中发挥着举足轻重的作用。目前，我国的商用密码产品遵循检测认证制度。2020 年 5 月 9 日和 2022 年 7 月 10 日，市场监管总局、国家密码管理局分别发布实施了《商用密码产品认证目录（第一批）》《商用密码产品认证规则》《商用密码产品认证目录（第二批）》，纳入认证的商用密码产品达到 28 类。

以下简单介绍常用的智能 IC 卡、智能密码钥匙、密码机、VPN 等产品。

1. 智能 IC 卡

智能 IC 卡又称集成电路卡（Integrated Circuit Card，IC 卡）。智能 IC 卡中包含的集成电路芯片具备微处理器及大容量存储器，具有存储、加密和数据处理能力，可以被认为是世界上最小的个人计算机。智能 IC 卡由芯片和固化在芯片中的嵌入式片上操作系统（COS）及应用软件组成。智能 IC 卡芯片的片上操作系统管理着卡的硬件资源，数据执行的安全存取，以及与外部接口设备通信的监控软件。

随着一卡多用的普及，一张智能 IC 卡中可能支持多个应用，为了独立地管理一张卡上不同应用之间的安全问题，智能 IC 卡中的每一个应用放在一个单独的应用专用文件（Application Dedicated File，ADF）中。各个 ADF 及其下属各文件数据的访问（包括改写、读取）只能应用该 ADF 下的密钥文件中的密钥。

目前智能 IC 卡主要涉及的标准包括：GM/T 0041《智能 IC 卡密码检测规范》、JR/T 0025—2013《中国金融集成电路（IC）卡规范（PBOC 3.0）》等。

相关的应用领域包括：金融领域（用于银行卡，支持转账、支付等功能）、交通领域（用于公交卡、地铁卡，实现快速支付和身份验证）、社保领域（用于社保卡，管理个人医疗和社会保障信息）等。

2. 智能密码钥匙

智能密码钥匙（Cryptographic Smart Token）是一种可实现密码运算、密码管理功能，提供密码服务的终端密码设备，一般使用 USB 接口形态，因此也被称作 USB token 或者 USB Key。目前，还出现了多种基于各种移动终端通信方式的新形态的智能密码钥匙，比如 SD、蓝牙、音频、Lightening、NFC、红外等。

智能密码钥匙应用系统一般基于非对称密钥机制。智能密码钥匙最常见的用途是作为数字证书载体。容器中存放加密密钥对、签名密钥对和会话密钥。其中加密密钥对用于保护会话密钥，签名密钥对用于数字签名和验证，会话密钥用于数据加解密和 MAC 运算。容器中也可以存放与加密密钥对对应的加密数字证书和与签名密钥对对应的签名数字证书。其中，签名密钥对由内部产生，加密密钥对由外部产生并安全导入，会话密钥可由内部产生或者由外部产生并安全导入。

密码行业标准 GM/T 0027—2014《智能密码钥匙技术规范》对智能密码钥匙的初始化、密码运算功能要求、密钥管理、设备管理等进行了详细的规定。其他相关的标准包括：GM/T 0016—2012《智能密码钥匙应用接口规范》、GM/T 0048—2016《智能密码钥匙密码检测规范》等。

网上银行是智能密码钥匙的典型产品应用。网上银行是指银行通过互联网向客户提供开户、销户、查询、对账、行内转账、跨行转账、信贷、网上证券、投资理财等一系列传统服务项目，使客户可以足不出户就能够实现安全便捷地管理活期和定期存款、支票、信用卡及个人投资等。

3. 密码机

密码机指的是以整机形态出现，具备完整密码功能的产品，通常实现数据加解密、签名/验证、密钥管理、随机数生成等功能。它可供各类应用系统调用，为其提供数据加解密、签名/验证等密码服务。其外部形态与一般的服务器、工控机等没有太大区别，可以与服务器等一同部署于机架中。

目前国内的密码机主要呈现以下几大类。

（1）服务器密码机作为最为基本的密码机产品，提供基础的密码计算和密钥管理服务，厂商一般在《GM/T 0018—2012 密码设备应用接口规范》的基础上进一步封装，可以满足大部分应用系统对于密码计算和密钥管理的要求。

（2）签名验签服务器主要用于数字证书认证系统，但由于其本身提供了基本的签名和验签服务功能，也可以用于电子银行、电子商务、电子政务等基于 PKI 的业务系统，为这类业务系统提供数字证书认证验证和数字签名的验证服务。

（3）金融数据密码机除用于金融行业实际业务，包括银行卡发卡、业务数据加密和认证、密钥全生命周期管理外，还可以提供基本的密码算法服务，为通用业务提供密码计算服务，如电子商务行业数字签名的生成和验证，动态令牌、时间戳服务器的数字签名生成等。

4. VPN

虚拟专用网（Virtual Private Network，VPN）是指依靠 Internet 服务提供商，在公共网络上建立临时的、安全的逻辑专用网络的技术。它将互联网上的多个分散的企业内网或个人终端，通过一条专有的通信线路连接，采用特定的安全协议保护通信数据的安全，从而达到远程安全接入的目的。因此，VPN 技术适用于分支机构遍布各地的企业，尤其是跨国企业，通过该技术接入总部内网。

IPSec VPN 和 SSL VPN 是目前两种常见的 VPN 技术，而它们又分别采用两种不同的安全协议来实现相似的安全功能。

（1）IPSec VPN：是指采用 IPSec 协议来实现远程接入的一种 VPN 技术，工作在网络层。IPSec（IP Security）协议则是当前为实现 VPN 功能最为常用的安全协议。

（2）SSL VPN：是指采用 SSL 协议来实现远程接入的一种 VPN 技术，工作在应用层和 TCP 层之间。而 SSL 协议同样是互联网上实现数据安全传输的一种通用协议，采用客户端 / 服务器（B/S）架构。

目前我国的 VPN 标准主要包括 GM/T 0022—2014《IPSec VPN 技术规范》、GM/T 0023—2014《IPSec VPN 网关产品规范》、GM/T 0024—2014《SSL VPN 技术规范》、GM/T 0025—2014《SSL VPN 网关产品规范》和 GM/T 0026—2014《安全认证网关产品规范》等。

IPSec VPN 的应用场景分为以下 3 种。

（1）网关到网关（站—站，Site-to-Site）：多个分支机构位于不同地方，各使用一个安全网关相互建立 VPN 隧道，企业内网（若干 PC）之间的数据通过这些网关建立的 IPSec 隧道实现安全互联。

（2）PC 到网关（端—站，End-to-Site）：两个 PC 之间的通信由网关和异地 PC 之间的 IPSec 进行保护。

（3）PC 到 PC（端—端，End-to-End）：两个 PC 之间的通信由两个 PC 之间的 IPSec 会话保护。

由于 SSL 协议被设计为服务于 B/S 架构的网络拓扑，所以采用 SSL 协议保护的网络，以 PC 终端访问信任网络的形式为主，只要这些 PC 终端安装了内嵌 SSL 协议的浏览器即可，而无须安装客户端。至于两个信任子网间进行安全通信的情形，由于 SSL VPN 部署起来相对 IPSec VPN 要更为复杂，涉及多层网络层次的配置（传输层到网络层），所以很少选用 SSL VPN 部署。

4.2.3　密码产品检测

商用密码产品提供的安全功能能够正确有效的实现是保障重要网络与信息系统安全的基础。商用密码产品检测是对商用密码产品提供的安全功能进行核验的有效手段，也是产品获得证书的前提。

密码产品检测分为安全等级符合性检测和功能标准符合性检测两个方面。其中，密码应用系统类产品的密码检测只进行功能标准符合性检测，密码应用系统的安全等级与我国信息系统等级保护相关要求相衔接。密码产品的安全等级检测主要针对密码产品申报的安全等级，对敏感安全参数管理、接口安全、自测试、攻击缓解、生命周期保障等方面要求进行标准符合性检测，即进行安全等级的核定；功能标准符合性检测对产品功能、接口、性能等具体产品的标准要求进行符合性检测。其中，除了包含对密码算法实现的正确性测试，算法合规性检测还包含对随机数生成方式的检测，如通过统计测试标准对生成随机数的统计特性进行测试。

根据《国家密码管理局关于进一步加强商用密码产品管理工作的通知》（国密局字〔2018〕419 号），国家密码管理局已全面实施申报商用密码产品品种和型号标准合规性检测工作，既对送检产品满足的技术规范进行合规性检测，同时对该产品申报的安全芯片安全等级或密码模块安全等级进行符合性检测。对申请到期换证的，若该产品相关技术标准没有发生变化，只对该产品申报的安全芯片安全等级或密码模块安全等级进行符合性检测。

4.3 基于密码的传输保护

传输保护是实现网络安全的核心一环，主要目标是确保数据在传输过程中的安全性，防止数据遭受未授权访问、窃取或篡改。TCP/IP 协议栈作为目前最广泛使用的网络通信协议体系，由物理层、数据链路层、网络层、传输层和应用层五个层次构成。除物理层之外，其他每个层次都定义了相应的安全协议，以在不干扰网络正常交互的前提下为数据传输提供必要的安全保障。这些安全协议包括但不限于数据链路层的 PPPoE、网络层的 IPSec、传输层的 TLS 以及应用层的 SSH 等，它们共同构成了一个多层次的网络安全防护体系。

4.3.1 PPPoE 协议

PPPoE（Point-to-Point Protocol over Ethernet）是一种典型的数据链路层安全协议，主要用于宽带接入网络。它通过在以太网帧中封装 PPP 数据包来实现，允许互联网服务提供商（ISP）利用集中的身份验证和计费系统高效地管理大量用户的网络接入。PPPoE 采用客户端 / 服务器架构，包括 PPPoE 客户端、服务器和远程鉴别拨号用户服务（RADIUS）设备。客户端负责发起 PPPoE 连接，服务器负责处理连接请求并验证客户端身份，RADIUS 设备则提供集中式身份验证和计费管理。

PPPoE 的工作过程分为三个阶段：发现阶段、会话阶段和终止阶段。在发现阶段，客户端通过广播 PPPoE 发现请求（PADI）报文来寻找可用的服务器，并根据服务器的响应选择一个进行连接。会话阶段包括 LCP 协商（Link Control Protocol Negotiation）、PAP（Password Authentication Protocol）/CHAP（Challenge Handshake Authentication Protocol）鉴别和 NCP 协商（Network Control Protocol Negotiation），这些过程确保了链路的基本参数设置、用户身份验证和网络层参数的配置。LCP 协商用于确定链路控制参数；PAP/CHAP 鉴别则用于用户身份验证，PAP 是明文传输密码，而 CHAP 则使用挑战—响应机制来提高安全性；NCP 协商用于获取 IP 地址等网络配置信息。终止阶段则使用 PPP 协议或 PADT（PPPoE Adapter Terminate）报文来结束会话。

作为一种宽带接入技术，PPPoE 提供基本的用户身份验证机制，确保了用户连接的安全性。它能够无缝集成到现有的以太网基础设施中，且支持多种网络层协议，是一种灵活、高效的数据链路层安全解决方案。

4.3.2 IPSec 协议

IPSec（Internet Protocol Security）是一套用于保护 IP 网络数据传输安全的加密和认证协议框架，它在网络层为数据包提供安全性，确保数据在传输过程中的保密性、完整性和真实性。IPSec 支持两种模式：传输模式和隧道模式，适用于不同的网络环境和安全需求。传输模式主要用于端到端的通信保护，如移动设备与服务器之间的安全通信；隧道模式则允许在网络节点之间创建安全的虚拟隧道，例如企业总部与分支机构之间的数据传输。

IPSec 协议由几个关键组件构成，包括 ESP（Encapsulating Security Payload）、AH（Authentication Header）和 IKE（Internet Key Exchange）等。ESP 负责对数据包进行加密，以保护数据的保密性，并且提供完整性校验，确保数据在传输过程中未被篡改。AH 则专注于数据包的认证和完整性保护，但不提供加密功能，适用于对数据保密性要求不高但需要验证数据完整性的场景。这两种协议可以单独使用，也可以结合使用，以满足不同的安全需求。IKE 作为 IPSec 的密钥管理协议，负责动态地建立和维护实施数据保护所用密钥，支持手动和自动化两种密钥管理方式，确保了密钥的安全性和更新的灵活性。

IPSec 为网络层提供了全面的安全服务，能够保护各种应用的通信安全，具有较高的安全性和灵活性。

4.3.3 SSL/TLS 协议

SSL/TLS 协议是最广泛使用的传输层安全协议之一，它在客户端和服务器之间建立一个安全的通道，确保二者之间的数据传输安全性、完整性和保密性。当用户通过客户端（如浏览器）访问一个使用 SSL/TLS 的服务器（如网站）时，客户端会与服务器进行一次握手过程，以协商加密算法、生成会话密钥，并验证服务器的身份。这一过程完成后，所有的数据交换都将被保护以防止窃听或篡改。

TLS（Transport Layer Security）协议由一组两层结构的协议套件组成，包括底层的记录协议和三个高层协议，即握手协议、更改密码规范协议和警报协议。记录协议是 TLS 的基础，它负责将数据分割成合适的数据块，然后使用协商好的密码算法（如 AES、SM4 等）对数据进行保密性和完整性保护，防止数据在传输过程中被窃听或篡改。握手协议是建立安全通信的关键。在握手过程中，客户端和服务器通过交换信息来验证彼此的身份，并协商出一个用于本次会话的密钥。这个过程涉及证书的交换和验证，证书通常由可信的第三方 CA（Certificate Authority）签发，以证明服务器的身份。一旦身份验证和密钥协商完成，客户端和服务器就可以使用这些密钥来加密和解密传输的数据。更改密码规范协议允许在 TLS 会话中动态地更改加密算法或密钥，以应对潜在的安全威胁或性能需求。而警报协议则用于在检测到错误或安全问题时，向对方发送警告信息。

SSL/TLS 协议的典型应用场景是为 Web 浏览器和 Web 服务器之间的通信提供一个安

全的通道，它与 HTTP 协议结合组成 HTTPS（Hypertext Transfer Protocol Secure）协议。通过使用 HTTPS 协议，用户可以安全地浏览网页、进行在线交易、登录账户等，而不必担心敏感信息被截获或篡改。

4.3.4　电子邮件安全协议

电子邮件是最频繁使用的网络应用程序之一，面临着多种安全威胁，比如邮件篡改、窃取、伪造等。S/MIME 和 PGP 是两个典型的保障电子邮件安全的协议。

S/MIME（Secure/Multipurpose Internet Mail Extensions）是一种基于 PKI（公钥基础设施）的安全电子邮件标准，它为电子邮件通信提供了加密、数字签名和认证功能。通过使用 S/MIME，用户可以确保邮件内容在传输过程中的保密性，防止未授权访问和篡改，同时验证发件人的身份，确保邮件的真实性和完整性。S/MIME 通过在邮件消息中嵌入加密的 MIME（多用途互联网邮件扩展）体来实现这些安全特性，广泛支持各种电子邮件客户端和系统。

PGP（Pretty Good Privacy）协议是一种广泛使用的加密软件，它提供了数据加密和数字签名功能，以确保信息的保密性、完整性和真实性。PGP 协议使用强加密算法来保护电子邮件、文件和磁盘数据，支持密钥管理和公钥 / 私钥加密机制，允许用户安全地共享信息，即使在不安全的通信渠道上也能保持数据的安全性。PGP 协议由 Phil Zimmermann 在 1991 年开发，因其强大的安全性和易用性，很快成为业界标准之一。

S/MIME 是专为企业设计的电子邮件加密标准，与邮件客户端集成，便于实现自动化安全操作，依赖中心化 CA 管理证书。而 PGP 协议则更适合个人使用，支持分布式密钥管理，允许用户自行生成和管理密钥，不依赖 CA，更注重隐私保护。

4.3.5　SSH 协议

SSH（Secure Shell）协议是一种网络协议，用于在不安全的网络上安全地访问远程计算机。SSH 协议通过加密技术保护数据传输过程中的保密性、完整性和真实性，允许用户进行安全的远程登录、命令执行、文件传输以及端口转发。它支持多种身份验证机制，包括密码、公钥 / 私钥对以及一次性密码等，是远程访问和远程管理服务器的首选协议。SSH 协议广泛用于系统管理员、开发人员和任何需要安全远程访问服务的场合。

SSH 协议由三个核心部分组成：传输层协议、用户认证协议和连接协议。传输层协议负责建立安全的通信通道，类似于 TLS 协议中的握手过程，通过服务器的公钥 / 私钥对进行身份验证，确保客户端连接到的是正确的服务器。它还负责密钥交换，以便客户端和服务器共享用于加密和解密数据的主密钥。用户认证协议则建立在传输层协议之上，用于验证客户端用户的身份。它提供了多种认证方法，包括基于公钥的认证、传统的密码认证以及基于主机的认证方式，为用户提供了灵活的身份验证选项。连接协议则进一步在传输层协议之上工作，它允许多个独立的数据流通过单一的 SSH 连接进行多路复用，提高了通信的效率。此外，连接协议还支持端口转发，包括本地转发和远程转发，使得 SSH 能够灵活地处理网络流量和访问控制。

总的来说，SSH 协议的这三个部分相互协作，传输层协议确保了通信的安全性和服务器的身份验证，用户认证协议确保了用户的身份验证，而连接协议则提供了高效的数据传输和灵活的网络访问控制。这种设计使得 SSH 协议成为一种强大且安全的远程访问协议。

4.4　基于密码的存储保护

存储保护是确保数据安全的关键措施，尤其在当今数字化时代，数据泄露和非法访问的风险日益增加。为了有效地保护存储数据，多种加密技术被广泛应用于不同的层次，包括整盘加密、文件级加密和数据库级加密。

4.4.1　整盘加密

整盘加密（Full Disk Encryption）是一种数据保护技术，其含义是指对整个磁盘或存储设备上的所有数据进行加密，从而确保存储在其上的所有信息都受到保护。这种加密技术是在数据写入磁盘之前进行的，使得即使磁盘被盗或丢失，没有相应的解密密钥，也无法读取其中的任何信息。

整盘加密提供了强大的数据安全保障。与传统的文件级加密相比，整盘加密具有更高的安全性。文件级加密虽然可以保护特定的文件，但对于磁盘上的元数据（如文件数量、大小等）和其他非加密部分仍然可能泄露信息。而整盘加密则能够确保磁盘上的所有数据，包括操作系统、应用程序、文件及其元数据等，都受到同等的保护，没有任何部分会被遗漏。

整盘加密为用户和组织提供了透明的数据保护。用户无须关心数据的加密和解密过程，只需像平常一样使用计算机和存储设备。加密和解密操作在底层自动进行，用户无须进行额外的操作。这种透明性使得整盘加密更易于被接受和使用，特别是在企业级应用中。

总之，整盘加密是一种高效、安全的数据保护技术，它能够为个人和企业提供强大的数据安全保障，确保数据在存储过程中的保密性和完整性。

操作系统自带的整盘加密功能是为了提供系统级别的数据保护，防止未授权访问。以下是一些主流操作系统中自带的整盘加密解决方案。

1. BitLocker

BitLocker 是 Windows 操作系统提供的一种加密功能，它允许用户对整个硬盘驱动器或外部存储设备进行加密。BitLocker 提供了强大的数据保护，并且与 Windows 操作系统集成，提供了便捷的加密管理。

2. FileVault

FileVault 是 macOS 操作系统中的磁盘加密功能，它使用 XTS-AES-128 加密算法来加密用户的主分区。FileVault 与系统安全功能集成，需要用户的登录密码来解锁加密的磁盘。

3. dm-crypt / LUKS

Linux 操作系统使用 dm-crypt（设备映射加密器）作为其内核加密层，而 LUKS（Linux Unified Key Setup）是 dm-crypt 的前端工具，用于管理加密卷。LUKS 提供了安全性高且易于使用的磁盘加密解决方案。

4. Android 和 iOS 的设备加密

移动操作系统 Android 和 iOS 都提供了设备加密功能。Android 的加密通常是在设置中启用的，而 iOS 设备在激活时就自动加密了用户的个人数据。

5. OpenBSD GEOM

OpenBSD 提供了一个名为 GEOM 的磁盘管理工具，其中包括基于 GEOM 的加密功能，允许用户对整个磁盘或单个文件系统进行加密。

6. ZFS

ZFS 文件系统在 Linux 操作系统上实现提供了数据完整性检查和可选的加密功能。虽然 ZFS 本身不提供加密，但它可以通过与其他工具（如 dm-crypt）结合使用来实现整盘加密。

7. VeraCrypt

虽然不是操作系统自带的，但 VeraCrypt 是一个开源的加密工具，可以在多种操作系统上运行，包括 Windows、macOS 和 Linux 操作系统。它是基于 TrueCrypt 的，提供了整盘加密、加密容器和可引导加密卷的功能。

使用这些操作系统自带的整盘加密功能或者 VeraCrypt 等开源加密工具时，重要的是要了解它们的特性、限制和配置选项。正确配置和管理这些工具可以显著提高系统的安全性。然而，需要注意的是，加密并不是万能的，它应该与其他安全措施（如安全备份、强密码和定期更新）结合使用，以形成一个全面的安全策略。

4.4.2 文件级加密

文件级加密允许用户对存储在计算机或移动设备上的单个文件或文件夹进行加密。这种加密方法提供了比整盘加密更细粒度的控制，使得用户可以针对特定数据实施保护措施。典型的文件级加密系统包括 FBE（File-Based Encryption）和 EFS（Encrypting File System）。

最初，Android 设备采用整盘加密方式保护用户数据，即整个存储设备在每次启动时都需要用户输入密码才能解锁。这种方法虽然提高了数据安全性，但也带来了不便：在设备未解锁之前，一些应用和功能无法正常运行，例如闹钟可能无法响铃，来电无法接听。为此，Android 7.0 开始引入了文件级加密技术，允许使用不同的密钥对特定的文件或文件夹进行加密。由此，在设备未解锁的情况下，某些应用和功能仍然可以运行，提高了用户体验。Android 系统引入"直接启动"（Direct Boot）和"加密感知型"（Direct Boot Aware）应用两个功能来支持文件级加密。直接启动允许设备在启动时绕过传统解锁步骤，直接进入锁定屏幕，从而快速响应如闹钟和来电等基本功能。

具体来说，在系统启动过程中，区分了设备加密（Device Encrypted，DE）存储和凭据加密（Credential Encrypted，CE）存储。DE 存储在设备启动后即可访问，而 CE 存储则需要用户解锁后才能访问。若用户未设置锁屏密码，则设备启动后 App 可以直接访问 DE 存储和 CE 存储；否则，只有用户输入锁屏密码解锁设备后，App 才可访问 CE 存储。对应的，加密感知型应用能够识别当前的加密状态和存储空间的可用性，确保在用户未解锁设备时，仅访问 DE 存储中的数据；在设备解锁后，能够无缝过渡到访问 CE 存储中的敏感数据。由此，在提高设备的响应速度和用户体验的同时确保了用户数据的安全性，实现了便捷性与安全性的平衡。在密钥管理方面，移动终端利用基于硬件的存储机制，如可信执行环境（TEE）或安全元素（SE），将密钥与设备硬件绑定，从而提供更高级别的安全性。

EFS（Encrypting File System，加密文件系统）是 Windows 操作系统提供的文件级加密技术。EFS 使用用户的数字证书和公钥基础设施（PKI）来生成和管理文件加密密钥（FEK）。当文件被加密时，EFS 首先生成 FEK，然后利用用户的公钥加密这个 FEK，形成数据解密字段（DDF）。为了增强数据的可恢复性，EFS 还提供了数据恢复代理（DRA）机制，使用 DRA 的公钥对 FEK 进行加密，创建数据恢复字段（DRF）。这样即使在用户私钥丢失的情况下，数据也能够得到恢复。EFS 的设计允许在多用户环境中安全地共享和保护数据，同时确保只有授权用户才能访问加密的文件。

总结来说，桌面平台的 EFS 等技术侧重于操作系统层面的数据保护和多用户环境中的数据隔离，通常依赖软件管理密钥。相比之下，移动终端的 FBE 等技术则特别适应设备的频繁使用模式、多用户需求及高风险环境，采用基于硬件的密钥存储机制，在保持安全性的前提下优化电池续航和设备性能。

4.4.3　数据库级加密

数据库加密技术的研究始于 20 世纪 80 年代初，IBM 公司和 George I、Davida LW、John BK 等研究人员发表了相关文章。随着时间的发展，主流数据库管理软件如 Oracle 和 SQL Server 开始添加加密功能。Oracle 在 8i 版本中引入了加密函数，而 IBM 的 DB2 从 7.2 版本开始内置了加解密函数。SQL Server 从 2005 版本开始也内置了数据加密功能，并在 2008 版本中推出了透明数据加密技术。

（1）数据库加密技术的应用不仅限于防止网络攻击者窃取或篡改数据，还包括对存储的重要数据进行加密，确保即使数据泄露也能减轻影响。数据库加密允许用户使用自己的密钥对敏感信息进行加密，增强了隐私保护。加密策略可以与数据敏感性和用户特权相关，用户可以选择性地对数据进行加密，并在表、列、行等不同粒度上执行。

（2）数据库加密可能会对应用程序产生影响，并可能导致数据库管理系统（DBMS）性能下降，因为加密通常禁止对加密数据使用索引。因此，如何在存储密文数据后进行高效查询是一个重要问题。传统的查询方法需要对加密数据进行全面解密，但在大型数据库中会导致巨大的计算开销。因此，需要通过有效的查询策略来直接执行密文查询或较小粒度的快速解密。

（3）数据库加密系统应具备高加密强度、优化加密数据后的存储效率，并避免数据过度膨胀。加密算法的选择应考虑其加解密速度，以最小化对应用系统性能的影响。数据的加解密过程应对用户透明，无须额外操作或知识。密钥管理机制的安全性和合理性至关重要，必须确保密钥的安全使用得到全面保障。

（4）数据库存储加密可以分为库内加密和库外加密两种方式。库内加密在数据库管理系统内部实现，对用户透明，但可能影响系统性能和密钥管理。库外加密在数据库管理系统外部执行，减轻了服务器负担，提高了密钥安全性，但可能影响数据库功能性。

（5）数据库加密的粒度分为表级、字段级、记录级和数据项级。表级加密适用于需要对整个表保密的场景，但效率较低。字段级加密针对每个字段进行独立加密，适用于保护特定字段。记录级加密针对每条记录进行独立加密，适用于部分记录敏感的场景。数据项级加密以每个数据项为加密单位，提供最高灵活性和安全性，但增加了密钥管理的复杂性。

（6）密钥管理是数据库加密的核心，需要确保密钥的安全性和高效交换。多级密钥管理体制如三级密钥管理体制，通过主密钥、表密钥和数据项密钥的组合，提高了系统的安全性和效率。主密钥是加密系统的核心，其安全性对整个系统的稳定性至关重要。因此，设计和实施密钥管理系统时，必须充分考虑其安全性和高效性。

4.5 基于密码的版权保护

在数字化时代，多媒体内容如视频、音频和图片已成为日常生活的重要组成部分，它们不仅丰富了我们的生活，也促进了文化的全球交流。然而，互联网的快速发展使得版权保护面临挑战，如未授权的复制和分发。密码技术是保护多媒体版权的核心技术之一，涉及多媒体加密、多媒体认证和多媒体访问和分发的密钥管理等三个方面。

4.5.1 多媒体加密

多媒体加密是保护版权内容免受未经授权访问的基础。加密算法可以将内容转换为无法被未授权用户理解的形式，使得多媒体内容在传输和存储时可以得到有效保护，防止盗版和非法分发。

1．多媒体加密目标

多媒体加密的目标主要包括以下三个方面。

（1）保密性保护：多媒体加密阻止他人了解即将存储、播放或传输的多媒体内容。例如，通过对视频进行加密，使其在未经授权的情况下无法观看。

（2）访问控制：多媒体加密允许只有授权用户才能访问和使用受保护的内容。这在按次付费频道、高级卫星和有线电视，以及其他基于订阅的多媒体服务中得到了广泛应用。

（3）数字版权管理（DRM）：DRM 为多媒体内容提供从创作到消费整个生命周期的持久权利管理。这是一种比访问控制更精细的控制。

2．多媒体加密方案

为了实现这些目标，多媒体加密通常结合压缩技术使用。常见的多媒体压缩技术包括离散余弦变换（DCT）和小波基压缩技术。这些技术通过将数据从其原始形式转换到频域，以便更有效地表示和压缩数据。多媒体加密方案可以分为完全加密、选择性加密、联合压缩和加密等类型。

（1）完全加密：这种方案将所有数据加密，只保留未加密的头部字段。这种方法安全性最高，但处理复杂度也较高。

（2）选择性加密：只加密部分数据，如 DCT 系数或运动矢量的符号位，以减少计算开销。这种方法在保护内容的同时降低了处理成本，但安全性相对较低。

（3）联合压缩和加密：修改压缩过程或参数，以实现多媒体内容的混淆。这种方法兼具安全性和压缩效率，但实现较为复杂。

4.5.2　多媒体认证

多媒体认证技术用于验证多媒体内容的真实性和完整性，确保用户接收到的内容未被篡改。多媒体认证主要包括完整认证和内容认证。

（1）完整认证：确保多媒体数据在传输或存储过程中未发生任何修改。数字签名（DSS）是实现完整认证的常用方法，通过对数据的哈希摘要进行签名，验证数据的完整性。

（2）内容认证：确保多媒体数据的含义未被改变，即使数据本身经历了有损压缩等操作。这种认证需要对偶然畸变具有鲁棒性，同时对故意篡改具有敏感性。媒体签名（MSS）是一种常见的内容认证方法，通过对多媒体数据的特征进行签名，验证内容的真实性。

基于水印的多媒体认证技术也是一种重要的鉴别手段。通过在多媒体数据中嵌入水印，可以在后续认证过程中提取水印信息，验证数据的真实性。根据水印引起的失真程度，基于水印的认证可分为无损认证、脆弱认证和半脆弱认证。

（1）无损认证：用于不允许失真的应用领域，如医疗和军事应用，通过无损数据隐藏技术嵌入认证信息。

（2）脆弱认证：允许一定程度的水印引起的失真，可检测并定位多媒体数据的修改。

（3）半脆弱认证：对偶然失真具有鲁棒性，同时对故意篡改具有敏感性，常用于图像和视频认证。

4.5.3　多媒体访问和分发的密钥管理

密钥管理是多媒体访问和分发过程中不可或缺的一部分。有效的密钥管理系统确保只有授权用户才能访问和使用受保护的内容，从而保护版权所有者的利益。常见的多媒体分发架构包括卫星、有线和地面分发的条件访问（CA）系统、互联网分发的数字版权管理（DRM）系统以及数字家庭网络分发。本节将介绍这些系统是如何工作的，以及它们如何通过加密和授权消息来控制对数字内容的访问。此外，我们还将探讨这些系统中存在的一些关键问题，如安全性、兼容性和用户隐私保护。

（1）条件访问（CA）系统：CA 系统通过加密技术控制对数字电视服务的访问，提供从免费访问节目到付费电视、按次付费观看和点播视频等不同类型的多媒体内容。CA 系统由专门的音频 / 视频信号保护和 CA 提供商开发，确保节目传输的安全性。

（2）数字版权管理（DRM）系统：DRM 系统保护、分发、修改和执行与数字内容使用相关的权利。通过安全传递内容、身份认证和许可证管理，防止未经授权的访问和使用。

（3）数字家庭网络分发：在数字家庭网络中，多媒体内容在设备之间进行传输和存储时进行加密。设备之间需要相互进行身份认证，以确保它们配备了许可的保护技术。

在多媒体分发过程中，授权消息（如 ECMs 和 EMMs）和密钥的管理至关重要。通过安全的密钥分发和管理机制，可以确保多媒体内容的安全传输和合法使用。

总结来说，多媒体版权保护是一个多维度、跨学科的领域，它不仅关系到技术的发展，也涉及法律、伦理和社会等多个层面。随着技术的不断进步和创新，我们有理由相信，通过全社会的共同努力，我们能够构建一个更加公平、合理、高效的多媒体版权保护体系。

4.6　基于密码的网络身份安全

在数字化时代，网络身份安全的重要性日益凸显，它不仅是网络安全架构的基石，也是确保网络空间秩序和信任的关键。网络身份安全的主要目标是确保网络实体（如用户、设备或系统）的身份是真实和可信的。这通常通过一系列认证、鉴别等过程来实现。在这一过程中，密码技术发挥着举足轻重的作用，它为网络身份安全提供了必要的加密、解密、签名和验证等安全功能。

4.6.1　身份鉴别机制

身份鉴别指的验证用户或系统的身份以确保其合法性和真实性的过程。其目的是确认请求访问系统资源的实体确实是其所声称的主体。常用的鉴别方式包括：用户名口令、密码技术、生物特征等方法实现。其中，与密码相关机制可以分为以下两种。

1. 基于密码增强的口令身份鉴别机制

为了保证仅有特定用户才能进行数据加解密操作，要求用户掌握密钥。因为记忆力限制，用户不可能记住 128 位随机数的密钥，就需要密钥派生算法从人类可记忆的口令计算得到密钥。密钥派生算法可以用于由口令派生出密钥，也可以用于完成基于口令的鉴别，常见的算法包括 PBKDF、BCRYPT 以及 Argon2。此外，还有一类更强的协议——基于口令的认证密钥交换协议，它允许多个参与者基于各自持有的口令信息相互认证，并协商出高强度的随机会话密钥，而这一过程不需要依赖安全信道，并且能够抵御在线字典攻击、抵御离线字典攻击、前向安全、已知会话安全，比较常用的包括 OPAQUE、SRP 等协议。

2. 基于密码机制的身份鉴别机制

基于密码技术的身份鉴别机制主要在我国国家标准 GB/T 15843 中规定，包括 GB/T 15843.2—2017《信息技术 安全技术 实体鉴别 第 2 部分：采用对称加密算法的机制》、GB/T 15843.3—2016《信息技术 安全技术 实体鉴别 第 3 部分：采用数字签名技术的机制》、GB/T 15843.4—2008《信息技术 安全技术 实体鉴别 第 4 部分：采用密码校验函数的机制》等。它们通过对称加密、MAC、数字签名等方式，以"挑战—响应"等方式对被鉴别方是否具备相应的密钥进行确认。

4.6.2　公钥基础设施

PKI 是 Public Key Infrastructure（公开密钥基础设施）的缩写，是用公钥概念和技术实施，支持公开密钥的管理，并提供真实性、保密性、完整性以及不可否认性安全服务的、具有普适性的安全基础设施。PKI 主要解决公钥属于谁的问题。值得强调的是，所说的公钥属于谁，实际上是指谁拥有与该公钥配对的私钥，而不是简单的公钥持有。确认公钥属于谁是希望确认谁拥有对应的不能公开的私钥。通过数字证书，PKI 可以很好地解决这个问题。

1. 数字证书

数字证书是 PKI 最核心的元素，也称公钥证书，由证书认证中心（Certification Authority，CA）签发。在证书中包含公开密钥持有者信息、公开密钥、有效期、扩展信息以及由 CA 对这些信息进行的数字签名。由于证书上带有 CA 的数字签名，因此用户可以在不可靠的介质上缓存证书而不必担心被篡改，可以离线验证和使用，不必每一次使用都向资料库查询。数字证书具有以下特性：

（1）任何能够获得和使用认证机构公钥的用户都可以恢复认证机构所认证的公钥；

（2）除了认证机构，没有其他机构能够更改证书，证书是不可伪造的。

2. 证书数据结构

证书数据结构由 tbsCertificate 域、signatureAlgorithm 域和 signatureValue 域构成。

（1）tbsCertificate 域包含主体名称和颁发者名称、主体的公钥、证书的有效期以及其他的相关信息。

（2）signatureAlgorithm 域包含证书签发机构签发该证书所使用的密码算法的标识符。该域的算法标识符必须与 tbsCertificate 域中的 signature 标识的签名算法项相同。

（3）signatureValue 域包含了对 tbsCertificate 域进行数字签名的结果。采用 ASN.1 DER 编码的 tbsCertificate 域作为数字签名的输入，而签名的结果则按照 ASN.1 编码成 BIT STRING 类型并保存在证书签名值域内。

3. 双证书（公钥）/双私钥体系

随着 PKI 向实用的方向发展，经典的单证书（公钥）/单私钥的体系已经不能满足需要，双证书（公钥）/双私钥的体系应运而生。

对于公钥密码学的很多种算法，密钥既可以用于加密应用，又可以用于签名应用。但是，一方面由于政府监控和用户自身的密钥恢复需求，要求私钥在用户之外得到备份。另一方面，数字签名应用的私钥保护需要保护，排斥对私钥的备份行为。作为同时满足加密和签名两方面看似矛盾的需求的解决方案，区分签名证书和加密证书的"双证书体系 PKI"得以引入。其中的用户同时具有两个私钥：

（1）用于签名的私钥，根据电子签名法，由用户自己生成并专有掌握，对应的证书被称为"签名证书"；

（2）用于加密的私钥，根据密码管理规定，由专门的可信机构生成并和用户共同掌握，用于密钥恢复，相应的证书被称为"加密证书"。

4.6.3 身份鉴别和管理框架

Kerberos 协议是一种计算机网络鉴别协议，它允许某实体在非安全网络环境下通信，向另一个实体以一种安全的方式证明自己的身份。它也指由 MIT 的 Athena 计划实现的 Kerberos 协议，并发布的一套免费软件。MIT 以源代码的形式提供 Kerberos，以使任何希望使用它的个人可以检查代码并确保代码本身是可信的。Kerberos 协议的设计主要针对客户端/服务器模型，并提供了一系列交互鉴别——用户和服务器都能验证对方的身份。Kerberos 协议可以保护网络实体免受窃听和重复攻击。Kerberos 协议仅依赖于对称密码学而没有使用公钥加密体制，同时它需要一个值得信赖的第三方。

1. FIDO

FIDO（Fast Identity Online）协议使用标准的公钥加密技术来提供更强的身份验证。

FIDO 联盟正式成立于 2013 年 2 月，由 6 家创始人单位发起，分别是 PayPal、联想集团、Nok Nok Labs、Validity Sensors、Infineon 和 Agnitio。随着 FIDO 联盟的不断发展和壮大，除了创立该联盟的成员，各个细分市场的许多行业领导者也逐渐加入 FIDO，开始在设备中采用 FIDO 联盟推出的简单而安全的身份鉴别方法，消除设备对于口令的依赖。FIDO 联盟成员现已包括主流的软件平台供应商、金融领域依赖方信赖团体、领先的安全硬件供应商以及顶尖的生物识别供应商等。

2. OpenID Connect

OpenID Connect 简称 OIDC，它在 OAuth2 上构建了一个身份层，是一个基于 OAuth2.0 协议的身份鉴别标准协议。OAuth2.0 是一个授权协议，它无法提供完善的身份鉴别功能，OIDC 使用 OAuth2.0 的授权服务器来为第三方客户端提供用户的身份鉴别，并把对应的身份鉴别信息传递给客户端，且可以适用于各种类型的客户端（如服务端应用、移动 APP、JS 应用），且完全兼容 OAuth2.0，也就是说当我们搭建了一个 OIDC 的服务后，也可以当作一个 OAuth2.0 的服务来用。OIDC 已经有很多的企业在使用，比如 Google 的账号鉴别授权体系，Microsoft 的账号体系也部署了 OIDC，当然这些企业有的也是 OIDC 背后的推动者。除这些之外，有很多各个语言版本的开源服务端组件、客户端组件等。

3. eIDAS

eIDAS（electronic IDentification and Authentication Services）是由欧洲议会和理事会发布的第 910/2014 号条例。该条例自 2016 年 7 月 1 日起生效，欧盟各成员国须在 2018 年 9 月 29 日前完成接入 eIDAS 的所有过渡措施和准备工作。在 eIDAS 的加持下，欧盟的公民如今能利用他们的电子身份证（eID）来进行一系列的跨国界的可信纯在线活动。例如，远程使用欧盟成员国内的医疗记录，在线完成纳税申报，在线交易签署电子合同，在线完成跨国教育入学注册，在线银行开卡、借贷等等。与 2018 年 5 月 25 日生效的《通用数据保护条例》（General Data Protection Regulation，GDPR）呼应，eIDAS 进一步加强了 GDPR 条例的落地执行。在 eIDAS 实施之前，也就是在电子签名指令（1999/93/EC）时代，各国间的跨境电子交易互通是有很大困难的。而 eIDAS 落地执行，由原来的 eSignatures Directive 升级为 Regulation，欧盟通过使用强制的条例来实现互通，表明了欧洲在构建数字单一市场的决心。

4.7　基于密码的系统与网络保护

信息系统和网络设施是数据流通与处理不可或缺的支撑。它们的安全是其上运行的信息各种业务安全的基本保障。密码技术是系统和网络安全机制实现的基础。密码技术对网络和系统安全的支撑主要体现在以下三个方面：首先在系统层面构建了一套安全防护框架，包括安全根、密码服务、访问控制增强和执行环境隔离等，保障系统安全并为上层应用提供服务。其次，通过 AAA 框架和 TACACS+ 协议对访问网络资源的访问进行了严格的管理和监控，确保了只有经过严格验证和授权的用户才能访问网络资源。最后，建立了一套度量和验证机制，对信息系统和网络设施中的软件代码完整性进行实时监控和保护，保障系统整体的可靠性和稳定性。

4.7.1　系统保护

密码技术对系统安全防护的支持主要体现在系统安全根、系统密码服务、系统访问控制增强和系统安全执行环境隔离等几个部分。

1. 系统安全根

系统保护的首要环节是构建系统安全根，这是操作系统安全的起点，通常由硬件、固件和软件的底层组件构成。系统安全根通过密码机制来检测加载的软件镜像，确保其可信度。产业和学术界高度关注系统安全根技术，例如微软、Intel、IBM 等计算机厂商联合成立了可信计算组织 TCG；美国 NIST 的 Root of Trust（RoT）Project 关注制定系统安全根的技术规范。系统安全根的基本功能包括存储根、证明根和验证根。存储根负责安全存储的实现，可以采用访问控制或加密手段保护数据；证明根利用公钥密码技术来确保系统的安全状态和敏感数据的起源得到验证；验证根则对系统代码进行度量，避免恶意代码的执行。这些功能通常在硬件层面实现，以确保它们的完整性和抗篡改能力。

2. 系统密码服务

系统密码服务是操作系统安全的核心组成部分，它提供了一系列密码算法和密钥管理功能，以支持系统的安全需求。这些服务包括对称和非对称密码算法、杂凑算法等，并负责密钥的生成、存储和分发。例如，OpenSSL 库广泛应用于 SSL 安全协议的实现，为数据传输提供加密和完整性保护。此外，操作系统内核也集成了密码服务，如 Linux 操作系统的 Crypto 模块，提供了一套通用的加密接口，允许开发人员实现各种加密算法和协议。

3. 系统访问控制增强

现代操作系统提供了完备的访问控制机制，以保护系统免受未授权访问和滥用。这些机制通常基于用户身份和权限，实施对敏感数据和操作的访问限制。密码技术在访问控制中发挥着重要作用，例如通过加密技术实现数据的逻辑隔离，支持最小权限原则，确保只有授权用户才能访问特定信息。iOS 系统采用的全盘加密方案就是一个例子，它通过加密存储在设备上的所有数据，支持最小权限原则的实现，降低了数据泄露的风险。

4. 系统安全执行环境隔离

通过隔离技术，敏感操作和数据处理可以在一个受保护的环境中执行，与系统的其他部分相隔离。这种隔离可以是物理的，也可以是逻辑的。例如，ARM 的 TrustZone 技术和 Intel 的 SGX（Software Guard Extensions）都是实现逻辑隔离的技术。它们允许在处理器上创建隔离的安全执行环境，这个环境被称为 enclave，用于保护敏感应用程序和数据不被恶意软件或攻击者破坏或窃取。这种隔离确保了即使在多任务操作系统中，敏感操作也能在安全的环境中进行，从而提高了系统的安全性。

4.7.2　网络保护

网络保护的关键在于实现网络资源访问控制和网络接入控制。

1. 网络资源访问控制

网络资源访问控制的目的是确保网络资源只能被授权的用户或系统访问。这一控制机制通常通过 AAA（Authentication,Authorization,Accounting）框架来实现。AAA 框架通过集中管理用户信息和访问权限，对用户的网络访问请求进行认证、授权和计费。在认证阶段，AAA 框架会验证用户的身份信息，确保其为合法用户。这通常涉及用户名和密码的匹配，或者更安全的多因素认证方法。一旦用户身份得到确认，授权阶段随即开始。在授权阶段，系统会根据用户的身份和权限设置，决定该用户能够访问哪些网络资源，以及在什么条件下访问。

授权过程遵循最小权限原则，确保用户仅获得完成其任务所必需的访问权限。计费阶段则涉及对用户使用网络资源的情况进行记录和计量，这不仅可以用于计费目的，还可以帮助网络管理员监控和分析网络资源的使用情况，以便进行网络优化和容量规划。除了 AAA 框架，网络资源访问控制还可能涉及其他协议和技术，如 RADIUS、TACACS+、HWTACACS 和活动目录（Active Directory）。RADIUS 和 TACACS+ 是两种流行的认证协议，它们提供了一套完整的网络接入控制解决方案。HWTACACS 是华为开发的私有协议，它通过 TCP 传输，提供了更为可靠的连接和全面的加密保护。活动目录则是 Microsoft 提供的目录服务，它通过 LDAP 协议实现，支持集中式的身份验证、授权和资源管理。

2. 网络接入控制

网络接入控制关注的是确保只有合法的设备和用户能够接入网络，并参与网络通信。在移动通信网络中，这一过程尤为重要，因为它涉及大量的移动设备和频繁的网络切换。移动通信网络的接入控制通常包括身份验证和加密两个关键步骤。在 GSM 等 2G 网络中，接入控制主要依赖于单向鉴别机制，即网络对用户进行鉴别，但用户不对网络进行鉴别。这种机制存在安全风险，比如伪基站攻击和 SIM 卡克隆。为了提高安全性，3G 和 4G 网络引入了双向鉴别机制。在这种机制下，网络和用户设备相互进行鉴别，确保了通信双方的身份都得到验证。

在鉴别过程中，用户设备（如手机）和网络端（如基站）会使用共享的秘密（如 Ki）和随机数（RAND）来生成加密密钥（如 Kc），并用这些密钥来保护通信过程的保密性和完整性。在无线局域网（WLAN）中，接入控制也非常重要。IEEE 802.11i 工作组制定了 WLAN 的安全标准，其中包括了鉴别和数据传输安全的机制。WLAN 接入控制可以是基于开放链接的，也可以是基于共享秘密的。在基于共享秘密的鉴别中，接入点（AP）和用户设备会使用一个共享的密钥或口令来进行挑战—响应式的鉴别过程，以确保只有合法的用户才能接入网络。

4.7.3 代码完整性保护

1. 可信计算技术

可信计算技术是实现完整性度量的根基。可信计算的基础是 TPM（Trusted Platform Module）——一个集成在系统中的密码模块，它在系统启动过程中对关键组件进行度量，并将度量值存储在 PCR（Platform Configuration Registers）中。这种度量确保了从系统启动到操作系统加载的每个步骤的完整性。TCG 软件栈就是用户调用 TPM 密码模块的接口。在 x86 和 ARM 平台中，这种技术的应用略有不同，但基本原理相似。系统镜像度量通过计算操作系统镜像的哈希值，并将其与已知的可信哈希值进行比较，来验证系统是否未被篡改。这种方法可以防止恶意软件的植入和未授权的系统更改。在 ARM 平台的高可靠性引导（HAB）中，使用数字签名验证初始软件镜像，确保了启动镜像的完整性和来源可信。

2. 系统实时完整性度量（IMA）

IMA 是 Linux 操作系统中用于度量系统库和可执行程序加载的完整性度量架构。IMA 在系统启动后，对系统代码的加载进行完整性度量，包括可执行程序、动态库和内核模块。IMA 通过使用哈希函数和公钥密码算法，对文件的完整性进行评估，并与预先设定的策略进行比较，以确保只有未被篡改的代码才能被加载执行。IMA 的实现依赖于 Linux 操作系统的安全模块（LSM）框架，通过在关键系统调用中添加钩子（Hook），实现了对文件完整性的监控和度量。

3. 代码签名技术

代码签名技术主要用于确保应用程序更新的安全性和来源的真实性。在应用程序发布的过程中，开发者使用私钥对应用程序或更新包进行签名。当应用程序安装或更新时，系统使用相应的公钥对签名进行验证。这种机制确保了只有经过开发者签名的应用程序才能被安装或更新，从而防止了恶意软件的传播。Android 平台的代码签名机制就是一个例子，它要求所有通过 Google Play 商店发布的应用程序都必须进行代码签名，以确保应用程序的安全性和可靠性。此外，代码签名也是 IMA 的前提，因为 IMA 需要依赖于代码签名来保证度量过程的安全性。

习 题

1. 密码在网络空间安全中扮演什么角色？
2. 密码技术包括哪些主要内容？

3. 什么是信息安全的"CIA"三要素？

4. 密码技术经历了哪三个阶段？

5. 我国商用密码技术有哪些创新突破？

6. 密码算法可以分为哪三种类型？

7. 密码产品标准化的目的是什么？

8. 商用密码产品认证目录包含哪些产品？

9. 智能 IC 卡的主要应用领域有哪些？

10. PPPoE 协议的主要工作过程有哪些阶段？

11. IPSec 协议支持哪两种模式？

12. SSL/TLS 协议的主要功能是什么？

13. 整盘加密技术的主要目的是什么？

14. 文件级加密与整盘加密相比有何优势？

15. 什么是公钥基础设施（PKI）？

16. Kerberos 协议的主要功能是什么？

17. AAA 框架在网络资源访问控制中扮演什么角色？

18. 可信计算技术是如何确保系统完整性的？

第 5 章

数据安全管理与技术

数据已成为驱动社会经济发展、推动科技进步、提升国家治理能力的关键生产要素。筑牢数字安全屏障、保障数据安全是实现数字经济健康发展、建设数字中国的重要保障。本章将从数据安全相关概念、数据安全管理体系、数据安全全声明周期安全保护、数据安全关键技术、个人信息保护、数据要素流通等方面展开介绍。

5.1 概述

5.1.1 数据安全相关概念

1. 数据和数据安全

数据是信息的表现形式和载体，可以是符号、文字、数字、语音、图像、视频等。《中华人民共和国数据安全法》第三条指出"本法所称数据，是指任何以电子或者其他方式对信息的记录"。数据和信息是不可分离的，数据是信息的表达，信息是数据的内涵。数据本身没有意义，数据只有对实体行为产生影响时才成为信息。

数据安全聚焦于数据全生命周期过程中保护数据免受未授权的访问与数据损坏，并涵盖一整套相关的标准、技术、框架和流程。《中华人民共和国数据安全法》第三条指出"数据安全是指通过采取必要措施，确保数据处于有效保护和合法利用的状态，以及具备保障持续安全状态的能力"。数据安全的主要目的是保护在收集、存储、创建、接收或传输过程的数据。

2. 数据安全核心要素

数据安全的三个核心要素为机密性（Confidentiality）、完整性（Integrity）与可用性（Availability），简称为 CIA 三角（CIA Triad）。

（1）机密性

机密性是指确保只有获得授权的信息访问主体才可以获得指定的信息。信息访问主体可以是实际的用户，也可以是进程、App、服务等。确保机密性的常见方法包括数据加密、多因素身份认证等。

（2）完整性

完整性是指确保数据在整个生命周期中不会受到非法的篡改与破坏。确保数据完整性常见的措施包括文件操作许可控制和用户访问权限控制等。

（3）可用性

可用性是指确保合法用户对数据的获取与使用能够得到保障。确保可用性的常见方法包括防止拒绝服务攻击、及时安全更新等。

5.1.2　新技术与数据安全

随着互联网到物联网到智联网的演进，泛在智能连接的社会即将到来。无论是工业、农业还是人们的生产生活，更多的依赖于数字化的安全。在新兴的场景中，数据安全从攻击和防御两个维度都呈现螺旋式上升的趋势，数据安全领域也在不断地创新、深化、扩展。

1. 人工智能与数据安全

人工智能技术的突破，对数据安全的影响显著。人工智能基于对数据的分析和洞察，在应用领域实现智能和自动化的决策。现代的人工智能通常与机器人技术、物联网等深度融合，应用于不断增长的数据类型和庞大的数据量的场景中。数据是人工智能全场景中最有价值的资产。在人工智能的全生命周期中，数据以不同的形态存储、转换、转移和处理。

一方面，人工智能依赖数据实现智能和自动化决策，其全生命周期的数据处理使得数据成为最有价值的资产，同时数据安全对人工智能至关重要，关乎其系统完整性、机密性、可用性及隐私保护等，数据质量和安全直接影响人工智能算法的准确性，且人工智能的广泛应用加剧了数据治理挑战。另一方面，两者在多个维度存在交叉，如人工智能的数据安全、隐私保护及处理个人数据安全等；人工智能系统带来复杂性，影响数据安全的因素包括构建部署方式、组织复杂度等；同时人工智能能赋能数据安全，在数据保护、端点安全、云安全等多个领域发挥重要作用。为降低风险并利用其优势，需采取多种数据安全最佳实践措施，推进两者融合创新。

2. 云计算与数据安全

云数据安全的主要目标包括确保数据安全和隐私保护、处理多家云服务供应商的数据安全问题以及实现用户、设备和软件的访问控制。云化部署有公有云、私有云、混合云、多云四种模型，不同模型在成本、风险、安全性等方面各有特点。常见的云服务模型如SaaS、PaaS、IaaS 及本地部署，其保护基础设施、业务和数据的责任划分不同。云数据安全内容涵盖云安全数据目录、数据安全态势管理、云数据访问控制、数据检测和响应等方面。实施云数据安全具有更高的可视性、更安全的数据、云数据合规性、更容易地备份和恢复、高级事件检测、降低组织成本等六大优势。总之，云计算的发展需要重视数据安全，而数据安全措施也在不断适应云计算的特点和需求。

3. 物联网与数据安全

随着经济发展和社会进步，物联网发展迅速，预计到 2030 年，全球将有 500 亿个物联网设备。物联网通过传感器等技术连接设备交换数据，其功能包括捕获、传输、处理数据和采取行动，可分为感知层、网络层和应用层三个层级。物联网安全包含数据、网络和设备安全，数据安全是本质和核心，其设备数量、协议异构性和网络复杂性带来严峻挑战，存在部署复杂性增加攻击面、设备资源限制、升级维护复杂、终端消费者缺乏安全意识、行业缺乏洞察和远见等安全风险。在物联网中，数据形态和速度改变，设备形态及部署方式给数据安全和隐私保护带来巨大挑战，复杂连接和交互场景使数据机密性、完整性和隐私保护问题更复杂，应对挑战需从数据识别和分类入手，考虑设备及数据保护需求。

4. 零信任架构与数据安全

零信任架构是对纵深防御架构的补充和增强，是一种端到端的网络和数据安全方法，涵盖身份、凭证、访问管理等多个方面，初始重点是将资源访问限制在"需要知道"的人身上，本质上提供对信息系统和服务的精细化访问决策，缩小隐式信任区域，防止未经授权的主体访问数据及资源。在现代场景下，传统基于网络分段和隔离的防御有局限性，零信任架构重点保护资源不受非授权访问，其思想是对网络中每个业务流进行身份验证和授权，以实现更好的数据安全保护。

5. 量子计算与数据安全

量子计算与数据安全有着复杂的关系。一方面，量子密码学利用量子理论和量子计算特性，在量子密钥分发等方面具有理论上的高安全性，但目前应用较为小众且存在局限性。另一方面，量子计算的发展可能对现有非对称密码学算法构成重大风险，如基于大整数因式分解和离散对数问题的 RSA、Diffie-Hellman 算法可能被 Shor 算法破解，而对称密钥加密算法在理论上量子时代仍有一定的安全性。学术界和工业界正努力设计后量子时代安全算法，美国国家标准与技术研究院开展相关标准化工作，IETF 等标准组织也在研究其在通信协议中的应用。未来十年内，大规模破解现有密码学的量子计算机极不可能产生，量子计算机短期内不会对对称密码学构成实际威胁，但长期保护信息的组织应考虑后量子密码学，民用场景如当前的椭圆曲线密码学算法和 RSA 算法在较长时期内仍可使用。

5.2 数据安全管理体系

数据安全管理体系是组织在数据管理方面的全面框架，包括政策、标准、流程和技术，旨在确保数据的保密性、完整性和可用性。

5.2.1 数据安全管理架构

数据安全管理架构是一种系统性框架，用于组织和协调企业的数据安全策略、流程、工具和技术，以确保数据的保密性、完整性和可用性。

典型的数据安全治理组织架构如图 5-1 所示，由决策层、管理层、执行层与监督层构成。决策层负责统筹决策，管理层负责数据安全的管理与建设，执行层负责具体执行数据安全管理要求，监督层则对工作情况进行监督。

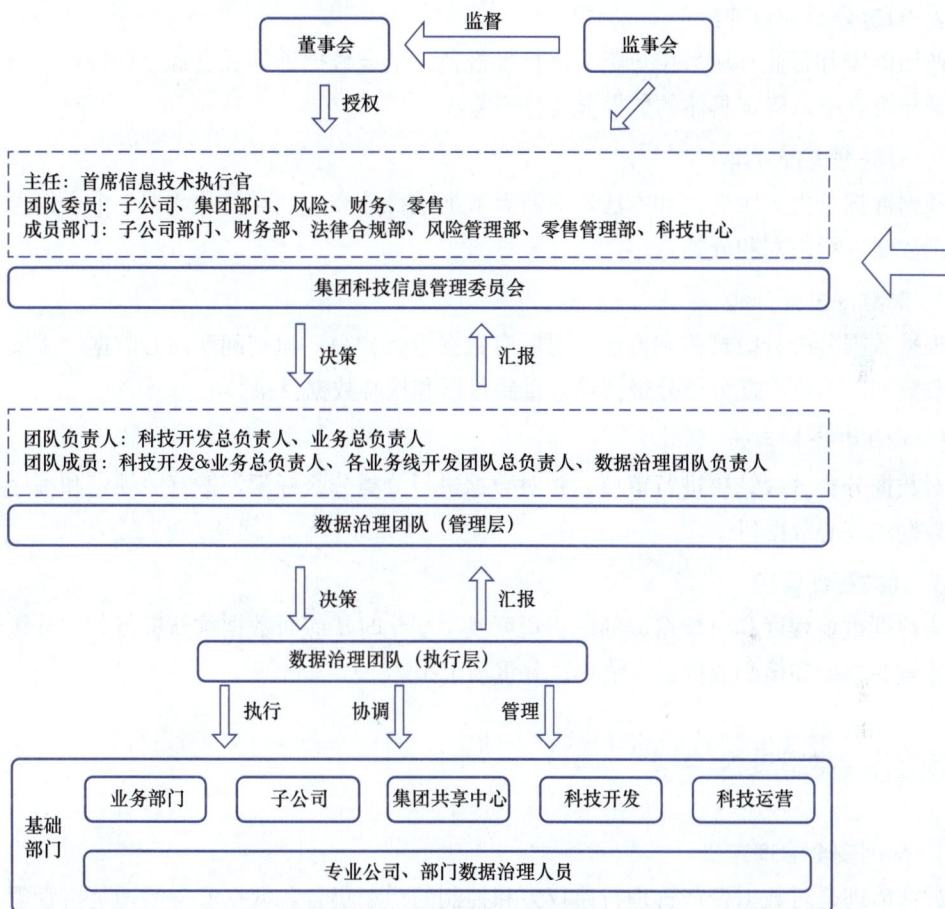

图 5-1　典型的数据安全治理组织架构

5.2.2　数据分类分级

数据分类分级是数据安全保护中的首要环节和重要基础，其目的在于依法对数据资源实施精细化管理和控制，在数据保护和数据应用之间寻找平衡点，既加强对重要数据、核心数据的安全保护，同时对一般数据加大应用力度，发挥数据最大价值。数据实现分类分级之后，根据不同级别采取不同的防护措施，从而实现对数据的充分保护和应用。

数据处理者应按照国家和行业领域数据分类分级规范要求，数据分类分级的步骤包括梳理数据资产、制定分类分级规范、对数据进行分类、对数据进行分级、审核并上报目录、动态更新管理等。

1. 梳理数据资产

对数据资产和数据应用情况进行全面梳理，明确所属行业领域，确定待分类分级的数据资产的范围和对象。

2. 制定分类分级规范

按照国家和行业领域数据分类分级标准规范，结合数据处理者自身数据特点，制定数据分类分级规范，确定具体的数据分类分级方法。

3. 对数据进行分类

根据数据分类分级规范和方法，对所有数据进行分类，并对公共数据、个人信息等特殊类别数据进行识别和分类。

4. 对数据进行分级

根据数据分类分级规范和方法，对所有数据进行分级，识别确定核心数据、重要数据和一般数据，形成数据分类分级清单、重要数据和核心数据目录。

5. 审核并上报目录

对数据分类分级结果进行审核，并对数据进行分类分级标识，按有关规定和程序报送重要数据和核心数据目录。

6. 动态更新管理

当数据重要程度和可能造成的危害程度发生变化时，应对数据重新进行分类分级，形成新的重要数据和核心数据目录清单，并重新上报。

5.2.3 数据安全治理

1. 数据安全治理定义

数据治理是对数据资产管理行使权力和控制的活动集合。数据安全治理是指管理和保护组织中的敏感信息的过程。它涉及建立政策、程序和标准，以确保数据的机密性、完整性和可用性。

2. 数据安全治理体系

典型的数据安全治理体系如图 5-2 所示，包括数据质量管理、元数据管理、主数据管理、数据资产管理、数据安全及数据标准等内容。

3. 数据安全治理步骤

数据安全治理包括建立组织结构、拆分工作模块、构建治理平台、开展效果评估等步骤。

（1）建立组织架构。在数据治理建设初期，机构会先成立数据治理管理委员会，从上至下由决策层、管理层、执行层构成。通过此常态化的数据治理组织，建立数据集中管理长效机制，规范数据管控流程，提升数据质量，促进数据标准一致，保障数据共享与使用安全，提高机构运营效率和管理水平。

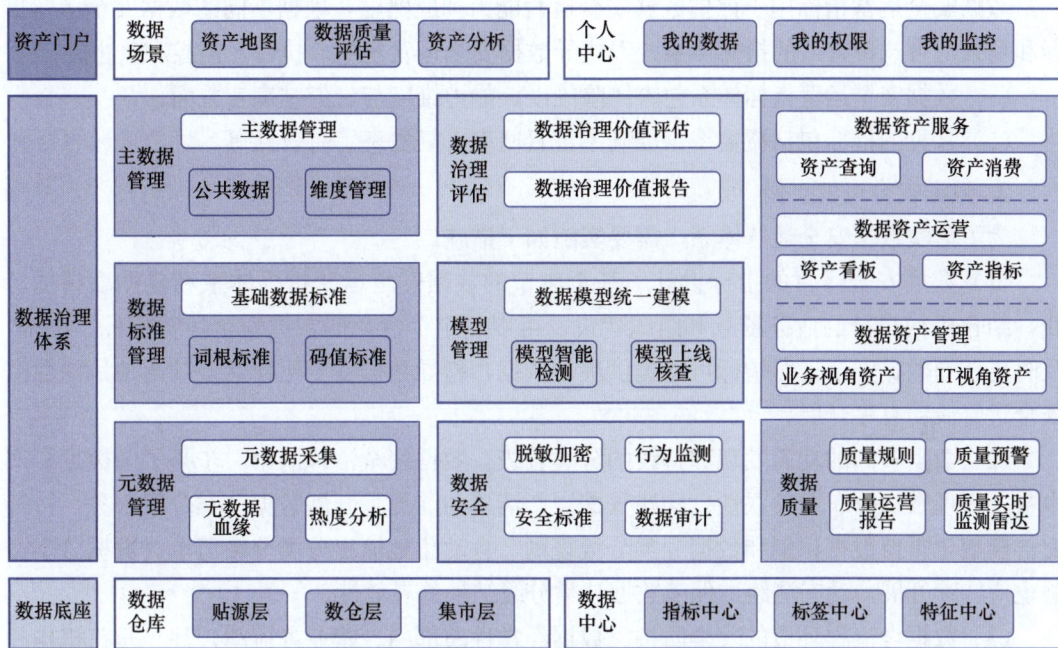

图 5-2　典型的数据安全治理体系

（2）拆分工作模块。对数据安全治理的工作进行模块化拆分，一般分为治理对象、治理规划、治理任务三个大的模块，再对每个大模块进一步拆分成子模块。

（3）构建治理平台。数据安全治理平台旨在保障数据平台的数据是安全的、可靠的、标准的、有价值的。其功能包括数据资产管理、数据标准管理、数据质量监控、数据安全管理、数据建模管理、元数据管理等。

（4）开展效果评估。数据治理平台开发完成并运行，需要对整体数据治理体系的效果进行验证和评估，具体包括对数据资产、数据标准、数据质量和数据安全等方面。

4. 数据安全治理成效

数据安全治理有助于组织通过识别敏感数据并对其进行分类、评估和缓解风险、建立安全策略和程序、实施技术和管理控制以及监控和审计其系统和数据来管理和降低风险。通过有效地实施这些措施，组织可以保护其敏感数据免受安全威胁，并遵守法律和法规要求。

5.2.4　数据安全运营

数据安全运营是保障数据业务在安全环境下稳定运行的基础。数据安全运营体系建设的总体理念为：持续有效的数据安全防护，对齐业务目标与安全目标，兼顾运营效率、稳定可靠。

1. 数据安全运营指标

数据安全运营指标用于评估数据安全运营能力和成熟度。根据不同的数据安全运营目标和场景，可选择合适的指标体系，以指导数据安全运营规划、执行、监控和改进。

（1）数据安全运营指标体系包含风险维度、能力维度与价值维度三方面。

（2）常见的指标包括覆盖率、准确率、召回率、复发率、时效性等。

2. 数据安全运营举措

为了落实数据安全运营体系，需要实施如下措施。

（1）数据安全运营的指标设计。基于典型的数据安全运营指标体系和成熟度评估基线，结合机构自身的业务场景和组织建设，可以制定个性化的数据安全运营指标。准确、及时更新的数据安全运营指标可以提供决策依据，指导数据安全运营活动的落地，使数据安全运营活动有序开展。

（2）数据资产的动态发现和持续的分类分级。数据安全治理的第一步是了解数据资产本身，梳理数据分布及关联性。构建数据资产清单的前提是开展数据分类分级服务，持续完善和细化重要数据识别和数据分类分级规则，自动化地输出分类分级清单。数据分类分级也应持续开展，动态测绘，保障数据分类分级结果的有效性。

（3）数据全流程环节的安全防护。数据经常性跨部门、跨业务流动，甚至是跨机构和行业流动。每个场景有着不同的复杂性、安全风险，需要区别对待，具体分析，详细设计数据安全防护方案。

（4）运维敏感操作的安全管控。利用数据访问权限管控、数据去标识化、特权账号权限管理等技术手段，建立敏感数据安全防护机制。

（5）数据全生命周期的安全防护。利用接入控制、数据访问控制、权限管理、敏感数据脱敏处理、数据水印溯源、监控审计等数据安全技术，强化数据采集、传输、存储、处理、归档、销毁等环节数据安全防护能力建设，实现贯穿数据全生命周期的安全防护。

（6）数据安全的态势感知。数据资产庞大，数据流动方向复杂多样，直接或间接导致数据泄露事件的频繁发生。内外部攻击威胁，技术、管理层面的漏洞和缺陷难以绝对避免，因此贯穿"事前、事中和事后"的数据安全态势感知和应急响应也极为重要。

（7）持续审计，巩固数据安全运营效果。在数据安全运营过程中，要依据国家和行业的法律法规、组织制定的数据安全目标，通过数据安全能力审计、风险评估、渗透测试、合规稽核等措施，持续对数据安全防护效果进行审计、改进、优化，以保障数据安全防护效果。

3. 数据安全运营机制

数据安全运营机制基于数据安全运营指标体系，从预测、防御、检测、调查/取证四个维度入手（如图 5-3 所示），持续监控和分析，形成"目标可及、状态可视、持续优化"的运营体系，在保障数据安全的同时，提升业务效率。

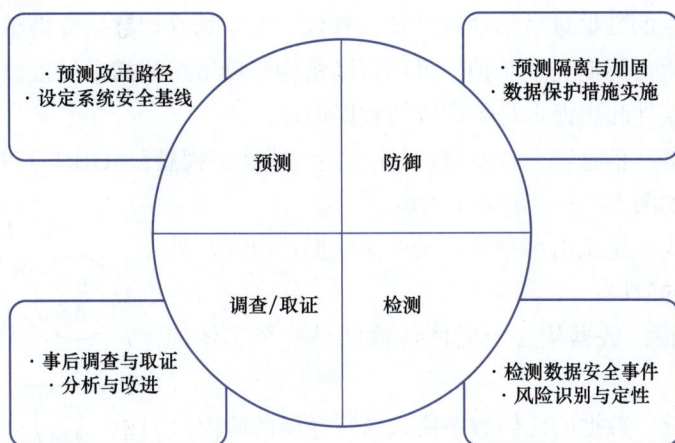

图 5-3　安全运营入手四维度

（1）预测，包括主动分析风险暴露面、预测攻击路径和定期更新系统安全基线等手段。

（2）防御，包括系统隔离与加固、实施数据保护措施等手段。

（3）检测，包括数据安全事件检测、风险识别与定性、隔离事件等手段。

（4）调查 / 取证，包括事后的调查与取证，分析与改进等。

4. 数据安全应急响应

数据安全应急响应的目标是以结构化的方式，系统性地处理数据安全事件、漏洞和威胁。事前，明确的事件响应计划使各类组织能够有效识别网络攻击、最大程度地减少攻击损害，同时查找并修复原因，从而防止未来的攻击。

NIST 发布的《计算机安全事件处理指南》（SP 8010-61）提出了一个数据安全应急响应框架，如图 5-4 所示，可以作为参考。

图 5-4　数据安全应急响应框架

5.3　数据全生命周期安全保护

数据的安全防护应该围绕数据的全生命周期展开，以数据的采集、传输、存储、使用（处理）、共享（交换）、销毁各个环节为切入点，设置相应的管控措施和管理流程，以便于在不同的业务场景中组合、复用，实现数据安全管理的目标。

随着机构产生的数据量呈指数级增长，有效、安全地管理数据变得越来越重要。实施良好的数据安全生命周期安全防护，可以帮助机构降低敏感数据未经授权访问的风险，也有助于防御恶意软件和病毒木马等导致的数据损坏。

按照国家标准《信息安全技术 数据安全能力成熟度模型》（GB/T 37988）的定义，数据生命周期分为如图 5-5 所示的 6 个阶段。

（1）数据采集：组织内部系统中新产生数据，以及从外部系统收集数据的阶段；

（2）数据传输：数据从一个实体传输到另一个实体的阶段；

（3）数据存储：数据以任何数字格式进行存储的阶段；

（4）数据处理：组织在内部对数据进行计算、分析、可视化等操作的阶段；

（5）数据交换：组织与组织或个人进行数据交换的阶段；

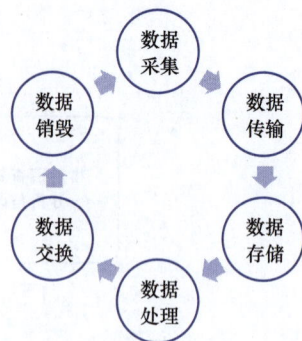

图 5-5　数据全生命周期流程图

（6）数据销毁：对数据及数据存储媒介通过相应的操作手段，使数据彻底删除且无法通过任何手段恢复的过程。

特定的数据所经历的生存周期由实际的业务所决定，可为完整的 6 个阶段或是其中的几个阶段。

5.3.1　数据采集安全

数据采集安全是指保证组织内的新数据的生成，或者从组织外部收集数据过程的合法性、合规性和安全性。

在数据采集阶段，数据最小化原则是前提，数据分类分级、数据采集安全管理、数据源鉴别及记录、数据质量管理等基本实践及其组合，是保证数据采集安全的基础。

1. 数据最小化原则

数据最小化原则，也称最小必要原则，其含义是数据控制者收集、使用的个人数据或者敏感数据的类型、范围、时间段，应该满足适当性、相关性和必要性的要求。

违反《中华人民共和国数据安全法》《中华人民共和国个人信息保护法》等法律法规，可能导致经济处罚、品牌形象受损，收集过量数据所带来的损失可能是巨大的，因此确保数据的入口（从哪里进入组织）至关重要。为了更安全地保护收集的数据，可以实施一些常见的数据保护方案，包括令牌化、加密和匿名化。需要根据不同的数据类型和场景，灵活地选择数据保护方案。

2. 数据分类分级

数据分类分级的安全管控方式能够解决数据违规收集、数据开放与隐私保护之间的矛盾，以及粗放式的"一刀切"管理方式。通过对数据进行分类分级，实现数据资源的精细化管理和保护，确保数据应用和数据保护的有效平衡。

数据分类分级目的是对数据采取更合理的安全管理和保护，需要对分类分级的数据进一步制订具体的保护细则，包括对不同级别的数据进行标记区分、明确不同数据的访问人员和访问方式、采取的安全保护措施（如加密、脱敏等）。

3. 数据采集安全管理

数据采集安全管理涵盖数据采集安全管理制度、数据采集风险评估以及法律法规遵从三个维度。

（1）数据采集安全管理制度。数据采集安全管理制度是保障数据采集安全的基础。需要明确数据采集的目的、范围、方式、方法和格式等，以确保数据采集的合规性、正当性和一致性。

（2）数据采集风险评估。针对不同的业务或项目场景，进行数据采集风险评估是必要的。在评估过程中，应综合考虑数据的敏感性、外部威胁和内部管理等因素，并给出相应的风险等级和改进建议。

（3）法律法规遵从。在制定数据采集安全管理制度时，必须严格遵守《中华人民共和国网络安全法》《中华人民共和国数据安全法》《中华人民共和国个人信息保护法》等相关法律法规和行业规范。

4. 数据源鉴别及记录

数据源鉴别及记录是指对产生数据的数据源进行身份鉴别和记录，防止数据仿冒和数据伪造，需从制度流程、组织建设、技术工具、人员能力四个层面，落地数据源鉴别和记录的要求。

5. 数据质量管理

数据质量管理是指建立组织的数据质量管理体系，保证数据采集过程中收集/产生的数据的准确性、一致性和完整性。数据质量管理活动可以保障数据的质量，从而使得数据具有更高的价值。

5.3.2　数据传输安全

数据传输安全是指在数据传输阶段，通过采取必要措施，确保数据处于有效保护和合法利用的状态，以及具备持续保障安全状态的能力。保障数据传输安全在国家、企业和个人层面均非常重要。

1. 数据传输安全要求

《中华人民共和国民法典》《中华人民共和国数据安全法》《中华人民共和国个人信息保护法》对数据传输安全均有要求。《中华人民共和国数据安全法》第三条明确：数据处理，包括数据的收集、存储、使用、加工、传输、提供、公开等。

2. 数据传输安全措施

数据传输安全的常见措施包含端点安全、通道安全、传输加密和访问控制。

（1）端点安全是指对数据传输过程中，涉及的各个服务器与设备，通过系统加固、网络防护、访问代理等方式，增强安全性，保障传输安全。

（2）通道安全是指在数据传输层，使用安全的互联网协议，保障通道的安全性。

（3）传输加密包括网络通道加密和信源加密。网络通道加密包括基于 SSL 和 IPSec 协议的 VPN 技术，实现对网络数据包的机密性和完整性保护。信源加密会在数据流动之前先应用加密技术进行加密，在接收端对加密的数据进行解密。

（4）访问控制可以防止非授权人员访问、修改、篡改以及破坏系统资源，防止数据遭到恶意破坏。常见的数据传输访问控制措施包含身份认证、权限限制、端口访问控制。

3. 网络可用性管理

网络可用性管理是指通过网络基础设施及网络层数据防泄露设备的备份建设，实现网络的高可用性，从而保证数据传输过程的稳定性。

数据的传输过程依赖于网络的可用性。一旦发生网络故障或瘫痪，数据传输就会受到影响甚至中断，因此，建设高可用性网络是保证数据传输过程的稳定性的前提。

5.3.3　数据存储安全

数据存储安全是指保护数据在存储过程中不被非法访问、破坏或泄露的一系列技术和管理措施。它确保数据在存储过程中的机密性、完整性和可用性。

数据存储安全主要包括存储媒介安全等物理安全，逻辑存储安全以及数据备份和恢复等。

1. 存储媒介安全

存储媒介指的是存储数据的介质，是一种物理载体，不管是本地数据还是网络上的数据，最终都会存储在物理载体上。存储媒介安全指针对组织内需要对数据存储媒介进行访问和使用的场景，提供有效的技术和管理手段，防止对媒体的不当使用而可能引发的数据泄露风险。

2. 逻辑存储安全

逻辑存储安全，是指基于组织内部的业务特性和数据存储安全要求，建立针对数据逻辑存储、存储容器等的有效安全控制。逻辑存储是指存储数据的容器，可能为服务器、工作站、个人电脑等。新型的逻辑存储还应该包含云存储。组织机构应通过认证鉴权、访问控制、日志管理、通信矩阵、防病毒等安全配置，保障数据存储的安全。

3. 数据备份和恢复

数据备份和恢复，是指通过执行定期的数据备份和恢复，实现对存储数据的冗余管理，保护数据的可用性。数据备份是指对存储数据定期进行冗余备份，即为了防止计算机系统因为操作失误或硬件故障或网络攻击而导致的数据丢失，将全部或部分数据从计算机挂接的硬盘或磁盘阵列复制到其他存储介质的过程；数据恢复是指当数据存储设备遭到物理损坏，或者由于人员误操作，操作系统故障等导致数据不可见，无法读取或丢失等问题时，通过已有的数据备份将数据复原的过程。

5.3.4　数据处理安全

数据处理，也称为数据使用，是指对原始数据进行抽取、转换、加载，是指组织在内部对数据进行计算、分析、可视化等操作的阶段。在数据处理阶段，数据得到真实的利用，并发挥其价值。数据处理安全措施包括以下几种。

1. 数据脱敏

数据脱敏是一种实现敏感隐私数据安全保护的技术。通过将敏感数据进行数据的变形，为用户提供脱敏数据而非原始数据，这样就可以在开发、测试和其他非生产环境以及外包环境中安全地使用脱敏后的真实数据集，既保护了组织的敏感信息不泄露，又达到了挖掘数据价值的目标。

2. 数据分析安全

数据分析安全，是指规范数据分析的行为，通过在数据分析过程采取适当的安全控制措施，防止数据挖掘、分析过程中有价值信息和个人隐私泄露的安全风险。

3. 数据正当使用

数据正当使用，是指基于国家相关法律法规对数据分析和利用的要求，建立数据使用过程的责任机制、评估机制，保护国家秘密、商业秘密和个人隐私，防止数据资源被用于不正当目的。

4. 数据处理环境安全

数据处理环境安全为组织内部的数据处理环境建立安全保护机制，提供统一的数据计算、开发平台，确保数据处理的过程中有完整的安全控制管理和技术支持。

5. 数据导入导出安全

数据导入导出安全，是指通过对数据导入导出过程中对数据的安全性进行管理，防止数据导入导出过程中可能对数据自身的可用性和完整性构成的危害，并降低可能存在的数据泄漏风险。

5.3.5　数据交换安全

数据交换是数据出入组织的典型场景。对于个人数据，应确保符合《中华人民共和国个人信息保护法》等法律法规要求。对于敏感数据，不恰当的数据交换是数据泄露风险的关键来源。因此，数据交换阶段的安全是数据全生命周期安全的关注重点之一。

基于数据交换的典型场景，数据共享安全、数据发布安全和数据接口安全是数据交换安全阶段的重点。

1. 数据共享安全

数据共享安全，是指通过业务系统、产品对外部组织提供数据时，以及通过合作的方式与合作伙伴交换数据时执行共享数据的安全风险控制，以降低数据共享场景下的安全风险。

2. 数据发布安全

数据发布安全，是指在对外部组织进行数据发布的过程中，通过对发布数据的格式、适用范围、发布者与使用者权利和义务执行的必要控制，以实现数据发布过程中数据的安全可控与合规。

3. 数据接口安全

数据接口安全，是指通过建立组织的对外数据接口的安全管理机制，防范组织数据在接口调用过程中的安全风险。

5.3.6 数据销毁安全

数据销毁，有时也称为安全删除，是指使数据无法恢复的方法，是对数据的彻底销毁，以确保它们不再可读、可用、可访问。数据销毁应根据组织的数据保留策略执行。数据保留策略定义组织如何创建、使用、保留和删除数据，既要遵守法律法规要求，也要满足业务需求。

需要从数据销毁、存储媒介销毁两个层面保障数据销毁阶段的安全性。

1. 数据销毁处置

数据销毁处置，是指通过建立针对数据的删除、净化机制，实现对数据的有效销毁，防止因对存储媒介中的数据进行恢复而导致的数据泄露风险。

2. 存储媒介销毁处置

存储媒介销毁处置，是指通过建立对存储媒介安全销毁的规程和技术手段，防止因存储媒介丢失、被窃或未授权的访问而导致存储媒介中的数据泄露的安全风险。

5.4 数据安全关键技术

本节介绍数据安全的关键技术，包括数据安全技术架构、基础数据安全技术、数据全生命周期技术应用、数据安全业务场景等，为读者提供全面的数据安全技术解决方案的说明。

5.4.1 数据安全技术架构

参考 NIST SP 800—160 标准的定义，安全架构是指"系统架构中一组物理和逻辑上与安全性相关的表示，用于传达有关如何将系统划分到安全域中的信息，并基于数据和信息受到充分保护的目的，利用安全相关元素，在安全域内和安全域之间执行安全策略。"。

数据安全架构依赖于整体的安全架构。以数据安全架构的生命周期阶段的视角，可以将数据安全架构分为准备、实施、呈现三个阶段，并以这三个阶段循环、提升。

1. 数据安全技术架构准备

在准备阶段，需要与安全负责人、业务领导者等利益相关者对齐业务目标、安全目标并设计出安全架构，以适当的形式叠加于业务架构。

以数据安全为核心的安全架构，在立项阶段需要参考适用的业务框架、安全框架、监管框架和审计框架。

如图 5-6 所示，SABSA 模型（舍伍德应用业务安全架构模型）是基于组织的业务驱动的安全框架，它提供基于风险和机会的判断和识别。SABSA 模型有6 层（5 个水平层和 1 个垂直层）。每层都有不同的目的和视图，涵盖了安全能力的全部堆栈和完整的生命周期。

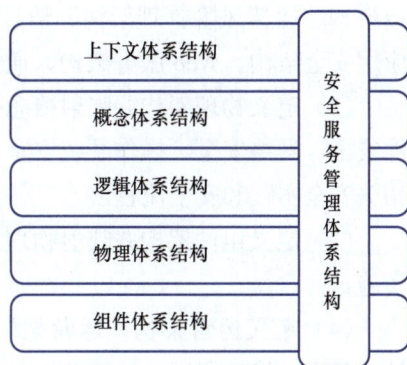

图 5-6　SABSA 模型分层

2. 数据安全技术架构实施

在数据安全技术架构实施阶段，应该遵循一个自上而下的过程。安全架构视图如图 5-7 所示。

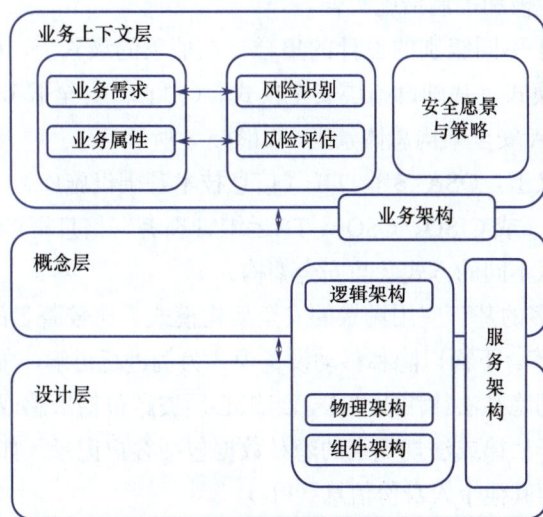

图 5-7　安全架构视图

首先是自业务上下文层的分析分解。初始步骤如下：

（1）确定业务愿景、目标和策略；

（2）确定实现这些目标所需的业务属性；

（3）确定与可能导致企业无法实现目标相关的所有风险；

（4）确定管理风险所需的控制措施；

（5）定义一个程序来设计和实现这些控制措施。

在设计和实现控制措施时，涉及以下 4 层架构的定义和映射。

（1）定义业务风险相关的概念架构。业务风险相关的概念架构主要包括治理策略和领域架构、运营风险管理架构、信息架构、证书管理架构、访问控制架构、事件响应架构、应用安全架构、Web 服务架构、通信安全架构等。

（2）定义物理架构并映射概念架构。物理架构并映射概念架构主要包括平台安全、硬件安全、网络安全、操作系统安全、目录安全、文件安全及数据库安全。概念架构也涵盖相关安全实践和安全流程。

（3）定义组件架构并映射物理架构。基于安全标准，安全产品和工具在此阶段引入和实施。

（4）定义运营架构。运营架构主要包括实施指南、责任部门、配置 / 补丁管理、监控、日志、渗透测试、访问管理、变更管理、取证等。

3. 数据安全技术架构呈现

在完成安全架构的设计后，应该采用直观的呈现方式，阐述安全架构。其中，OSA（开放安全架构）定义的一系列架构呈现方式可以作为参考。

OSA 组织在不同的抽象层提供可理解、可重用的部件，在最高层级提供了总体景观、参与角色定义、术语定义和分类方式，在下一层级提供了安全模式（Security Pattern），在最低层级提供了威胁建模和控制措施集合。

安全架构是应用于不同级别的设计的集合。在抽象的级别上，OSA 划分为服务层安全模式、应用层安全模式、基础设施层安全模式、（中心）安全服务、治理等级别。这些模式的集合构成了 OSA 安全架构总体景观，如图 5-8 所示。

在参与角色的定义上，OSA 参考 ITIL（信息技术基础设施库），定义了组织的多种角色，如 IT 安全管理者（或 CISO、CSO）、IT 运维管理者、信息资产拥有者等，他们有不同的工作职责，并且以不同的方式参与安全架构。

OSA 提供了非常多的基于应用场景的安全架构模式，比较著名的有云计算场景模式、公有 Web 服务器模式等。下面以隐私移动设备模式为例进行讲解，如图 5-9 所示。

许多司法管辖区的隐私法律法规要求，组织必须披露包括敏感或机密数据在内的移动设备的任何损失。属于法律或法规规定的隐私数据包括客户记录（如姓名和地址、财务记录、医疗信息）或任何其他个人身份信息（PII）。

保护这些信息的实用安全控制措施是在移动设备上使用加密技术（SC-13），并结合强大的身份验证（IA-02），以确保信息在丢失或被盗时无法恢复。当然，敏感数据的传输所需要的机密性防护也需要予以考虑。组织的数据保护官需要定期做"隐私影响分析"，并给出报告。

通过安全架构图，各参与方和决策者可以直观地了解业务模型、关键角色和安全控制
措施。

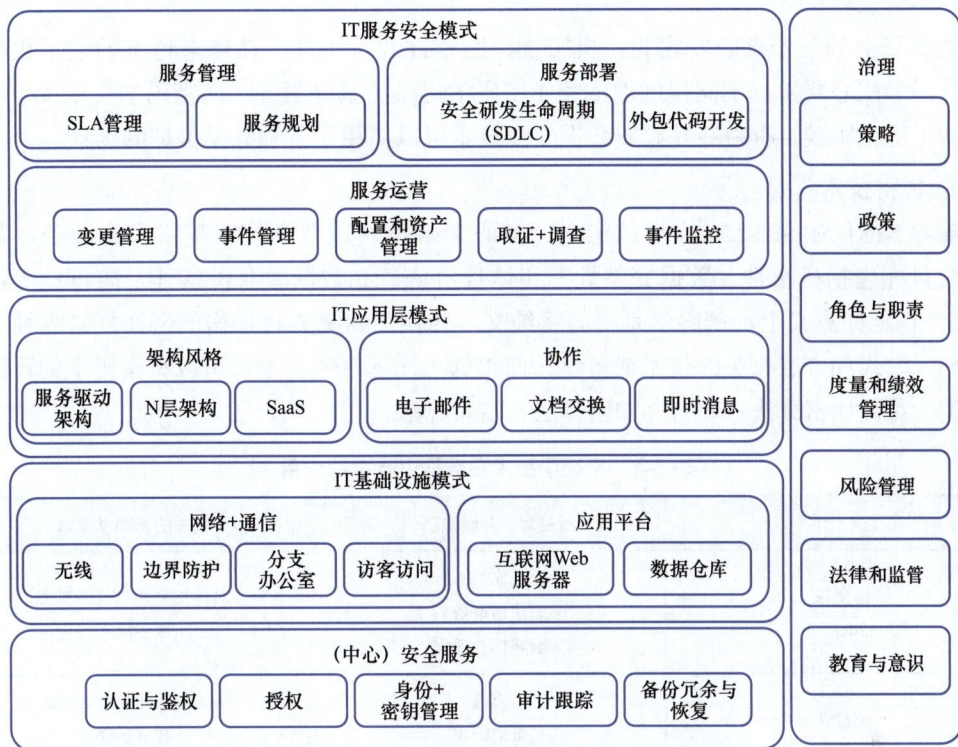

图 5-8　OSA 安全架构总体景观

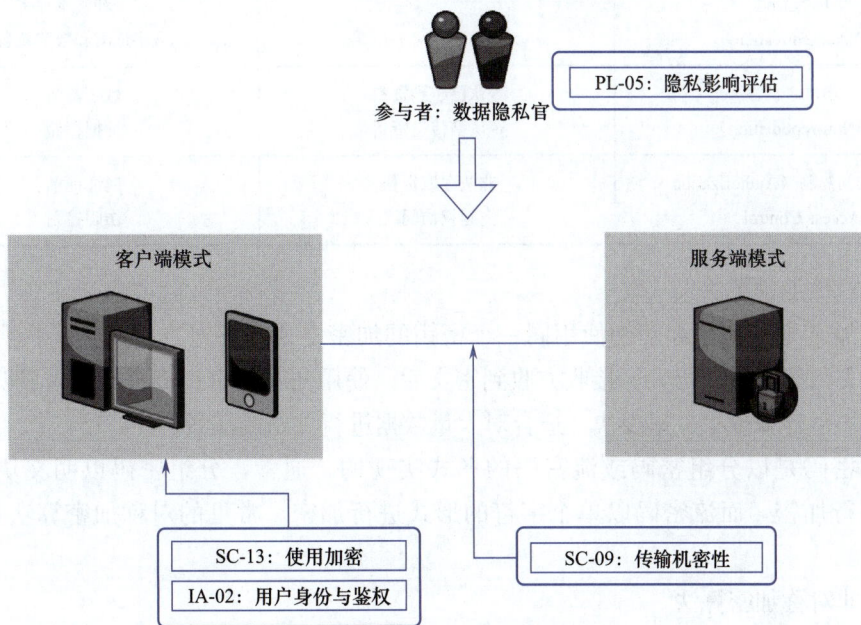

图 5-9　隐私移动设备模式

5.4.2　数据安全基础技术

数据安全的三个核心要素为：机密性、完整性和可用性。在越来越多的数字化场景中，这三个核心要素都不同程度地依赖于密码学提供的基础服务，而密码学又依赖于密钥管理的工程化实践。有一些基础安数据安全技术可以应用于各种数据保护的场景。

1. 加密技术

参考 NIST SP 800-130 标准的定义，密码学是指使用数学技术提供安全服务，其数据安全目标包括机密性、数据完整性、实体身份认证和数据源身份认证及防重放等，见表 5-1。在延伸意义上，密码学是指与将纯文本转换为密文并将加密的密文恢复为纯文本的原理、方式和方法有关的技术或科学。而根据不同的密钥类型，可以将密码学的算法分为三类：对称加密算法、非对称加密算法、哈希算法。

表 5-1　密码学技术在数据安全中的作用

数据安全目标	应对的典型威胁	相关的密码学技术
机密性 （Confidentiality）	窃听 非法窃取资料 敏感信息泄露	对称加密和非对称加密 数字信封
完整性 （Integrity）	篡改 重放攻击 破坏	哈希函数和消息认证码 数据加密 数字签名
可鉴别性 （Authentication）	冒名	口令和共享加密 数字证书和数字签名
不可否认性 （Non-repudiation）	否认已收到资料 否认已传送资料	数字签名 证据存储
授权与访问控制（Authorization & Access Control）	非法存取资料 越权访问	属性证书 访问控制

（1）对称加密算法

对称加密是指加密和解密使用同一个密钥的加密方式。发送方使用密钥将明文数据加密成密文，然后发送出去，接收方收到密文后，使用同一个密钥将密文解密成明文并读取。对称加密计算量小、速度快，适合对大量数据进行加密的场景。

对称密码是以分组密码或流密码的形式实现的。通常，分组密码以明文块的形式对输入进行加密，而流密码以单个字符的形式进行加密。常见的对称加密算法如 DES、AES 等。

（2）非对称加密算法

非对称加密则是信息发送方和接收方使用不同的密钥来进行通信的。通常是信息的接收方会设计出一套加密和解密规则，加密和解密使用两个不同的密钥。接收方把加密密钥先传递给发送方，发送方用这套密钥对信息进行加密，但是这套密钥不能对已加密的信息进行解密，需要接收方用专门的解密密钥对信息进行解密，这样即使加密密钥被泄露也不会导致信息被破解。常见的非对称加密算法如 RSA 算法基于大素数的因子分解问题、ElGamal 公钥加密算法基于有限域乘法群上的离散对数问题、椭圆曲线密码学（ECC）基于椭圆曲线上离散对数问题等。

（3）哈希算法

哈希算法是密码学提供的一类基础的算法，该类算法的输入为任意长度的比特串，输出为一个固定长度的比特串，常被称为哈希、哈希值或报文摘要。该类算法也常被称为摘要算法。对于特定消息，可以将摘要或哈希值视为消息的指纹，即消息的唯一表示。与其他加密算法不同，哈希算法本身没有密钥。

哈希函数有两种。例如，计算机数据结构中常见的哈希表，一般其依赖的哈希函数为一种简单的算法。该类算法计算速度快，并且保证对于相同的输入数据可以产生相同的输出。但是，并不能完全保证两个相同的输出一定对应两个相同的输入。另外一种哈希函数，即密码学安全的哈希函数，有时也称为密码哈希函数（Cryptographic Hash Functions）。常见的哈希算法包括 MD5、SHA-1、SHA-2、SHA-3。

2. 身份认证技术

身份认证指的是对用户的认证，即验证用户确实是他声称的身份。从广义上讲，身份认证包含对发起资源访问或操作的实体的认证。发起资源访问的实体可能是人，也可能是物理设备，或者是进程 / 软件服务，因此相应的身份认证也包含对人的认证认证、对服务的认证和对设备的认证。

对设备、服务的身份认证一般通过数字证书和数字签名实现。对人的认证，可以总结为三种认证维度，如图 5-10 所示。

（1）基于秘密的认证：只有用户知道的秘密，用以认证用户的身份。

（2）基于凭据的认证：基于用户拥有的某个物理或者数字的实体，认证用户的身份。

（3）基于生物特征的认证：基于"人"本身的外在或者内在的生物特征信息。

图 5-10　对人的认证的三个维度

3. 访问控制技术

访问控制技术是数据安全的基础之一，它确定谁可以在什么情况下访问特定的数据、应用和资源。访问控制可分为自主访问控制、强制访问控制、基于角色的访问控制和基于属性的访问控制。

（1）自主访问控制（Discretionary Access Control，DAC）是一种基于身份的访问控制策略，它由对象的所有者组和 / 或主体确定的访问策略授予或限制对于对象的访问。

（2）强制访问控制（Mandatory Access Control，MAC）一般由中心化的权威实体定义和管控，按照既定的规则，如主体和客体的安全属性，对系统内的主体和客体统一执行的访问控制策略。

（3）基于角色的访问控制（Role-Based Access Control，RBAC）是通过对角色的访问所进行的控制。角色就是一个或一群用户在组织内可执行的操作的集合。每个角色与一组用户以及属于该角色的用户可以被授权执行的相关动作相关联。

（4）基于属性的访问控制（Attribute-Based Access Control，ABAC）作为一种逻辑访问控制模型，它通过根据实体（主体和客体）、操作和与访问请求相关的环境的属性评估规则来控制对对象的访问。

4. 可信计算技术

根据 GB/T 38638《信息安全技术 可信计算 可信计算体系结构》的定义，可信计算指"计算的同时进行安全防护，计算全程可测可控，不被干扰，使计算结果总是与预期一致。"

在实现层面，一般通过保证系统和应用的完整性，从而确定系统或软件运行在设计目标期望的可信状态。

在实践中，通常将安全机制构筑在信任根（Root of Trust，RoT）的基础上，并通过逐层构筑信任，从而实现更强的安全保证。多数的信任根都是基于硬件实现的，在软件层面无法篡改，因此在一定程度上可以防御恶意软件。信任根为建立系统的安全性和信任关系提供了坚实的基础。

常见的三种不同类型的硬件安全设备，分别适用于不同的应用场景。

（1）硬件安全模块（Hardware Security Module，HSM）：一个独立的硬件设备，通常部署在网络中，为云服务、网络服务和数据库存储、PKI（公钥基础设施）等提供密码学和密钥管理的服务。

（2）可信平台模块（Trusted Platform Module，TPM）：一个独立的芯片，可以嵌入个人计算机或服务器、网络设备、移动终端设备中，并提供密码学和密钥管理服务。

（3）可信执行环境（Trusted Execution Environment，TEE）：一种可信的安全环境，确保敏感数据和代码的安全性和隐私性，通常由硬件和软件组成，可以在普通的操作系统之上运行，提供一种安全的运行环境，使得恶意软件无法获取或篡改 TEE 中的数据和代码。

5.4.3　数据全生命周期技术应用

在数据生命周期中，不同阶段的安全目标和安全要求，对应不同的关键技术。

1. 密钥管理技术

现代的密码学秉持算法公开，依赖密钥的机密性来保证数据的机密性的原则。因此，数据的生命周期安全性依赖于密钥的生命周期的安全性。

密钥管理是指对密钥全生命周期进行管理。即在密钥的产生、存储、分发、注入、备份、应用、归档、更换和销毁等整个生命周期阶段，关注其机密性、完整性和可用性。

2. 数据脱敏技术

数据脱敏，在数据科学领域的常见定义为：在不影响数据分析结果的准确性的前提下，对原始数据中的敏感字段进行处理，从而降低数据敏感度和减少个人隐私风险的技术措施。数据脱敏一般分为三个阶段。

（1）识别出数据存储中的敏感字段信息；

（2）采取替换、过滤、加密、遮蔽或者删除等技术手段将敏感属性脱敏，脱敏所使用的技术手段与去标识化和匿名化采用的技术没有本质上的不同；

（3）对脱敏处理后的数据集进行评价，以确保其符合脱敏要求。

总体而言，假名化、去标识化和匿名化都属于数据脱敏技术。其安全性有区别，接受程度和适用场景不一，法律效果根据各个国家和地区的法律法规要求有所不同。

3. 数据备份与恢复技术

数据备份和恢复是指备份数据并设置安全系统，以便在发生丢失时恢复数据的过程。数据备份需要复制和存档计算机数据，以便在数据损坏或误删除时可以访问最近的一份备份数据或者指定时间的备份数据。

数据备份和数据恢复是维护数据完整性、最大限度地减少停机时间和确保业务连续性的重要业务策略。

4. 数据接口安全

数据接口安全，是指在管理层面，通过建立组织机构的对外数据接口安全管理机制，防范在数据接口调用过程中的安全风险。在技术层面，从接口身份认证、防重放、数据防篡改、防泄露角度制定数据接口的安全限制和安全控制措施。

具体实现包括：通过身份认证机制防御身份伪造攻击，通过传输加密和完整性保护机制防御数据信息监听和篡改攻击，通过时间戳、过期失效机制等防御重放攻击，以及将访问控制、权限控制机制等作为基础安全措施。此外，针对数据接口的特殊性，还应该通过接口参数过滤、限制等机制，防御代码注入、命令注入等注入攻击。

此外，日志、审计和告警机制也有必要。通过接口调用日志，进行接口调用行为分析，并且产出异常事件，通过告警机制实时通知安全团队或者相应管理人员。

5. 数据导入导出安全

在数据交换过程中，数据导入导出是一个常见的手段。通过数据导入导出，数据在不同的组织之间批量化的转移。

数据导入导出安全，主要目标是采取有效的管理制度和应对措施，识别和降低大规模数据泄露和大量数据篡改的风险。

各组织机构应建立独立的数据导入导出安全控制平台，或者与在统一的用户认证平台、权限管理平台、流程审批平台、监控审计平台中支持数据导入导出的安全控制功能。

6. 数据清理与销毁

数据清理与销毁，是指在数据的生命周期结束后，如何处理数据的过程。数据的生命周期，一般由组织的数据归档计划定义。超出保存期限的数据，应该清理与销毁。对于重要数据、敏感数据、个人数据，使销毁之后的数据不被非法读取很重要。

通过数据安全擦除、数据加密粉碎、数据消磁直至存储介质物理销毁等手段，可以在不同的场景中，安全的清理和销毁数据。

需要根据业务需求和所存储数据的重要性来选择上述数据删除手段中的一种或者多种。最有效的数据销毁方法是在执行物理销毁之前，使用数据擦除、消磁，进一步降低风险。

5.4.4 数据安全业务场景

基于网络安全风险评估和事件驱动的视角，针对数字化基础设施的建设，将数据安全的控制措施分为"识别、保护、检测、响应、恢复"五大关键能力，涵盖网络安全的关键任务，支持组织机构的安全决策。

1. 数据防泄露技术与应用

数据防泄露技术，也称数据泄露防护（Data Leak Prevention，DLP）技术，是指通过监控、侦测和阻断等方式，发现和防止数据被不当泄露的技术和产品。

被保护的敏感数据可分为三类：使用中的数据、传输中的数据和静态数据。在设计和部署 DLP 技术和产品时，依赖于对敏感数据的分类和确认，并适配识别敏感数据的技术。

DLP 产品的核心是检查引擎。检查引擎使用预先定义的或者自动学习的数据特征，对传入或抓取的数据进行分析和识别，并根据组织机构设定的处理策略，处理相应的敏感数据事件。常见的处理方式包括拒绝（阻断）数据传播、向对应用户或管理人员发出告警或提醒、对敏感数据进行加密或替换 / 删除敏感数据等。

2. 文件监控技术与应用

在数据安全的检测和防御工作中，需要识别和发现潜在的威胁和安全事件，并有针对性地响应。这些步骤依赖于对网络安全、数据安全相关的事件的记录、分析与监控。

典型的文件监控系统包含策略配置、监控代理、日志聚合、日志存储、指标分析、行为分析、事件与告警等模块。监控代理从不同的设备和信息来源收集日志，这些日志可能包含内部系统的日志（如操作系统、防火墙和 IDS）、外部的日志（如云服务的日志、各类服务提供商的日志）。

收集到所需的日志之后，系统会将其传递到日志存储和日志聚合的平台。这些平台可以进行初步的汇总、关联和分析。部分平台还支持基于指标的分析。

行为分析平台基于预定义的策略，分析单一指标或多个指标的关联结果，以生成表征某类现象的事件。大部分安全监控系统支持对重要的网络攻击、漏洞利用、数据破坏事件同时生成相应的告警。

3. 数据库监控技术与应用

在数据安全的检测与响应能力中，数据库监控技术被广泛采用。其目的是及时发现针对数据库的可疑活动。

早期的数据库监控可能仅包含账户活动分析、数据库脚本分析等。现代的数据库监控工具逐渐演变为"以数据为中心"的安全措施，包含数据发现和分类、用户权限管理、特权用户监控、数据保护和防止数据丢失等功能。

数据库监控侧重保护数据在网络、服务器、应用程序或端点之间移动时的安全，包含本地代理、远程监控、网络监控等多种形式。各组织机构适合采用哪种形式，或者采用哪些形式的结合，需要根据具体场景、数据的类型、实际的威胁和合规性需求等综合考虑。

4. 数字版权管理技术与应用

数字版权管理（Digital Rights Management，DRM）技术是一种使用密钥对数字文件进行加密的技术。密钥用于锁定或解锁内容。通常，用户必须获取一个包含密钥的授权文件来访问目标文件。在多数场景下，授权文件还包含对如何使用目标文件的限制。

从抽象的维度，DRM 技术将版权所有人的诉求分类为功能限制（播放、打印、复制等）、使用约束（次数约束、过期时间约束、基于地理位置的约束等）及用户义务遵从（付费、使用方式跟踪等）三个类型。DRM 技术一般通过数据内容加密、数字水印、数字版权标记、设备绑定等方案实现。

5. 数据高可用性技术与应用

保持数据可用性对于组织的业务表现和业务连续性至关重要。为了保持数据"实时"或"在线"，各组织机构需要保持信息技术基础设施处于良好的运转状态，即使在网络中断的情况下也是如此。这种保证数据访问的状态称为数据可用性。数据可用性可通过正常运行时间（即数据可供用户使用的百分比）来衡量。

一般通过设计数据冗余机制、实施数据备份恢复机制、提供自动故障转移机制、规避单点故障、采用软件定义基础设施等方案，保障数据可用性。

5.5　个人信息保护

5.5.1　个人信息保护基本含义

根据《中华人民共和国个人信息保护法》，个人信息是以电子或者其他方式记录的与已识别或者可识别的自然人有关的各种信息，不包括匿名化处理后的信息。根据个人信息的性质和特征，可以将其分为一般个人信息和敏感个人信息；根据个人信息与自然人的关联程度，可将其分为直接个人信息和间接个人信息。

5.5.2 个人信息保护制度

1. 国际个人信息保护制度

（1）欧盟的《通用数据保护条例》是欧洲联盟于 2016 年 4 月 14 日正式颁布，并于 2018 年 5 月 25 日正式实施的一项法规。该条例旨在统一欧盟成员国的数据保护法律，并加强对个人数据的保护。该条例是欧盟在个人信息保护方面的重要法规，对数据的收集、处理、存储和传输等方面进行了全面规定，要求数据处理者必须保障数据主体的合法权益，包括知情权、访问权、更正权、删除权等。

（2）美国的《加州消费者隐私法案》是美国加州重要的数据隐私法律，于 2018 年 6 月 28 日正式颁布，并于 2020 年 7 月 1 日正式生效。该法案旨在保护加州居民的个人数据隐私和权利，对企业和组织在处理消费者个人信息时提出了一系列严格的要求和规定。

（3）除了美国和欧洲，其他国家也在不断完善个人信息保护制度。日本、新加坡、印度等国家制定了专门的个人信息保护法，或者将数据保护条款纳入更广泛的法律框架中，这些法律和政策通常要求企业在收集和使用个人信息时遵循一系列原则，如目的明确、合法、必要、自愿、安全等。

2. 我国个人信息保护制度

我国个人信息保护制度以《中华人民共和国个人信息保护法》为核心，自 2021 年 11 月 1 日起实施。2016 年出台的《中华人民共和国网络安全法》明确了个人信息保护的主要原则和基本规则。不同的政府部门从行业管理角度提出了行业个人信息保护的规章制度，国家也出台了一系列标准来规范个人信息保护。因此，我国个人信息保护制度是一个由法律法规、部门规章、政策规范和技术标准等多个层面构成的完整体系。这一体系不仅明确了个人信息保护的基本原则和具体要求，还提供了具体的操作指导和监管措施，为个人信息的安全和合法权益提供了有力保障。

5.5.3 个人信息保护管理

1. 个人信息保护的管理原则

（1）合法、正当、必要与诚信原则。处理个人信息应当遵循合法、正当、必要和诚信原则，不能通过误导、欺诈、胁迫等方式处理个人信息。

（2）目的明确和最小够用原则。处理个人信息应当具有明确、合理的目的，并应当与处理目的直接相关，采取对个人权益影响最小的方式。收集个人信息，应当限于实现处理目的的最小范围，不得过度收集个人信息。

（3）公开透明原则。处理个人信息应当遵循公开、透明原则，公开个人信息处理规则，明示处理的目的、方式和范围。

（4）安全性原则。也被称为保密原则，即个人信息处理者应当采取必要的措施保障所处理的个人信息的安全，防止个人信息的泄露、篡改、丢失。

2. 个人信息保护的组织架构

在个人信息保护方面，企业、组织乃至国家通常会设置专门的部门或专员来负责相关工作。这些部门或专员的设立旨在确保个人信息的合规处理、安全保护以及应对与个人信息相关的风险和问题。具体来说，个人信息保护部门或专员的职责，包括以下几个方面。

（1）制定和执行个人信息保护政策和程序：负责起草、修订和执行组织的个人信息保护政策和程序，确保这些政策和程序符合相关法律法规的要求，并适应组织的业务需求。

（2）监督个人信息处理活动：对组织内部涉及个人信息的处理活动进行监督和检查，确保这些活动符合政策和程序的要求，防止个人信息被非法获取、滥用或泄露。

（3）开展个人信息安全风险评估：定期评估组织在个人信息保护方面面临的风险，并制定相应的风险应对措施，确保个人信息安全。

（4）提供培训和支持：为员工提供有关个人信息保护的培训和支持，提高员工对个人信息保护的认识和意识，确保员工能够正确处理和保护个人信息。

（5）处理与个人信息保护相关的投诉和纠纷：负责接收、处理与个人信息保护相关的投诉和纠纷，及时解决问题，并向相关部门报告。

3. 个人信息保护的流程设计

个人信息保护的流程设计，主要包括个人信息的收集、使用、存储、删除等流程规范以及个人信息安全事件应急响应流程。

（1）信息收集。个人信息收集规范主要基于《中华人民共和国个人信息保护法》和其他相关法律法规，旨在保护个人信息的合法权益，防止信息被非法收集、使用、加工、传输、买卖、提供或公开。个人信息的收集应该遵循合法性、最小化原则、明确公开原则和用户授权同意几项规范要求。

（2）信息使用。个人信息的使用应当遵守法律法规的规定，不得违反公序良俗。同时，企业在使用个人信息时，应当尽量减少对个人信息的处理，避免产生不必要的风险。

（3）信息存储。个人信息存储规范是确保个人信息在存储过程中得到妥善保护的重要措施。个人信息存储需要满足制定安全管理制度、明确保存期限、强化安全防护、最小化存储、开展风险评估等要求。

（4）信息删除。个人信息删除规范是确保个人信息在不再需要时能够被及时、正确地删除的重要措施。

（5）应急响应。个人信息安全事件应急响应包括识别、评估、通知与报告、应急响应、调查与取证、恢复与重建等阶段。

5.6 数据要素流通

5.6.1 数据要素概念

1. 数据要素

数据要素是指以电子形式存在的、通过计算的方式参与到生产经营活动并发挥重要价值的数据资源。数据要素作为数字经济时代的核心资源，具有规模性、多样性、高速性和价值性等特点。

2. 数据要素分类

数据要素分类存在多种维度和多种方法，适用于不同场景。

（1）按照数据资源存储的维度，数据要素可分为基础层数据、中间层数据和应用层数据。

（2）按照对数据资源加工程度的维度，数据要素可分为原始数据、衍生数据和数据产品。

（3）按照数据安全的维度，根据数据的影响对象和影响程度，数据要素分为核心数据、重要数据、一般数据。

5.6.2 数据要素流通场景

1. 重点领域数据要素流通场景

近年来，国家以推动数据要素高水平应用为主线，促进多场景应用，先行聚焦重点领域，推动在行业中发挥数据要素的乘数效应，释放数据要素价值，实现经济规模和效率的倍增。通过提升数据供给水平、优化数据流通环境、加强数据安全保障等多重保障措施，促进我国数据基础资源优势转化为经济发展新优势。数据要素应用重点领域和场景包括工业制造、现代农业、商贸流通、交通运输、金融服务、科技创新、文化旅游、医疗健康、应急管理、气象服务、城市治理、绿色低碳等。

2. 数据出境

数据出境是指网络运营者在境内收集和生成的个人信息和重要数据，向境外的机构、组织、个人提供的行为。一般将数据出境理解为"数据从一法域被转移至另一法域的行为"或"跨境对存储在计算机中的机器可读数据进行处理"。

3. 数据交易

数据交易是指以数据作为商品进行分类定价、流通和买卖的行为，它将有效地发挥数据价值，实现从数据资源到数据要素到数据资产再到数据资本的转变。

5.6.3　数据要素流通技术

1. 多方安全计算

多方安全计算（Secure Multiparty Compute，MPC）是一种密码学分支，旨在将计算任务分布在多个参与方之间，使得参与者在不泄露各自隐私数据的情况下，能够利用这些数据参与保密计算，从而共同完成某项计算任务。MPC 通过密码学技术确保多方能够共同计算一个目标，同时不需要将自己的数据泄露给其他参与方。为实现这一目标，MPC 通常会针对每个基础运算设计不同的协议，并通过组合这些基础运算协议来实现复杂的计算任务。每个基础运算的协议通常涉及密码学运算和网络交互，因此 MPC 协议往往需要大量的密码学运算和网络交互。

2. 联邦学习

联邦学习（Federated Learning，FL）是一种分布式机器学习技术，其核心思想是通过在多个拥有本地数据的数据源之间进行分布式模型训练，不需要交换本地数据，仅通过交换模型参数或中间结果来构建基于虚拟融合数据下的全局模型，从而实现数据隐私保护和数据共享计算的平衡。

联邦学习是兼顾数据合作与隐私保护的去中心化协作机器学习技术。传统的数据价值流转通常是将所有数据汇聚到云或数据中心，基于处理后的数据进行大量计算以产生预测，进而应用于具体场景。而联邦学习则不同，其计算过程在参与方的设备、数据中心或边缘端进行，利用本地数据训练模型，并将需要更新的参数同步到一个中心节点。在平均所有参与者的模型结果后，再将新的训练模型分发到各个参与者。这种机制使得参与者在不牺牲底层数据隐私的前提下，能够共同实现较大规模的人工智能和机器学习应用。

在现实中，由于各个数据所有者所拥有的用户列表和特征可能不完全相同或完全不同，根据参与联邦学习的不同数据所有者之间数据分布的差异，可以将联邦学习分为三类：横向联邦学习、纵向联邦学习和联邦迁移学习。

3. 受控匿名化

绝对匿名化是指任何情况下都无法识别特定自然人且不能复原，但科学无法证明未知，绝对匿名化难以被有效证明。在具体实践中，相对匿名化技术应用广泛。相对匿名化是指个人信息经过处理，在不结合额外信息、在经典算力和合理时间范围内，无法识别特定自然人且不能复原的技术。受控匿名化是指将相对匿名化的数据限制在受控环境中使用，以确保在受控环境中，达到无法识别特定自然人且不能复原的匿名化效果。通过严格管控受控环境与外界的交互，进而满足了相对匿名化的限制条件。

4. 跨域管控

在数据流通场景中，跨域管控是指数据离开持有者的运维域后，数据方仍然能够有效地控制数据的流转过程，避免其被窃取或者非预期的使用。

图 5-11 是跨域管控技术通用逻辑的抽象示意图。一部分工作需要数据方亲自进行（在数据方域内进行），包括：①验证数据方域外的环境，以确认该环境是否安全；②对数据做预处理，以满足后续处理的格式要求，或者减少对外传递的信息量；③对数据进行加密，并且保证只有前述验证过的环境才能解密；④当有其他方请求数据时，要对数据进行授权。

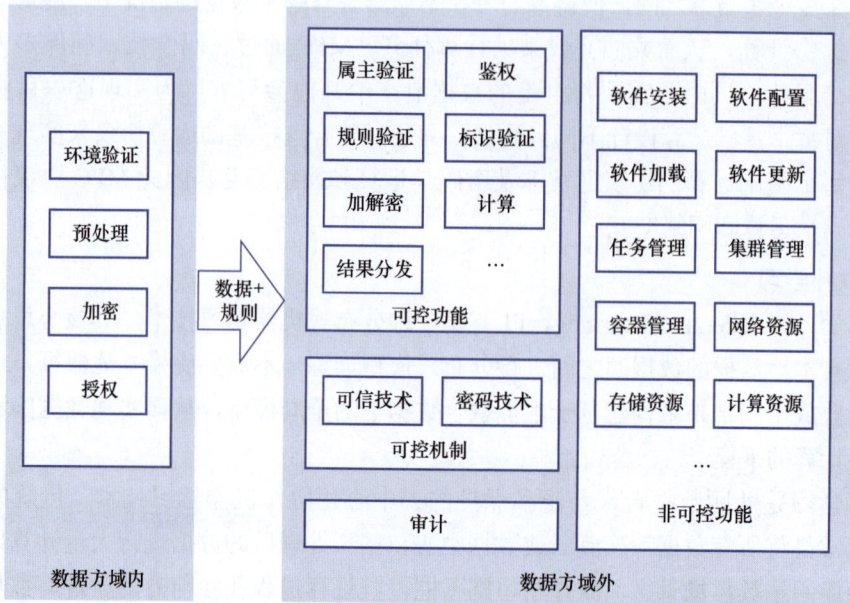

图 5-11　跨域管控技术通用逻辑的抽象示意图

在数据方域外，要有相应的机制，提供数据跨域管控的底层基础，如图 5-11 中的"可控机制"；在此基础上，设计支持数据生命周期管理的相应技术功能，如图 5-11 中的"可控功能"，这里需要指出的是，跨域可控技术里面的数据生命周期比一般的数据生命周期要更细致，因为任何一个细小的生命周期设计不当，都有可能导致数据泄露，除此以外，数据生命周期的相互转换，也需要进行周密的设计，否则也有可能被攻击者利用。部分域外的功能可以由域外运维者自主控制，称为非可控功能，包括各种资源的管理、任务的管理、任务与资源的映射、软件环境的维护等。这一灵活度可以很好地提升资源利用率和保障系统稳定性。

跨域管控技术可以助力构建大规模的数据流转中心，使得大规模数据中心既可以具备丰富的功能、高的性能和灵活性，同时也避免了因为这些能力的增加，导致数据方失去对自己数据的管控，从而极大地提升数据方参与数据流通的意愿。

5. 数据空间

数据空间是指利用先进的数字技术，对各种数据进行收集、存储、处理、分析和应用的空间。欧盟将数据空间定义为：互相信任的合作伙伴之间的数据关系，每一方都对其数据的存储和共享适用相同的高标准和规则。因此，数据空间既是数字经济的核心基础设施，也是现代社会运转的重要支撑。

数据空间作为一种分布式架构的数据生态系统基础设施，其核心理念是实现可信的数据流通。通过共同商定的原则和技术架构，数据空间旨在定义数据生态系统中各方之间的可信赖数据关系，促进数据的要素化、市场化运作，并激活数据流通的新模式和技术创新。这一过程强调互操作性和安全可溯性，确保数据在流通过程中的完整性和可信度，为数据的广泛应用和价值实现提供坚实基础。

（1）分布式架构数据空间的分布式架构是其可信的重要基础。数据不会集中到一个中心平台上，而是由数据持有方自行保管。只有当数据有必要提供给其他方使用时，才提供出去，并且带上数字合约的限定来受控使用且"用后即焚"。分布式架构形式让数据持有方更放心。

（2）多种可信功能组合。在数据空间中，数据的提供和使用由数据提供和使用双方协商来确定，遵循和保障"最小必要"原则。双方根据数据使用的场景可以多维度地定义数据"用法"，对"用法"的限定形成一个"数字合约"。数据空间保障数字合约的执行。使用方只能按数字合约的约束条件，在部署在自身数字化系统上的数据空间客户端中对数据进行使用。使用完毕后，数据会按合约进行删除，保障数据不被留存或被其他应用使用。

此外，数据空间还提供实名身份，保障参与者身份的可信；数据标记，用来保障数据可溯源；日志存证，用来记录数据进入空间、传递、使用到删除的全流程日志。日志可用来解决使用纠纷、质量追溯、数据计量以及数据监管。

习　题

1. 什么是数据？什么是数据安全？
2. 简述数据安全模型的三个核心要素。
3. 列举几种与数据安全相关的新技术，并简述其与数据安全的关系。
4. 数据安全管理体系包含哪些内容？
5. 数据生命周期包含哪些关键的环节？
6. 如何开展数据分类分级？
7. 简述数据全生命周期有哪些技术应用。
8. 实现一个良好的密钥管理框架需要考虑哪些内容？
9. 什么是个人信息？
10. 个人信息保护有哪些常见技术，其特点分别是什么？
11. 数据流通的重点领域流通场景有哪些？
12. 阐述多方安全计算的原理。

第 6 章

人工智能安全治理与技术

本章介绍人工智能安全治理与技术，包括基本概念、国际人工智能安全治理、我国人工智能安全治理、人工智能安全治理框架、人工智能数据安全、人工智能算法模型安全、人工智能平台安全、人工智能应用安全、人工智能赋能网络空间安全等，使读者能够了解和初步掌握人工智能的安全、安全治理与有关技术。

6.1　概述

6.1.1　人工智能概念及发展历程

人工智能，这一术语源于英文"artificial intelligence"，意指通过人工方式构建的智能系统。这些系统通常具有自主学习、逻辑推理、信息记忆等认知能力。鉴于对智能的起源和目标的不同理解，研究者们提出了不同的人工智能定义。例如，在著名的达特茅斯会议上，与会学者们提出了通用人工智能的概念，即"制造一台机器，该机器可以模拟能被精确描述的学习或者智能的所有方面"。人工智能学科的奠基人之一马文·明斯基（Marvin Minsky）指出，"人工智能是一门科学，是使机器做人类需要通过智能才能完成的事情"。

1930—1955 年为人工智能的孕育期，此阶段见证了数理逻辑、通用计算机以及图灵测试这三大人工智能发展基石的快速成长壮大。1956 年，达特茅斯会议成功召开，研究者们首次提出"人工智能"概念，此后符号主义学派引领人工智能进入第一个繁荣期。然而，1973 年起，受符号主义技术限制及政府研究经费的削减，人工智能陷入了第一个低谷期。1980—1986 年期间，专家系统与神经网络技术的双重进步带动人工智能迎来第二个繁荣期。但是，1987—1993 年，由于专家系统面临知识获取和运营维护成本高，深度神经网络难以稳定训练，人工智能进入第二个低谷期。1994—2010 年，机器学习逐步成为推动人工智能进步的核心动力，引领行业进入一个相对稳定的增长期。自2011 年起，随着深度神经网络技术的重大突破，人工智能迎来了第三个繁荣期。其中，2023 年 ChatGPT 等大模型技术的兴起，更是推动人工智能加速从专用弱智能向通用强智能迈进。

6.1.2　人工智能安全研究范围

目前对人工智能安全的研究主要集中在人工智能自身安全和人工智能赋能安全两个方面，如图 6-1 所示。人工智能自身安全主要研究人工智能安全风险和人工智能安全保护两个方面。人工智能赋能安全主要研究人工智能加剧网络空间攻击以及人工智能助力网络空间防御两个方面。

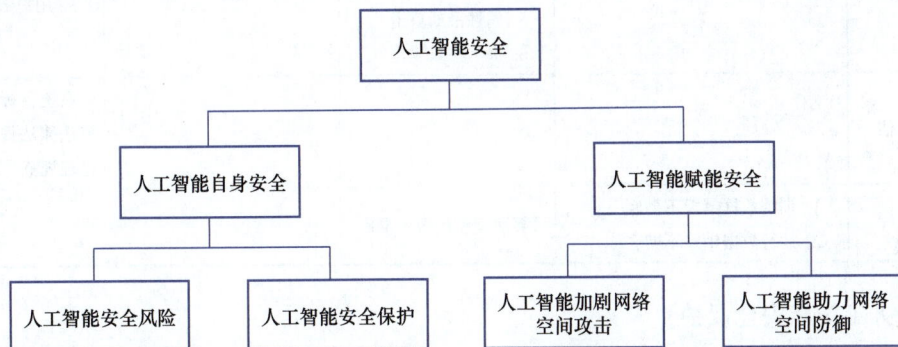

图 6-1　人工智能安全研究范围框架

1. 人工智能安全风险

参考 ISO/IEC 5338-2023《人工智能系统生命周期过程》国际标准，将人工智能系统全生命周期概括为初始阶段、设计研发、检验验证、部署、运行监控等七个阶段。基于人工智能系统全生命周期的划分，结合人工智能安全风险引入源，编者描绘出人工智能全生命周期安全风险地图，如表 6-1 所示。

表 6-1　人工智能全生命周期安全风险地图

风险引入源 / 阶段	数据	算法	平台	业务
初始阶段				系统目标有悖国家法律法规和社会伦理规范
设计研发	1. 训练数据违规获取 2. 训练数据内含违规有害内容 3. 训练数据多样性弱 4. 训练数据遭投毒攻击 5. 训练数据质量低 6. 训练数据泄露	1. 模型鲁棒性弱 2. 模型可解释性差 3. 算法偏见歧视 4. 模型"幻觉"	1. 研发框架安全漏洞 3. 开发工具链安全风险 2. 第三方插件不可控	
检验验证				测试验证不充分
部署				1. 非授权访问 2. 非授权使用

续表

阶段 \ 风险引入源	数据	算法	平台	业务
运行监控		1. 对抗样本攻击 2. 数据逆向还原攻击 3. 模型窃取攻击 4. 成员推理攻击 5. 属性推断攻击 6. 提示注入攻击		1. 遭恶意使用 2. 不良信息生成 3. 用户数据泄露
重新评估				系统目标有悖国家法律法规和社会伦理规范
废弃	1. 训练数据销毁不彻底 2. 运行数据销毁不彻底	算法模型销毁不彻底		

2. 人工智能安全保护

为有效防范人工安全风险，需采取合适的安全管理措施和安全技术措施。一是建立健全人工智能安全相关法规政策，为人工智能技术应用研发运营机构提供可遵循的指导原则和安全要求，规范数据收集、存储、处理和使用的过程，确保隐私保护和合规性。二是制定人工智能系统的安全开发、部署和使用标准，研制实施管理制度流程和操作规范，细化安全要求和最佳实践，确保人工智能技术在设计研发、部署、运行等全生命周期中的安全。三是部署人工智能安全技术和产品，采用训练数据投毒检测、对抗样本攻击检测、算法后门检测、大模型价值对齐等技术和产品，以保障训练数据的机密性和可用性，提升算法的鲁棒性、公平性和可解释性等。

3. 人工智能加剧网络空间攻击

近年来，深度神经网络、大模型等人工智能技术凭借在海量数据处理、自动化特征学习、逻辑推理等方面的强大能力，正加速应用于网络空间安全攻防对抗领域。编者基于全球著名的网络杀伤链模型，分析人工智能技术在攻击各个阶段的实际作用。人工智能赋能网络攻击技术如表 6-2 所示。

表 6-2　人工智能赋能网络攻击技术

人工智能赋能攻击方法	网络杀伤链模型						
	侦察跟踪	武器构建	载荷传递	漏洞利用	安装植入	命令与控制	目标达成
自动漏洞挖掘	✓				✓		
恶意代码免杀		✓					
自动化网络钓鱼			✓				
智能口令猜测				✓			
验证码求解器				✓			

人工智能赋能攻击方法	网络杀伤链模型						
	侦察跟踪	武器构建	载荷传递	漏洞利用	安装植入	命令与控制	目标达成
智能网络流量模仿						√	
目标精准定位与攻击							√
攻击意图隐藏							√

4. 人工智能助力网络空间防御

为应对网络攻击，防御者通常采用在攻击各个阶段切断杀伤链的方式达到防御目的。编者对照网络杀伤链各个阶段，分析人工智能技术在各阶段的防御赋能作用，如表 6-3 所示。

表 6-3　人工智能赋能网络防御技术

人工智能助力防御方法	网络杀伤链模型						
	侦察跟踪	武器构建	载荷传递	漏洞利用	安装植入	命令与控制	目标达成
自动漏洞修复	√				√		
自动网络钓鱼识别			√				
智能恶意URL检测			√				
智能恶意代码检测				√	√		
智能恶意流量检测						√	
智能恶意行为检测						√	√

6.1.3　人工智能安全与网络空间安全

人工智能作为网络空间的新技术新应用，不仅推动了信息系统的智能化进程，还催生出自动驾驶、智能无人机等新产品，成为网络空间安全的新研究对象。而且，人工智能诸多特性如算法模型对训练数据依赖性、算法模型不可解释性等，在引入数据投毒、对抗样本攻击等新风险新挑战的同时，也驱动安全技术与防范策略的创新发展，拓宽了网络空间安全的边界。与此同时，人工智能技术在攻防两端展现出了变革性力量，既能大幅提升网络攻击的隐蔽性和自动化程度，又能有效提高安全防御体系的效率和准确性，深刻改变着攻防格局。

6.2　国际人工智能安全治理

6.2.1　全球人工智能安全治理情况概述

人工智能已快速发展为新一轮科技革命的关键驱动力，但因技术自身固有的脆弱性和监管体系滞后，其带来重大机遇的同时，也伴随着安全风险和挑战。目前，全球人工智能安全治理框架体系正在加速构建，人工智能安全治理从原则规定向细化规范及重点治理发展。各国通过"实施国家战略"、"加强政府监管"、"贯彻伦理准则"和"强化标准引导"等几个方面实施人工智能治理。随着主要国家法律法规等制度逐步出台和实践，人工智能安全治理呈现"鼓励创新发展与保障安全健康并重，伦理软引导及法律强监管并行，治理模式市场化及治理规则具体化并进"的特点。在此基础上，人工智能安全治理将更好更快地与经济社会发展深度融合，推动新一代人工智能健康发展。

6.2.2 主要国家人工智能安全治理相关战略规划

1. 美国明确强调安全保障要求

美国将安全保障纳入战略规划，且根据技术应用发展趋势及时更新迭代。2016年10月，美国发布《为人工智能的未来做好准备》和《国家人工智能研发战略规划》，全面搭建了美国推动人工智能研发的实施框架，确定七项长期战略，其中"理解和应对人工智能带来的伦理、法律和社会影响，确保人工智能系统的安全性"等两项涉及人工智能安全治理。2019—2023年，美国相继发布《国家人工智能战略》《人工智能研究和发展战略计划：2023更新版》基于原有战略方向，进一步提出了新的关注点，如安全治理方面要求开发设计符合道德、法律和社会目标的人工智能系统、构建可靠和可信的人工智能系统。此外，美国防部落实人工智能战略强化了安全保障，先后出台了《维护美国人工智能领导地位的行政命令》《国防部数据战略》《数据、分析和人工智能采用战略》等。

2. 欧盟及成员国推动出台安全监管措施

欧盟及成员国通过战略积极推进人工智能发展，并同步配套出台安全监管措施。欧盟早期人工智能战略规划侧重发展但也包括伦理和法律规制。2018—2021年，欧盟发布《人工智能政策》《人工智能协调计划》"地平线2020"以及"地平线欧洲"《人工智能白皮书》《2030数字化指南：欧洲数字十年》等战略，在明确人工智能伦理和法律框架的同时，也提出人工智能发展的33项政策和投资建议等扶持人工智能发展的政策措施。此时，欧盟已经提出要针对可信赖人工智能建立新的监管框架，涵盖事前、事中、事后各个环节的监管机制，在确保各种风险和潜在损害最小化的同时，涉及风险评估、透明度、数据使用和法律责任等问题，同时建议对不同风险级别的人工智能应用开展分类监管。

6.2.3 主要国家人工智能安全治理相关法律法规

1. 美国和欧盟加强算法安全性监管

2019年，美国和欧盟分别发布《算法问责法案（草案）》和《算法责任与透明治理框架》，开始关注算法的评估规则。随后，美国于 2020 年发布《人工智能应用监管指南》，于 2021 年成立国家人工智能研究资源工作组以推进《2020 年国家人工智能倡议法案》，以平衡保障算法安全监管和人工智能创新发展。2024 年，欧洲议会通过了具有里程碑意义的《人工智能法案》，要求人工智能公司要对算法进行人为控制并建立相应的风险管理系统。

2. 美国和欧盟重视数据安全治理

美国推进训练数据集建设并加强数据安全风险监管。美国提出实施"人工智能公开数据"计划，实现大量政府数据集的公开，增强高质量和完全可追溯的联邦数据、模型和计算资源的可访问性，并开发用于人工智能训练、测试的公共数据集。同时，各州颁布了许多隐私法，包括广泛的消费者数据隐私法、儿童隐私法、消费者健康数据隐私法和数据经纪人法，联邦层面上，相关部门也一直在积极推动《美国数据隐私和保护法案》出台生效。欧盟则以保护个人隐私数据为前提规范人工智能发展。欧盟于 2018—2024 年相继出台《通用数据保护条例》《欧洲数据治理条例（建议稿）》《人工智能法案》等，明确个人数据保护的规则，促进欧盟各成员国之间实现数据共享，明确禁止某些威胁公民权利的人工智能应用程序。

3. 美国和欧盟等加强重点领域立法

在智慧医疗领域，美国于 2021 年 1 月发布《基于人工智能 / 机器学习的医疗器械软件行动计划》，部署人工智能医疗器械软件监管行动；欧盟出台医疗器械条例（MDR），要求自 2021 年 5 月实施新的医疗器械合规性监管。在自动驾驶领域，德国于 2021 年 5 月通过《自动驾驶法》草案；英国于 2021 年讨论修改《公路法》，引入自动驾驶汽车在高速公路上安全行驶的新条款。

6.2.4　主要国家人工智能安全治理相关伦理准则

联合国（ITU）、二十国集团（G20）、经合组织（OECD）等国际组织一直积极推动人工智能伦理原则及倡议制定。2019 年 11 月，联合国教科文组织就人工智能伦理问题制定第一份全球规范性文件，重点关注人工智能对公平正义和人类权利带来的挑战，并支持推动可持续发展目标方面的国际合作；2019 年 5 月，OECD 发布《负责任地管理可信任的人工智能原则》，提出人工智能应遵循的五项伦理原则；2019 年 6 月，G20 通过《G20 人工智能原则》，倡导以人类为中心、以负责任的态度开发人工智能。

美国强调人工智能伦理对军事、情报和国家竞争力的作用，2019 年，美国国防创新委员会发布《人工智能原则：国防部人工智能应用伦理的若干建议》，提出"负责、公平、可追踪、可靠、可控"等五大必须遵守的原则。欧盟将维护人工智能伦理价值观上升至战略层面，2019—2020 年相继出台《人工智能伦理准则》《值得信赖的人工智能评估清单》《欧洲适应数字时代：人工智能监管框架》等。英国政府呼吁建立国家层面的人工智能伦理框架，2018 年 4 月发布《英国人工智能发展计划、能力与志向》，提出"人工智能不应用于削弱个人、家庭乃至社区的数据权利或隐私"等 5 项人工智能基本道德准则。

6.2.5　主要国家人工智能安全相关标准规范

人工智能标准化工作有利于促进人工智能产业发展和技术创新，安全标准是人工智能标准体系的重要组成部分，ISO/IEC、ITU-T、ETSI、IEEE、NIST 等国际标准组织积极推进人工智能安全标准制定，从不同角度逐步完善人工智能安全标准体系，为防范人工智能安全风险、鼓励良性人工智能应用、推动人工智能产业有序健康发展发挥基础性、规范性、指引性作用。ISO/IEC JTC1 适应新技术发展变化加强人工智能可信赖方面的标准研制。ITU-T 多个研究组开展人工智能应用安全及与其他基础设施和技术融合的安全问题研究。ETSI 关注人工智能通用性安全、数据安全、伦理与滥用、偏见缓解和基础网络的安全性。IEEE 关注人工智能隐私服务、数据治理、可信性、安全风险评估、透明性等标准制定。NIST 关注人工智能系统的安全性和可信性、社会和伦理安全、人工智能技术治理、隐私政策和原则。

6.3　我国人工智能安全治理

我国高度重视人工智能技术的发展与安全治理，通过制定战略政策和法规来规范人工智能技术的发展和应用，强调技术应用的合法合规性，以及保护用户数据和隐私的重要性，同时为人工智能的创新发展营造良好政策环境，力求兼顾发展与安全。

6.3.1　我国人工智能战略规划

在战略层面，我国积极倡导"以人为本"和"智能向善"，出台了一系列相关政策文件，促进人工智能产业发展和加强安全治理。总体来看，我国人工智能战略规划主要分为点状治理、回应治理和集中治理等三个阶段。

2013—2017 年，我国人工智能治理采取的是点状治理模式。这个阶段的人工智能还未能独立成为政策重点，多点状出现于其他政策文件中。

2013 年，国务院发布的《关于推进物联网有序健康发展的指导意见》提出"经济社会智能化发展"，人工智能首次成为国家顶层政策文件的重要议题。

2015 年《关于积极推进"互联网+"行动的指导意见》首次提出"培育发展人工智能新兴产业"。此后，国家对人工智能的重视程度不断提高，持续在战略层面对发展人工智能做出部署，促进人工智能产业发展和加强安全治理。

2017—2020 年，我国人工智能治理采取的是回应治理模式。这个阶段的主导政策是推动人工智能技术发展，出台引导性、规范性的政策措施，形成有利于创新的环境。2017 年，"人工智能"首次被写入政府工作报告。

2017 年 7 月，国务院印发《新一代人工智能发展规划》（下称《规划》），作为我国人工智能发展的纲领性文件，《规划》提出面向 2030 年我国新一代人工智能发展的指导思想、战略目标、重点任务和保障措施，部署构筑我国人工智能发展的先发优势，对我国人工智能治理具有里程碑意义。

从 2020 年开始，我国人工智能治理进入了集中治理阶段。2020 年，国家科技伦理委员会正式成立，并于 2021 年发布《新一代人工智能伦理规范》，分别阐述了人工智能的管理规范、研发规范、供应规范和使用规范。

2021 年，"十四五"规划和 2035 年远景目标将人工智能技术及其治理纳入国家规划，一方面要求加快人工智能核心技术突破及产业化发展，另一方面高度重视人工智能治理体系建设，集中呈现了"基于人工智能的治理"和"面向人工智能的治理"两条主线的交织融合。

2023 年，我国在第三届"一带一路"国际合作高峰论坛期间提出《全球人工智能治理倡议》，围绕人工智能发展、安全、治理三方面系统阐述了人工智能治理的中国方案，为全球人工智能治理提供了建设性解决思路。倡议包括推动建立风险等级测试评估体系、逐步建立健全法律和规章制度、坚持公平性和非歧视性原则、坚持伦理先行等内容，不断提升人工智能技术的安全性、可靠性、可控性、公平性。就各方普遍关切的人工智能发展与治理问题提出了建设性解决思路，为相关国际讨论和规则制定提供了蓝本。

6.3.2　我国人工智能法律法规

在立法方面，我国目前尚未出台专门针对人工智能的法律法规，人工智能相关法律要求主要散布于数据安全、个人信息保护法中，主要涉及科学技术发展的原则、信息安全和数据安全的保护，并针对算法推荐服务、深度合成、生成式人工智能服务等应用领域发布规范性文件。

2021 年 9 月、11 月，《中华人民共和国数据安全法》和《中华人民共和国个人信息保护法》先后施行，为规范人工智能应用中的数据安全和隐私保障提供了合规指引；2022 年以来，为规制大模型广泛应用带来的技术风险，我国先后颁布了《互联网信息服务算法推荐管理规定》《互联网信息服务深度合成管理规定》《生成式人工智能服务管理暂行办法》等一系列监管规范，提出了算法备案、数据安全审核以及训练数据治理等制度要求，初步构建起我国大模型治理的监管体系。

6.3.3　我国人工智能行政监管

在监管层面，在新一轮科技革命和产业变革深入发展的背景下，我国政府高度重视新一代人工智能的发展规划以及科学监管工作。为了有效规制生成式人工智能技术研发与应用，妥善协调人工智能技术发展与数据安全之间的关系，国家层面制定并发布了一系列核心政策法规，在《互联网信息服务算法推荐管理规定》《关于加强互联网信息服务算法综合治理的指导意见》《互联网信息服务深度合成管理规定》《生成式人工智能服务管理暂行办法》等规范中逐步建立了人工智能的行政监管体系。该体系主要包括五个方面，分别是算法安全风险检测、算法安全评估、科技伦理审查、算法备案管理和算法违法违规行为处置。其中，算法备案是算法安全监管的抓手和基石；算法监督检查和算法风险监测相辅相成、互为补充；算法安全评估是监管体系的落脚点。算法备案与安全评估，是对相关产品和服务的核心监管要求。

6.3.4　我国人工智能标准规范

在标准规范层面，我国高度重视人工智能领域的标准化建设，早在 2018 年颁布的《人工智能标准化白皮书（2018 年版）》提出了六项近期亟需研制的基础和关键标准。近年来，各界持续推进人工智能治理领域的国家标准、行业标准、地方标准、团体标准等标准化工作。例如，国家标准化管理委员会成立国家人工智能标准化总体组，全国信息技术标准化技术委员会设立人工智能分技术委员会，都在推进制定人工智能领域的国家标准。2020 年 7 月印发的《国家新一代人工智能标准体系建设指南》明确了人工智能标准领域的顶层设计，该指南将安全 / 伦理标准作为人工智能标准体系的核心组成部分，旨在通过安全 / 伦理标准为人工智能建立合规体系，促进人工智能健康、可持续发展。2022 年，国家标准《信息技术　人工智能　术语》和《信息技术　生物特征识别　人脸识别系统技术要求》发布实施，前者界定了人工智能领域中的常用术语及定义，后者规定了人脸识别系统的系统架构、业务流程、功能要求和性能要求。另外，全国网络安全标准化技术委员会（TC260）已在生物特征识别、汽车电子、智能制造等部分人工智能技术、产品或应用安全方面开展了一些标准化工作。但总体来看，我国人工智能安全标准主要集中在应用安全领域，缺乏人工智能自身安全或基础共性的安全标准。

6.4　人工智能安全治理框架

6.4.1　总体思路

针对人工智能自身安全风险，提出人工智能安全治理框架。该框架从治理目的和治理方法两个维度出发，提出涵盖安全目标、安全属性、治理手段、保护对象、保护措施、安全能力六个层面的人工智能安全治理方案。

1. 框架范围

本框架聚焦于解决人工智能系统全生命周期面临的安全风险，以及因滥用或者恶意使用人工智能技术而导致的物理世界、国家社会和人身财产安全风险。

2. 核心要素

从以下两个维度构建人工智能安全框架。一是明确人工智能安全治理目的是前提。治理目的的确定是一个根本问题，为人工智能安全治理体系构建和治理措施实施指明方向。本框架通过全面分析人工智能系统自身安全风险以及可能对外部环境带来的安全危害，从人工智能安全目标、安全属性两个方面全面细致描绘人工智能安全治理目的。

二是提出人工智能安全治理方法是关键。为分阶段分步骤扎实实现人工智能安全治理目的，本章提出人工智能安全能力分级叠加演进模型，并结合政府、行业组织、研究机构、企业、公民等不同治理主体特点，提出了由多元治理主体为构建安全能力而实施的治理方式，以及由关键治理主体企业需实施的落实举措。

6.4.2　安全治理框架

人工智能安全治理框架如图 6-2 所示。其中，安全目标和安全属性共同描绘了人工智能安全治理目的，安全属性是安全目标的细化。治理手段、保护对象、保护措施和安全能力共同提出了实现人工智能安全治理的可行路径。治理手段是实现安全属性的方法和策略，保护对象是治理手段的载体，保护措施则是执行安全治理的具体措施，并对安全能力提出要求，安全能力为保护措施提供技术支撑。

1. 安全目标和安全属性

本框架在借鉴国内外伦理准则的基础上，针对安全风险和挑战，提出了应用合法合规、功能可靠可控、数据安全可信、决策公平公正、行为可解释、事件可追溯六个安全目标。这些安全目标旨在防范安全风险，提升人工智能系统的可靠性和可控性，构建可信赖的人工智能应用。

本框架从细化六项安全目标出发，借鉴国内外标准规范的安全属性定义，提出了合伦理性、合规性、可靠性、可控性、鲁棒性、韧性、可预测性、公平性、透明性、可解释性、真实性、准确性、多样性、机密性、可问责性共 15 个安全属性，作为实现安全目标的依据和准则。

2. 治理手段

本框架基于国内外人工智能安全治理经验和我国现有监管体系，提出了国家战略、伦理规范、法律法规、行政监管、标准规范、安全技术、用户自律、社会监督八个方面的治理手段。

3. 保护对象

本框架通过分析人工智能安全风险对外部影响，借鉴网络空间安全保护对象界定方式，提出系统、数据、用户、操作四个保护对象。系统即人工智能系统，是针对人类定义的给定目标，产生诸如内容、预测、推荐或决策等输出的一类工程系统。数据是人工智能系统的核心，主要包括训练数据、测试数据和运行时输入数据三类。用户是指使用人工智能系统的组织或实体。操作是用户对人工智能系统的操作过程，以及操作行为对政治、经济、文化、社会、军事等方面所带来的影响。

人工智能安全治理框架

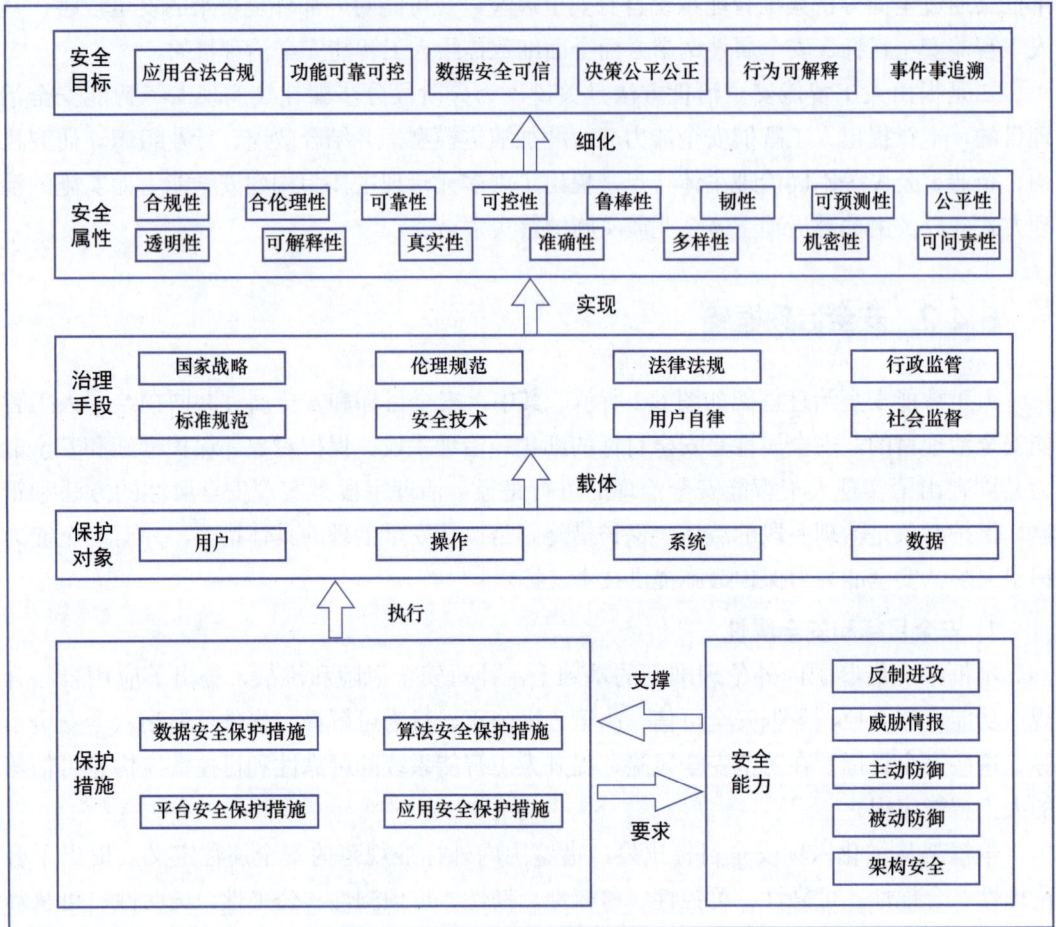

图 6-2　人工智能安全治理框架

4. 保护措施

本框架在国家法律法规、各行业监管政策以及社会伦理规则的指引下，从数据、算法、平台、应用四层面提出综合涵盖技术和管理两个维度的安全保护措施，从而抑制安全风险，实现安全目标。

5. 安全能力

本框架借鉴网络安全滑动标尺模型提出了人工智能安全能力分级叠加演进模型（如

图 6-3 所示），系统规划了各级人工智能安全能力，为治理主体提供循序渐进提升安全能力的依据。

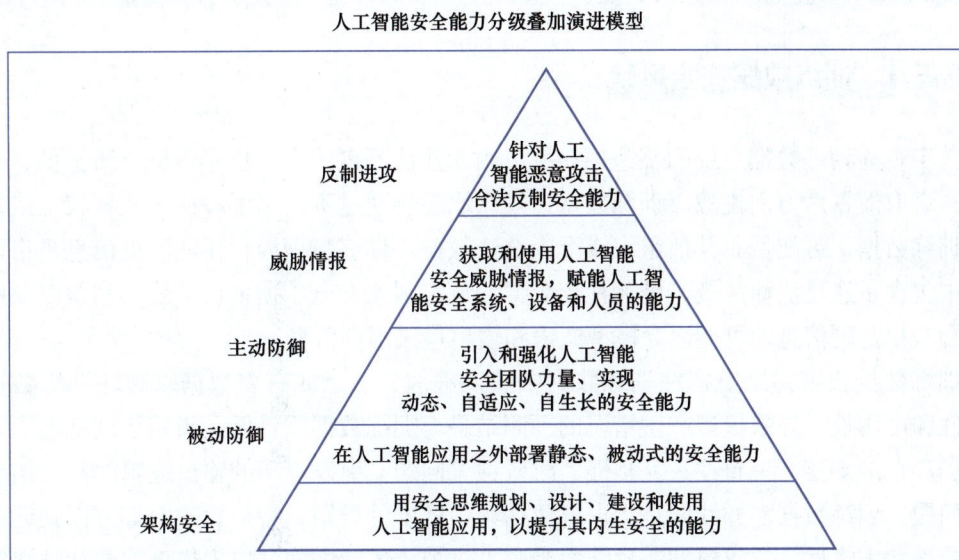

图 6-3　人工智能安全能力分级叠加演进模型

（1）架构安全

架构安全指使用安全思维规划、设计、建设和使用人工智能应用，以提升其内生安全能力，主要包括数据安全性提升、算法安全性增强、框架平台安全检测修复和业务应用安全性保障四个方面。

（2）被动防御

被动防御指针对人工智能的新型安全攻击，在人工智能应用之外部署静态、被动式的安全能力，主要包括数据安全防护、算法安全防护、业务安全保障三个方面。

（3）主动防御

人工智能安全攻防技术快速演化，被动防御难以应对不断更新的攻击手段。主动防御通过引入和强化安全团队，实现动态、自适应、自生长的安全能力，主要包括持续安全监测、安全事件分析、安全防御响应和安全威胁预测四个方面。

（4）威胁情报

充分利用威胁情报信息将进一步提升和扩展主动防御效能。威胁情报是指获取和使用人工智能安全威胁情报，赋能人工智能安全系统、设备和人员的能力，主要包括情报管理、情报消费、情报产生三个方面。

（5）反制进攻

反制进攻指针对人工智能恶意攻击者的合法反制安全能力，主要包括安全事件追溯、法律权益维护两方面。

6.5 人工智能数据安全

6.5.1 训练数据安全风险

人工智能训练数据主要面临违规获取、内含违法不良信息、投毒污染、质量低、多样性弱、窃取泄露六方面挑战。训练数据违规获取是指通过不正当手段或未经授权方式非法获取训练数据，可能侵犯其他组织或个人合法权益。训练数据内含违法不良信息是指训练数据中包含了违反法律法规、破坏社会公德、危害国家安全、损害社会公共利益以及侵犯他人合法权益的信息，可能误导模型产生和输出违法不良信息。

训练数据投毒污染是指在训练数据中植入虚假、恶意或有害数据以破坏训练数据的完整性和可用性，导致模型产生错误的预测结果。训练数据质量低是指用于训练人工智能的数据存在准确性、一致性、完整性、时效性等问题，引发模型的输出逻辑混乱、结果错误等问题。训练数据多样性弱是指训练数据集中样本的类别、特征、来源等方面缺乏足够的差异性和丰富性，导致模型泛化能力受限，过拟合风险增加，出现模型偏差和歧视等问题。训练数据泄露是指训练数据在传输、存储等处理过程中，被未经授权的第三方获取或恶意篡改。

6.5.2 训练数据安全保护措施

1. 训练数据合规获取

训练数据获取渠道主要包括通过从互联网或用户处采取公开方式获取数据、通过交易或合作方式获取数据、通过自研业务收集或生成数据三种。针对直接方式收集的数据，应确保数据爬虫不具有侵入性，数据爬取目的具备正当性。针对交易共享方式获取的训练数据，需签署商业合同或合作协议。针对业务经营方式获取的数据，应区分并根据数据权利归属，严格按照约定的数据使用用途、范围和目的进行处理。

2. 训练数据投毒污染检测

训练数据投毒污染检测需要对人工智能训练、测试、验证数据进行检测。检测方法有两类。一是利用投毒数据和正常数据在样本层面、特征层面、标签层面的差异进行检测。二是利用算法模型在有毒数据和正常数据上的训练学习过程、神经元响应的差异，区分有毒数据和正常数据。

3. 低质量训练数据检测与处理

低质量训练数据检测主要包括四个方面。一是准确性检测，利用异常值识别、数据集比对、模型验证及人工复审等方式检测识别出错误数据。二是一致性检测，运用 Kappa 检验、ICC 组内相关系数、Kendall W 协调系数等方法发现与其他数据不一致的异常数据。

三是完整性检测，借助数字签名、哈希算法技术等方法防范数据被篡改。四是时效性检测，依赖时间戳机制记录数据生成或更新的时间，保障数据新鲜度。

低质量数据处理主要是对训练数据进行清洗和过滤，保障训练数据准确性、一致性、完整性和时效性。保障准确性主要通过删除或替换为默认值的方法消除错误值和异常值。保障一致性需要对不一致的数据进行统一转换。保证完整性需对缺失的数据进行补齐。保障时效性需要定期更新数据，并对旧的无效数据进行过滤和清除。

4. 训练数据多样性检测及增强

训练数据多样性检测包括对数据来源、特征、分布等维度的检测。数据来源检测是指通过了解训练数据来源、特点、数据量等信息来评估数据源的多样性。数据特征检测主要通过了解特征值的分布、离散程度、取值范围以及相关性等信息来评估数据源的多样性。数据分布检测通过使用 KS 检验（Kolmogorov-Smirnov Test）、幂律分布检验、雅克—贝拉检验（Jarque-Bera Test）和安德森—达令检验（Anderson-Darling Test）等方式评估数据在不同特征维度上的分布情况来判断数据的多样性。

数据增强是指在保持原数据集不变的前提下，通过一系列的变换操作，生成新的数据集，且新生成的数据集一般与原数据集存在一定程度的关联。

5. 训练数据中个人信息检测和隐私保护

训练数据中个人信息检测主要采用数据标识符、正则表达式、关键词匹配等检测技术，对涉及个人信息的训练数据进行检测。数据标识符的检测准确率较高，正则表达式、关键词匹配的漏报误报普遍比较高。

训练数据的隐私保护通常使用两种方法。一是训练数据的隐私常规保护。在训练数据的收集、传输、使用、加工等处理过程中，采取数据脱敏、数据去标识化、访问控制、身份鉴别、传输加密、存储加密等安全防护措施。二是训练数据的隐私增强保护。通过安全多方计算、联邦学习、可信执行环境（TEE）、匿名化、同态加密等新兴技术保护数据。

6.6　人工智能算法模型安全

6.6.1　算法模型安全风险

人工智能算法模型主要面临提示注入攻击、鲁棒性弱、窃取攻击、模型"幻觉"、偏见歧视、可解释性差六方面挑战。提示注入攻击是一类以输入提示词作为攻击手段的恶意攻击，达到绕过大模型过滤策略并输出恶意结果的目的。算法模型鲁棒性弱主要体现在对实际运行环境的小概率异常场景以及对攻击者恶意添加扰动形成对抗样本输入时，无法正确理解处理输入数据导致生成非预期结果。

窃取攻击旨在非法获取模型参数、结构及知识，获取功能相近的模型。主要的攻击手段包括参数直接窃取，利用系统漏洞夺取模型文件，通过输入输出构建类似性能的本地模型。

模型"幻觉"是指在大模型回应用户时生成看似合理实则错误或虚构的信息，威胁信息的真实性与安全性。偏见歧视是指模型在处理数据时表现出某种偏好或者倾向性，这种偏好可能导致算法模型在特定情况下做出不公平预测或生成带有歧视的信息。可解释性差指难以对模型输入如何影响模型输出以及模型产生某个特定结果的原因进行详细准确的阐述。

6.6.2　算法模型安全保护措施

1. 防范提示注入攻击

防范提示注入攻击主要采用提示注入攻击评测和安全增强等措施。提示注入攻击评测是一种通过使用目标劫持、越狱攻击、提示泄露等攻击方式，通过构建针对不同场景或攻击维度的攻击指令数据集，可评估模型抵御注入攻击的能力。提示注入攻击安全增强主要采用语义增强和结构增强两种策略。语义增强通过鲁棒性任务描述，即在输入中嵌入强调原任务优先的提示来提升模型抵抗恶意指令的能力。结构增强通过变动指令位置以对抗提示注入攻击，增强模型的抗攻击性能。

2. 提升模型鲁棒性

提升模型鲁棒性主要包括模型鲁棒性评测、模型自身鲁棒性增强两种安全保护措施。模型鲁棒性评测是指通过构建专门数据集全面评测模型在对抗攻击下的性能，为后续优化提供基准。模型自身鲁棒性增强是指采用对抗训练、鲁棒特征学习、模型随机化及正则化等策略，提高模型在复杂环境中的稳定性，同时降低对外界干扰的敏感度并增强防御能力。

3. 防范模型窃取攻击

防范模型窃取攻击主要包括防范模型核心资产窃取和防范恶意询问两类。防范模型核心资产窃取主要面向模型训练的微调、部署、推理以及更新等环节，采用访问控制、安全漏洞扫描、恶意代码检测、密态运算技术、环境隔离等多种措施进行综合防御。防范恶意询问措施主要采用输入监测、输出控制以及模型验证等方法，通过及时发现恶意查询、对输出信息进行控制等方式进行防范。

4. 缓解模型"幻觉"

缓解模型"幻觉"的措施主要包括检索增强生成技术、安全性微调技术、思维链技术以及价值对齐技术。检索增强生成技术融合检索与生成模型，利用外部知识提升内容真实性，包括一次性、迭代及事后检索策略，不断优化输出质量。安全性微调技术通过针对性数据训练以增强模型在多轮对话中维持上下文连贯性的能力。思维链技术通过引入案例展示推理路径以增加生成内容的透明度与准确性。价值对齐技术通过利用人工以及反馈强化学习，引导模型价值观与人类一致。

5. 减小偏见歧视

减小偏见歧视的方法主要包括偏见消减技术手段和偏见评估方法。算法模型偏见消减技术主要针对模型训练、推理阶段采用一系列偏见控制和优化方法，以有效提升模型训练和推理效果。在模型训练阶段，主要聚焦通过优化模型训练过程和模型结构进行偏见缓解。在模型推理阶段，主要是是采取措施在不进行进一步微调的前提下控制偏见内容的输出。算法模型偏见性评估主要用于验证算法模型在训练和推理阶段的偏见水平。评估流程包括偏见风险分析、评估任务选择、评估数据集构建以及评估指标选择。

6. 提高可解释性

模型可解释性的分析方法主要包括局部可解释和全局可解释。局部可解释方法主要包括特征属性分析、Tramsformer 结构分析等。其中，特征属性分析方法通过评估输入特征对模型结果产生影响及程度大小，以理解特定输入是如何影响模型输出的。Transformer 结构分析方法主要研究 Transformer 的自注意力层和多层感知机的机理，通过分析注意力权重以理解模型的不同组成部分对模型输出的影响。

全局可解释方法主要包括基于探针的方法和机制可解释方法。基于探针的方法着重于分析和理解大模型生成的高层次表征，这些表征反映了模型如何在更抽象的层面上处理和生成语言。机制可解释方法是面向深度神经网络的逆向工程，研究人员通过类比解释复杂计算机程序的逆向工程思路，探索神经网络单元的映射关系。

6.7　人工智能平台安全

6.7.1　平台安全风险

人工智能平台主要指的是由头部人工智能企业及科研机构推出了集数据处理、模型训练、应用开发等功能于一体的人工智能平台。例如，用于支撑算法模型设计训练运行的 TensorFlow 等机器学习框架、用于支撑大模型智能应用开发的 LangChain 等应用开发框架、将大模型连接到第三方应用的第三方插件等。

人工智能平台作为人工智能产业链中的关键基础设施，承担着为设计人员提供高效、便捷的研发环境的重要角色。人工智能平台主要面临开发框架安全风险和大模型插件安全风险两方面挑战。开发框架安全风险主要指的是存在的漏洞被黑客所利用，用于控制并篡改人工智能系统，窃取数据或开发恶意模型，可经由使用该组件的各类开发框架传播到各领域，引发规模化、连锁式和持续性的安全威胁。大模型插件安全风险主要指的是因大模型插件设计和使用不当导致的风险，主要包括敏感信息泄露、提示注入和过度代理等。

6.7.2　人工智能平台安全保护措施

1. 开发框架安全保护措施

开发框架安全保护措施包括建立良好的安全开发机制、加强供应链安全分析、建全第三方开源基础库安全响应机制、加强在对抗环境或极端情况下的测试和评估工作、定期开展安全漏洞检查等方面。

（1）建立良好的安全开发机制主要包括加强安全开发培训、评估现有开发运营安全实施过程等。加强安全开发培训侧重于提升开发人员安全设计、安全编码、开发安全的意识和能力。评估现有的开发运营安全实施过程，通过开展内外部环境分析、研究组织发展战略、开发运营安全发展趋势、最新监管要求和业界最佳实践等，可帮助组织适应不断变化的安全威胁和合规要求，确保安全措施的前瞻性和有效性。

（2）加强供应链安全分析主要包括分析开源组件以及组件间依赖关系、跟踪所使用组件的更新和维护情况、关注开发框架供应商的信誉和安全实践等。其中，跟踪所使用组件的更新和维护情况的目的在于及时获取最新的安全补丁和更新，以帮助开发者及时修补相关漏洞，保障系统安全性。关注开发框架供应商的信誉和安全实践是为了选择有良好声誉和专业的供应商以减少潜在的安全风险。

（3）建全第三方开源基础库的安全响应机制主要包括评估开源库安全性、定期监控所使用的开源组件的安全动态、建立漏洞快速响应机制等。其中，评估开源库安全性是指在引入第三方开源基础库之前对其进行全面的质量与安全评估，从而确保组件的可靠性和合法性。定期监控所使用的开源组件的安全动态，包括订阅安全公告、跟踪漏洞数据库等，可帮助开发者及时了解最新的安全威胁和漏洞信息，并迅速采取安全防范措施。建立漏洞快速响应机制，可最大限度缩短在线应用被漏洞攻击的时间窗口。

（4）加强在对抗环境或极端情况下的测试和评估工作，而不仅仅只使用正常事件测试，有助于发现和修复正常事件测试可能忽略的安全漏洞和弱点。

（5）定期开展安全漏洞检查主要包括制定漏洞检查流程、开展漏洞检查、记录漏洞发现情况、定期复审漏洞检查流程等。其中，制定漏洞检查流程通过确定安全漏洞检查的频率，制定具体的安全漏洞检查流程和责任分配，从制度上保障漏洞可被及时发现和修复。开展漏洞检查通过部署静态分析、动态分析、渗透测试等多种技术手段，及时发现潜在的安全漏洞。记录检查发现的漏洞详细信息，有助于跟踪漏洞的修复进度，并帮助编程人员在后续开发过程避免同类型漏洞。定期复审安全漏洞检查流程，评估其有效性，并根据需要进行改进，可保障漏洞检查措施的发展与漏洞利用技术进步保持同步。

2. 大模型插件安全保护措施

大模型插件安全保护措施包括检测大模型插件输入内容、遵循功能"最小化"原则、管控大模型插件安全权限、建立重要功能的人工审核机制。

（1）检测大模型插件输入内容主要包括输入验证和参数净化、检查输入数据是否包含敏感信息、记录和监控大模型插件输入。其中，输入验证和参数净化通过对插件输入数据的格式、类型和范围进行检查，可及时发现和过滤不符合规范的输入，并返回适当的错误信息。检查输入数据是否包含个人身份信息、密码等敏感信息，可有效防止潜在的隐私泄露风险。记录和监控大模型插件输入可便于安全人员事后分析和追踪潜在的安全问题。

（2）遵循功能"最小化"原则包括限制可调用的插件功能、限制插件交互权限、限制插件访问数据范围。其中，限制可调用的插件功能可有效避免插件滥用风险。限制插件与第三方系统进行交互的权限至最小集合范围，可减少插件被滥用或成为攻击入口点的风险。限制插件访问数据范围确保插件仅访问完成其功能所必需的数据，不无故收集或存储额外信息，可有效防止数据泄露和隐私侵犯风险。

（3）管控大模型插件安全权限主要包括管理用户权限和限制插件权限。其中，管理用户权限是指在大模型插件上线后对其用户访问权限进行管理，防止未授权的用户或系统访问或滥用大模型插件。限制插件权限，避免其请求不必要的系统资源或数据访问权限，可防止插件被用来获取超出其功能所需的权限或数据。

（4）建立重要功能的人工审核机制是指在大模型插件重要功能执行时介入人工审核。例如，在调用插件执行删除等特权操作时，应要求用户批准该操作。这可有效减轻间接提示注入攻击风险，能防止用户在其不知情或未经同意的情况下执行危险操作。

6.8　人工智能应用安全

6.8.1　应用安全风险

人工智能应用主要面临不良信息生成、滥用和恶意使用、系统安全漏洞三方面挑战。不良信息生成是指人工智能可能产生包含对国家安全、公共安全、伦理道德和行业规范构成威胁的信息的风险。滥用和恶意使用是指部分用户不遵守道德规范和法律法规，使用人工智能实施网络攻击、诈骗、窃密等恶意活动的风险。系统安全漏洞是指恶意利用人工智能系统安全缺陷带来数据泄露、资源过度消耗等挑战的风险。

6.8.2　应用安全保护措施

1. 不良信息生成防范

防范不良信息生成的安全措施包括用户输入检测过滤、生成信息检索增强、生成信息审核及生成信息标识等方面。用户输入检测过滤通过分析用户的输入行为模式，识别出异常或恶意行为，对恶意用户输入及时采取改写或丢弃等防范措施。生成信息检索增强通过搜索引擎、数据库检索等方式快速获取最新信息，提升生成信息的准确性；并且采用信息安全检测技术确保有效过滤检索过程中获取的不良信息，保障生成信息的安全性。生成信息审核通过机器和人工审核结合，确保生成信息符合法律法规和道德规范。生成信息标识通过运用隐式水印、显式水印等技术标识生成信息的版权、生成或传播渠道等信息。

2. 滥用和恶意使用防范

防范人工智能滥用和恶意使用的安全措施包括业务风控和红蓝对抗两种方法。业务风控包括建立风险账号挖掘机制、异常行为预警机制、及时干预机制以及持续优化机制等。建立风险账号挖掘机制，通过分析用户行为模式和利用机器学习算法以识别潜在风险账号。建立异常行为预警机制，通过实时数据监控系统以检测异常行为并触发预警。建立及时干预机制，通过自动化流程和人工审核处理违规行为，并提供用户反馈和申诉机制。建立持续优化机制，利用处理结果和用户反馈优化风险识别和干预策略。

红蓝对抗机制通过组建红队不断攻击业务系统发现安全问题，蓝军针对性修复，从而提升风险控制能力。红队攻击方式包括挖掘风险样本和不定期攻击线上服务等。挖掘风险样本是指通过人工智能提示泛化和历史数据挖掘等方式不断生成新攻击样本。不定期攻击线上服务通过网页提问、API 批量请求等方式，获取人工智能应用回答结果。自动化红蓝对抗靶场由攻击模型、目标模型和安全评价模型组成，以提升攻击成功率和安全性评估准确率为目标。

3. 系统安全加固

人工智能应用部署运营过程中，系统安全加固是提升安全性的关键。安全从业人员可采取代码评审与管理、代码编写人员管理与培训、模型鲁棒性增强、网络架构设计优化、建立监控和响应机制、部署先进防护技术等方法提升人工智能系统代码层和网络层的安全性。代码评审与管理是指通过同行评审和版本控制确保代码质量。代码编写人员管理与培训主要是为了提高编程人员安全意识，例如考虑采用 RBAC（Role-Based Access Control）和系统鉴权相结合的方式防止用户越权访问。模型鲁棒性增强是指使用对抗训练等技术提升模型安全性。网络架构设计优化主要采用冗余设计和多层防御策略，提高抗网络攻击能力。建立监控和响应机制主要通过网络监控和事件管理系统及时发现并响应异常行为。部署先进防护技术主要是使用入侵预防系统、分布式拒绝服务防护系统等分散和吸收攻击流量。

6.9 人工智能赋能网络空间安全

当前，网络空间安全面临攻击隐蔽难发现、数据分散难管理、违法信息难识别、安全人才难培养等诸多挑战。人工智能具有的自然语言理解、意图识别判断、任务生成编排等能力，为网络空间安全瓶颈问题带来了新的解决思路和方法。

6.9.1 人工智能赋能网络安全

从安全能力框架 IPDRR（Identify Protect Detect Respond Recover）来看，人工智能技术已在各环节展现出了巨大应用潜力，有望显著提升网络安全整体防护水平和安全事件处置效率。

（1）在风险识别环节，人工智能技术已在智能威胁情报生成整合、自动化漏洞挖掘、自动化代码审计、智能网络攻击溯源等场景开展试点或规模化应用。例如，在智能威胁情报生成整合领域，人工智能技术凭借其信息提取、自然语言理解和情报生成等能力，能高效地从广泛的安全信息资源中提炼恶意 IP 地址、URL 及文件哈希等关键威胁指标，有效生成威胁情报，辅助安全决策。在智能漏洞挖掘领域，人工智能技术利用其代码与文本解析能力，自动化审查代码库、二进制文件及系统日志，采用模式识别技术揭示隐藏的零日漏洞，并且可通过生成测试数据触发潜在威胁。

（2）在安全防御环节，人工智能技术已在动态策略管理、DDoS 攻击识别与处置等场景进行深入应用。例如，在动态策略管理领域，人工智能技术凭借其突出的自然语言理解和意图识别能力，能深刻洞察实际应用场景中的安全需求，并能结合时刻变化的安全威胁和风险演变情况，动态地推荐和调整安全策略，以强化安全防御能力。DDoS 攻击识别与处置领域，人工智能技术通过深度分析历史 DDoS 攻击案例，构建预测模型以预见可能的大型 DDoS 攻击，实现提前预警。

（3）在安全检测环节，人工智能技术已在自动化告警分析、智能报文检测、智能钓鱼邮件检测、智能未知威胁检测等场景进行试点应用。例如，在自动化告警分析领域，人工智能技术凭借多源信息融合、关联分析等技术能力，可在攻击路径还原、告警过滤与降噪等多个关键告警分析环节发挥关键作用。在智能报文检查领域，人工智能技术凭借强大的自学习能力，能够从海量数据中自动提取关键特征，有效识别出异常报文，例如，它能通过语义分析出看似正常的 JavaScript 代码中隐藏的 SQL 注入攻击。

（4）在安全响应环节，人工智能技术已在智能响应、智能事件报告生成等场景进行试点应用。例如，在智能响应领域，人工智能技术利用其决策能力，根据当前网络风险状况，为安全专家提供自动化的响应策略与处置流程建议。在智能事件报告生成领域，人工智能技术凭借数据理解、摘要总结、文本生成等能力，可在自动化数据收集与初步分析、攻击过程可视化等方面发挥重要作用。

（5）在安全恢复环节，人工智能技术已在智能应急策略制定等场景进行试点应用。当前应急策略制定过度依赖已有恢复方案，难以根据复杂安全事件快速生成定制的有效恢复策略。人工智能技术通过持续的学习与优化，能够及时捕捉最新的威胁动态与技术进展，保证应急策略的时效性与针对性。

6.9.2　人工智能赋能数据安全

当前，数据安全技术保护体系正处于构建和完善阶段，人工智能在数据安全领域的应用也随之尚处于初期探索阶段，主要聚焦于自动化数据分类分级、软件开发工具包（Software Development Kit，SDK）违规处理个人信息检测等有限场景进行初步应用。

（1）自动化数据分类分级面临着非结构化数据难以准确识别、分类分级规则难以自动化学习等挑战。人工智能技术通过自动化学习行业数据安全标准及已有分类分级的样例数据或依据人工设置的规则提示，能够从海量非结构化数据源中准确识别并提取关键特征，实现数据的自动化分类分级。

（2）SDK 违规处理个人信息检测面临着难以精确理解并实时跟进不断更新的个人信息合规要求，难以在多变的应用环境中自动检测潜在违规行为等挑战。人工智能技术利用文本、图像、视频等文件理解分析处理能力，可在智能问答、个人信息识别、隐私政策分析、潜在问题发现及检测报告生成等方面为 SDK 违规处理个人信息检测提供有力支持，能帮助开发者更好遵循个人信息保护原则。

6.9.3　人工智能赋能信息安全

在信息安全领域，研究人员持续探索运用人工智能技术提升信息内容安全检测准确度的可行方式。人工智能技术已经在文本内容安全检测、图像视频内容安全检测、音频内容安全检测等场景开展了规模化应用。

（1）文本内容安全检测面临着文本表述形式复杂多样，违法不良信息变种众多，现有检测技术难以准确识别等挑战。大模型等人工智能技术融合了丰富的社会常识、法律法规以及伦理道德规范等，能够迅速识别与特定领域或情境相关的不安全文本内容。而且，人工智能技术能深入理解文本的多层次含义，包括字面意义、隐喻、讽刺、暗示等复杂表达方式，以准确判断文本是否存在潜在违法、不良内容。

（2）图像 / 视频安全检测面临着人工智能生成内容以假乱真，人类和工具难以准确识别等挑战。大模型等人工智能技术利用其强大的数据处理、多模态识别分析能力，能够高效识别异常和伪造内容，显著提升图像视频内容安全检测的准确率和效率。例如，在社交媒体平台上，人工智能技术能够准确识别用户上传的图像中是否包含血腥、自残等敏感视觉元素，并及时进行标记和限制传播，从而保护未成年人。

（3）音频内容安全检测面临着语音表述方式灵活多样，违法词语占比少难以准确识别等挑战。大模型等人工智能技术不仅能深入解析音频数据，直接识别异常语音内容，还能将音频转化为文本进一步的深度分析，以精准捕捉攻击性言论或隐晦的暗示。而且，人工智能技术还能够捕捉语音中的语调、语速和情绪等维度特征，并与已知的不良内容和情绪模式进行匹配，从而实现精准过滤。

习　题

1. 人工智能的定义是什么？
2. 人工智能安全的研究范围包括哪些方面？
3. 人工智能安全和网络空间安全有什么区别和联系？
4. 世界主要国家在人工智能安全治理方面已经开展了哪些工作？
5. 与世界其他主要国家相比，我国人工智能安全治理呈现出哪些特点？

6. 人工智能安全治理框架包括哪些维度？这些维度包括哪些层面？各层面之间有什么关系？

7. 人工智能训练数据主要面临哪些安全挑战？为应对这些安全挑战，可采取哪些安全措施？

8. 人工智能算法模型主要面临哪些安全挑战？为应对这些安全挑战，可采取哪些安全措施？

9. 人工智能平台主要面临哪些安全挑战？为应对这些安全挑战，可采取哪些安全措施？

10. 人工智能应用主要面临哪些安全挑战？为应对这些安全挑战，可采取哪些安全措施？

11. 当前，网络空间安全领域面临哪些挑战？人工智能技术可在哪些具体领域发挥怎样的赋能作用？

第 7 章

网络安全事件处置与追踪溯源技术

本章介绍网络安全事件处置与追踪溯源技术，包括有关概念、事件分类与分级、事件处置流程和方法、事件处置的组织保障、事件处置关键技术、追踪溯源技术、溯源分析的组织与方法、常见安全事件响应处置及溯源方法、基于大数据的溯源分析等，使读者了解和初步掌握网络安全事件处置基本知识和追踪溯源基础技术能力。

7.1 网络安全事件与响应

7.1.1 事件响应的目标与作用

事件响应是指在网络安全事件发生时，系统运营者采取的必要措施来应对和处理。它是网络安全工作的重要组成部分，也是安全运营的关键环节。事件响应是一种将人的主观能动性与技术手段和系统平台相结合的、动态的、持续的网络安全工作。无论系统的建设和运营多么完善，复杂系统中难免存在各种安全漏洞。由于安全事件的发生是不可避免的，因此在安全事件发生时采取正确和必要的响应措施是至关重要的。

（1）事件响应的首要目标是及时控制损失。这意味着必须迅速识别和排除潜在和已知的安全风险，并采取必要的反制措施来应对来自内外部的攻击行为，以最大程度地减少或避免损失的发生。在处理安全事件时，必须保持冷静、理性，并采用正式、官方和严谨的态度，以确保事件响应的稳定、有序和高效。

（2）安全事件造成的损失是多样的。有些事件可以通过经济损失来衡量，例如停产停工导致的直接经济损失。有些事件可能会对涉事机构的声誉和信用产生影响，例如网站被篡改或服务中断。有些事件表面上看似对系统运营机构没有直接损失，但却可能给整个社会带来巨大的安全风险，导致系统运营者承担法律责任或司法风险。例如，重大个人信息泄露事件可能导致网络诈骗泛滥，涉事机构和相关责任人可能需要承担相应的法律责任。

（3）如果将事件响应仅视为紧急救援行动的话，系统运营者将会陷入无休止的应对循环中。每次安全事件的发生都意味着系统安全建设和运营中存在的漏洞和隐患，这些漏洞可能大小不一，影响程度也各异。同时，这些事件还揭示了系统内外存在的实际安全威胁。如果网络安全组织不能在事件响应过程中修补和改善这些漏洞和潜在风险，不能有效地遏制攻击者的攻击行为甚至进行反击，那么即使暂时修复了受损的系统、恢复了中断的生产和运营活动，攻击者仍会再次发起新的攻击，继续造成破坏。许多机构之所以频繁遭受攻击并成为安全事件的主体，主要原因在于在事件响应过程中未能实现系统的完善、升级和加固。因此，完善系统安全体系是事件响应的重要任务。

7.1.2　事件响应的触发条件

网络安全事件在实际业务系统运行中有很多现象，但这些现象有可能是显性的，也可能是隐性的，例如发生了系统失陷、宕机，有明显的异常现象出现在生产系统中。此外，外部机构发布了安全通报，组织内部也收到了特定的威胁情报信息。安全防护系统发出了告警信息，内部的巡检工作还发现了潜在的隐患，有内部员工报告了安全事件。这些现象都可能对信息系统和业务系统产生影响，从而触发事件响应机制。

7.1.3　网络安全事件追踪溯源

追踪溯源，也称为溯源分析，是指对网络攻击进行源头追踪和定位的行为。

1. 追踪溯源的作用

随着网络攻防技术的不断进步和各种身份隐匿技术、僵尸网络技术的广泛应用，网络安全人员逐渐认识到，在许多情况下，追踪和抓捕网络犯罪分子是非常困难甚至不可行的。尤其是在网络犯罪变得产业化和国际化的背景下，以及 APT 攻击和网络战频繁发生的环境中，即使组织机构投入了大量资源和人力，对某一次特定的网络攻击事件进行了精确定位。然而，受限于法律执法权限的限制，对于打击网络犯罪或网络战活动的实际意义并不大，因为根本无法实际地逮捕这些网络攻击者。

然而，这并不能否定追踪溯源工作的价值。在网络安全工作的深入实践中，人们逐渐认识到溯源分析在网络安全建设中的两个重要作用。首先，通过还原犯罪现场和复原攻击者的攻击路径，可以从攻击者的视角发现系统建设和运营中存在的安全漏洞，从而加强防御措施。其次，通过分析攻击者的攻击手法、特征和武器，以及了解攻击者的身份，可以帮助制定有效的防御方案，优化防御策略，显著降低攻击者对系统的安全威胁。

2. 追踪溯源的目标

近年来，追踪溯源、溯源分析等概念的应用已经不再局限于传统的网络空间或物理空间中对攻击者的定位。相反地，它已广泛应用于网络安全事件的响应和处置过程中，这包括确定事件的起源、演化过程以及相关责任人（或组织）。这些工作包括但不限于还原攻击者的攻击手法、攻击路径，对攻击者进行研判和画像等。

追踪溯源的主要目标主要体现在以下三个方面。首先，通过深入追踪和分析，及时发现和识别系统中的安全漏洞或弱点，为提升网络安全水平提供实际可行的参考依据；其次，通过追溯攻击者的手法和特点，深入了解他们的行为方式，从而及时调整和优化防御策略；最后，通过追溯分析，收集并掌握与攻击者或责任人有关的信息，为追究其法律责任提供关键线索和依据。

3. 追踪溯源的范围

溯源的范围主要包括内部溯源和外部溯源。内部溯源的目标是确定系统中的漏洞和弱点，以便优化系统策略和抑制攻击行为。而外部溯源的目标是深入了解攻击者的行为特征、资源、动机、位置和身份，以便从源头上抑制攻击者的活动，并提供可信的情报依据。无论是内部溯源还是外部溯源，都是为了通过法律手段收集有效证据用于打击网络犯罪。

（1）内部溯源

内部溯源是指在发生特定安全事件时，通过追踪攻击路径、手段以及范围等，从攻击者的视角来发现系统中的安全漏洞，并为外部溯源提供重要的支持。进行内部溯源的基本任务包括确认受到影响的系统和数据范围，以确定失陷的范围和攻击范围；确认攻击路径，以了解攻击者是如何进入系统的，并追踪其活动；确认互联网侧攻击的 IP 地址，以确定攻击的来源和相关联的 IP 地址。在条件允许的情况下，还可以尽可能地确认攻击工具和攻击手段，以便更好地理解攻击的性质和攻击者的意图。内部溯源的主要目的是发现并解决系统中的漏洞，以提高系统的安全性。

内部溯源工作通常可以采用逆向溯源法、诱捕溯源法和监测分析法三种常用的方法。逆向溯源法是从已知的失陷设备出发，逆向探索攻击者的攻击路径，是最常用的溯源方法。它的核心思想是通过追溯攻击链条，从攻击者入侵的终端开始，逐级查找并复原整个攻击路径。诱捕溯源法是通过主动设置陷阱，提前捕获潜在攻击者并了解他们的攻击手法。常见的技术方法包括设置蜜罐和蜜点，它能够提前发现和阻止攻击者的行动，并节省事后补救的成本。监测分析法则是通过对内部网络安全事件的持续监测和对网络安全大数据的整合分析，来实现对潜在攻击者的不间断溯源以及行为分析。这种方法适用于具备系统、全面的网络安全建设，并且具备整合分析大数据的能力。采用这三种方法可以提高内部溯源的效果，并为打击网络犯罪提供可信的证据。

（2）外部溯源

外部溯源是对攻击者的网络资产进行详尽梳理和深入研究，以分析其意图和身份。该过程的主要目的是在内部溯源的基础上扩展对攻击者的分析，以指导更有效的防御策略的制定和实施。此外，外部溯源还可以为打击网络犯罪和追踪攻击者提供关键线索和依据。需要注意的是，尽管溯源分析和电子取证技术有一定的技术交叉，但无论是内部溯源还是外部溯源都无法完全取代电子取证。计算机系统的取证过程通常需要遵循一定的程序保障，以确保电子证据在法律上的有效性。一般的溯源过程无法保证其结果在法律上的有效性。外部溯源的主要任务包括对攻击者的网络资产进行全面梳理、对其历史活动进行分析、形成攻击者的画像和推断。

根据目标和任务，外部溯源有四种主要方法：关联拓线法、标签着色法、威胁情报库和攻击者画像。这些方法不是同时进行的，而是根据先前方法的成果进行逐步推进的。关联拓线法是在已获得的溯源线索的基础上，通过关联性分析来发现新线索的方法，是外部溯源工作中最基础的分析方法。标签着色法是通过给已知的恶意网络资产和恶意样本打上标签，建立威胁情报信息之间的关联关系的方法。这个过程常常使用不同颜色的标签配合文字来标注，因此被称为标签着色法。威胁情报库是建立在安全大数据技术上的网络安全数据库，汇聚了各种渠道收集的大量威胁情报信息，并实现了结构化、可视化、可高效查询与分析。通常由专业的网络安全机构独立或合作建设，同时国际上也有很多开源威胁情报组织进行国际合作与共享。威胁情报技术已广泛应用于网络安全威胁检测和溯源分析工作。攻击者画像是一种利用网络安全大数据进行定性和定量描述攻击者行为特征、技术能力和身份背景的网络安全方法。构建攻击者画像的基础是威胁情报库。然而，要实现精细化的攻击者画像，需要对威胁情报信息进行深度整合，有时需要结合非安全类互联网大数据进行分析。

7.2　网络安全事件分类与分级

为了确保网络安全和稳定运行，加强网络安全管理和防范措施，维护网络空间的安全和稳定，需要对网络安全事件进行分类和分级。其目的是可以为组织提供明确的基准，便于进行相关安全处置。

根据对网络安全事件的起因、威胁、攻击方式以及损失程度等因素的综合考虑，我国在 2023 年发布了 GB/T 20986—2023《信息安全技术　网络安全事件分类分级指南》。该指南明确将网络安全事件分为恶意程序事件、网络攻击事件、数据安全事件、信息内容安全事件、设备设施故障事件、违规操作事件、安全隐患事件、异常行为事件、不可抗力事件和其他事件等 10 类。这些分类和分级可以帮助我们更好地理解和应对不同类型的网络安全问题。

（1）恶意程序事件

"恶意软件"是指人为故意编写的具有恶意意图的软件程序，它可以用于损害网络中的数据、应用程序或操作系统，或者影响网络的正常运行。"恶意程序事件"指在网络中人为故意制造或传播恶意软件，从而导致业务损失或造成社会危害的网络安全事件。

（2）网络攻击事件

网络攻击事件指通过技术手段对网络实施攻击而导致业务损失或造成社会危害的网络安全事件。

（3）数据安全事件

数据安全事件指通过技术或其他手段对数据实施篡改、假冒、泄露、窃取等导致业务损失或造成社会危害的网络安全事件。

（4）信息内容安全事件

信息内容安全事件指通过网络传播危害国家安全、社会稳定、公共安全和利益的有害信息导致业务损失或造成社会危害的网络安全事件。

（5）设备设施故障事件

设备设施故障事件指由于网络自身出现故障或设备设施受到破坏或干扰而导致业务损失或造成社会危害的网络安全事件。

（6）违规操作事件

违规操作事件指人为故意或意外地损害网络功能而导致业务损失或造成社会危害的网络安全事件。

（7）安全隐患事件

安全隐患事件指网络中出现能被攻击者利用的漏洞或隐患，一旦被利用可能对网络造成破坏，进而导致业务损失或造成社会危害的网络安全事件。提前发现这些漏洞或隐患能防范由此引起的其他网络安全事件。

（8）异常行为事件

异常行为事件指网络本身稳定性不足或违规访问网络造成访问、流量等异常行为，进而导致业务损失或造成社会危害的网络安全事件。

（9）不可抗力事件

不可抗力事件指因突发事件损害网络的可用性而导致业务损失或造成社会危害的网络安全事件。

应对网络安全事件，根据其危害程度和影响范围的不同，采取相应的策略和措施。通过对网络安全事件进行分类，然后制定相应的应急预案，并配置适当的应急资源和力量，以确保在遭受网络安全事件攻击时能够快速有效地做出响应，有助于实现对网络安全事件的科学合理响应。

我国 2020 年发布的 GB/T 22240—2020《信息安全技术 网络安全等级保护定级指南》中规定，对网络安全事件影响对象的重要程度，根据国家安全、社会秩序、经济建设和公众利益以及业务对事件影响对象的依赖程度进行评估，主要分成 3 个等级：特别重要、重要和一般。

在网络安全事件的溯源、分析中，通过对历史和当前网络安全事件的等级和影响进行分析，来判断各类网络安全事件的分布和趋势。通过统计和分析各类网络安全事件，可以评估其对组织或企业的风险等级，并制定相应的风险管理策略和措施，加强对特定类型网络安全事件的监测、预防和预警工作，以做到早发现、早报告、早处置，从而降低遭受攻击的可能性和损失，有助于提高对网络安全事件的预防和预警能力。

7.3 网络安全事件处置流程和方法

1. PDCERF 工作法

应对网络安全事件普遍使用的处置流程是 PDCERF（六阶段）工作法。PDCERF 工作法最早于 1987 年提出，将事件响应流程划分为准备（Preparation）、检测（Detection）、抑制（Containment）、根除（Eradication）、恢复（Recovery）和跟踪（Follow-up）六个阶段的工作。然而，实际的事件处理过程中并不一定严格按照这六个阶段进行，也有可能改变顺序。尽管如此，PDCERF 工作法仍然是一个适用范围广泛的事件响应和处理方法，如图 7-1 所示。

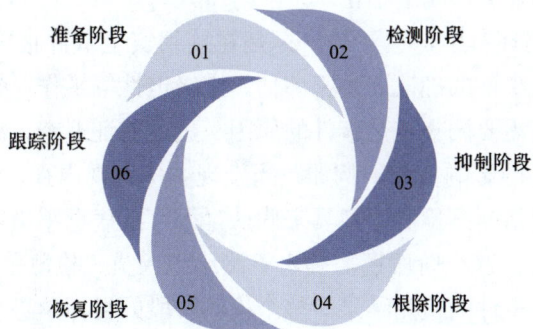

图 7-1　PDCERF 工作法流程

2. 七段工作法

根据实际的工作情况，结合国内的工程实践，本书在 PDCERF 工作法的基础上进行了一些扩展和变化，加入固证、通报、整改等阶段形成七段工作法。七段工作法如图 7-2 所示。

图 7-2　七段工作法

七段工作法分为准备阶段、检测与抑制阶段、固证与溯源阶段、根除与恢复阶段、反制阶段、通报阶段、网络安全事件原因分析与整改阶段，整个流程通过事件响应流程管理来进行管理。

（1）在准备阶段，主要目的是预防安全事件的发生。组织机构需要制定相关文件和处理流程，成立应急响应小组并明确各成员的职责，维护资产清单并确定负责人，同时为应急响应、事件处置提前准备所需资源和工具。这个阶段的意义在于在安全事件发生时，能够迅速调动人员按照预先制定的流程进行应急响应工作。

（2）检测与抑制阶段。在检测环节中，主要的目标是在接到事故报警后对异常的系统进行初步分析，确认是否真正发生了网络安全事件。在抑制环节的目标是及时采取行动，限制安全事件的扩散和影响范围，降低潜在的损失和破坏。在这个过程中，还需要确保采取的封锁措施对涉及的业务影响最小化。

具体来说，在检测环节中，主要的目标是在接到安全事件报警后对异常的系统进行检测工作。通过对安全事件的确认、危害评估、定级定性等工作，确定是否真正发生了网络安全事件。同时，还需要调查安全事件的原因、进行取证追查、漏洞分析等工作，以收集数据并分析安全事件的影响范围。例如，当发现主机出现内存、CPU 异常高使用率时，可以利用进程检测、网络连接检测等工具来确认是否存在病毒感染，确定感染的主机数量以及病毒的攻击方式等。这个阶段还需确定检测小组人员、检测范围及对象、检测方案，并实施方案来处理安全事件的检测结果。整个检测阶段的目标是进行初步分析，确认是否真正发生了网络安全事件，并制定进一步的响应策略，同时保留证据。

在抑制环节中，主要的工作是控制安全事件的影响范围，防止其蔓延到其他组织内的 IT 资产和业务环境。例如，在发生恶意病毒攻击事件时，需要立即将受感染的机器从组织的网络环境中隔离出来。在进行抑制工作时，需要综合考虑抑制效果与对业务的影响之间的平衡。抑制阶段的主要目标是及时采取措施，限制事件的扩散和影响范围，减少潜在的损失和破坏，并确保采取的封锁方法对涉及的业务产生最小的影响。

（3）在固证与溯源阶段需要科学地运用提取和证明方法，对从电子数据源提取的电子证据进行保护。在固证环节中，需要确保电子证据的完整性、可信度和可审查性，并采用适当的技术手段和方法进行数字取证。这包括从受感染系统或网络中提取关键日志、事件记录以及其他关联的数据，以确保可以准确还原事件发生的过程以及证明所需的事实。

溯源是指根据当前的线索进行扩展，结合各种技术手段和资源，找到发起网络攻击的背后人员和意图。在内部溯源阶段，主要目的是从攻击者视角发现系统的安全漏洞，为后续的防御工作提供重要支持。通过分析攻击行为、攻击代码以及攻击留下的痕迹，可以识别攻击者可能的入侵路径和手段，进而加强系统的安全防护。外部溯源的目的是在内部溯源的基础上，进一步扩展对攻击者的分析，以便更加有效地指导防御策略的制定和实施。通过跟踪攻击者的行为轨迹，分析攻击者的目标、意图和手法，可以为打击网络犯罪、追踪攻击者提供必要的线索和依据。这有助于提高系统安全性，并对未来的攻击做出相应的预防和应对措施。

（4）在根除与恢复阶段的根除环节中，首要任务是通过事件分析找出根源并进行彻底清除，以避免攻击者再次利用相同方法攻击系统，引发安全威胁。需要修复检测阶段中发现的引发安全事件的漏洞和缺陷，并从安全事件中彻底清除攻击留下的痕迹，例如后门漏洞和病毒文件等。在清除工作完成后，还需要加强宣传工作，公布安全事件的危害性和解决方法，并呼吁用户解决终端问题。此外，应进一步加强监测工作，以发现和清理行业和重点部门的安全问题。

完成漏洞修复和痕迹清除后，受到影响的业务资产需要进行恢复上线操作。在恢复上线之前，应对业务资产进行安全测试和复查等工作，以确保修复工作完全有效，防止在恢复上线后再次发生被攻击的安全事件。

恢复环节的主要任务是将被破坏的信息完全还原到正常运作状态。这包括确定系统恢复正常的需求和时间表，从可信的备份介质中恢复用户数据，启动系统和应用服务，恢复系统网络连接，并验证恢复后的系统。同时，根据安全需要，可以进行其他的扩展扫描，以探测可能表示入侵者再次侵袭的迹象。要成功恢复被破坏的系统，通常需要一个干净的备份系统，编制并维护系统恢复操作手册，并在系统重新安装后对其进行全面的安全加固。

（5）在反制阶段，主要是摆脱了传统网络安全防御的限制，采用攻击作为最好的防守思路，定位攻击者使用的基础设施，采用技术手段进行控制。针对那些持续发起攻击的个体，即使组织的网络安全人员已经快速消除了已知的威胁，恢复了受影响的系统并清除了内部的安全隐患，但由于外部的安全隐患仍然存在，组织信息系统仍然有可能在未来遭受同一攻击者的再次攻击。为了实现长期和有效的安全保护，需要从根源上彻底清除攻击者的网络资源，有效遏制他们的活动，并在必要时通过技术和法律手段从法律和物理层面上彻底消灭攻击源。这个过程被称为反制阶段。

在实施反制工作时，通常需要进行溯源分析，以确定明确的攻击源头，并对攻击者进行有效打击。然而，反制不仅仅是溯源的过程，还涉及对攻击者发起的一系列攻击活动的应对。这些反制行为可能涉及法律风险，而且如果技术水平不足，可能会导致攻击者利用反制行为，进一步造成更大的损失。因此，在没有具备条件的情况下，不建议自行实施反制行动。只有在获得相关部门的授权，并得到专业合法的攻击队伍的支持下，才应考虑实施反制工作。

（6）通报阶段涵盖网络安全事件的分级、通报流程和预警流程。根据通报的对象不同，可以将通报阶段分为组织内信息通报和相关外部组织信息通报。

在组织内信息通报方面，当发生信息安全事件时，应当通知应急响应日常运行小组，以便他们能够确定事件的严重程度和采取下一步的行动。在损害评估完成后，应向应急响应领导小组通报。

对于相关外部组织的信息通报，是指在发生信息安全事件后，将相关信息及时通报给受到负面影响的外部机构、关联的单位系统和重要用户。同时，根据应急响应的需要，应准确地向相关设备设施和服务提供商（包括通信、电力等）通报相关信息，以获得适当的应急响应支持。对外信息通报应符合组织的对外信息发布策略。

在信息安全事件发生后，还应根据相关规定和要求，及时向相关主管或监管单位/部门报告情况。

（7）网络安全事件原因分析和整改阶段的主要任务是回顾和整合事件响应过程中的相关信息，进行事后分析和总结，然后修订安全计划、政策和程序，并进行培训，以防止类似入侵事件再次发生。基于入侵事件的严重性和影响，还需要确定是否进行新的风险分析，制定新的系统和网络资产目录清单。这一阶段的工作对于准备阶段的进行起到重要的支持作用。

7.4 事件处置的组织保障

网络安全事件的响应工作通常由专门的事件响应组织负责。这些组织可以是正式的固定机构，也可以是因网络安全事件而临时组建的团队。大多数企业的信息中心或网络安全部门通常负责事件响应组织的工作，通常不需要设立专门的事件响应岗位，但需要明确相关工作职责的负责人。事件响应组织的工作包括接收、审查和响应各类安全事件报告和活动，并进行协调、研究、分析、统计和处理。此外，他们还可能提供安全培训、入侵检测、渗透测试或程序开发等服务。

为了确保能够及时有效地响应网络安全事件，事件响应组织的设计应确保体系的严密性和高效性。一般情况下，机构和企业的网络安全保障与事件响应工作在组织结构上是统一的。事件响应工作的组织体系包括内部协调和外部协调两个层面。内部协调涉及政企机构内部的网络安全保障与事件响应办公室（协调中心）、网络安全事件响应领导小组（决策中心）、相关业务线或受影响的业务部门、各 IT 技术专项保障组，以及技术专家组、顾问组和市场公关组等。外部协调涉及各相关政府部门、业务关联方、供应商（包括设备供应商、软件供应商、系统集成商和服务提供商等）以及专业安全服务提供商等。

图 7-3 是网络安全事件响应组织体系的示意图。

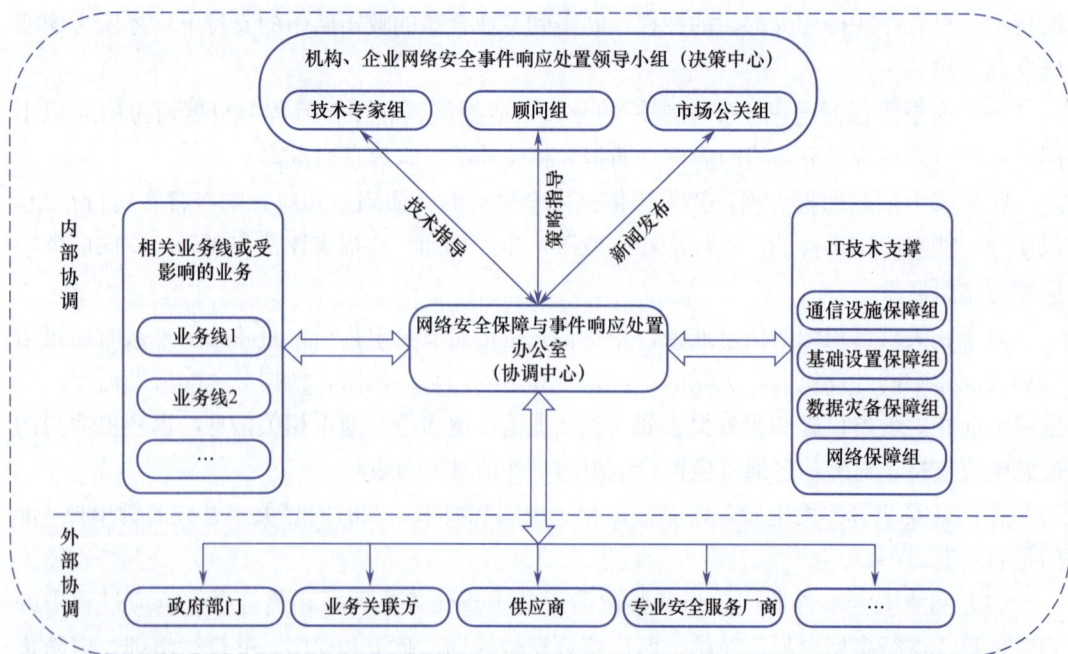

图 7-3　网络安全事件响应组织体系

1. 协调中心

网络安全保障与事件响应办公室（简称协调中心）是为了及时有效地响应网络安全事件而设立的核心机构。协调中心负责统筹网络安全事件的内外部协调与指挥工作，也常被称为指挥中心。

协调中心的工作职责在平时和战时有所区别。平时，协调中心主要负责内部安全监测与运营管理、内外部威胁情报的收集、漏洞通报与修复、员工风险举报的受理以及员工安全求助的响应等工作。战时，协调中心将承担统一协调和指挥的职责，这指的是当重大网络安全事件发生时，需要协调机构内部多个部门共同响应和处置的情况。

协调中心在保障网络安全和响应事件方面发挥着重要作用。他们通过统筹协调、指挥决策和资源调配等工作，可以提高网络安全事件响应的效率和应对能力，最大限度地减少安全事件对组织造成的损失。此外，协调中心还应完善网络安全应急预案，通过培训和演练提升员工的安全意识和应急响应能力，为组织的网络安全提供全方位的保障。

在许多政府部门和中央企业中，协调中心的职能由信息中心下属的安全处或安全组承担。而某些科技企业则设立了专门的网络安全响应中心（Security Response Center，SRC），同样也负责协调中心的职责。

2. 决策中心

网络安全决策中心（Security Decision Center，SCC）是一个临时的领导和专家团队，旨在应对重大突发网络安全事件。虽然决策中心在表面上具有更高的地位，并为协调中心提供指导，协调中心也需要向决策中心进行必要的汇报，但实际上，决策中心的成员通常是由协调中心事先确定的（准备应急备案），或者根据具体事件情况和需求进行临时指定。

在大多数情况下，协调中心是技术和执行的核心领导团队，负责网络安全事件的响应和处置工作。然而，对于超出协调中心技术能力范围的工作（如某信息系统的开发工程管理）或超出网络安全技术范畴的工作（如生产指挥和对外宣传），决策中心则需要配合进行研判和决策，以确保组织整体利益的最大化。

决策中心通常由一名主责领导和三个专业小组组成，包括技术专家组、顾问组和市场公关组。根据具体情况的需要，还可以增设其他专业小组。技术专家组负责提供网络安全技术支持和意见，顾问组提供战略和决策方面的建议，市场公关组负责管理和维护与外界的沟通和声誉。通过这些专业小组的密切协作和协调，决策中心能够更好地应对复杂的网络安全事件，确保高效而有序地进行决策和行动。

3. IT 技术支撑

IT 技术支撑团队是网络安全决策中心的核心执行力量，由来自机构内部信息化系统的专业人员组成。他们的主要职责是针对网络安全事件中的系统漏洞或故障进行技术修复，为协调中心的指挥决策提供具体支撑。

IT 技术支撑团队通常由不同的专业组成，以应对多样化的网络安全问题。比较常见的 IT 技术支撑团队包括：

（1）通信设施保障组：负责保障机构通信设施的安全和稳定运行，包括电话系统、视频会议系统等；

（2）基础设施保障组：负责保障机构的基础设施的安全和稳定运行，包括服务器、网络设备等；

（3）数据灾备保障组：负责制定和执行机构数据灾备计划，确保数据的安全备份和恢复；

（4）网络保障组：负责保障机构网络的安全和可靠性，包括网络防火墙、入侵防御系统等。

这些技术支撑团队在实际工作中可能并非独立组织，而是由相关部门的专业人员组成。不过，每个团队通常都需要有至少一名技术负责人，负责协调团队成员的工作和与决策中心的沟通。这些技术专家在网络安全事件响应中发挥着关键作用，通过他们的技术实力和专业知识，有效应对和处置网络安全威胁。

4. 外部协调

在外部协调过程中，网络安全响应组织需要与不同的外部机构保持良好的沟通和合作。具体来说，与这些外部机构的沟通可以包括以下几个方面。

（1）政府部门：与政府部门的沟通是网络安全事件响应中至关重要的一环。IT技术支撑团队需要向相关政府部门及时汇报事件的情况和处理进展，并根据政府部门的要求提供相关信息和支持。政府部门在事件响应中通常会提供一些法律和政策支持，协助IT技术支撑团队进行必要的调查和处置。

（2）业务关联方：IT技术支撑团队需要与涉及事件的业务关联方进行及时、透明的沟通。这包括与受影响的业务部门、合作伙伴、客户等进行沟通，向他们解释事件的影响范围和可能的风险，并提供所需的支持和帮助。与业务关联方的沟通可以帮助团队更好地了解事件的上下文和业务需求，从而更好地协调和执行响应措施。

（3）供应商和合作伙伴：IT技术支撑团队通常会依赖于各种供应商和合作伙伴提供的技术产品和服务。在事件响应中，团队需要与这些供应商和合作伙伴积极沟通，确保及时获取所需的技术支持和解决方案。同时，团队也需要向他们及时报告事件的情况，并与他们共同制定相应的应对策略。

（4）专业的安全厂商：网络安全领域有很多专业的安全厂商，他们提供各种安全产品和服务，可以帮助机构加强网络安全防护和应对能力。在事件响应中，IT技术支撑团队可能需要与这些安全厂商进行沟通，寻求技术支持和咨询，共同分析和解决网络安全事件。

在与外部机构的沟通过程中，组织需要保持高效的沟通和协作能力，及时传递信息、共享经验，并根据需要进行合适的协商和协调。这些外部机构的支持和合作对于机构的网络安全事件响应至关重要，能够帮助团队更好地应对事件，降低损失并恢复正常运营。

7.5　事件处置关键技术

1. 入侵检测技术

入侵是指对某一网络或联网系统的未经授权的访问，即对某一信息系统的有意无意的未经授权的访问（包括针对信息的恶意活动）。

（1）根据检测所用数据的来源不同，可将入侵检测系统分为以下三类。

① 基于主机的入侵检测系统

基于主机的入侵检测系统（Host-based Intrusion Detection System，HIDS）是一种用于检测和响应主机上的安全事件和威胁的技术，更加专注于主机系统内部的安全事件检测。HIDS 通常在主机上安装一个代理，用于监控和分析系统日志、文件活动、进程行为等。这些代理可以通过本地监视、日志分析或系统调用跟踪等技术来检测潜在的入侵活动。一旦检测到异常行为或可能的入侵事件，HIDS 会触发警报通知管理员或采取一定的自动响应措施。

② 基于网络的入侵检测系统

基于网络的入侵检测系统（Network-based Intrusion Detection System，NIDS）是一种专注于监控网络流量和网络活动的安全技术，更加侧重于检测来自网络层面的入侵和攻击。NIDS 通常位于网络的边界、交换机或路由器上，通过监控网络流量并分析其内容，以检测有害或异常的网络活动。NIDS 可以检测多种类型的入侵，例如端口扫描、拒绝服务攻击、恶意软件传播等。它可以通过规则、特征和行为分析等技术来识别潜在的网络入侵行为。

③ 基于混合数据源的入侵检测系统

基于混合数据源的入侵检测系统不仅依赖于网络流量分析，还结合了其他多种数据源，如操作系统日志、应用程序日志、安全日志等。通过综合分析和交叉验证不同数据源的信息，基于混合数据源的入侵检测系统可以更加全面地识别并响应潜在的入侵和攻击。通过综合分析和交叉验证不同数据源的信息，基于混合数据源的入侵检测系统可以提供更加全面的入侵检测和威胁响应能力。它可以帮助组织及时发现和应对各种类型的入侵和攻击，提高网络的安全性和可靠性。然而，基于混合数据源的入侵检测系统也面临着数据收集和分析的挑战，需要综合使用多种技术和工具来处理大量的数据和复杂的分析任务。因此，为了有效地利用基于混合数据源的入侵检测系统，组织需要合理规划和管理系统，并为其提供充足的资源和支持。

（2）根据检测分析方法的不同，可将入侵检测系统分为以下两类。

① 误用检测系统

误用检测系统也称基于签名和特征的检测系统，误用检测系统是通过查找特定模式（例如网络流量中的字节序列或恶意软件使用的已知恶意指令序列）来检测攻击的。使用的数据源主要是恶意软件的特征和指纹库。这些特征和指纹库包含了已知的攻击特征、恶意代码的特征信息，通过对系统中的文件、网络流量、电子邮件附件等进行扫描，与软件特征和指纹库进行匹配，以便及时发现和阻止潜在的安全威胁。一旦检测系统检测到恶意软件或恶意行为，它可以采取一些自动响应措施，如隔离文件、阻止网络连接、给用户发送警报通知等。

然而，误用检测系统也有一些局限性。首先，它主要基于已知的恶意软件特征和指纹进行检测，因此对于新出现的恶意软件和未知的威胁可能不太有效。其次，恶意软件可以通过各种方式进行变异和隐藏，以逃避签名检测系统的检测。

② 异常检测系统

异常检测系统是一种基于机器学习和统计分析的技术，用于检测和识别系统中的异常行为或模式。与基于特征的检测系统相比，异常检测系统更加依赖于数据的统计属性和模式，而不仅仅是特征的匹配。

异常检测系统有很多优点，例如它能够自动适应新的威胁和变异的恶意软件，并且能够检测到那些隐藏和欺骗性的恶意行为。然而，异常检测系统也面临一些挑战，例如确定合适的阈值用于判定异常行为，以及识别真正的异常行为而不是误报。

（3）根据工作方式不同，可将系统分为以下两类。

① 实时检测系统

实时检测系统是一种能够实时检测入侵行为的系统，可以及时、有效地检测网络安全事件，但实时检测系统面临着一些挑战，如处理大量的实时数据、处理不确定和高变异的数据、以及处理高实时性要求等。为了应对这些挑战，可以采取一些策略，如使用高性能的硬件和分布式系统、采用流式数据处理和增量学习算法、以及优化算法和模型以减少计算成本。

② 非实时检测系统

非实时检测系统是相对于实时检测系统而言的，它更注重对历史数据的分析和检测，而不是对实时数据的及时响应。非实时检测系统的优势在于能够对系统的历史数据进行全面和深入的分析，发现更隐蔽和复杂的异常行为。它可以对系统的长期行为进行建模和分析，从而更好地理解系统的运行趋势和异常模式。此外，非实时检测系统可以通过长时间的数据积累和分析，获得更准确和可靠的异常检测结果。

（4）根据体系结构不同，可将入侵检测系统分为以下两类。

① 集中式入侵检测系统

集中式入侵检测系统是一种通过集中管理和分析所有网络和系统日志的安全系统。它可以收集来自各个主机、网络设备和应用程序的日志数据，并通过集中化的服务器进行实时监测和分析。

② 分布式入侵检测系统

与集中式入侵检测系统不同，分布式入侵检测系统将检测功能分散到网络中的多个节点上，每个节点负责监测和分析自己所属的网络和系统。分布式入侵检测系统减轻了集中式入侵检测系统的单点故障问题，可以减少网络传输和存储的压力，具有更好的可扩展性。但分布式入侵检测系统的部署和配置相对复杂，需要对网络拓扑和结构进行合理规划，并确保各个节点之间的通信和协调。其次，节点之间的数据同步和协作也需要考虑，以保证整体的检测准确性和一致性。此外，分布式入侵检测系统可能面临节点故障、网络延迟和节点间协调等问题，需要有相应的机制和算法来解决。

（5）根据对攻击的响应方式不同，可将检测系统分为两类。

① 被动响应检测系统：仅发出告警信息，侧重检测和分析已经发生的入侵事件。

② 主动响应检测系统：不仅发出告警信息，同时还会尝试阻止入侵尝试。

2. 蜜罐技术

蜜罐（Honeypot）技术是一种用于欺骗、扰乱和分散攻击者注意力的方式，通过创建虚假的系统或网络环境，引诱攻击者进入并与之互动。蜜罐技术通过欺骗攻击者，使安全人员能够主动观察攻击者的行为，以便了解攻击者的意图和手段。该技术的核心目标在于关注攻击者本身，而不是攻击或漏洞本身。蜜罐技术通过欺骗和诱捕攻击者，扰乱攻击的节奏，增加攻击的复杂性，从而增加企业的响应时间，并有可能对攻击者进行溯源分析，以预防攻击。蜜罐技术包括三个核心技术点：网络欺骗（构建诱骗环境）、监控记录（监测入侵行为）和处置措施（提取和分析监控数据，实现溯源追踪等）。其中，网络欺骗是蜜罐技术的核心，通过伪装虚假信息，使其看似真实有价值，从而欺骗攻击者。

3. 漏洞管理

网络安全漏洞是指在网络和系统中存在的可能被攻击者利用的弱点。漏洞情报在网络安全事件的处理中起着至关重要的作用，它提供了对涉及的漏洞细节的深入了解，以及可能利用这些漏洞的攻击者的信息。通过漏洞情报，网络安全专业人员可以及时识别和预防潜在的安全威胁，并采取必要的措施来保护网络和系统免受攻击的威胁。

7.6　追踪溯源技术基础

7.6.1　域名信息

域名注册是指在互联网上申请并注册一个唯一的域名，以作为网站、邮箱等互联网服务的标识。在网络安全事件处置和追踪中，需要了解域名相关的知识和技术。

（1）域名的结构和分类：域名由多个部分组成，包括顶级域名（TLD）、二级域名和子域名。域名根据用途和属性可以分为通用顶级域名（gTLD）和国家顶级域名（ccTLD）等。

（2）域名注册商：域名注册商是提供域名注册服务的机构，一般能够提供域名查询、注册、续费、转移等服务。

（3）域名注册过程：域名注册过程一般包括选择注册商、查询域名是否可用、填写注册信息、支付费用等步骤。具体过程可能会有所差异，需要按照注册商提供的指引进行操作。

（4）域名解析：域名解析是将域名转换为对应的 IP 地址的过程。通过域名解析，用户输入域名后能够访问到相应的网站。常见的域名解析技术包括 DNS（Domain Name System）解析和 CNAME 记录解析等。

7.6.2　服务代理技术

服务代理是一种网络技术，通过代理服务器来转发请求和响应，从而隐藏客户端的真实 IP 地址，代理服务器通常分为正向代理和反向代理两类。这种技术可以用于匿名访问网站、绕过网络过滤、加速访问等目的。在网络安全、数字取证和网络管理中，服务代理技术扮演了重要角色，一方面，攻击者可以通过使用服务代理来隐藏自身的原始 IP 地址，这会严重干扰管理员和调查人员跟踪和溯源网络活动的来源；另一方面，作为防守一方，也可以通过使用服务代理，隐藏 IT 系统的真实 IP 地址和内网 IP 地址，从而减少自身的互联网暴露，使攻击者难以对系统发动直接攻击。

7.6.3　远程控制技术

远程控制用于通过远程访问、监控和控制计算机系统、设备或网络，这在数字取证、网络安全和网络犯罪调查中发挥着关键作用。它允许调查人员获取数字证据，监视网络活动，采集关键数据。远程控制技术有助于识别潜在威胁、监控网络流量、追踪数字活动的来源和路径，以及收集关键证据，从而为追踪溯源提供了有力工具。然而，使用远程控制技术必须符合法律和道德准则，以确保隐私权和合规性。此外，安全性也至关重要，以防止滥用和未经授权的访问，保护关键数据免受攻击和泄露。

7.6.4　身份识别技术

1. 账号与口令

账号与口令是一种常见的身份验证方式，用户通过输入预先设定的唯一账号和相应的私密口令来确认自己的身份。这种方法依赖用户熟知的口令与特定账号相匹配，以获得对系统、应用程序或服务的授权访问。账号为用户通过一个唯一的标识符，可以是用户选择的用户名、电子邮件地址或其他特定的用户标识符，用于登录系统。口令是用户在注册时设置的私密字符串，只有合法用户知道。用户需谨慎设置强密码并定期更改，以确保账号安全。系统隐藏账户是一种最为简单有效的权限维持方式，其做法就是让攻击者创建一个新的具有管理员权限的隐藏账户，因为是隐藏账户，所以防守方是无法通过控制面板或命令行看到这个账户的。

2. 设备标识

设备标识是用于识别和区分设备的唯一标识符或编码。这些标识符通常是设备的固有属性，用于区分特定设备，可以利用设备标识进行身份识别，通过识别设备的唯一标识，例如 MAC 地址、IMEI 号等，来确认特定设备的身份。这种方法依赖于设备的独特标识信息，确保设备的合法性和安全性，用于授权设备对系统或服务的访问，常用于设备管理和安全控制。

3. 软件标识

软件标识是指用于唯一标识和识别软件的一系列标识符或代码。它们通常用于软件开发、管理和交付过程中的不同方面，例如版本控制、许可证管理和安全性验证等。

常见的软件标识包括以下几种。

（1）版本号：版本号是一个用于标识软件版本的字符串或数字序列。它通常包含主版本号、次版本号和修订号等信息，可以帮助用户和开发人员识别和跟踪不同版本的软件。

（2）软件标签：软件标签是为软件添加的可用于组织、分类和搜索的标签或关键字。它们可以根据功能、用途、平台等方面对软件进行分类和标记，便于用户快速找到所需的软件。

（3）软件识别码：软件识别码是用于唯一标识和识别软件的一串数字或字符代码。它们通常与软件的注册信息、许可证密钥或机器硬件信息关联，用于验证软件的合法性和授权使用。

（4）数字签名：数字签名是一种用于验证软件完整性和身份真实性的加密技术。通过对软件文件进行加密和签名，软件使用者可以验证该软件的来源和是否被篡改，以确保软件的安全性。

（5）软件包管理系统标识：软件包管理系统标识是一种用于唯一标识和管理软件包的代码或名称。常见的软件包管理系统包括包管理器（如 APT、YUM）、软件仓库（如 NPM、Maven）等，它们通过使用特定的标识来管理和交付软件包。

总的来说，软件标识在软件开发和管理过程中起着重要的作用，它们可以帮助识别、跟踪和验证软件，提高软件开发和交付的效率和安全性。

4. 数字签名

数字签名，又称公钥数字签名，是一种功能类似写在纸上的普通签名、但是使用了公钥加密领域的技术，以用于鉴别数字信息的方法。一套数字签名通常会定义两种互补的运算，一个用于签名，另一个用于验证。法律用语中的电子签名与数字签名代表的意义并不相同。电子签名指的是依附于电子文件并与其相关联，用于识别及确认电子文件签署人身份、资格及电子文件真伪的；数字签名则是以数学算法或其他方式运算对其加密而形成的电子签名。并非所有的电子签名都是数字签名。

5. 动态验证

动态验证是一种安全验证机制，用于确保用户在进行重要操作时是其本人操作，从而防止非法获取和滥用账户。它主要应用于网银支付、软件登录等场景，以保护用户账号的安全。常用的动态验证码有数字验证码、字母验证码、图片验证码、行为验证码、二维码验证码等。

7.6.5 身份隐藏技术

1. 匿名网络

匿名网络泛指信息接收者无法对信息发送者进行身份定位与物理位置溯源，或溯源过程极其困难的通信网络。这种网络通常是在现有的互联网环境下，通过使用特定的通信软件组成的特殊虚拟网络，实现对发起者的身份隐藏。匿名网络是一种无法确定信息发送者身份和物理位置的通信网络，或者溯源过程非常困难。这种网络通常通过特定的通信软件，在现有的互联网环境下形成特殊的虚拟网络，以保护发起者的身份。典型的匿名网络是 Tor 网络（洋葱网络）。

2. 盗用账号

盗用账号是指恶意攻击者通过各种手段获取他人的身份信息、用户名和密码，并以此冒用他人的身份进行恶意活动。盗取他人 ID/ 账号，攻击者既可以获取与 ID/ 账号相关的系统权限，进而实施非法操作，也可以冒充 ID/ 账号所有人的身份进行各种网络操作，从而达到隐藏身份的目的。这种技术被广泛应用于网络攻击、网络钓鱼、网络诈骗和黑客攻击等恶意行为中。

3. 跳板机

攻击者使用跳板机攻击，是指攻击者并不直接对目标发起攻击，而是利用中间主机作为跳板机，经过预先设定的一系列路径对目标进行攻击的一种攻击方法。使用跳板机的原因主要有两方面：一是受到内网安全规则的限制，目标机器可能直接不可达，必须经过跳板机才能间接访问；二是使用跳板机，攻击者可以在一定程度上隐藏自己的身份，使系统中留下的操作记录多为跳板机所为，从而增加防守方溯源分析的难度。

7.6.6 日志

计算机术语"log（日志）"来源于古代水手测量移动船只速度的技术。一块木头做的记录器（木头日志）被绑在一根长绳上，然后从船的尾部抛入水中。绳子上有规律地间隔着结，水手们会数随着船只与浮在水上的木头日志拉开距离时过去的结数。通过计算一段时间内数过的结数，可以测量出船的速度。船的速度的定期测量结果会被记录在船上的"航海日志"或日志中。

日志在计算机系统中是一个非常广泛的概念，任何程序（包括操作系统内核、各种应用服务、应用程序等）都有可能输出日志，日志的内容、规模和用途也各不相同。

Windows 系统日志是针对系统服务、系统安全和应用程序等相关事件的启动和关闭进行记录，包括消息类型、消息来源、日期 / 时间信息、时间和描述等。常见的日志种类如下。

（1）系统日志（System Logs）：记录操作系统的事件和活动，包括启动、关机、错误、警告等。这些日志有助于诊断和解决操作系统相关的问题。

（2）应用日志（Application Logs）：记录应用程序的事件和活动，如程序启动、关闭、错误、警告和用户操作等。应用日志可以帮助开发者追踪和调试应用程序的问题。

（3）安全日志（Security Logs）：记录系统和网络的安全事件，如登录尝试、访问控制权限、防火墙日志等。安全日志对于检测和防止安全威胁至关重要。

（4）网络日志（Network Logs）：记录网络设备和网络流量的事件和活动，如路由器、交换机、防火墙等设备的日志，以及 IP 地址、通信端口、传输协议等网络流量信息。

（5）数据库日志（Database Logs）：记录数据库的事件和操作，如数据修改、查询、备份和恢复等。数据库日志对于维护数据完整性和故障恢复非常重要。

（6）Web 服务器日志（Web server logs）：记录 Web 服务器的访问日志，包括网站访问记录、HTTP 请求和响应的信息、访问者 IP 地址等。这些日志有助于分析网站的访问量、用户行为和性能问题。

（7）防火墙日志（Firewall Logs）：记录防火墙的活动和安全事件，如网络流量过滤、攻击检测和防御、访问控制等。防火墙日志有助于监测和防止网络威胁。

这些日志类型的记录和分析对于系统和网络管理、故障排除、安全审计和性能优化等方面都非常重要，在事件响应和追踪溯源中也发挥了重要作用。

7.6.7　威胁情报

威胁情报的定义在工业界和学术界没有得到统一。许多机构和论文都提出了自己对威胁情报的解释。其中，Gartner 在 2014 年发布的《安全威胁情报服务市场指南》给出了一个被广泛接受的定义：威胁情报是某种基于证据的知识，包括上下文、机制、标识、含义和能够执行的建议。主要用于识别和检测威胁的失陷标识，如文件 HASH、IP 地址、域名、程序运行路径、注册表项等，以及相关的归属标签等，这些知识可以用来决策威胁响应的措施。威胁情报与网络资产所面临的潜在威胁和危险密切相关，掌握威胁情报可为网络威胁的检测发现、威胁预警、应急响应、决策指挥等提供重要支撑，威胁情报的生产与应用是网络安全防御的重要环节。通常，威胁情报可以分为四种类型：战略威胁情报、运营威胁情报、战术威胁情报和技术威胁情报。

7.6.8　入侵检测指标

入侵检测指标（Indication of Compromise，IOC）是一种指示威胁已经侵入系统或网络的标志。通过这些标志，安全专家可以识别潜在的威胁或已知的恶意活动的特征、属性或模式。在网络安全领域，IOC 是一种关键的工具，用于监测、检测和响应潜在的安全事件。

7.7 溯源分析的组织与方法

7.7.1 溯源的概念与必要性

攻击溯源，也称为威胁狩猎（Threat Hunting），最初提出是为了应对外部 APT 攻击者和内部利益驱动的员工威胁而提出的一种解决方案。现如今，网络攻击溯源已经成为事件响应工作的重要一环，目的是通过综合利用各种手段主动地追踪网络攻击发起者、定位攻击源，结合网络取证和威胁情报，有针对性地减缓或反制网络攻击，争取在造成破坏之前消除隐患，在网络安全领域具有非常重要的现实意义。

在现代网络安全实践中，攻击溯源的概念，已经不再局限于对攻击者在网络空间或物理空间中的定位，而是更加注重于在网络安全事件的响应和处置过程中，对事件的起源、演化过程和相关责任人（或组织）的确定过程，包括但不限于对攻击者攻击手法、攻击路径的还原，对攻击者的研判和画像等相关工作。

7.7.2 溯源的理论可行性

在溯源分析工作中，一个让很多人困惑的问题是：是否能够追踪到攻击活动的来源？是否存在无法被追溯的"完美犯罪"让攻击者可以完全隐匿身份？在安全大数据时代，答案是肯定的：所有的攻击活动都可以被追溯到源头。换句话说，无论攻击者如何隐藏自己，采用何种伪装手段，他们都会在网络上留下某种痕迹，使得网络安全人员能够追踪和溯源他们的行为。然而，在实际操作中，人们需要综合考虑溯源的成本和成功带来的收益，很多时候可能会因为成本不划算而放弃追溯。举例来说，绝大多数勒索软件攻击都是跨国的，即使受害企业投入大量资源追溯攻击者，也很难实际抓捕到他们，更难挽回损失，因此大多数企业会放弃全球范围内对攻击者的追溯。之所以说网络攻击是可以被追溯的，主要是因为所有的网络活动都必然会在网络上留下痕迹，可以通过这些痕迹之间的关联性和独特性最终追溯到攻击者的真实身份。

1. 网络留痕的必然性

对于有经验的攻击者来说，他们可能会尽力擦除攻击留下的局部痕迹。但是从整个网络空间的角度来看，要完全隐形是不可能的，攻击活动、销赃行为等都不可能是一次性的、瞬时性的，而是一个持续一段时间的完整过程，并且需要动用大量网络资源来实现攻击目的。通过现代的大数据安全技术，只要设备和系统部署得当，就可以确保留下攻击者的各类网络活动的痕迹。此外，即使攻击者可以擦除攻击活动产生的具体影响，他们在整个互联网上的浏览与访问操作也无法被完全擦除。而且，所有的攻击活动都会被视为网络中的异常行为。通过对网络中异常行为的安全大数据分析，网络安全人员也可以捕获到攻击者。

2. 网络留痕的关联性

尽管攻击者的痕迹可能无法简单地用来锁定他们，但通过对所有痕迹的挖掘和分析，网络安全人员可以追溯并确定具体的攻击者。在实践中，攻击者的网络资产和作案工具通常是持续、反复使用的，并且这种持续使用是有一定必然性的。因此，网络安全人员可以从不同的维度和渠道获取攻击者在网络中留下的各种痕迹。通过综合多维度的线索，网络安全人员可以对攻击者进行全面的描述和画像。

3. 攻击者行为特征的独特性

有了多维度的线索收集后，网络安全人员面临的问题是如何将这些线索关联到同一个攻击者身上，以及如何确定哪些痕迹是攻击者 A 留下的，哪些痕迹是攻击者 B 留下的。这就涉及攻击者行为特征的唯一性问题。

事实上，不同的攻击者也有不同的行为特征。当网络安全人员对攻击者的行为特征进行细致的描述时，可能会发现某些特征可以精确地标识一个攻击者或攻击组织。例如，攻击者的编程习惯、代码重复使用、网络资产的使用方式，甚至是他们的生活规律和作息习惯等，都可能具有鲜明的个人特色。通过将这些因素综合考虑，网络安全人员可以将每个攻击者视为网络空间中的一个独特存在，有时也将这种攻击者的"行为特征"称为"行为指纹"。只要收集到足够多的综合线索，就有可能定位到具体的攻击者。

7.7.3　追踪溯源的常用技术

从分析人员的学习角度来看，追踪溯源工作需要综合运用多种技术能力。其中，日志分析、流量数据分析、文件系统分析、内存与进程分析以及数字取证等技术是必不可少的基础。通过学习和掌握这些基础技能，分析人员可以更好地进行追踪溯源工作。

（1）日志分析：日志分析是网络安全追溯溯源工作中的重要环节。分析人员需要确保系统中的日志被正确收集和存储，深入理解各种日志的格式和含义，包括操作系统日志、网络设备日志、应用程序日志等。通过解析日志，分析人员可以从中提取有关安全事件的关键信息，如时间戳、源 IP 地址、目标 IP 地址、操作行为等。分析人员需要将不同日志源的数据进行关联和分析，可以发现更复杂的攻击行为或攻击链，以便全面了解安全事件的全貌。

（2）流量数据分析：分析人员可以了解网络中的数据传输情况，如 IP 流量、协议流量、数据包大小等。通过对流量数据的分析，分析人员可以发现异常的传输行为，如大量数据传输、频繁的连接尝试、异常的协议使用等，从而推测出潜在的安全威胁。此外，分析人员还需要熟悉流量数据的获取和存储方法，以确保获取到准确、全面的流量数据。

（3）文件系统分析：对于潜在的恶意代码或文件，分析人员可以通过检查文件的属性、元数据和内容，来确定是否存在安全威胁。此外，分析人员还需要了解常见的文件系统攻击手段，如文件嵌入、文件隐藏等，以便发现文件系统中的潜在威胁。

（4）内存与进程分析：通过分析内存和进程，可以识别恶意进程、异常行为和潜在的威胁活动。例如，通过检查进程的行为和使用的系统资源，分析人员可以发现异常的进程活动和可能存在的恶意行为。此外，分析人员还需要了解内存和进程的实时监测和分析工具，以便及时发现和处理潜在的安全威胁。

（5）数字取证技术：分析人员需要了解数字取证的基本原理和方法，以能够收集、保护、分析和呈现数字证据。通过数字取证，分析人员可以重建网络安全事件的行为过程、获取关键证据，从而揭示攻击者的意图和行为，为进一步的追踪溯源工作提供重要线索。

（6）代码同源性分析：代码同源性分析用于确定不同恶意程序或攻击脚本之间是否存在相互关联。它主要依据包括但不限于：代码的编写风格和注释习惯、代码的继承关系以及代码的传播途径和方式等。同源性代码分析可以帮助分析人员迅速建立不同维度的溯源线索之间的关联关系。

（7）社交网络溯源：社交网络溯源的目的是通过在国内外社交网络平台上收集威胁信息，并将已有线索与社交网络信息关联起来，以便更有效地追踪攻击者的身份信息。许多个人黑客常常在社交网络或黑市交易平台上建立个人账号，因此社交网络溯源在溯源分析过程中表现出较高的价值，这也使得它成为高级溯源分析人员必备的技能之一。

7.8 基于大数据的溯源分析

7.8.1 数据来源

溯源分析需要依靠数据的支持，不仅需要获取攻击者的各种信息，还需要收集不同类型的攻击行为和指纹信息，如武器库指纹、攻击者行为指纹、虚拟组织信息、网络虚拟身份信息、异常行为数据等。随着数字化转型的推进，安全数据的种类越来越多。传统技术主要依赖安全日志和安全事件进行数据采集，但数据采集源相对单一，缺乏对资产、系统 /业务日志、网络流量、漏洞信息等数据的全面采集，使得多源数据的融合处理变得困难。

由于收集到的数据种类繁多且格式不同，需要对这些数据进行日志采集和归一化处理。对海量异构安全日志进行结构化解析、归一化、过滤、富化等处理，以实现解析性能的扩展，满足集中化的海量日志归一化处理的要求。通过集中进行分布式日志解析，可以快速实现集中配置管理，降低日志运维的接入成本。同时，针对不同传输方式和格式的日志，需要进行有效的解析，并按照统一的标准日志格式进行再表达。

在海量、异构、多维数据融合的环境下，有效地实现多源异构安全大数据的采集、融合和存储面临着多个挑战，其中包括如何自动解析、过滤、富化、内容转译和范式化不同设备厂商的设备日志，如何全面采集网络、安全、终端、业务等日志数据，如何有效地采集资产、网络流量数据、配置信息、漏洞数据等安全数据，以及如何统一处理各种安全数据采集方式，如 Syslog、DB、SNMP、Netflow、API 接口、镜像流量、文件等。

7.8.2　分析方法

1. 关联分析

关联分析，也称为关联挖掘，是一种简单、实用的分析技术，用于在交易数据、关系数据或其他信息中寻找项目集合或对象集合之间的频繁模式、关联、相关性或因果结构。它的目标是发现大量数据集中的关联性或相关性，从而描述事物中某些属性同时出现的规律和模式。关联分析的核心是复杂事件处理（Complex Event Processing，CEP），它能够根据一个或多个事件流进行规则匹配，输出符合要求的复杂事件。通常，CEP 的运行依赖于日志，生成的事件常用于告警，用于提醒分析人员进行处理。在一些复杂规则场景中，关联生成的事件可能会回溯到关联分析过程中，以发现更复杂的事件。

2. 数据可视化

可视化分析是通过交互式可视化界面促进的一种分析推理科学。它的主要目标是解决一些复杂且难以处理的问题，这些问题的规模、复杂性和需要人机紧密协作进行分析的程度可能会使它们变得棘手。可视化分析的发展推动了分析推理、交互、数据转换、计算和可视化表示、分析报告和技术转型方面的科学和技术进步。作为研究议题，可视化分析涵盖了多个科学和技术领域，包括计算机科学、信息可视化、认知和感知科学、交互设计、平面设计和社会科学。

可视化分析将新的计算方法和基于理论的工具与创新的交互技术和视觉表示相结合，以实现人类对信息的深入理解。工具和技术的设计考虑了认知、设计和感知原则。分析推理科学提供了一个推理框架，可以用来开发用于威胁分析、预防和响应的战略和战术可视化分析技术。在分析推理中，分析人员应用人类的判断力，从证据和假设的组合中得出结论，这是任务的核心。

习　题

1. 简述事件响应的首要目标是什么？
2. 简述追踪溯源的主要目标是什么？
3. 追踪溯源的范围主要有哪些？采用的常用工作方法都有什么？
4. 按网络安全事件的分类方法，试列举其中 8 种事件。
5. 网络安全事件七段工作法包含哪些内容？
6. 事件响应工作的组织体系主要由哪些组成？

7. 事件处置关键技术中主要有哪些技术？

8. 入侵检测系统主要分为哪三类？

9. 服务代理技术主要有哪些分类？

10. 在事件响应与分析中，常用的身份识别技术有哪些？

11. 在事件响应与分析中，常用的身份隐藏技术有哪些？

12. 在事件响应与分析中，常用的日志类型有哪些？

13. 威胁情报主要有哪几种类型？

14. 追踪溯源常用的基础技术有哪些？

15. 在基于大数据的溯源分析中，基本的分析方法有哪些？

第 8 章

网络安全检测评估技术

本章介绍网络安全检测评估的概念、类型，检测评估技术方法，包括网络安全等级保护测评、关键信息基础设施安全测评、商用密码应用安全性评估、数据安全检测评估、信息安全风险评估，网络安全测评技术工具，使读者了解和掌握网络安全检测评估的基本概念和基本方法。

8.1 概述

随着数字经济和信息技术的迅猛发展，网络安全已成为国家安全、经济安全以及个人隐私保护的重要组成部分。网络安全检测评估是验证网络安全保障体系有效性的重要手段，在识别网络安全威胁、防范潜在网络安全攻击、保障网络与信息系统安全等方面发挥着重要作用。通过全面和深入的网络安全检测评估，网络运营者能够识别和修复安全漏洞，防范潜在的网络威胁，保障业务连续性，提升应急响应能力，更好地符合法律法规要求。

8.1.1 检测评估技术类型

网络安全检测评估技术根据检测评估对象、关注重点、检测评估内容等不同，主要类型可以分为网络安全等级保护测评技术、关键信息基础设施安全测评技术、商用密码应用安全性评估技术、数据安全风险检测评估技术、信息安全风险评估技术等。

1. 网络安全等级保护测评技术

网络安全等级保护测评技术是指网络安全等级测评机构依据国家网络安全等级保护制度规定，按照有关管理规范和技术标准，通过检查、识别与分析、漏洞验证对已定级备案的非涉及国家秘密的网络（含信息系统、数据资源等）的安全保护状况进行检测评估的技术，具体包括但不限于文档检查、日志检查、规则集检查、配置检查、文件完整性检查、密码检查、网络嗅探、端口和服务识别、漏洞扫描、无线扫描、口令破解、渗透测试等。

2. 关键信息基础设施安全测评技术

关键信息基础设施安全测评技术是针对国家关键信息基础设施所进行的系统性、规范性和专业性的安全性检测评估技术，包括但不限于信息收集、入侵痕迹分析、业务逻辑安全分析、模拟攻击路径分析等，旨在确保关键信息基础设施的安全防护能力达到国家规定的标准和要求，能够有效抵御网络安全威胁，保障其正常运行，并防止可能对国家安全、社会稳定、经济秩序和个人隐私造成严重威胁和影响。

3. 商用密码应用安全性评估技术

商用密码应用安全性评估技术是指对网络和信息系统中采用商用密码技术、算法、产品和服务集成建设的环境，从合规性、正确性和有效性三个维度进行深入且系统的评估技术，包括但不限于密码算法与协议分析、证书有效性验证密钥生命周期管理机制分析等，其核心目的是确保在实际应用中，密码技术能够按照国家法律法规和技术标准要求正确使用，有效抵御各种安全威胁，保障数据的安全传输、存储和处理。

4. 数据安全风险检测评估技术

数据安全检测评估技术是对重要业务数据、个人信息等数据类型的安全问题、隐患和风险进行检测评估的技术，用于确定与数据相关的安全风险，主要关注数据在采集、存储、处理、传输和销毁过程中的全生命周期的安全性。通常数据安全检测评估包括数据安全合规评估、数据安全风险评估、数据安全检测评估认证、数据出境评估、个人信息保护评估等不同类型的评估。

5. 信息安全风险评估技术

信息安全风险评估技术主要关注网络与信息系统在资产和业务方面面临的安全风险，通常作为单独的评估项目开展，采用定性和定量相结合的方法，分析威胁利用脆弱性的可能性和严重程度，探究系统、业务面临的风险状况。同时，信息安全风险评估也可为其他检测评估提供评估方法。

8.1.2　检测评估技术方法

网络安全检测评估方法旨在识别、分析和评估网络和信息系统在技术和管理层面的安全漏洞和威胁，包括但不限于端口和服务识别、漏洞扫描和挖掘、网络流量嗅探分析、入侵痕迹检测分析、渗透测试和攻防演练、密码应用安全分析、源代码安全审计、文档记录检查、安全策略和配置核查等。

1. 端口和服务识别

端口和服务识别作为网络安全检测评估的首要任务，主要用于确定在网络设备或主机上运行的服务和应用程序类型。通过识别服务和开放的端口，管理员和安全检测评估人员可以更好地了解网络中的通信情况，发现潜在的安全漏洞，并采取相应的措施来保护网络安全。

2. 漏洞扫描和挖掘

漏洞扫描和挖掘是网络安全检测评估的重要手段。漏洞扫描是指利用 Nessus、OpenVAS 等常见的自动化工具，基于已知的最新漏洞库，对计算机系统、网络设备和应用程序中的安全漏洞进行全面检查和识别，发现可能被攻击者利用的漏洞。漏洞挖掘是指通过深入分析和研究，发现系统、应用程序或网络中的新漏洞，通常需要深入的技术知识和技能，涉及手动分析和测试。

3. 网络流量嗅探分析

网络流量嗅探分析是一种网络安全攻击特征监控技术，通过捕获和分析网络中传输的数据包，获取有关网络通信的详细信息，用于诊断网络问题、检测安全威胁、监控网络使用情况和优化网络性能。

4. 入侵痕迹检测分析

入侵痕迹检测分析是指使用匹配已知攻击特征库来监控分析网络流量和系统行为，以检测和分析可能的入侵行为和安全威胁，采用的技术和工具包括入侵检测系统（IDS）、入侵防御系统（IPS）、日志分析、行为分析和威胁情报等。

5. 渗透测试和攻防演练

渗透测试和攻防演练是用于在实际环境中检测评估和提升网络安全能力的方法。渗透测试作为一种授权在真实环境中开展的模拟攻击者行为的安全评估方法，能够最大程度发现潜在的安全漏洞，以便组织能够及时修补和加固，通常分为白盒测试、黑盒测试和灰盒测试，分别对应测试人员对系统内部结构的了解程度。攻防演练是一种模拟实战的安全演练，通常分为攻击方和防守方，攻击方试图入侵和破坏系统，而防守方则负责捍卫系统并检测和响应攻击。

6. 密码应用安全分析

密码应用安全分析涉及对密码算法和协议在实际应用中的安全性进行评估和分析，旨在确保所采用的密码算法能够有效地保护数据的机密性、完整性和可用性，同时防范各种攻击，如密码破解、中间人攻击、重放攻击等。

7. 源代码安全审计

源代码安全审计是从根源上对系统组件进行安全性检查和分析的方法，旨在评估系统组件源代码的安全性和质量，涉及逻辑错误、后门和安全漏洞的排查，通常由安全专家或审计团队执行，旨在提高系统组件的安全性和稳定性，防止恶意攻击和数据泄露。

8. 文档记录检查

文档记录检查是对系统中安全保障体系运行有效性进行验证的评估方法，旨在确保一个组织的安全文档和记录符合最佳实践和标准，以有效防范和应对安全威胁，涉及对技术文档和管理政策的详细审查，以确保其完整性、准确性和有效性，从而提升整个组织的安全态势。

9. 安全策略和配置核查

安全策略和配置核查旨在确保一个组织的网络安全策略和配置符合最佳实践、行业标准和法规要求，从而有效防范和应对网络安全威胁，包括对安全策略的全面检查以及对系统和网络配置的详细审查，通过日志分析等辅助手段，以确认其安全性、完整性和有效性。

8.2 网络安全等级保护测评

《中华人民共和国网络安全法》于 2017 年 6 月 1 日起施行，第二十一条规定"国家实行网络安全等级保护制度"。法律要求网络运营者需按照网络安全等级保护制度要求，履行制定安全管理制度、采取防范技术措施、监测记录网络状态、保护数据安全等多项义务，确保网络安全稳定。网络安全等级保护测评是网络安全等级保护工作的重要环节之一。

8.2.1 测评内容

GB/T 28448《信息安全技术 网络安全等级保护测评要求》中规范了测评人员在开展测评时的测评要点及测评实施步骤，为测评人员在开展等级测评实施时提供参考。

1. 安全物理环境

安全物理环境的测评内容主要包括：物理位置的选择、物理访问控制、防盗窃和防破坏、防雷击、防火、防水和防潮、防静电、温湿度控制、电力供应和电磁防护。测评的目的是验证系统设备和存储介质等所在的物理机房抵御物理环境所产生的各种威胁和破坏的能力。

2. 安全通信网络

安全通信网络的测评内容主要包括：网络架构、通信传输和可信验证。测评的目的是验证为互联互通、资源共享和数据交换提供的网络环境安全保障能力，是"一个中心，三重防护"的第一道防线。安全通信网络主要关注通过广域网或城域网在边界外部的通信安全性、内部局域网的架构设计合理性、网络内部传输的数据安全性。

3. 安全区域边界

安全区域边界的测评内容主要包括：边界防护、访问控制、入侵防范、恶意代码防范、安全审计和可信验证。测评的目的是验证"一个中心，三重防护"纵深防御策略的第二道关键防线有效性，确保各网络间有效互联互通时，网络边界处有效实施严格的授权接入管理、访问控制机制以及入侵防范措施。

4. 安全计算环境

安全计算环境的测评内容主要包括：身份鉴别、访问控制、安全审计、入侵防范、恶意代码防范、可信验证、数据完整性、数据保密性、数据备份与恢复、剩余信息保护和个人信息保护。测评的目的是验证在安全区域边界内部，网络设备、安全防护设备、服务器设备、应用系统以及终端等设备节点的全面安全防护能力。安全计算环境在"一个中心，三重防护"的纵深防御体系中，属于最后一道防线。

5. 安全管理中心

安全管理中心的测评内容主要包括：系统管理、审计管理、安全管理和集中管控。测评的目的是验证在"一个中心，三重防护"体系中"中枢神经"的有效性。安全管理中心主要通过技术手段实现系统管理、审计管理和全面安全管控任务，特别是针对高级别的网络系统，通过"安全管理中心"实现高效的集中式管控。

6. 安全管理制度

安全管理制度的测评内容主要包括安全策略、管理制度、制定和发布、评审和修订。安全管理制度的制定与正确实施是网络安全管理有效运行的重要表现，同时也促使全体员工参与到网络安全保障的工作中来，有效地降低由于人为操作失误所造成的对网络和信息系统安全的损害。完善的安全管理制度体系能够明确责权，为工作的规范性和可操作性提供保障。

7. 安全管理机构

安全管理机构的测评内容主要包括岗位设置、人员配备、授权和审批、沟通和合作、审核和检查五个方面。最高管理层到执行管理层以及具体业务运营层组织体系的构建，能够明确各个岗位的安全职责，为安全管理的落地执行提供组织机构上的保证。

8. 安全管理人员

安全管理人员的测评内容主要包括人员录用、人员离岗、安全意识教育和培训、外部人员访问管理。安全管理人员的有效管理是网络与信息系统安全运行的重要依靠，降低人为操作失误所带来的风险才具备可能性。

9. 安全建设管理

安全建设管理的测评内容主要包括定级和备案、安全方案设计、安全产品采购和使用、自行软件开发、外包软件开发、工程实施、测试验收、系统交付、等级测评和服务供应商管理。网络和信息系统建设过程中，从系统定级设计到验收评测各个环节都需要进行安全管理。

10. 安全运维管理

安全运维管理的测评内容主要包括环境管理、资产管理、介质管理、设备维护管理、漏洞和风险管理、网络和系统安全管理、恶意代码防范管理、配置管理、密码管理、变更管理、备份与恢复管理、安全事件处置、应急预案管理和外包运维管理等。在网络和信息系统建设完成投入运行之后，有效和完善的系统安全维护管理是保证系统运行阶段安全的基础。

8.2.2　测评方法与技术

测评人员实施现场测评时的测评方法，一般包括访谈、核查、测试、评估四种测评方法。

1. 访谈

测评人员通过引导等级保护对象相关人员进行有目的的（有针对性的）交流以帮助测评人员理解、澄清或取得证据的过程。

2. 核查

测评人员通过对测评对象（如制度文档、各类设备及相关安全配置等）进行观察、查验和分析，以帮助测评人员理解、澄清或取得证据的过程，包括文档审查、实地察看、配置核查三种方式。

3. 测试

测评人员使用预定的方法／工具使测评对象（各类设备或安全配置）产生特定的结果，将运行结果与预期的结果进行比对的过程，包括基于网络探测和基于主机审计的漏洞扫描、渗透性测试、入侵检测和协议分析等。

4. 评估

测评人员对测评对象可能存在的威胁及其可能产生的后果进行综合评价和预测的过程。

8.2.3　测评过程

网络安全等级保护测评流程包括测评准备活动、方案编制活动、现场测评活动、报告编制活动等四项基本测评活动，与测评相关方之间的沟通贯穿整个等级测评过程，如图8-1所示。

1. 测评准备活动

测评准备活动是为了顺利启动测评项目，收集定级对象相关资料，准备测评所需资料，为编制测评方案打下良好的基础。测评准备活动包括三项主要任务：工作启动、信息收集和分析、工具和表单准备。

2. 方案编制活动

方案编制活动是为了整理测评准备活动中获取的定级对象相关资料，提供最基本的文档和指导方案。方案编制活动包括六项主要任务：测评对象确定、测评指标确定、测评内容确定、工具测试方法确定、测评指导书研发及测评方案编制。

3. 现场测评活动

现场测评活动通过与测评委托单位进行沟通和协调，为现场测评的顺利开展打下良好基础，依据测评方案实施现场测评工作，将测评方案和测评方法等内容具体落实到现场测评活动中。取得报告编制活动所需的、足够的证据和资料是现场测评工作的主要任务。现场测评活动包括三项主要任务：现场测评准备、现场测评和结果记录、结果确认和资料归还。

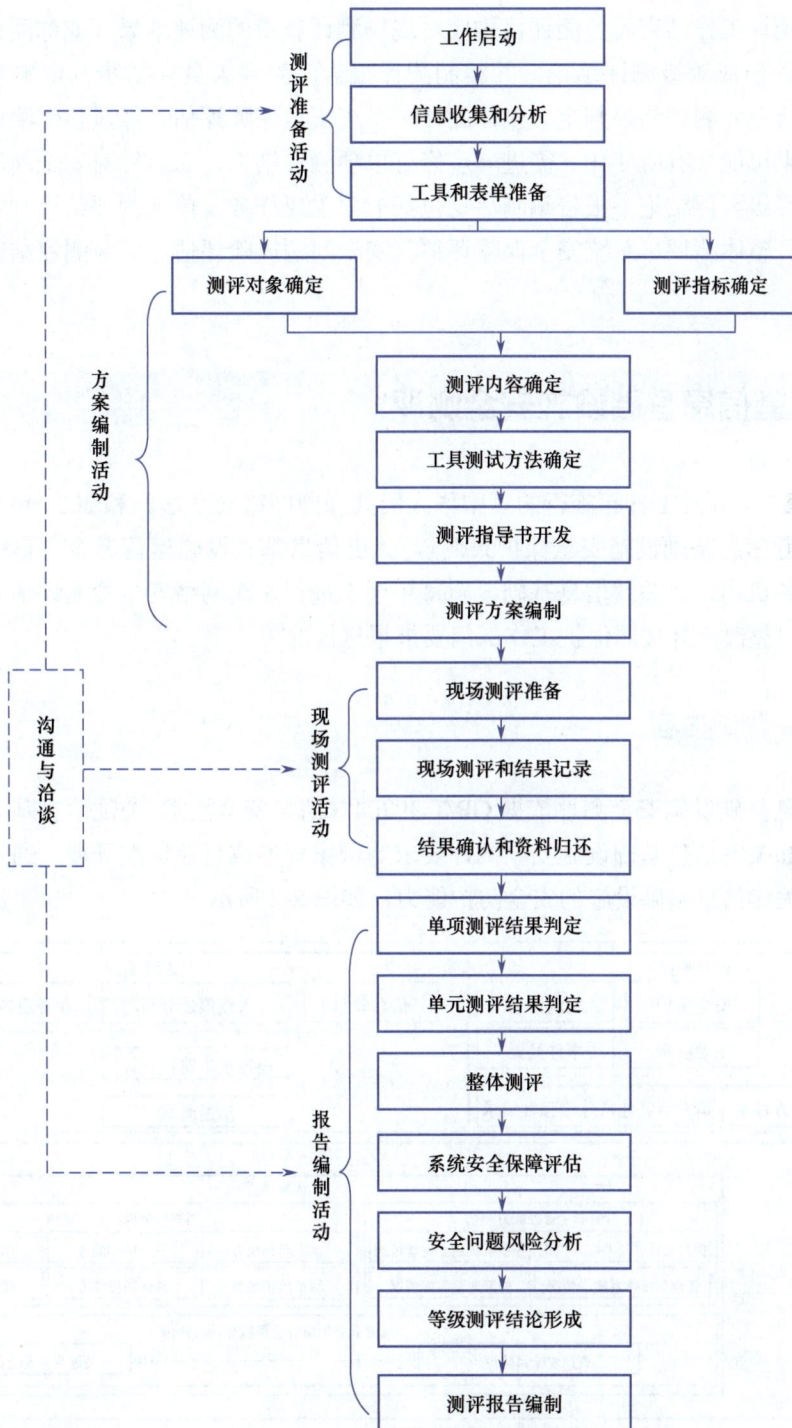

图 8-1 网络安全等级测评流程

4. 报告编制活动

在现场测评工作结束后，测评机构应对现场测评获得的测评结果（或称测评证据）进行汇总分析，形成等级测评结论，并编制测评报告。测评人员在初步判定单项测评结果后，还需进行单元测评结果判定、整体测评、系统安全保障评估，经过整体测评后，有的单项测评结果可能会有所变化，需进一步修订单项测评结果，而后针对安全问题进行风险评估，形成等级测评结论。报告编制活动包括七项主要任务：单项测评结果判定、单元测评结果判定、整体测评、系统安全保障评估、安全问题风险评估、等级测评结论形成及测评报告编制。

8.3　关键信息基础设施安全测评

依据 2017 年 6 月 1 日起施行的《中华人民共和国网络安全法》和 2021 年 9 月 1 日起施行的《关键信息基础设施安全保护条例》，关键信息基础设施运营者应当自行或者委托网络安全服务机构，对关键信息基础设施每年至少进行一次网络安全检测评估，对发现的安全问题及时整改，并按照保护工作部门要求报送情况。

8.3.1　测评内容

关键信息基础设施安全测评依据 GB/T 39204《信息安全技术　关键信息基础设施安全保护要求》和关键信息基础设施安全测评要求等国家标准或行业标准开展，通过技术和管理测评评估关键信息基础设施的安全防护能力，如图 8-2 所示。

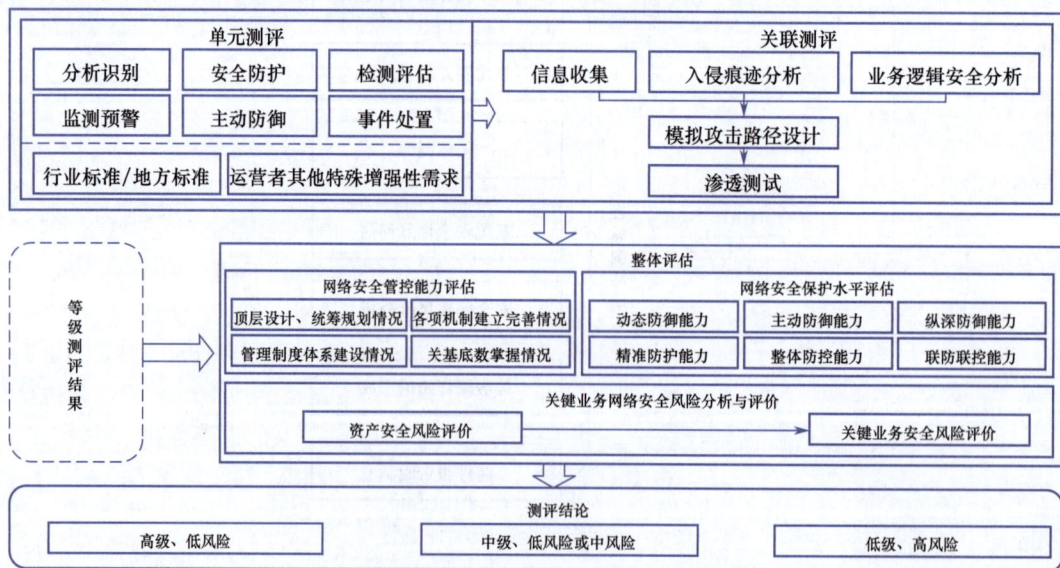

图 8-2　关键信息基础设施安全测评内容框架

1. 单元测评内容

单元测评内容是关键信息基础设施安全测评工作的基本工作内容，测评内容指标一部分为 GB/T 39204 的各要求项，包括分析识别、安全防护、检测评估、监测预警、主动防御、事件处置等，另一部分测评内容指标来源于关键信息基础设施安全保护制度相关的行业/地方标准以及运营者的其他特殊增强需求。

2. 关联测评内容

关联测评内容是在单元测评结果的基础上，对关键信息基础设施安全实施综合性安全测评，以求发现整体性安全问题。本阶段的测评内容结合已知的和潜在的安全风险集、关键信息基础设施安的业务场景、所属领域已知安全事件、可能面临的威胁等，开展信息收集、入侵痕迹分析、业务逻辑安全分析、设计模拟攻击路径及测试用例、开展渗透测试等。

3. 整体评估内容

整体评估内容包括针对关键信息基础设施运营者的网络安全管控能力评估、网络安全保护水平评估、关键业务网络安全风险与评价三部分。

（1）网络安全管控能力评估

网络安全管控能力评估是综合单元测评结果、关联测评结果、安全保护需求以及等级测评结果，对关键信息基础设施的整体安全进行综合评估，评估内容包括但不限于以下方面。

① 网络安全管理顶层设计、统筹规划情况：如网络安全领导架构体系、网络安全管理工作体系、网络安全保护计划制定和落实、多体系网络安全制度落实与统筹规划、网络安全责任制度和问责制度建立等；

② 网络安全管控机制建立与完善情况：如网络安全监测监控、信息通报与共享、联防联控、应急预案与处置、安全态势监测预警、安全检测评估、保密管理、供应链管控、人员审查、经费及资源保障等方面的机制；

③ 掌握关键信息基础设施底数情况：如关键信息基础设施在设计、建设、运行维护各阶段的安全保护情况，软硬件资源底数和档案建立情况，资产动态更新情况等；

④ 网络安全管理制度体系建设情况：如网络安全策略、管理制度、操作规程、记录表单等建立、完善及落实情况。

（2）网络安全保护水平评估

网络安全保护水平评估是综合单元测评结果、关联测评结果、安全保护需求以及等级测评结果，对关键信息基础设施自身有效防范网络安全重大风险隐患的能力进行综合评估，评估内容包括但不限于以下方面。

① 重要节点与边界情况：对实时监测与威胁情报生成，及时发现攻击并进行动态防御的能力进行评估；

② 主动防御情况：对暴露面收敛、攻击者画像、研判威胁、开展实网攻防和沙盘推

演等多种方式进行主动防御的能力进行评估；

③ 纵深防御情况：对物理环境基础设施安全保障、网络区域边界隔离、接入认证、安全加固等纵深防御，实现层层防范的能力进行评估；

④ 信息资产精准管控情况：对落实信息资产准入、缺陷安全加固、集权系统管控、终端归口管理、数据全生命周期安全防护等多种措施的有效性进行评估；

⑤ 整体防控能力情况：对基于业务所涉及的关键信息基础设施进行整体设计、全面防护的能力进行评估；

⑥ 联防联控及快速处置能力情况：对落实信息共享、通报预警、协同联动与决策等各项机制，应对突发安全事件开展处置的能力进行评估。

（3）关键业务网络安全风险分析与评价

关键业务网络安全风险分析与评价是在资产和关键业务链的风险评价基础上，针对关键信息基础设施存在的安全问题，采用风险分析的方法，分析所产生的安全问题被威胁利用的可能性，判断其被威胁利用后对关键信息基础设施造成影响的程度，并综合评价存在的安全问题对关键信息基础设施所承载关键业务及国家安全造成的安全风险。从关键业务受损或丧失能力后的影响后果来判断关键业务网络安全风险，如对国家安全、社会秩序、公共利益、运营者、公民或其他组织等造成的潜在损害，包括但不限于以下方面：

① 对国家安全的危害分析：是否导致国家和政府失去运作的连续性，是否损害与其他政府或非政府实体的信任关系，是否损害当前或未来实现国家目标的能力等；

② 对社会秩序和公共利益的危害分析：是否导致当前履行的社会使命或业务职能无法履行，是否无法恢复关键业务职能，是否导致经济损失、形象或荣誉损害等；

③ 对公民利益的危害分析：是否导致人身伤害或生命损失、生理或心理损失、身份盗窃、个人身份信息丢失、形象或声誉受损等；

④ 对其他组织的危害分析：是否导致其他组织的经济损失、信任关系和声誉受损等。

8.3.2　测评方法与技术

1. 单元测评方法

在单元测评过程中，采用访谈、核查、测试等方法进行测评取证，其中测试方法包括但不限于端口和服务识别、漏洞扫描和挖掘、网络流量嗅探分析、入侵痕迹检测分析、渗透测试和攻防演练、密码应用安全分析、源代码安全审计、文档记录检查等。

2. 关联测评方法

在关联测评过程中，在信息收集的基础上，针对可能的威胁，结合单元测评中发现的漏洞及安全问题，从攻击者视角利用各种攻击技术对关键信息基础设施可能遭受的攻击路径进行非破坏性质的攻击性测试。关联测评方法包括信息收集、入侵痕迹分析、业务逻辑安全分析、模拟攻击路径设计和渗透测试等。

（1）信息收集

通过搜索引擎、资产监测平台等渠道收集关键信息基础设施相关的资产类信息、运营者组织及其相关人员的关联信息、供应链的相关信息、威胁情报信息。

（2）入侵痕迹分析

通过分析业务流或警告信息，检查系统相关日志（如登录日志、系统日志、应用日志、系统访问日志等），以确定是否存在未经授权的登录或入侵痕迹；核查系统的关键文件、环境变量、系统进程、计划任务、端口占用、库文件加载等情况，判断是否被劫持或植入后门；检查系统是否存在隐藏账号、克隆账号等异常情况，包括检查注册表、后门、计划任务、远程连接程序等；通过网络流量分析是否存在异常的数据流量或数据包。

（3）业务逻辑安全分析

通过业务环节、支持系统及其相互关系方面入手，分析关键信息基础设施的业务逻辑是否存在安全设计缺陷或漏洞，范围包括鉴别流程设计缺陷、业务程序安全逻辑设计缺陷、接口调用缺陷和数据验证缺陷，重点关注不同运营者、系统和区域间的系统互联及不同业务功能模块互相访问时的业务逻辑安全性。

（4）模拟攻击路径设计

模拟攻击路径需要从攻击者视角进行设计，包括纵向路径设计、横向路径设计、物理路径设计。

纵向路径应模拟用户及威胁主体从外到内的纵向测试路径，以业务、数据、系统为主要目标的纵向测试路径，覆盖所有关键信息基础设施用户类型及各种威胁主体和威胁场景，测试已有安全防护措施的有效性。

横向路径从运营者内部设置横向测试路径，经由关联系统访问关键信息基础设施，覆盖同一网络区域的其他系统、内部和外部存在交互关系的系统及各类运维支撑系统（如网管系统、视频监控系统等），并分析测试接入点和关键信息基础设施的网络情况，结合内网欺骗、口令嗅探、社会工程学、网络钓鱼等方式设计最优路径。

物理路径采用近源攻击等测试方法，覆盖关键信息基础设施区域内的物理防护、物理接口、无线通信网络、物联网设备及各类终端节点等，进行物理防御安全测试，如围墙翻越、人员假冒、人员尾随等，以及物理设备安全测试，如盗取电子设备、线路窃听、恶意破坏设备等，并针对内部潜在攻击面开展测试，如无线 WiFi 网络、RFID 门禁、暴露的有线网口、USB 接口等。

（5）渗透测试

经过关键信息基础设施管理部门授权后开展渗透测试，在不适合开展实际环境的渗透测试场景时，应采取在测试仿真环境或桌面推演的方式进行，过程中的方法包含漏洞验证、业务安全测试、社会工程学测试、无线安全测试、内网安全测试、安全域测试、新技术扩展安全测试等，测试用例应至少包括网络设备、安全设备的公开安全漏洞、认证和授权、配置缺陷，业务系统的公开安全漏洞、信息泄露、配置缺陷、身份鉴别缺陷、逻辑设计缺陷、接口调用缺陷、数据验证缺陷等方面，尽可能发现关键信息基础设施的缺陷，并采用可控的方式对缺陷漏洞进行验证。

3. 整体评估方法

整体评估主要是结合单元测评结果、等级测评结果、关联测评结果以及关键信息基础设施自身安全保护需求，进行综合评价。

8.3.3 测评过程

为确保顺利开展关键信息基础设施安全测评工作，首先需要熟悉其工作流程，并按流程中的各项活动内容有序推进。由于关键信息基础设施安全测评工作既可以由运营者自行进行，也可以委托网络安全测评机构来完成，且该工作应每年定期进行，因此，自行测评与委托测评，以及首次测评与后续测评的工作内容和重点关注点都会有所不同。

关键信息基础设施安全测评一般包括测评准备阶段、现场测评阶段、分析评价阶段三个阶段，关键信息基础设施运营者与测评方之间的沟通与洽谈应贯穿整个测评过程。

1. 测评准备阶段

测评准备阶段是关键信息基础设施安全测评的首个环节，是直接关系到关键信息基础设施安全测评工作能否顺利开展和实施成功与否的关键，主要目标是确保项目顺利启动，收集相关资料，识别关键业务链和资产，并选择测评对象和指标，确定单元测评、关联测评内容和方法，规划现场测评方案，准备所需资料。该阶段的主要任务由网络安全测评实施团队主导，直接关系到测评工作的顺利进行。测评准备工作包括项目启动、信息收集与分析、威胁初步识别、测评内容和方法确定、测评方案编制等。

2. 现场测评阶段

现场测评阶段是关键信息基础设施安全测评的关键环节，主要目标是审定测评方案、协调资源并启动测评工作。该阶段的工作包括严格执行测评指导书，逐步实施测评项目，以了解关键信息基础设施的保护情况，获取足够证据，发现安全问题，并确保记录结果的真实、准确、及时和规范。现场测评工作包括现场测评准备、相关情况确认、测评实施、现场测评结束确认和资料归还等。

3. 分析评价阶段

分析评价阶段是关键信息基础设施安全测评的最后环节，主要目标是对关键信息基础设施的整体安全保护能力进行综合评价。该阶段的主要工作包括根据现场测评结果和相关要求，通过单元测评结果分析和整体评估，评估网络安全保护能力、运营者的管控能力及关键业务的安全风险，最终形成测评结论并编制《关键信息基础设施安全测评报告》。

8.4 商用密码应用安全性评估

《中华人民共和国密码法》、《商用密码管理条例》和《商用密码应用安全性评估管理办法》相继颁布实施，商用密码应用安全性评估目的是评估和验证商用密码应用的合规性、正确性和有效性，已成为国家网络安全保障体系中必不可少的一项工作。商用密码应用安全性评估的作用，可以避免密码技术、算法、产品和服务在应用过程中的不规范、不安全、不正确现象，确保对商用密码应用具备足够等级的保护能力。

8.4.1　评估内容

1. 方案评估

开展《密码应用方案》评估，评估内容需依据 GB/T 39786《信息安全技术　信息系统密码应用基本要求》、GB/T 43207《信息安全技术　信息系统密码应用设计指南》等标准要求，重点评估密码应用方案的总体性、科学性、完备性和可行性等设计原则的落实情况，评估目的是验证密码应用方案是否对业务流程及系统相关资产（包括软件和硬件组成、关键数据等）进行了细致的梳理和描述；是否对信息系统的物理与环境安全、网络与通信安全、设备与计算安全、应用与数据安全等技术层面，以及在管理方面的密码应用需求进行了深入且全面的分析；是否对信息系统中需要保护的资产、数据提供了体系化、完备、适用的密码保障措施；是否对不适用指标及其论证材料进行评估。

在评估过程中，需要考虑商用密码应用需求的全面性、合理性和针对性，对照相关标准规范选取适用指标的准确性，以及不适用指标论证的充分性；分析商用密码应用流程和机制是否具备可实施性、商用密码保护措施是否达到相应的商用密码应用要求、相关描述是否详尽；论证商用密码技术、产品和服务选用的合规性，密钥管理的安全性，以及使用商用密码解决安全风险的科学性；编制形成商用密码应用安全性评估报告。

2. 系统评估

开展信息系统的评估，评估内容需依据 GB/T 39786《信息安全技术　信息系统密码应用基本要求》、GB/T 43206《信息安全技术　信息系统密码应用测评要求》、GM/T 0116《信息系统密码应用测评过程指南》、《信息系统密码应用高风险判定指引》、《商用密码应用安全性评估量化评估规则》、《商用密码应用安全性评估报告模板》等标准规范、指导性文件及管理要求，评估目的是验证密码应用方案在物理和环境安全、网络和通信安全、设备和计算安全、应用和数据安全、管理制度、人员管理、建设运行和应急处置等方面的措施是否落实，验证不适用指标的条件是否成立、替代性风险控制措施是否落实，最终给出评估结果并提出有针对性的整改建议。

在评估过程中，需要对照商用密码应用方案，了解网络与信息系统基本情况，准确划定评估范围；确定评估指标及评估对象，论证编制商用密码应用安全性评估实施方案；依据商用密码应用安全性评估实施方案，开展现场评估，做好数据采集和信息汇总，研判商用密码保障系统配置及运行情况；根据客观凭据逐项对评估指标进行判定，编制形成商用密码应用安全性评估报告。

8.4.2 评估方法与技术

密码应用安全性评估方法和技术主要包括通用评估方法、典型密码产品应用测评方法、典型密码功能测评方法。

1. 通用测评实施方法

GB/T 43206《信息安全技术 信息系统密码应用测评要求》中规范了商用密码应用安全性评估中常用的测评方法，包括访谈、文档审查、实地查看、配置检查和工具测试等。

（1）访谈

在被测信息系统调查、现场测评等阶段，商用密码应用安全性评估人员通过与被测评单位的系统负责人、安全主管、网络管理员、设备管理员、密钥管理员、密码安全审计员、密码操作员等相关人员进行交谈和问询，了解被测信息系统技术和管理方面的基本信息，并对测评内容进行确认。

（2）文档审查

在现场测评阶段，商用密码应用安全性评估人员查看被测评单位提供的有关信息系统密码应用安全方面的文档，包括但不限于被测评系统与密码应用总体描述、安全管理与密钥管理制度、密码应用安全规章制度及相关过程管理记录、配置管理文档、机房管理制度、被测评单位的信息化建设与发展状况、密码应用方案及方案评估意见、密码应用建设实施方案、网络安全等级保护定级报告与等级测评报告、系统验收报告、安全需求分析报告或上次商用密码应用安全性评估报告等。通过对上述文档的查看与分析，可以为实地查看、配置检查、工具测试等提供证据支撑。

（3）实地查看

在现场测评阶段，商用密码应用安全性评估人员，实地查看被测评系统相关的测评对象所处的物理部署环境、物理连接方式等情况，具体包括但不限于被测评系统所处的物理机房环境、部署位置等情况，密码产品设备的外观、型号、生产厂商、物理连接方式等情况，业务应用系统的身份鉴别和访问控制机制情况，并通过取证的方式作为各层面测评结果的支撑证据。

（4）配置检查

在现场测评阶段，商用密码应用安全性评估人员查看被测评系统测评对象的密码相关配置情况，包括但不限于 SSL VPN、服务器密码机等密码产品使用的密码算法等配置信息、堡垒机的访问控制策略、远程管理协议使用的密码算法等配置信息，并通过取证的方式作为技术方面测评结果的支撑证据。

（5）工具测试

在现场测评阶段，商用密码应用安全性评估人员根据被测评系统的实际情况，使用符合要求的密码相关标准符合性分析工具、网络协议分析工具、数字证书检测工具等，对被测评系统密码应用的合规、正确、有效性进行取证。

2. 典型密码产品应用测评方法

GB/T 43206《信息安全技术　信息系统密码应用测评要求》中规范了商用密码应用安全性评估中常用的典型密码产品应用测评方法，包括智能 IC 卡 / 智能密码钥匙的测评实施方法、密码机的测评实施方法、VPN 产品和安全认证网关的测评实施方法、电子签章系统的测评实施方法、动态口令系统的测评实施方法、电子门禁系统的测评实施方法、证书认证系统的测评实施方法等。

3. 典型密码功能测评方法

GB/T 43206《信息安全技术　信息系统密码应用测评要求》中规范了商用密码应用安全性评估中常用的典型密码功能测评方法，包括传输机密性测评、存储机密性测评、传输完整性测评、存储完整性测评、真实性测评、不可否认性测评等。

8.4.3　评估过程

商用密码应用安全性评估过程主要包括四项活动：测评准备活动、方案编制活动、现场测评活动、分析与报告编制活动，如图 8-3 所示。按照"同步规划、同步建设、同步运行"原则，商用密码应用安全性评估贯穿网络和系统规划、建设、投入运行和重大变更等环节，需要网络运营者的持续关注和投入，并持续对商用密码应用中的安全风险进行评估和管控，提升网络和信息系统的密码应用安全水平和安全防护能力。

1. 测评准备活动

测评准备活动是开展测评工作的前提和基础，主要任务是掌握被测信息系统的详细情况，准备测评工具，为编制商用密码应用安全性评估方案做好准备。测评准备活动的目标是顺利启动测评项目，准备测评所需的相关资料，为编制商用密码应用安全性评估方案提供条件。测评准备活动包括项目启动、信息收集和分析、工具和表单准备等三项主要任务。

2. 方案编制活动

方案编制活动是开展测评工作的关键活动，主要任务是整理及分析测评准备活动中获取的被测信息系统相关资料，确定被测信息系统包含的测评对象等各方面情况，形成商用密码应用安全性评估方案，为现场测评活动提供最基本的文档和指导方案。方案编制活动包括测评对象确定、测评指标确定、测评检查点确定、测评内容确定及评估方案编制等五项主要任务。

3. 现场测评活动

现场测评活动是开展测评工作的核心活动，主要任务是根据商用密码应用安全性评估方案分步对各层面测评项开展测评取证，以了解被测信息系统真实的密码应用现状，获取足够的支撑证据，发现其存在的密码应用安全性问题。现场测评活动包括现场测评准备、现场测评和结果记录、结果确认和资料归还等三项主要任务。

```
                          ┌─────────────┐
                     ┌──  │   项目启动   │
                     │    └──────┬──────┘
                     │           ▼
               测  │    ┌─────────────┐
               评  │    │  信息收集和分析 │
               准  │    └──────┬──────┘
               备  │           ▼
               活  │    ┌─────────────┐
               动  │    │  工具和表单准备 │
                     └──  └──────┬──────┘
                                 ▼
               ┌──  ┌─────────────┐   ┌─────────────┐
               │    │  测评对象确定 │   │  测评指标确定 │
          方   │    └──────┬──────┘   └──────┬──────┘
          案   │           └─────────┬────────┘
          编   │                     ▼
          制   │           ┌─────────────┐
          活   │           │  测评检查点确定 │
          动   │           └──────┬──────┘
               │                  ▼
               │           ┌─────────────┐
               │           │  测评内容确定 │
               │           └──────┬──────┘
               └──                ▼
                          ┌─────────────┐
                          │  密评方案编制 │
                          └──────┬──────┘
                                 ▼
     ┌──────┐       ┌──  ┌─────────────┐
     │      │       │    │  现场测评准备 │
     │      │       │    └──────┬──────┘
     │ 沟   │   现  │           ▼
     │ 通   │   场  │    ┌─────────────┐
     │ 与   │──►测  │    │ 现场测评和结果记录│
     │ 洽   │   评  │    └──────┬──────┘
     │ 谈   │   活  │           ▼
     │      │   动  │    ┌─────────────┐
     │      │       └──  │ 结果确认和资料归还│
     └──────┘            └──────┬──────┘
                                 ▼
               ┌──  ┌─────────────┐
               │    │   单元测评   │
               │    └──────┬──────┘
          分   │           ▼
          析   │    ┌─────────────┐
          与   │    │   整体测评   │
          报   │    └──────┬──────┘
          告   │           ▼
          编   │    ┌─────────────┐
          制   │    │   量化评估   │
          活   │    └──────┬──────┘
          动   │           ▼
               │    ┌─────────────┐
               │    │   风险分析   │
               │    └──────┬──────┘
               │           ▼
               │    ┌─────────────┐
               │    │  评估结论形成 │
               │    └──────┬──────┘
               │           ▼
               │    ┌─────────────┐
               └──  │  密评报告编制 │
                    └─────────────┘
```

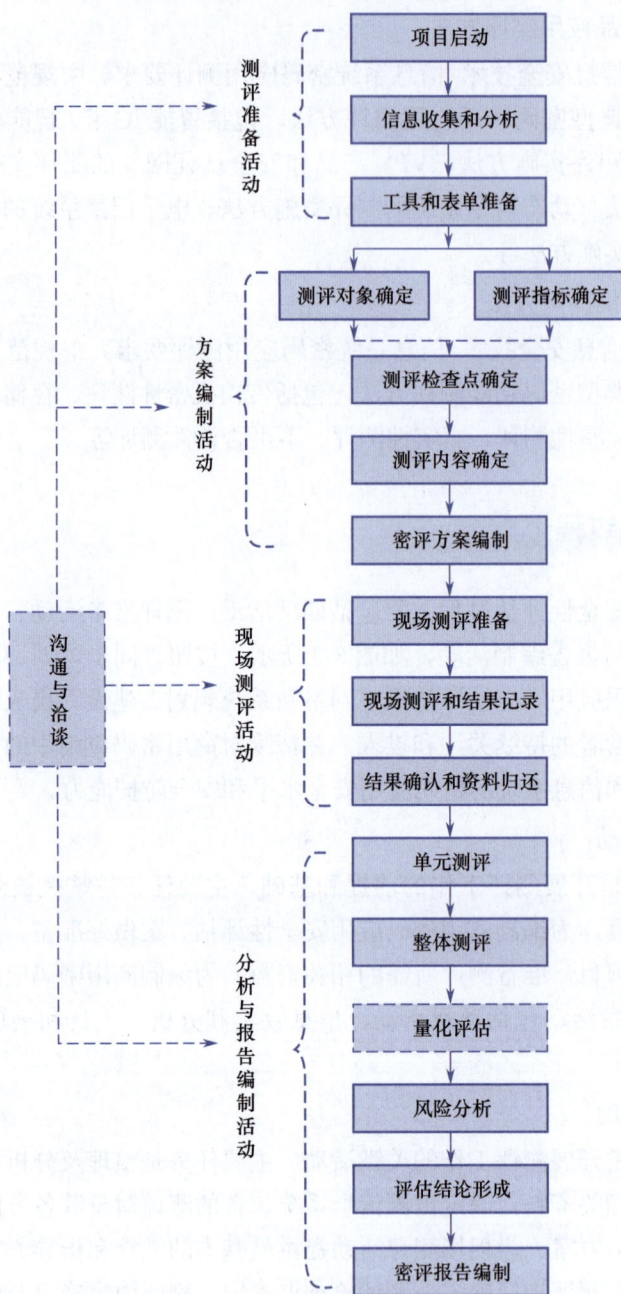

图 8-3　商用密码应用安全性评估流程

4. 分析与报告编制活动

分析与报告编制活动是给出测评工作结果的活动，主要任务是根据 GB/T 39786《信息安全技术 信息系统密码应用基本要求》、GB/T 43206《信息安全技术 信息系统密码应用测评要求》、商用密码应用安全性评估方案等有关要求，通过测试评估、量化评估和风险分析等方法，定位被测评系统密码应用的安全保护现状与相应等级的保护要求之间的差距，并分析差距可能导致的风险，从而给出各个测评对象的测评结果和被测信息系统的评估结论，形成商用密码应用安全性评估报告。分析与报告编制活动包括单元测评、整体测评、量化评估、风险分析、评估结论形成及评估报告编制等六项主要任务。

8.5　数据安全检测评估

数据安全检测评估是保障国家安全的重要手段，是传统网络安全检测评估的重要补充，是行业主管部门依法履行数据保护监管职能的重要抓手，是依法依规利用数据要素、获取数据权益的机制保障，是保护组织合法权益、保护个人隐私安全的重要手段。《中华人民共和国数据安全法》于 2021 年 9 月 1 日起施行，明确提出建立数据安全风险评估机制要求。其中第二十二条提出"国家建立集中统一、高效权威的数据安全风险评估、报告、信息共享、监测预警机制"；第三十条明确"重要数据的处理者应当按照规定对其数据处理活动定期开展风险评估，并向有关监管部门报送风险评估报告。风险评估报告应当包括处理的重要数据的种类、数量，开展数据处理活动的情况，面临的数据安全风险及其应对措施"；第十八条明确"国家促进数据安全检测评估、认证等服务的发展，支持数据安全检测评估、认证等专业机构依法开展服务活动"。

8.5.1　评估内容

数据安全检测评估内容聚焦于数据安全管理体系、数据处理活动全生命周期安全管理、数据安全保护技术、特殊类型数据安全保护等。检测评估的范围可能涉及组织内的全部数据和数据处理活动，也可能仅针对某一部分。

1. 数据安全管理体系评估

数据安全管理体系评估是对支撑整个数据安全保护流程的管理制度及其落实情况的评估，评估内容包括制度流程、组织机构、分类分级、人员管理、合作外包管理、安全威胁和应急管理、开发运维、数据处理正当必要性等。

2. 数据处理活动全生命周期安全管理评估

全生命周期管理评估涵盖了数据从收集、存储、传输、使用和加工、提供、公开到删除的全过程。通过有效的数据全生命周期管理评估，能够识别和解决潜在的数据安全管理风险，并确保数据在整个生命周期中都符合相关法律、法规和内部政策的要求。

3. 数据安全保护技术评估

技术能力评估重点围绕网络安全防护、身份鉴别与访问控制、监测预警、数据脱敏、数据防泄露、接口安全、备份恢复、安全审计等方面进行评估，其中数据防泄露、API 接口安全管理、个人信息保护等方面的评估日益受到数据运营者的关注和重视。

4. 特殊类型数据安全保护评估

特殊类型数据安全保护评估涉及个人信息、重要行业数据等，如个人信息保护评估包括基本原则、告知同意、保护义务、主体权利、投诉举报、个人信息处理、敏感个人信息保护、大型网络平台的个人信息保护等。

8.5.2 评估方法与技术

数据安全检测评估方法与技术旨在通过人员访谈、文档审查、安全策略和配置核查、技术测试等方法和技术验证数据安全保护措施的有效性，为评价数据安全保护能力水平提供有力支撑。

1. 人员访谈

人员访谈能够在数据安全检测评估过程中获得第一手资料，通过与数据安全生命周期和数据安全保护相关人员的访谈，可以全面、深入地了解组织的数据安全管理现状，为后续的数据安全检测评估和改进措施提供可靠的依据。

在访谈过程中，首先需要确认数据安全生命周期的各个阶段涉及的具体人员，这些人员包括但不限于数据处理人员、数据安全管理人员、IT支持人员和业务部门负责人。通过访谈，了解数据处理的类型和具体处理活动，如数据的收集、存储、传输、使用和销毁等环节。

其次，需要详细询问数据存储位置，包括物理存储位置和云存储位置，确保数据存储符合安全规范；需要了解使用数据的人员及其访问权限，确保只有经过授权的人员能够访问和处理敏感数据；需要与业务部门进行沟通，了解数据的业务用途和业务流程，确保数据处理符合业务需求并符合数据安全策略；需要关注法律法规要求，确保数据处理活动符合相关法律法规和行业标准；需要了解组织制定的数据安全管理制度和规章，评估其完整性和有效性；需要了解数据安全专业人员的配备情况和其专业能力，确保组织具备足够的专业知识和技能来应对数据安全风险。

最后，技术防护措施也是访谈的重要内容，需详细了解现有的技术和管理防护措施，如防火墙、数据加密技术、数据防泄露技术、数据访问控制技术、数据安全审计等，评估其有效性和适用性。

2. 文档审查

文档审查旨在全面了解数据安全管理体系的完整性和有效性，发现可能的漏洞或不足之处，并为后续的改进和优化提供依据。文档审查通过查验相关的文档和报告，旨在全面了解和评估数据安全管理现状。其中审查数据安全管理制度，包括组织制定的安全策略、数据保护措施、访问控制政策等；审查数据安全风险评估报告，通常包含对当前数据安全环境的详细分析、已识别的风险、风险的潜在影响以及建议的控制措施；审查网络安全等级测评报告是否对网络架构、系统配置和数据安全保护措施进行深入分析。此外，文档审查还包括制度落实情况的证明材料，例如数据安全培训记录、数据安全应急预案演练记录、数据安全事件报告和响应记录等。通过对材料的全面审查，可以验证实际操作中是否严格按照制定的政策和程序执行，并确保各项数据安全保护措施的落实。

3. 安全策略和配置核查

核查数据生命周期过程各环节涉及的物理环境、网络环境、计算环境、数据库管理系统、大数据平台、大数据应用等相关系统和设备安全策略、安全配置、防护措施情况，验证其是否符合最佳实践和安全规范，是否能够达到基线安全要求。

4. 技术测试

应用技术工具，通过网络流量嗅探分析、漏洞扫描、渗透测试等方法检测数据资产的安全防护措施有效性，具体包括定期对相关平台系统数据资产类别与规模进行扫描和识别、定期对数据脱敏效果进行验证、持续对数据访问和操作进行自动化操作审计、在网络侧和终端侧对数据泄露情况进行实时监测、对面向互联网及合作方开放的数据接口进行必要的自动监控和访问授权、对包括个人信息在内的专项数据进行去标识化、关键字段加密、跨域安全传输等安全措施有效性验证。

8.5.3 评估过程

数据安全检测评估的流程主要包括评估准备、风险识别、风险分析、风险评价，在不同的流程中，需要采取不同的方法以保证流程的顺利有效进行。

1. 评估准备

在整个数据安全检测评估过程中，评估准备是基础环节。检测评估团队需要充分考虑组织的业务战略、业务流程、安全措施，以及系统规模和结构等因素的影响，以便有效制定适合的检测评估计划和方法。本阶段的工作主要包括检测评估方案制定、组建检测评估团队、确定检测评估范围、确定检测评估依据、准备检测评估工具、制定检测评估计划、识别检测评估风险、调研检测评估数据对象。

2. 风险识别

风险识别阶段，检测评估团队将深入到评估对象的内部，运用多种手段对所有相关的数据、系统、网络和业务流程进行全面检查，记录数据的安全管理状况和现有的安全控制措施。本阶段的工作主要包括面向数据对象的采集、存储、使用、传输、提供、公开和销毁等阶段的文档和记录审查、人员访谈、安全检测，其中根据检测评估目的和范围，选择与数据安全相关的关键人员进行配合是关键。

3. 风险分析

风险分析阶段，检测评估团队基于现场检测评估的结果，深入分析潜在的安全问题和风险，评估其可能的影响范围和严重程度，并提出相应的整改计划。本阶段的工作主要包括详细分析问题、协助进行整改计划制定，其中整改计划还要注意明确责任方、明确完成期限、有效性验证部门或人员等，确保可落地实施。

4. 风险评价

风险评价阶段，检测评估团队将汇总形成明确的检测评估结果，并以检测评估报告的形式呈现，准确反映数据安全的现状。本阶段的工作主要包括编制检测评估报告，检测评估报告的要素应至少包括评估背景、声明、依据、范围、流程、结论等方面。此外，必要时结果输出阶段还将为被检测评估对象所在组织提供专业性建议和指导，如数据分级分类管理、数据出境方面的专项意见等。

8.6 信息安全风险评估

信息安全风险评估是依据相关信息安全技术与管理标准，对业务和信息系统及其处理、传输和存储的信息的保密性、完整性和可用性等安全特性进行评价的过程，包括分析业务和资产面临的威胁、威胁利用脆弱性导致安全事件发生的可能性，并结合这些安全事件涉及的业务和资产价值，判断一旦发生安全事件，对组织可能造成的影响。

8.6.1 评估内容

GB/T 31509《信息安全技术 信息安全风险评估实施指南》对信息系统从各生命周期阶段开展风险评估提出了要求。

1. 规划阶段的风险评估

规划阶段的风险评估旨在为信息化建设项目提供风险管控蓝图，同时为组织战略的实现和业务目标的达成提供有力的风险管控保障。该阶段的风险评估对团队成员的经验、业务认知和技术能力有着较高的要求，需具备对相关业务可能面临的风险以及业务环节薄弱点的预判能力。评估需要从国家安全、社会秩序安全、公共利益、企业利益和个人利益等多个层面出发，而不仅仅关注技术、产品或功能细节。

在此阶段的评估中，重点包括以下几个方面。

（1）资产识别：重点识别被评估对象涉及的战略目标、业务环节、业务流程和数据流等资产。对被评估对象的战略、业务环节、业务流程和数据流进行详细列表梳理，并在业务流程图和数据流图中标注薄弱环节的风险点。

（2）威胁和风险预测分析：对资产面临的威胁和风险进行预测和分析，横向对比其他类似项目的风险状况。梳理和排序内外部威胁因素，分析薄弱环节点可能被利用后的风险。

（3）安全规划目标分析：评估安全规划目标是否能够支撑业务系统的规划目标。

（4）与领导层沟通：与熟悉业务战略定位、业务长期和短期规划或系统建设目标的领导层进行沟通，并在各阶段进行确认，避免关键业务环节遗漏、关键风险点遗漏或关键数据流动途径缺失等情况。

（5）资料整理和留存：对规划阶段的风险评估过程资料、绘图、详细分析资料等进行整理和留存，形成文档并制作展示图。

2. 设计阶段的风险评估

设计阶段的风险评估应关注设计方案中的安全功能符合性，并作为采购过程中的风险控制依据。在设计阶段需要依据规划阶段制定详细的安全方案，包括根据信息化建设项目中的具体业务流程、数据流和系统功能，设计适合的安全方案，以保障后续建设实施、运行维护等生命周期各阶段的安全。

在此阶段的评估中，重点包括以下几个方面。

（1）符合性检查：确保设计方案符合建设规划，并得到管理层的认可。

（2）威胁分析：分析系统建设后可能面临的威胁，特别是来自物理环境、自然灾害，以及内部和外部入侵的威胁。

（3）安全需求匹配分析：验证设计方案中的安全需求是否符合规划阶段的安全目标，并基于威胁分析，制定总体安全策略。

（4）故障应对：评估设计方案中是否包含应对系统可能故障的措施。

（5）脆弱性评估：评估设计原型中的技术实现及人员、组织管理等方面的脆弱性，包括设计过程中的管理脆弱性和技术平台的固有脆弱性。

（6）外接系统风险评估：考虑设计方案中可能随着其他系统接入而产生的风险。

（7）性能要求：确保系统性能满足用户需求，并考虑峰值影响，制定技术方法以满足系统性能要求。

（8）安全设计：根据业务需求，对应用系统（含数据库）进行安全设计。

（9）开发方法选择：依据开发规模、时间及系统特点选择适当的开发方法，并根据开发计划及用户需求，对系统涉及的软件、硬件与网络进行分析和选型。

（10）安全控制措施评估：评估设计活动中所采用的安全控制措施和安全技术手段对风险的影响。在安全需求或设计变更后，需要重复进行此项评估。

3. 实施阶段的风险评估

实施阶段的风险评估旨在识别系统开发和实施过程中的风险，并验证系统建成后的安全功能，以确保系统符合安全需求并适应运行环境。

在此阶段的评估中，重点包括以下几个方面。

（1）法律、政策、标准与指导方针：评估特定法律对信息系统安全需求的影响，以及政府政策、国际或国家标准对安全需求和产品选择的影响。

（2）信息系统功能需求：验证安全需求是否有效支持系统的功能需求。

（3）成本效益风险：根据资产、威胁和脆弱性分析结果，评估选择安全措施是否在符合法律、政策、标准和功能需求的前提下具有成本效益。

（4）评估保证级别：确定系统建成后应进行何种测试和检查，以确保符合项目建设和实施规范要求。

（5）资产、威胁和脆弱性分析：根据实际建设的系统，详细分析资产、面临的威胁和脆弱性。

（6）安全功能验证：根据系统建设目标和安全需求，对系统的安全功能进行验收测试，评估安全措施是否有效抵御安全威胁。

（7）组织管理制度：评估是否建立了与整体安全策略一致的组织管理制度。

（8）风险控制效果评估：判断系统实现的风险控制效果与预期设计的符合性，如有较大的不符合，应重新设计和调整信息系统安全策略。

4. 运行维护阶段的风险评估

运行维护阶段的风险评估旨在了解和控制运行过程中的安全风险，进行全面的风险评估，评估内容包括对真实运行的信息系统、资产、威胁和脆弱性等方面的详细分析。

在此阶段的评估中，重点包括以下几个方面。

（1）资产评估：在真实环境中进行详细评估，包括实施阶段采购的软硬件资产、系统运行过程中生成的信息资产、相关人员与服务等。该阶段的资产识别是对前期资产识别的补充和扩展。

（2）威胁评估：全面分析威胁的可能性和影响程度。非故意威胁导致安全事件的评估可以参考安全事件的发生频率；故意威胁导致安全事件的评估则主要基于对威胁各个影响因素的专业判断。

（3）脆弱性评估：进行全面的脆弱性评估，包括物理、网络、系统、应用、安全保障设备、管理等各方面的脆弱性。技术脆弱性评估可以通过核查、扫描、案例验证、渗透测试等方式进行；安全保障设备的脆弱性评估应考虑其安全功能的实现情况和设备自身的脆弱性；管理脆弱性评估可以通过文档和记录核查等方式进行。

（4）风险计算：根据相关方法，对重要资产进行定性或定量的风险分析，描述不同资产的风险等级和高低状况。

5. 废弃阶段的风险评估

废弃阶段的风险评估主要针对有高泄露敏感数据风险的系统或业务流程，以确保在系统和业务废弃后，数据和系统得到妥善处理。当信息系统不再满足现有需求时，便进入废弃阶段。

在此阶段的评估中，重点包括以下几个方面。

（1）适当软硬件处置措施：确保硬件和软件资产及残留信息得到了适当的处置，系统组件被合理地丢弃或更换。

（2）存量连接关闭：若被废弃的系统是某个系统的一部分，或与其他系统存在物理或逻辑连接，需确保系统废弃后这些连接已被关闭。

（3）变更风险评估：在系统变更过程中进行废弃时，除了评估废弃部分，还应评估变更部分，以确定是否会增加或引入新的风险。

（4）更新流程确立：建立流程确保更新过程在安全和系统化的状态下完成。

8.6.2　评估方法与技术

信息安全风险评估中的基本要素包括资产、威胁、脆弱性和安全措施（如图 8-4 所示），并基于以上要素开展风险评估，所用到的方法包括标准方法、FRAP 方法、OCTAVE 方法、FMEA 方法等。

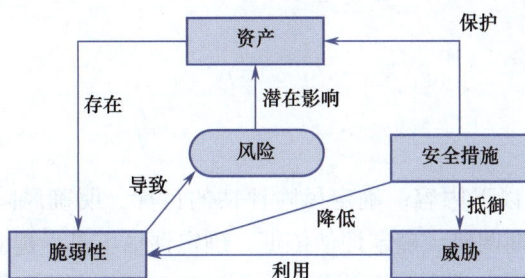

图 8-4　信息安全风险评估方法和流程

1. 信息安全风险评估方法

标准 GB/T 20984《信息安全技术　信息安全风险评估方法》详细介绍了信息安全风险评估的基本概念、风险要素关系、风险分析原理、评估实施流程和方法，适用于各类组织开展信息安全风险评估工作。配套标准 GB/T 31509《信息安全技术　信息安全风险评估实施指南》介绍了风险评估的具体过程和方法，适用于各类安全评估机构或被评估组织对非涉密信息系统的信息安全风险评估。

2. FRAP 方法

FRAP 方法，即简化风险分析流程方法，是一种定性的风险评估方法，专注于核心业务功能和系统。每次应用 FRAP 方法时，针对单一系统或业务流程进行简化的风险分析，并通过定性排序确定风险优先级。这种方法要求评估团队具备丰富的实践经验，能够有效控制评估范围和目标，简化流程，提升评估效率，适用于规划阶段的风险评估以及系统或业务流程变更后的评估工作。

3. OCTAVE 方法

OCTAVE 方法，即运营关键、威胁资产和漏洞评价方法，由卡内基梅隆大学软件工程研究所发布，适用于组织自身进行风险评估和管理。由于内部人员对业务风险和系统情况了解更深入，通过组建风险评估团队进行头脑风暴和讨论，培训风险管理和评估方法，使其掌握评估技术，从而与业务、运维、开发团队一起识别威胁和风险。该方法通过自组织和团队讨论的形式评估内部系统和业务流程，根据团队成员的不同组合，还可进行全面的风险评估工作。OCTAVE 方法容易受到组织内部文化的影响，团队成员可能从各自利益角度出发，影响评估结果的公平性和科学性。其优势在于可以快速确定风险，并通过简洁的方式进行分析和管理，因此常与其他方法结合使用，以弥补其不足。

4. FMEA 方法

FMEA 方法，即故障模式与影响分析方法，通过结构化方式确定故障点、故障原因和故障影响，旨在发现产品和系统的薄弱环节并指导故障修复。该方法通过故障分析和影响分析，识别脆弱环节，确定故障薄弱点，并通过判断不同组件的失效状况来确定故障情况。FMEA 方法还用于识别潜在隐患和问题，通过分析组件的功能失效方式、失效原因、对自身及其他组件的影响，以及故障检测方式，从而确定故障风险。

8.6.3 评估过程

1. 评估准备

评估准备主要包括以下内容：确定风险评估的目标、明确风险评估的对象范围和边界、组建评估团队、前期调研、确定评估依据、确定评估工具、建立风险评价准则、制定评估方案、形成完整的风险评估实施方案，并获得管理层的支持和批准。

2. 风险识别

风险识别是整个风险评估过程的核心环节，一般包括资产识别、威胁识别、已有安全措施识别、脆弱性识别。

（1）资产识别包括战略识别、业务识别、系统资产识别，其中战略识别包括组织的属性与职能定位、发展目标、业务规划和竞争关系；业务识别包括业务的属性、定位、完整性和关联性识别；系统资产识别包括资产分类和业务承载性识别两个方面。

（2）威胁识别包括威胁分析方法选择、威胁源动机及其能力识别、威胁表现形式识别，其中威胁分析方法主要是通过威胁建模识别、评估和管理安全威胁；威胁源动机及其能力识别主要关注恶意员工、独立黑客、有组织的攻击者等动机类型及对应的能力；威胁表现形式识别主要关注威胁源对组织或信息系统造成破坏的手段和路径，非人为的威胁途径表现为发生自然灾难、出现恶劣的物理环境、出现软硬件故障或性能降低等，人为的威胁手段包括主动攻击、被动攻击、邻近攻击、分发攻击、误操作等。

（3）已有安全措施识别是对当前已部署和实施的安全措施进行识别，了解现有的安全控制措施是否有效保护了网络与信息系统，以应对新的安全威胁和漏洞。

（4）脆弱性识别包括技术脆弱性、管理脆弱性两个方面，其中技术脆弱性涉及 IT 环境的物理层、网络层、系统层、应用层等层面的安全问题或隐患；管理脆弱性又可分为技术管理脆弱性和组织管理脆弱性两方面，前者与具体技术活动相关，后者与管理环境相关。

3. 风险分析

风险分析主要基于风险识别阶段的结果，建立风险评估分析模型，通过威胁与脆弱性进行关联分析安全事件发生的可能性，通过资产与脆弱性进行关联分析造成的损失大小，通过计算风险值对风险情况进行综合分析并确定风险等级。

风险需要通过具体的计算方法实现风险值的计算，计算方法一般分为定性方法和定量方法两大类，其中定性方法是将风险的各要素资产、威胁、脆弱性等的相关属性进行量化赋值，再选用具体的计算方法（如相乘法或矩阵法）进行风险计算，定量方法是通过将资产价值和风险等量化为财务价值的方式来进行计算的一种方法，由于定量方法需要等量化财务价值，在实际操作中较少采用。

风险等级化处理按照风险值的高低进行等级划分，风险值越高，风险等级越高。风险等级一般可划分为 5 级，包括很高、高、中等、低、很低，也可根据项目实际情况确定风险的等级数，如划分为高、中、低 3 级。

4. 风险评价

风险评价是对网络和信息系统总体信息安全风险的评价，通过对不同等级的安全风险进行统计、分析，并依据各等级风险所占全部风险的百分比，依据风险评价准则对风险计算结果进行等级处理，确定总体风险状况。

在进行业务风险评价时，可从社会影响和组织影响两个层面进行分析。社会影响涵盖国家安全、社会秩序、公共利益、以及公民、法人和其他组织的合法权益等方面；组织影响涵盖职能履行、业务开展、触犯国家法律法规、财产损失等方面。

5. 风险处置

风险处置以风险评估的结果为决策支撑，基本原则是适度接受风险，根据组织可接受的处置成本将残余安全风险控制在可以接受的范围内。风险处置涉及一系列活动，如接受、规避、转移和降低风险等，具体可按照 GB/T 33132《信息安全技术　信息安全风险处理实施指南》开展。风险处置在广义上还包括残余风险处理，是被评估方按照整改建议全部或部分实施整改工作后，对仍然存在的安全风险进行识别、控制和管理的活动。

8.7　网络安全测评技术工具

"工欲善其事，必先利其器"。在开展网络安全等级保护测评、关键信息基础设施安全测评、商用密码应用安全性评估、数据安全风险检测评估、信息安全风险评估过程中，为提高检测评估的准确性和效率，将会用到漏洞扫描、渗透测试、源代码安全分析和网络协议分析等工具，为读者开展相关安全检测评估工作提供借鉴。

8.7.1　漏洞扫描工具

漏洞扫描工具用于自动检测系统、网络设备和应用程序中的已知安全漏洞，通过对检测目标执行全面分析并与漏洞库比对，帮助组织识别并修补潜在的安全缺陷，防止攻击者利用漏洞进行攻击。漏洞扫描工具根据扫描目标类型和扫描原理的不同，主要分为主机与网络层漏洞扫描工具、Web 应用漏洞扫描、数据库漏洞扫描工具、特定漏洞扫描专用工具等。

常见工具包括以下几种。

（1）远程安全评估系统 RSAS：是一款综合型漏洞扫描工具，漏洞知识库涵盖主流网络系统、应用系统、数据库、网络设备等网元对象，可以检测网络中的各类漏洞，并提供相应安全分析和修补建议。

（2）Nessus：提供广泛的漏洞检测功能，涵盖网络设备、操作系统等对象，对指定的远程或者本地系统进行深入的漏洞扫描。

（3）OpenVAS：一个开源的漏洞扫描工具，能够进行全面的网络和操作系统漏洞检测。

（4）QualysGuard：提供云端漏洞扫描服务，可以实时更新漏洞数据库，确保检测的及时性。

（5）Goby：内置针对常见主流应用的漏洞引擎，能发现可被利用的漏洞，并提升了漏洞检测的准确率和效率，增强了安全测试的实用性。

（6）Web 应用漏洞扫描工具：主要针对常见的 SQL 注入、跨站脚本（XSS）、任意文件上传、跨站请求伪造等漏洞进行扫描，包括明鉴 Web 应用弱点扫描器、AppScan、Acunetix Web Vulnerability Scanner（WVS）、Nikto、OWASP Zed Attack Proxy、WebInspect 等。

（7）数据库漏洞扫描工具：对数据库本身及其组件的安全性问题进行扫描，包括DbProtect、NGSSQuirreL、AppDetectivePro 等。

（8）特定漏洞扫描专用工具：针对某一类具体漏洞，具有专业而丰富的扫描用例，能够深层次发现特定类型漏洞的工具，如 SQLmap 等。

8.7.2　渗透测试工具

渗透测试工具用于模拟攻击者的行为，通过主动攻击系统和网络来发现潜在的安全弱点，帮助安全专业人员验证安全控制措施的有效性。

常见工具包括以下几种。

（1）Metasploit Framework：一个广泛使用的开源渗透测试框架，提供了丰富的攻击模块和自动化功能，用于评估计算机系统、网络和应用程序的安全性。

（2）Burp Suite：主要用于 Web 应用渗透测试，提供流量拦截、分析数据流量、攻击模拟等功能，包括代理服务器、扫描器、Intruder（暴力破解模块）、Repeater（HTTP/HTTPS 请求重放模块）、Decoder（解码器）和 Comparer（比较器）等工具。

（3）Kali Linux：一个专门为渗透测试和数字取证设计的 Linux 发行版，包含了大量渗透测试工具。

（4）Dirsearch：用于扫描 Web 应用程序目录的开源工具，其主要用途是帮助渗透测试人员和安全专业人员发现 Web 应用程序中可能存在的隐藏目录和文件，以识别潜在的安全风险。

（5）Yakit：是一款采用 Yak 语言开发的网络安全工具，包括拦截 HTTP/S 数据包、漏洞检测、生成网站地图、进行自动化和手动的 Web 应用测试、数据编码与解码，以及请求与响应的差异分析等。

8.7.3　源代码安全分析工具

源代码安全分析工具用于在代码层面检测和修复安全漏洞。这些工具可以在开发过程中或代码发布前发现潜在的安全问题。

常见工具包括以下几种。

（1）SonarQube：一个开源的代码质量和安全分析工具，支持多种编程语言，可以集成到持续集成 / 持续交付（CI/CD）流程中。

（2）Fortify Static Code Analyzer（SCA）：提供深入的代码审查功能，可以检测多种语言的安全漏洞。

（3）Checkmarx：支持静态和动态代码分析，帮助开发团队在早期阶段发现和修复安全问题。

8.7.4　网络协议分析工具

网络协议分析工具用于捕获和分析网络流量，以识别和解决潜在的安全问题，帮助安全专业人员深入了解网络通信并检测异常活动。

常见工具包括以下几种。

（1）Wireshark：一个广泛使用的开源网络协议分析工具，可以捕获和分析各种网络协议的流量。

（2）tcpdump：一个命令行工具，用于捕获和分析网络数据包，适用于各种网络环境。

（3）Netwitness：提供高级网络流量分析和取证功能，可以检测和响应复杂的网络威胁。

以上分类的网络安全检测评估工具各有其特定用途和功能，安全专业人员可以根据具体需求选择合适的工具，进行全面的安全检测和评估，保障网络和信息系统的安全性。

习　题

1. 根据检测评估对象、关注重点、检测评估内容等不同，常见的网络安全检测评估工作主要分为哪几类？

2. 检测评估技术方法主要包括哪几种？

3. 网络安全等级测评的内容和技术方法有哪些？

4. 简述关键信息基础设施安全测评的内容和方法。

5. 简述商用密码应用安全性评估的内容和方法。

6. 简述数据安全检测评估的内容和方法。

7. 简述信息安全风险评估的内容和方法。

8. 常见的网络安全测评技术工具有哪些？

第 9 章

数字勘查与取证技术

本章主要介绍数字勘查与取证技术的基本含义、对象和作用及数字现场勘查的依据、基本流程、主要场景及任务要点，以及数字取证技术基础、数据恢复与分析方法、检材固定、操作系统的勘查取证、移动终端的勘查取证、新型物理环境的取证等，使读者掌握数字勘查取证的基本知识和基本技术。

9.1 概述

数字勘查与取证技术是网络空间安全领域中的一个重要组成部分，专注于事中尤其是事后的分析与证据收集。以网络安全事件发生时为界，事前、事中、事后都有相应的应对措施，才能形成完整的网络安全防护生态。网络安全事件发生前往往部署信息加密、访问控制、防火墙、入侵防御、恶意代码防范、安全审计、数据备份等一系列主动和被动防御措施。安全事情发生时，通常采取收集信息、阻断与评估威胁、扫描和清除恶意软件、加固系统等应急响应措施，以防止损失扩大。安全事件发生后的主要工作内容是溯源和追责，即对发生网络安全事件所涉及到的存储、处理、传输等电子数据的各类介质进行勘验与取证，查明是谁？在什么时间？用什么方法？做了什么？造成了多大的损害？

因此，数字勘查与取证技术不仅涉及对已知安全事件的响应与调查，还能帮助理解事件的发生过程、影响范围和潜在后果，对于提升整体网络空间安全的防御、响应能力和事后恢复至关重要。

9.1.1 数字勘查与取证的含义

数字勘查与取证是数字现场勘查与数字取证两个概念的组合。所谓数字现场勘查是指使用合法、合理、规范的技术或方法，对存储、处理、传输电子数据的存储介质进行搜查、提取、扣押或查封、冻结等工作，侧重在电子数据及其存储介质的收集。所谓数字取证是指从存储介质中提取、固定、分析和展示电子数据的过程，侧重在电子数据的提取与解析。

数字现场勘查和数字取证尽管各有解释，但二者之间关系紧密。实践中，数字现场勘查与数字取证过程往往相互交织，很难截然分开，毕竟任何勘验、检查等工作的重要任务之一就是获取证据。因此，在通常的研究与应用中，不刻意强调二者的联系与区别，主要用"电子数据取证"来替代。

9.1.2 数字勘查与取证的对象

数字勘查与取证的对象一般是指以数字化形式存储、处理、传输的数据及其载体。其中的"电子数据"这一概念经历了从没有统一称谓，到"电子证据"，再到"电子数据"并固化为特定法律术语的演化过程。2012年，我国刑事诉讼法在第二次修正时，将"电子数据"作为新的证据类型列入到刑事诉讼证据中。之后，我国民事诉讼法和行政诉讼法在修正时也分别将"电子数据"列为证据。

2016年，最高人民法院、最高人民检察院、公安部制定了《关于办理刑事案件收集提取和审查判断电子数据若干问题的规定》（以下简称《规定》），将电子数据概括地定义为"是案件发生过程中形成的，以数字化形式存储、处理、传输的，能够证明案件事实的数据。"

9.1.3 数字勘查与取证技术的作用

随着各行各业数字化、网络化、智能化程度逐步加深，数字勘查与取证技术在预防网络安全风险、提高应急响应能力、打击网络犯罪，以及维护网络空间秩序等方面发挥的作用更加凸显。

1. 实时监控与预警

随着智能取证技术的发展，增强了网络安全威胁的即时感知能力，及时发现网络中的异常活动并留存证据，为及时响应和采取措施提供有力支持，有效保障系统和数据安全。

2. 应急响应与恢复

当发生网络攻击、数据泄露或其他安全事件时，通过智能取证技术快速定位受损系统、确定损失范围，同时协助恢复被破坏或篡改的数据，降低安全事故的影响程度，控制事态进一步恶化。

3. 网络犯罪案件调查

网络犯罪调查中，办案人员可利用电子数据取证技术准确判断网络犯罪性质和程度，并为攻击溯源和识别攻击者身份提供方向。还可对已删除、隐藏、加密或损坏的数据进行恢复、提取，并转化为呈堂证供。

除了在维护网络空间安全中发挥着重要的作用，数字勘查与取证技术还常常用于民事和行政诉讼、行政执法、纪检监察、审计、知识产权保护、单位的内部管理等领域。未来，电子数据无处不在，相关取证技术必将在更广泛的领域发挥更大的作用。

9.2 数字现场勘查

基于诉讼的视角来理解"现场",通常是指行为人进行违法犯罪活动的地点及其他留有与违法犯罪有关痕迹的场所。对于数字现场来说,不仅包括传统的物理空间现场,还包括虚拟空间现场。对现场进行勘查旨在确定事件性质、收集证据,为解决问题、预防未来事件及依法追责提供依据。因此,数字现场勘查和传统现场勘查目的基本相同,数字现场勘查同样要遵守现场勘查相关法律法规,但由于数字现场勘查对象的特殊性,同时还要遵循特定的程序规范和技术规程。

9.2.1 主要依据

数字现场勘查除了遵守《中华人民共和国刑事诉讼法》《公安机关办理刑事案件程序规定》中勘验、检查的有关规定,以及其他现场勘查相关法规,还要遵循电子数据取证领域的相关法律法规及技术标准,主要依据如下。

2005 年,公安部发布《计算机犯罪现场勘验与电子证据检查规则》,首次对收集、提取、检查、鉴定电子数据的流程进行规范,明确了此类工作的人员资质要求、纪律规范细则与组织实施框架。

2012 年,《中华人民共和国刑事诉讼法》、《中华人民共和国民事诉讼法》在修正时,将"电子数据"作为新的证据类型。2014 年,《中华人民共和国刑事诉讼法》在修正时,同样将"电子数据"作为新的证据类型。

2016 年,最高人民法院、最高人民检察院、公安部制定的《关于办理刑事案件收集提取和审查判断电子数据若干问题的规定》,在厘清电子数据内涵及其表现形式的基础上,进一步统一了公检法部门在司法实践中对电子数据的认识和判断标准,提出了电子数据收集提取、审查判断的具体方法,明确了电子数据真实性、合法性、关联性审查的原则。

2019 年,《公安机关办理刑事案件电子数据取证规则》(以下简称《取证规则》)正式施行,《取证规则》旨在进一步规范公安机关电子数据勘查、取证流程,保障工作的全面、客观、及时性,并对涉密数据处置规范进行完善。

2021 年,最高人民检察院印发《人民检察院办理网络犯罪案件规定》,设置专章对电子数据审查进行规定。

2022 年,最高人民法院、最高人民检察院、公安部出台的《关于办理信息网络犯罪案件适用刑事诉讼程序若干问题的意见》,针对网络犯罪案件中电子数据的调取、收集、审查规则进行了说明。

截至 2023 年年底,我国电子数据取证领域现行的国家标准共有 3 项,均为 2023 版;公安部主管的公共安全行业标准中,涉及电子数据取证的标准 37 项,均为推荐性行业标准;

由司法部颁布司法鉴定技术规范，现行标准的有 22 项，旨在为司法鉴定行业提供指导依据。

9.2.2　基本流程

伴随电子数据相关法规与制度建设的不断完善，数字现场勘查流程也日趋严谨规范，尤其以公安部制定的《取证规则》最为典型。总体而言，数字现场勘查主要包括以下步骤。

（1）勘验准备。明确勘验任务、组建勘验团队、准备必要的勘验工具和设备；

（2）现场保护。及时封锁犯罪现场及其涉及的网络、计算、通信等设备，并要求立即停止使用各类设备，确保电子数据现场不被破坏或篡改；

（3）环境检查。保持设备原始打开或关闭状态，若发现设备正在执行某些恶意程序，如远程控制、删除文件、格式化硬盘等紧急情况，立即制止；

（4）数据收集。根据具体案件的需要，合理选择备份介质、分析软件、综合取证勘查箱等工具，收集与案件相关的电子数据；

（5）勘查固定。根据实际案情确定现场勘查措施，如扣押、封存、固定、在线提取、远程勘验等；

（6）数据备份。对于关键、易灭失的电子数据，也可根据实际情况直接打印成文件证据；

（7）详细记录。对收集、提取、固定电子证据的操作过程全程录像、制作相关的文书。

9.2.3　主要场景及任务要点

根据《取证规则》规定，数字现场勘查主要包括本地勘查、在线提取以及远程勘验等场景，除对每个场景的勘查过程及结果需按要求记录外，每个场景还有特定的任务。另外，在特定情形下，还可以依照规定采取冻结、登记保存、调取电子数据等措施对涉案电子数据进行证据保全或提取。

1. 本地勘查

（1）识别存储介质。不同案件可能存在台式计算机、移动介质或终端、网络设备等常见电子数据存储介质，还可能存在各类物联网、工业互联网等设备及其终端。对现场电子数据存储介质的识别与发现，是电子数据取证的基础。

（2）保护电子数据。在勘查前与勘查中需要保护现场的人员、物品、设备、数据及其他证据的安全，避免电子数据存储介质遭到人为、自然或自动化程序的破坏。

（3）提取电子数据。现场提取电子数据时，如能够扣押原始存储介质的，应当扣押原始存储介质。如不能扣押原始存储介质但能够提取电子数据的，应当提取电子数据，并计算完整性校验值。如无法扣押原始存储介质且无法提取电子数据，或存在电子数据自毁功能或装置需及时固定证据，或需现场展示、查看相关电子数据的，可采取打印、拍照或者录像等方式固定相关证据。

（4）登记保存。对无法扣押的原始存储介质且无法一次性完成电子数据提取的，经登记、拍照或者录像后，可以封存后交其持有人（提供人）保管。

2. 在线提取

对公开发布的电子数据、境内远程计算机信息系统上的电子数据，可以通过网络在线提取。在线提取的主要步骤如下。

（1）录屏与录像。在计算机上运行屏幕录像软件开始录屏，同时可使用外置摄像机设备对整个操作过程进行录像。

（2）校对时间。通过浏览器打开搜索引擎，搜索"北京时间"关键词，获取当前网络时间并与本机系统时间比对，进行时间校验。

（3）环境检测。测试检验鉴定设备及环境是否正常运行，并使用杀毒软件进行全盘查杀，以保证取证计算机未受病毒和木马感染入侵。

（4）勘验取证。对与案有关的目标网站网页信息，通过录屏或截屏等方式进行保存。

（5）计算完整性校验值。对取证过程中生成的电子文件进行完整性校验值检验。

3. 远程勘验

远程勘验与网络在线提取都属于远程收集提取电子数据的方式，但网络在线提取只有收集提取电子数据的功能，主要是对电子数据来源的说明，所作记录若不附电子数据，则不能作为证据使用。远程勘验则兼具收集提取电子数据和进一步收集"有关信息"、查明"有关情况"的功能，所作记录可以独立作为证据。因此，二者的主要任务有许多相同之处，只是远程勘验还要侧重于分析、判断、发现过程，以及办案人员对虚拟现场、电子数据的客观描述。

9.3 数字取证技术基础

9.3.1 字符编码

在计算机中，不管是文字、图形、游戏，还是视频等各类信息，都是以 0 和 1 组成的二进制代码表示的。计算机之所以能区别这些不同的信息，是因为采用的编码规则不同。

字符（Character）是各种文字和符号的总称，包括各国家文字、标点符号、图形符号、阿拉伯数字等。

字符集（Character set）是多个字符的集合，字符集种类较多，每个字符集包含的字符个数不同，常见字符集名称：ASCII 字符集、GB2312 字符集、BIG5 字符集、GB18030 字符集、Unicode 字符集等。

字符编码，也称为字集码，是将字符集中的字符编码为指定集合中的某一对象（如比特模式、自然数序列、8 位组或电脉冲），以便于文本在计算机中的存储和通过通信网络的传递。这一过程涉及将字符分配一个唯一的数字或代码，以便计算机能够识别和存储这些字符。

计算机要准确地处理各种字符集文字，就需要进行字符编码，以便计算机能够识别和存储各种文字。只有在掌握信息字符编码的基础上，才能准确完成电子物证检验工作。

9.3.2　数据存储

1. 数据存储介质

由于存储介质是数据存储的载体，自然成为电子数据取证的基础。随着计算机技术的发展，性能更好的存储介质不断出现。目前，使用最广泛的是磁性存储介质、光性存储介质和电性存储介质。

（1）磁性存储介质

磁性存储介质的工作原理是将磁性物质涂在基板上，在存储数据时，按照一定的编码规则，翻转一定区域磁性物质单元，这样未翻转的磁性物质单元和翻转的磁性物质单元就可以分别代表 0 和 1。在读取数据时，只需要把磁性信号转换成电信号，就可以获得存储的原始数据，并交由计算机处理。磁性存储设备主要有磁带和磁盘两种形态，磁带只能通过线性方式确定数据的起始位置，定位效率低，适合存储不需要频繁读取的备份数据。磁盘通过盘面、磁道定位数据的起始位置，定位效率高，读写都非常方便，成为主流存储设备之一。

磁性存储介质的硬盘就是日常称呼的机械硬盘，机械硬盘具有存储容量大、性价比高、寿命长、可靠性高等优势。磁性存储介质的应用场景依然非常广泛，在台式机、服务器、笔记本电脑和移动存储设备中都普遍使用。

随着电性存储介质的普及，机械硬盘也表现出一些弱点，比如读写速度相对慢一些，机械硬盘体积比较大，在震动环境下使用可能造成损坏等。在个人计算机中，硬盘的常见搭配方式是，用固态硬盘作为系统盘，提高计算机运行速度，用机械硬盘作为数据盘，提高性价比和稳定性。

（2）光性存储介质

光存储技术源于 20 世纪 70 年代，兴盛于 90 年代，主要产品形态包括 CD、VCD、DVD 等。光存储技术的原理是，通过激光束照射存储介质表面，通过反射光的不同形态来代表二进制数 1 和 0。

光性存储介质比较适合存储不需要修改的数据，比如音乐、视频、备份数据、电子设备驱动程序等。光性存储介质体积比较大，使用过程比较容易磨损，存储密度遭遇光学衍射等物理瓶颈限制，近十年来逐渐被淘汰，在日常生活中，逐渐被 U 盘、移动硬盘替代。

（3）电性存储介质

电性存储介质是基于半导体技术制造的存储介质，其基础是二极管和三极管，二极管、三极管都有两种稳定状，可以用来代表 0 和 1。为了减小体积、降低能耗，把二极管、三极管镶嵌到电路板上，就形成了集成电路。集成电路按导电类型可分为双极型集成电路和单极型集成电路。双极型集成电路的制作工艺复杂，功耗较大，比较重要的集成电路有 TTL、ECL、HTL、LST-TL、STTL 等。单极型集成电路的主要类型是场效应管 FET（Field Effect Transistor），使用的是金属氧化物半导体 MOS（Metal Oxide Semiconductor）材料，MOS 的制作工艺简单，功耗也较低，易于制成大规模集成电路，该类型典型的集成电路有 CMOS、NMOS、PMOS 等。

电性存储介质凭借其优良的性能成为发展最快的存储介质，电性存储介质体积小、存储密度高、存取速度快、能耗低。计算机内部的各种存储芯片、内存条、各种存储卡、U 盘、固态硬盘等都是电性存储介质。

2. 硬盘接口

硬盘接口是硬盘与主机系统间的连接部件，是为了在硬盘缓存和主机内存之间传输数据。不同的硬盘接口决定着硬盘与计算机之间的连接速度，在整个系统中，硬盘接口的优劣直接影响着程序运行快慢和系统性能好坏。常见的硬盘接口类型包括 SATA 接口、SAS 接口、PCI-E 接口和 M.2 接口，等等。

（1）SATA 接口

SATA（Serial Advanced Technology Attachment）接口是一种传输速率较慢但兼容性好的接口类型，其传输速率从 SATA 1.0 的 150MB/s 提高到 SATA 3.0 的 600MB/s。虽然 SATA 接口也在不断改进，但与其他接口类型相比仍落后不少。

（2）SAS 接口

SAS（Serial Attached SCSI）接口是一种高速传输数据的接口类型。它采用串行数据传输方式，每个硬盘都有一个独立的通道。因此，SAS 接口可以同时连接多个硬盘，并且每个硬盘的传输带宽都可以达到最高 12 Gbps。

（3）PCI-E 接口

PCI-E（Peripheral Component Interconnect Express）接口是一种高速、点对点、串行接口，可以在不同的设备之间进行数据传输。PCI-E 接口的传输速率非常高，可以达到每秒 GB 级别。因此，它可以为高性能固态硬盘提供充足的带宽，发挥出固态硬盘的最大性能。

（4）M.2 接口

M.2 接口，也称为 NGFF（Next Generation Form Factor），是一种用于连接固态硬盘和其他电子设备的接口标准。M.2 接口具有更小尺寸、更高传输速率和更多扩展性，是现阶段笔记本电脑最常用的硬盘接口。M.2 接口支持多种协议，包括 SATA、PCI-E 和 USB 等。其中，PCI-E 协议的 M.2 接口速度最快，最高可以达到 4GB/s 的传输速率。而且，M.2 接口还支持 NVMe 协议，这种协议可以提高固态硬盘的 I/O 性能，让固态硬盘的性能得到更大的提升。

3. 磁盘分区模式

为了提高磁盘的使用效率，方便对文件进行管理，提高文件访问效率，在使用磁盘前可以进行分区操作，特别是使用硬盘时，通常都需要进行分区操作。了解磁盘分区情况，有助于保护电子数据和精准取证。当前，主流分区模式是 MBR（Master Boot Record）分区模式和 GPT（GUID Partition Table）分区模式。

（1）MBR 分区模式

MBR 分区模式是一种传统的分区模式。在 MBR 分区模式下，MBR 占用一个扇区，称为 MBR 扇区，MBR 扇区占用的是磁盘的第 1 个扇区，从磁盘的 LBA（Logic Block Address）地址来看，它是磁盘的 0 号扇区；从机械硬盘物理结构上看，它位于 0 柱面 0 盘片 1 扇区。

（2）GPT 分区模式

GPT 分区模式使用 GUID 分区表，是源自 EFI 标准的一种较新的磁盘分区表结构的标准。与普遍使用的 MBR 分区模式相比，GPT 分区模式提供了更加灵活的磁盘分区机制。

4. 文件系统

文件系统是操作系统中的核心组件，是对一个磁盘或分区上有效组织、管理文件的一套完整的管理规则。文件系统必须能实现文件的建立、存入、读取、修改、移动、复制、删除等基本操作，实现用户对文件的基本管理需要。随着技术的发展，不断有新的文件系统产生，以下是一些常见的文件系统类型。

（1）Windows 操作系统使用的 FAT12、FAT16、FAT32、NTFS、exFAT 等文件系统；

（2）Linux 操作系统使用的 Ext2、Ext3、Ext4 等文件系统；

（3）UNIX 操作系统使用的 UFS1、UFS2 等文件系统；

（4）Mac OS 操作系统使用的 HFS、HFS+ 等文件系统；

（5）光盘存储介质使用的是针对光盘存储介质特点设计的文件系统，主要有 ISO-9660 和 UDF 两种文件系统。

（6）在网络存储体系中，也有很多适合网络存储的文件系统或存储系统，例如，Google 文件系统 GFS 就是一个可扩展的分布式文件系统，用于大型的、分布式的、对大量数据进行访问的网络应用场景。

以 Windows 操作系统中广泛使用的 FAT32 文件系统和 NTFS 文件系统为例进行介绍。

（1）FAT32 文件系统

FAT32 文件系统是一个非常简单的文件系统，由 DBR 及保留扇区、FAT 区和数据区三部分组成，如图 9-1 所示。

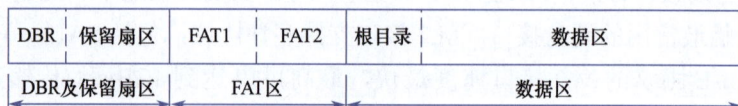

DBR	保留扇区	FAT1	FAT2	根目录	数据区
DBR 及保留扇区		FAT区		数据区	

图 9-1　FAT32 文件系统的系统结构

DBR 及保留扇区的核心是 DBR 扇区，DBR 扇区位于文件系统的 0 号扇区，是文件系统的第一个扇区，也是文件系统所在分区的第一个扇区。

FAT 用于管理文件系统的存储空间，FAT 区内有两个完全相同的 FAT，可以将

FAT2 看成 FAT1 的备份。

数据区用于存储文件 / 文件夹。数据区的第一个簇存储的是文件系统的根目录。

（2）NTFS

NTFS（New Technologies File System）即新技术文件系统，是 Microsoft 公司于 20 世纪 90 年代初推出的，其设计目标就是在大容量硬盘上实现快速、安全、高效的存储和检索操作。

NTFS 是目前使用最广泛的文件系统，Windows 7、Windows 10 以及 Windows 服务器的默认文件系统都是 NTFS。NTFS 具有良好的安全性、可恢复性、稳定性、可扩展性，有较高的文件读写效率。伴随着优良性能，也使得 NTFS 非常复杂。

NTFS 的核心设计思想是：通过"元文件"对整个文件系统进行管理。在磁盘或分区上建立 NTFS 时，操作系统就创建若干"元文件"。NTFS 就是利用这些"元文件"管理整个文件系统，实现文件系统的所有功能。通过更新文件内容就可以改进文件系统的功能，这种管理机制给文件系统的管理与功能实现带来极大的灵活性和可扩展性。

9.3.3　数据恢复与分析方法

1. 数据恢复的原理

为了消除痕迹、逃避打击，违法犯罪人员可能会实施删除数据文件、破坏存储设备等行为。根据文件系统的工作原理，在删除数据文件时，并不会主动覆盖文件占用的存储空间，在对存储设备进行软破坏，如格式化存储设备，也不会清理整个存储空间。所以，在存储设备被破坏后，仍有数据残留在存储设备中，这为恢复部分或全部数据保留了可能性。

仍然以 Windows 操作系统中广泛使用的 FAT32 文件系统和 NTFS 为例，简述数据恢复原理。

（1）FAT32 文件系统的数据恢复

在 FAT32 文件系统中，在执行删除操作时，如果按住了 Shift 键，文件 / 文件夹将不放入回收站，而是直接彻底删除文件 / 文件夹。彻底删除文件 / 文件夹要完成三项工作：一是把文件 / 文件夹的目录项打上删除标记；二是把文件占用的存储空间释放出来，将被删除文件 / 文件夹对应的簇标记成空闲状态，后续文件就可以占用这部分存储空间；三是在删除文件时，文件目录项中的首簇簇号的高位两个字节将被清零。在删除文件后，文件的目录项还在，所以文件的相关信息是可以恢复的。如果没有被后续存入的文件覆盖，而且文件是连续存储的，那么根据基本目录项上首簇簇号和文件大小，可以找到全部文件内容。

即使将 FAT32 分区格式化，只是初始化了文件系统结构，即初始化的范围是从 DBR 扇区开始，一直到根目录所在簇为止，数据区的其他簇是不初始化的。除了根目录下的文件比较难恢复，其他下级文件夹中的文件也是有恢复条件的。一些特定类型的文件有固定开头标志和结尾标志，根据这些标志，也可以恢复特定类型的文件。当该分区被删除时，分区结构被破坏，但 MBR 或 GPT 分区结构有其特定分区规律。因此，可通过全盘分区的规律特点进行演算，找回被删除的分区结构。

（2）NTFS 的数据恢复

在 NTFS 中，在彻底删除文件时，需要将文件的 MFT 记录项的 0x16～0x17 标志位，由 01H 改 00H；在 $MFT 的位图属性中，将文件的 MFT 记录项对应的二进制数位由 1 改成 0，表示该 MFT 记录项已经空闲，后续存入的文件 / 文件夹可以使用该 MFT 记录项。如果文件占用了额外的存储空间，在 $Bitmap 文件中，将把文件占用的簇对应的二进制数位由 1 改为 0，表示释放文件占用的存储空间，后续存入的文件可以使用这些释放的存储空间，最后还要在被删除文件的上级文件夹中，删除文件的索引项。

删除文件夹就是删除文件夹内的所有文件 / 文件夹以及文件夹自身。对文件夹自身而言，在彻底删除文件夹时，需要将文件夹的 MFT 记录项的标志位 0x16～0x17，由 03H 改 02H；在 $MFT 的位图属性中，将文件夹的 MFT 记录项对应的二进制数位由 1 改成 0。如果文件夹占用了额外的存储空间，在 $Bitmap 文件中，将把文件夹占用的簇对应的二进制数位由 1 改为 0。在被删除文件夹的上级文件夹中，删除文件夹的索引项。

NTFS 并不主动去清除被删除文件 / 文件夹的 MFT 记录项和占用的存储空间，在没有别后续存入文件 / 文件夹覆盖前，是可以通过被删除文件 / 文件夹的 MFT 记录项恢复文件 / 文件夹的。后存入的文件在覆盖被删除文件 / 文件夹的存储空间时，是按扇区覆盖的，所以还是有残留数据的概率。

当格式化 NTFS 分区时，清空 $MFT、$Bitmap，重建新的 $MFT、$Bitmap 等 16 个系统元文件，但文件内容所在的数据区仍然存在。当该分区被删除时，分区结构被破坏，但 MBR 或 GPT 分区结构有其特定分区规律。因此，可通过全盘分区的规律特点进行演算，找回被删除的分区结构。

2. 常用取证工具

（1）硬件工具

在进行数字勘验检查过程中，可能会用到各种取证的硬件设备，根据不同的案件类型、现场情况配置、合理搭配使用设备是重要的环节，通过标准化的取证工具和材料能够获取设备中所包含的电子数据。常用硬件工具包括以下几种。

① 摄像机、执法记录仪、照相机。用于在案件现场中对勘验过程、计算机屏幕运行内容等活动进行拍照或录像固定相关证据。如果使用手机进行拍照、摄像时要使用其原像机进行拍照或录像，必须关掉所有滤镜。

② 拆机工具。用于勘验过程中拆卸电子设备的存储介质，由于各类计算机的螺丝型号不同，需要配备各种型号的螺丝刀、钳子、吸盘等用于拆卸电子设备的专门工具。

③ 便携式"一体化"取证设备。一般这类设备集只读、复制、分析、仿真于一体，小巧易用，目前国产的取证软件如快取精灵，针对不同需求完成一站式复制、破解、分析，实现计算机免拆机镜像，在线提取文件、内存。

④ 现场取证专用机。具备全面勘查取证能力的专用高性能移动工作站，集成了数据只读分析、高速硬盘复制、批量介质取证、快速取证分析、系统动态仿真、高速并行处理等功能，可与取证综合分析系统进行高速对接，同时支持多种只读和读写接口（M2、IDE、SATA、SAS、USB、RJ45），可以快速完成现场计算机的快速勘验、固定、分析、仿真等取证分析工作。

⑤ 取证塔。主要在检验实验室使用。可并行完成多个检材的取证分析工作，集只读保护、介质固定、取证分析、系统仿真、密码破解、报告生成等多个功能于一体，单个设备即可满足实验室的日常工作需求。

⑥ 存储介质写保护设备。采用硬件只读技术，可确保存储介质数据不被修改，具备司法有效性，最常用的是只读锁

⑦ 存储介质。用于存储涉案电子数据的备份，在赶赴现场前需要将硬盘擦除干净。

⑧ 转接卡及数据线。支持接入各种常见接口硬盘及各种 Flash 卡，支持接入各种手机等移动设备。

⑨ 高速硬盘复制机。对各类涉案硬盘等电子存储介质进行高速复制，制作电子数据备份。接口全、操作简便可完成复制、镜像、校验、擦除、还原等工作，支持多对多复制，支持 USB 和 LAN 两种不拆机复制模式，支持 Mac OS、Windows 等主流操作系统。

⑩ 信号屏蔽袋。用于对手机、GPS、平板电脑等具备无线通信功能的存储介质进行信号屏蔽。

⑪ 其他。封条、手套鞋套、签字笔 / 记号笔、比例尺、标签纸等。

（2）软件工具

在进行数字勘验检查过程中，可能会用到各种取证的软件，根据不同的案件类型、现场情况配置、合理搭配使用不同的软件，通过标准化的取证软件可以更加迅速、准确获取所需要的电子数据。常用软件工作包括以下几种。

① 录像、截屏软件。尽量使用法证录像软件，它是专为取证而设计的屏幕录像软件，具有操作简单、功能丰富、专业规范的特点。

② 文本编辑器。如 Emeditor、Sublime 、UltraEdit 等。

③ 镜像。如 FTK imager、MIP（Mount Image Pro）等。

④ 注册表查看。如 regedit（系统自带）、Registry Viewer 等。

⑤ 16 进制编辑器。如 WinHex 等。

⑥ 数据恢复软件。一般取证软件都有数据恢复功能。

⑦ 取证软件。如取证大师、Xways 等。一般取证软件主要包括文件系统取证、数据恢复、操作系统取证、应用痕迹取证等功能模块。

3. 常用取证与分析方法

（1）文件过滤

文件过滤就是根据文件的基本属性过滤出指定条件的文件。文件常见的属性有文件名、文件扩展名、文件大小、文件路径、文件哈希和文件的创建、修改、访问时间，等

等。常见的取证软件基本都提供了基于文件名称、是否删除、文件大小、时间范围、文件哈希等属性的文件过滤。文件过滤可以快速缩小搜索范围，缩短检验时间。

① 基于文件名的过滤

Windows 系统文件按照不同的格式和用途分很多种类，为便于管理和识别，在对文件命名时，是以扩展名加以区分的，即文件名格式为："主文件名 . 扩展名"。这样就可以根据文件的扩展名，判定文件的种类，从而知道其格式和用途。

文件扩展名是文件名最后面"."后面的几个英文字符，扩展名可以显示出该文件的数据类型。基于文件名的过滤可以分为：文件扩展名过滤，如输入"*+ 文件扩展名"以及文件名关键字过滤，如输入"关键字 +*"。例如，扩展名：*.jpg、*.doc、*.xls，关键字：2019*、毒品 *。

② 基于文件大小的过滤

基于文件大小的过滤就是根据文件在存储介质上所占存储空间的大小进行过滤，这一功能在几乎所有的取证软件上都有。不同文件其大小也存在一些规律，如手机、相机拍摄的图片一般大小都在 1MB～10MB，可以根据这些规律及检验中的具体情况根据文件大小过滤出所需文件。

③ 基于文件时间的过滤

基于文件时间的过滤就是根据文件的创建时间、修改时间、或者访问时间这三个时间属性进行过滤。

创建时间。文件第一次被创建或者写到磁盘上的时间，如果文件从其他的地方复制，创建时间就是复制的时间。

最后修改时间。应用软件对文件内容作最后修改的时间（打开文件，任何方式的编辑，然后写回磁盘），如果文件复制于其他的地方，这个时间不变。

最后访问时间。某种操作最后施加于文件上的时间，包括查看属性、复制、用查看器查看、应用程序打开或打印，表示文件读取、写入、复制或者执行的最后时间。

（2）数据搜索

文件过滤主要依赖的是文件属性，而数据搜索则针对的是文件内容。

① 关键字搜索与正则表达式

关键字搜索就是通过字符串或者特定的表达式对电子数据进行查找、匹配以定位特定数据项的过程，是电子数据检验最常用的技术之一。关键字搜索就是将字符串按照编码转换成 2 进制后，以 16 进制的形式进行搜索。例如，要搜索 GBK 编码的中文"数字取证"，可以通过其 16 进制代码字符串"CAFD D7D6 C8A1 D6A4"来进行匹配。

但有些时候，在搜索之前不知道具体的内容。例如，要搜索一个手机号码，但又不知道具体的号码，在这种不确定的情况下，就可以使用正则表达式来搜索。

正则表达式，就是用某种模式去匹配一类字符串的一个公式，即一个用来描述或者匹配一系列符合某个句法规则的字符串的表达式。在很多文本编辑器或其他工具里，正则表达式通常被用来检索和 / 或替换那些符合某个模式的文本内容。

② 文件签名搜索

文件签名，又称文件特征码，是某类文件的独特标识信息，是位于文件开头（有的也存在于文件尾）的一段承担一定任务的数据，标识文件类型的特殊标志。文件签名实际就是各种类型文件的文件头特征字符串和文件尾特征字符串。操作系统选择一个程序打开一个文件的过程叫文件关联。Windows 操作系统是依赖文件扩展名的方法来确认文件类型，而不管该文件是否有文件签名。而 Linux 操作系统则使用文件头信息进行文件关联，这一机制从某种方面讲比 Windows 操作系统更合理。在电子数据检验中利用文件签名对文件进行搜索很常见，这种搜索不依赖于文件属性。常用的取证软件通过文件签名分析功能可以将文件签名和扩展名在文件签名库中进行对比，以此来检验文件的真实类型，看文件的扩展名是否被篡改，也可以利用取证软件通过文件签名在未分配空间中恢复文件。

（3）系统仿真

检验人员在实验室做系统解析时，在第一视角也就是直接进入系统的效果是最好的。通常情况下，进入实验室的系统已被制作成为镜像，无法直接进行展示。在这种情况下可以使用仿真软件或者手工把镜像生成可启动的系统。

① 软件仿真。仿真取证软件能够将硬盘或镜像文件生成可启动的系统。通过虚拟机技术，可以在不改变物理磁盘与镜像文件状态下，无痕启动 Windows、Mac OS、Linux 等多种操作系统的硬盘和镜像文件。使用只读接口连接，确保取证过程中的数据完整性和安全性。可以附加多个从盘，以支持多硬盘系统的运行。自动识别设备中的操作系统类型，并能提取并显示用户信息和系统信息。支持绕过 Windows 登录的方式。支持 VMWare12 虚拟机软件，兼容 32 位和 64 位操作系统。

② 手工仿真。一般是使用 VMWare 等虚拟机软件，把挂载的镜像作为物理盘生成可启动的系统。通常使用仿真软件可以仿真的系统都可进行手工仿真。

9.4　检材固定

检材固定是数字取证中重要的环节之一。在进行取证之前，需要在不损坏原有数据的情况下，对被检验的存储介质进行精确完整的备份。在取证过程中，采取写保护方式读取存储介质中的电子数据，不进行任何写入和修改等操作，然后对取证分析的存储介质或文件进行完整性校验，保证被检验电子数据的完整性、有效性。需要特别注意的是在使用目标存储介质对源存储介质或文件进行保全备份时，一定要先对目标介质进行擦除。

9.4.1　检材固定的形式

对检材固定最常用的一种方法是对原始数据进行完整、精确、无损的保全备份。保全备份可以通过命令来完成，也可以通过软件和硬件设备来实现。

（1）命令备份法

在 Linux 操作系统中，可以使用操作系统 dd 命令完成存储介质的保全备份，即将制作保全备份的源盘作为输入源，可将其输出到目标盘上。

（2）软件备份法

可以利用 FTK、取证大师等取证软件通过制作镜像文件发方式对检材数据进行固定。

（3）硬件备份法

用于制作保全备份的硬件较多，如国投智能公司的硬盘复制机系列产品，硬盘复制机可实现复制、镜像、恢复、校验、擦除等功能，可以快速完成磁盘的保全备份。

9.4.2 制作镜像

在数字取证领域，镜像通常指法证镜像，国际常用的镜像证据文件格式有 .DD、.001、.E01/L01、.Ex01/Lx01、.Raw、.AFF 等。镜像技术通过一种位对位的数据备份方式将磁盘驱动器、文件夹等不同证据类型打包成一个或多个镜像文件。镜像文件并非简单的复制粘贴，它可以将文件内容随时还原到另一个磁盘上，所还原的数据和原盘数据完全相同（包括了有数据的部分和没有数据的部分）。通常一个 Windows 操作系统的镜像文件大小都是十几 GB 以上；可以用取证大师、FTK 和 X-ways 等软件来制作镜像文件。

为了保证数字取证流程的严谨和证据链的完整性，调查人员进行取证时可以选择制作原始电子数据存储介质的镜像文件；制作镜像文件时应计算源数据及目标数据（克隆盘或镜像文件）的哈希值以确保电子数据的原始性和完整性。

9.4.3 哈希和哈希库

1. 哈希

在数字取证过程中，为了验证检验在检材固定过程中是否对原始数据进行过修改，需要进行数据完整性校验。所谓数据完整性校验是指用一种指定的算法对原始数据计算出一个校验值，然后再对检验或保全备份的数据用同样的算法计算一次校验值，如果和原始数据计算的校验值一样，就说明数据是完整的；在进行数据完整性校验中，使用最多的算法是哈希算法。

Hash，一般翻译为"散列"，或音译为"哈希"，就是把任意长度的输入，通过散列算法，变换成固定长度的输出，这个输出值就是散列值。简单地说，哈希就是一种将任意长度的消息压缩到某一固定长度的消息摘要的函数，该函数将一些不同长度的信息转化成固定长度的编码，该编码称为 Hash 值；常见的哈希算法有 MD5、SHA、CRC 等。

2. 哈希算法

（1）MD5 算法

MD5 算法的全称是"消息摘要算法 5"，即为 Message-Digest Algorithm version.5 的缩

写，它是当前公认的强度最高的加密算法。在 MD5 算法之前有 MD2 算法和 MD4 算法，虽然这三者的算法结构多少有点相似，但是由于 MD2 算法诞生于 8 位计算机的时代，因此它的设计与后来出现的 MD4 算法、MD5 算法完全不同，因此不能进行简单的替代。无论是 MD2 算法、MD4 算法还是 MD5 算法，它们都是在获得一个随机长度信息的基础上产生一个 128 位信息摘要的算法。

MD5 算法以 512 位分组来处理输入的信息，且每一分组又被划分为 16 个 32 位子分组，经过了一系列的处理后，算法的输出由 4 个 32 位分组组成，将这四个 32 位分组级联后将生成一个 128 位散列值。

（2）SHA 算法

SHA 算法的全称为"安全杂凑算法"，即为 Secure Hash Algorithm 的缩写，是美国国家安全局于 1992 年设计，美国国家标准与技术研究院于 1995 年发布的一系列密码杂凑函数，它可以对长度不超过 264 二进制位的消息产生 160 位的消息摘要输出。该算法主要思想是：接收一段明文，然后以一种不可逆的方式将它转换成一段密文，也可以简单地理解为取一串输入码（称为预映射或信息），并把它们转化为长度较短、位数固定的输出序列即散列值（也称为信息摘要或信息认证代码）的过程。

SHA 共有 5 个算法，分别是 SHA-1、SHA-224、SHA-256、SHA-384、SHA-512，后四者有时并称为 SHA-2，其中 SHA1 和 SHA256 在数字取证中最为常用，SHA-1 在许多安全协定中广为使用，包括 TLS 和 SSL、PGP、SSH、S/MIME 和 IPsec，被认为是 MD5 算法的后继者。

在数字取证过程中，可以使用取证大师、WinHex 等软件工具来计算 SHA 值，也可以用第三方插件来计算。HashTab 是一款优秀的 Windows 外壳扩展程序，可以在 Windows 资源管理器的文件属性窗口中添加了一个叫做"校验"的标签，该标签可以方便地计算文件的 MD5、SHA1 与 CRC-32 哈希值。HashTab 不仅可以计算文件的哈希值，还可以比较文件的哈希值。

3. 哈希库

在数字取证过程中，通常会将一类已知的特定文件，如 Windows 操作系统文件，常用软件文件，恶意程序等）进行哈希值计算，然后将这些特定类型的文件的哈希值记录下来，形成哈希值的集合，构建哈希库。使用哈希库可以在取证的过程中快速发现或者排除文件，提高取证速度。在分析一台计算机设备时，可以通过计算该计算机中所有文件的哈希值，并与已构建的哈希库进行碰撞，哈希库可以快速识别那些没有取证意义的文件。当然，哈希库也可以用于检测对取证有意义的特定文件。总之，通过哈希库对文件进行进行比对的方式来取代一个个地比较文件内容，可以快速发现涉案证据文件。

9.4.4 其他固定方法

数字取证过程就是提取、固定、分析证据的一个过程，一般来说调查人员应当收集电子证据的原始载体，收集、提取原始载体有困难的，还可以采用以下几种方式固定取证。

（1）打印固定

对于可以直观或直接反映或证明案件事实的电子证据，如计算机系统中的文字、图片等有证据效力的文件，可以直接将有关内容打印进行固定取证；打印后，可以按照提取书证的方法予以保管、固定，并注明电子证据打印的时间、来源、调查人员等信息。

（2）拍照、摄像固定

对于电子证据中含有声音、视频或者需要专门软件才能显示，具备视听资料特征的电子证据，可以采用拍照、摄像的方法进行证据的提取和固定，以便全面、充分地反映证据的证明作用；此外，在电子证据取证过程中，对取证全程进行拍照、摄像，对被固定采集的电子证据的真实性具有一定的增强作用。

此外，经过公证，以及具有资质的第三方司法鉴定机构或存证平台获取的电子数据证据均具有法律效力。

9.5 操作系统的勘查取证

操作系统是计算机中最基本也是最为重要的基础性系统软件。常见有 Windows、Mac OS 和开源的 Linux、华为鸿蒙操作系统，等等。操作系统作为计算机系统的核心和基础，承载着用户的数据处理、文件存储以及系统运行等关键任务。因此，通过操作系统取证，办案人员可以快速定位并分析这些行为，为案件的侦破提供关键线索。

本节主要简述 Windows 操作系统的取证分析内容及方法。对 Windows 操作系统进行取证时，通常需要分析用户信息、网络信息、上网记录、即时通信记录和其他应用程序数据等系统之前使用过的痕迹。这就需要对注册表、事件日志、应用程序、临时文件等数据进行分析。

9.5.1 Windows 注册表

Windows 注册表用于存储系统用户、硬件和软件的存储配置信息的数据库。计算机启动时，注册表就处于活动状态，它记录了用户在使用系统过程中的一些使用痕迹的记录，如操作系统信息、时区信息、USB 使用记录、MRU 列表信息、无线网络连接，等等。

1. 系统分析

系统分析可以提供给调查人员关于系统的有关信息，如机器的系统版本、系统名称、处理器名称和速率、用户账号和机器名中获取的嫌疑人使用机器的名称、标识及昵称等。

2. 应用分析

应用分析可以提供给调查人员关于嫌疑人机器上的应用程序安装信息，这些程序能揭示是否有恶意程序控制着嫌疑人机器，系统是由攻击者控制运行还是由嫌疑人机器控制运行。

3. 网络分析

网络分析可以提供给取证调查人员关于嫌疑人机器的网络活动轨迹；通过网卡的列表分析，取证调查人员能识别系统使用的所有网卡是嵌入系统的还是外连接到系统的，也能获得与嫌疑人机器连接的局域网列表，而且能获得与系统连接有关的无线网络有价值的信息，如无线网轮廓、创建时间及最后链接时间信息等。

4. 接入设备分析

接入设备分析可以提供给取证调查人员有关打印和 USB 设备的接入系统相关信息，诸如打印模式和安装日期、USB 设备的产品 ID、序列号等将是很有价值的信息，这些注册表信息多应用在利用 USB 设备盗窃数据的网络犯罪案件分析中。

5. 活动列表分析

通过活动列表分析，可以提供给取证调查人员关于嫌疑人在机器上的最近活动轨迹；如利用 IE 中的 URLs、最近使用的 Word 文档、最近的 .jpg 文件和最近的 .GIF 文件使用情况等，这些注册表信息多用于在伪造和恐吓等网络犯罪活动的分析中。

9.5.2　Windows 系统日志取证分析

Windows 系统日志记录了系统运行过程中的各种事件，包括正常的操作、错误、警告等，这些信息对于调查人员来说是非常宝贵的资源。特别是在遭受攻击或病毒感染的情况下，日志成为了关键的证据源，能够帮助调查人员追根溯源，了解计算机上曾经发生过哪些具体事件。常见日志文件主要有系统日志（System.evtx）、应用程序日志（Application.evtx）和安全日志（Security.evtx）等。

1. Evtx 日志分析

Windows 用 Event ID 来标识事件的不同含义，以 Security 日志为例，常见的 Event ID 及其对于含义如表 9-2 所示。

表 9-2　常见的 Event ID 值及其对应含义

Event ID	对应含义
4608	Windows启动
4609	Windows关机
4616	系统时间发生更改
4624	用户成功登录到计算机
4625	登录失败：使用未知用户名或密码错误的已知用户名尝试登录
4634	用户注销完成
4647	用户启动了注销过程
4648	用户在以其他用户身份登录时，使用显式凭据成功登录到计算机
4703	令牌权限调整

Event ID	对应含义
4704	分配了用户权限
4720	已创建用户账户

可以利用事件查看器判断某些应用程序的运行状态、计算机的开关机时间、计算机的远程访问情况，以及对计算机使用者的行为进行分析刻画，为侦查破案提供线索；在桌面上右键单击"我的电脑"，选择"管理"选项，在打开的"计算机管理"界面中选择"事件查看器"功能，即可打开事件查看器，或者在开始菜单的"搜索程序和文件"区域输入Eventvrw.exe，也可以直接打开事件查看器。此外，还可以通过一些工具来分析日志。

2. IIS 日志分析

IIS 是 Internet Information Server 的缩写，意思是英特网信息服务，是一种 Web（网页）服务组件，其中包括 Web 服务器、FTP 服务器、NNTP 服务器和 SMTP 服务器，分别用于网页浏览、文件传输、新闻服务和邮件发送等方面，它使得在网络（包括互联网和局域网）上发布信息成了一件很容易的事。IIS 的 WWW 日志文件的默认位置为%SystemDrive%\inetpub\logs\LogFiles，在 LogFiles 文件夹下，存在多个 IIS 日志文件夹，每个 IIS 日志文件夹对应一个站点日志。IIS 日志就是 IIS 运行的记录，服务器的一些状况和访问 IP 地址的来源都会记录在 IIS 日志中，所以 IIS 日志对一些案件的侦破非常的重要。默认情况下，IIS 在处理请求后（一段时间之后），会生成 IIS 日志，可通过 Python 编程或者 Log Parser 等工具来对 IIS 日志进行分析。

9.5.3 内存取证分析

内存中可以列出当前系统已经打开的文件、正在活动的网络连接、运行中的进程，甚至是一些被隐藏或没有运行但仍驻留在内存中的进程相关消息。内存取证的主要目的是获取在计算机或设备内存中暂时存储的数据，这些数据在设备重启或关机后通常会丢失。内存取证的步骤如下。

（1）采集内存镜像。可使用 Volatility、FTK Imager、DumpIt 等工具采集目标计算机或设备的内存镜像。

（2）保护数据完整性。在制作内存镜像之前，确保目标计算机或设备处于关闭或冻结状态，以避免数据被覆盖或修改。

（3）分析内存镜像。将采集的内存镜像导入内存取证工具中进行分析。在分析过程中，可查看进程列表、网络连接、打开的文件、注册表项、内存映像和其他运行时数据。

（4）查找恶意代码和漏洞。在内存镜像中查找潜在的恶意代码、恶意进程或漏洞，以便确认是否存在安全威胁。

（5）寻找证据。根据需求，在内存镜像中查找可能的证据，如密码、加密密钥、聊天记录、浏览器历史记录等。这些证据可能对调查和取证提供重要支持。

（6）进行关联分析。将内存镜像中的数据与其他取证数据进行关联分析。

在内存取证中，务必采用适当的安全措施，避免对内存数据造成修改或破坏。

9.5.4　浏览器取证分析

常见的浏览器有 Chrome、Firefox、Edge、360 浏览器、搜狗浏览器等，浏览网页后浏览器会记录的几种信息如下。

（1）历史记录。即所有访问过的站点各个页面的 URL 地址记录。

（2）缓存（Cache）。浏览器为提升打开网页速度，会将浏览过的内容保存到本地硬盘缓存文件夹中。

（3）Cookies。记录用户访问的站点地址的索引文件和各个站点的相关信息。

（4）收藏夹。又叫"书签"，是用户保存的感兴趣的网站链接。

（5）网页表单数据。存储用户名、密码、搜索关键词等。

针对浏览器的检验，最简单有效的方法就是采用自动化取证软件进行分析。

9.6　移动终端的勘查取证

随着移动通信技术的发展，移动终端的数据处理能力得到极大提升，可以完成越来越多的复杂任务，移动终端存储的数据也更加丰富，如用户信息、通信记录、位置信息、交易数据，等等。这些数据可以犯罪调查提供更多的线索和证据支撑。

本节主要简述 Android 系统智能手机的取证分析内容及方法。Android 是一种基于 Linux 的开放源代码软件栈。在该架构中，Android 系统可以大致分为底层 Linux 内核、硬件抽象层、本地 C/C++ 库与 Android 运行时库、应用程序框架层和应用程序层等。Android 设备数据的取证方法如下。

1. 拍摄取证

手机数据拍摄取证方法适用于不具备数据接口的手机，或数据接口损坏，以及现有手机取证设备不支持的机型，在这种情况下，通过拍摄能提取到现有的数据，缺点是不能看到删除数据，提取效率低下，并且无法直接与其他数据做关联分析。

2. 逻辑取证

逻辑取证是一种通过代理 apk、手机助手、备份以及第三方工具等方式，提取或读取手机中特定文件或文件夹数据，进而针对其数据库结构进行解析，以提取相关信息的过程。手机逻辑取证方法主要分为代理提取和备份提取两种。

3. 代理提取

代理提取方法是指取证工具向手机推送一个取证程序（Agent），该程序自动运行，通过调用 API（应用程序编程接口）读取手机中的短信、电话簿、通话记录等应用数据库中的数据，然后将数据返回给取证电脑。

代理提取方法仅能获取手机中已经存在的数据，无法恢复未分配空间中的数据。受系统和应用权限限制，代理提取获取的应用数据受到一定限制，系统版本越高，权限管理越严格，因此提取的数据越少。同时，代理提取受到手机锁屏密码、USB 调试模式、信任权限等因素的限制。

4. 备份提取

备份提取是指对手机数据制作副本数据，无须 ROOT 权限即可获取较完整的应用数据库，从而可以基于 SQLite 文件进行数据恢复。目前主要的备份方式包括高级备份、自备份和 ADB 备份等。

5. 物理取证

物理取证是指对手机机身存储芯片所有数据的获取，类似于计算机取证中 Windows 操作系统的全盘镜像。一般情况下，物理获取是手机机身本地数据最完整的获取方法。手机数据物理提取有两种方法，一种是通过拆解手机得到其内存芯片，使用专门的芯片读取设备来获得其数据镜像；另一种是使用特定的数据缆线与手机主板连接，然后从中读取内存芯片的数据信息。

手机数据物理提取方法可适用各种破损手机或设置密码且无法解锁的手机，通过该方法可以获取到手机全部数据，包含未分配区的数据，但是获取到的镜像可能加密，该方法对全盘加密镜像无法解析。

6. 手机云取证

手机云取证是一种针对存储在云端的数据进行取证的方法。该过程涉及提取手机应用程序本地密钥，通过对云服务器的认证进行逆向解密，并解析云服务器返回的数据协议和格式。随着大多数移动终端设备采用底层加密方法保护数据，对数据的提取变得越来越具有挑战性。传统的攻击方法逐渐失效，而加密途径也逐渐演变为专用的安全芯片，并且能够在用户首次解锁手机密码时自动生成加密密钥。

9.7　新型物理环境的取证

随着云计算、人工智能、物联网、工业互联网等现代技术的发展，电子数据取证工作开始面临越来越多的新情况、新问题。目前，已经出现了物联网取证、汽车车载电子数据取证、工业互联网环境调查取证等新场景、新需求。

9.7.1　物联网取证

随着物联网设备在生活中的广泛应用，涉及物联网设备的各类传统刑事案件和电信网络新型违法犯罪案件日益增多。对物联网设备上各类数据进行全面、客观、有效的提取成为案件侦查中至关重要的任务。

本节主要简述路由器的取证方法。路由器是一种普遍应用的网络设备，作为连接网络节点的关键设备，路由器不仅会记录一般数据传输的路由信息，同时也会记录一些关键的 IP 地址或 MAC 地址的访问信息，通过分析路由器当前连接的设备 MAC 地址，可以发现尚未掌握的电子设备，也可以根据路由器的配置信息，发现下级网络中开启的网络应用等，因此在物联网取证中，路由器显得较为重要。

1. 路由器取证常用方法

路由器一般有分为家用路由器和企业级路由器，企业级路由器一般带有日志功能，只需要提取日志即可，一般家庭型路由器均不带有日志功能，这就需要在路由器断电之前进行取证，否则断电或重启路由器后，一些重要的数据就会丢失，达不到取证效果。

家用路由器取证的方法通常有 Web 登录取证、TTL 取证、芯片镜像取证；企业级路由器的取证方法有图形界面取证及命令行界面取证。

2. 路由器取证流程

由于路由器具有自身特定的软硬件运行机制，需要通过特定的取证流程才能完整有效地提取、固定其中的电子证据。取证流程如下。

（1）路由器信息搜集。在全程录像的情况下，通过路由器命令行或管理界面，记录路由器的 IP 地址分配情况、系统用户信息、当前连接的设备列表、日志记录等重要信息。

（2）路由表提取与分析。路由器通常依靠其建立和维护的路由表来决定数据的转发路径。路由表分为静态路由表和动态路由表。静态路由表由系统管理员预先配置，不随网络拓扑变化而变化；而动态路由表由路由选择协议自动学习和更新形成，受网络结构变化影响较大。进行路由器取证时，应及时提取并固定路由表，特别是动态路由表。为减少对当前路由器数据的干扰，除非特殊情况，一般使用与路由器相关的命令来获取路由表信息。

（3）路由器日志提取与分析。路由器电子数据提取遵循"先在线取证再进行离线取证"的原则，需特别重视易失性数据提取，这部分数据断电即失，即使扣押封存带回也失去了取证的意义。

9.7.2　汽车车载电子数据取证

随着科技的进步以及汽车智能化的普及，汽车车载电子数据取证在交通执法、交通事故鉴定、涉车事件分析等方面的价值将会日益凸显。国家先后颁布 GA/T 1998—2022《汽车车载电子数据取证技术规范》、GA/T 1999.2—2022《道路交通事故车辆速度鉴定方法 第 2 部分：基于汽车事件数据记录系统》、GB 39732—2020《汽车事件数据记录系统》等标准，因此，汽车车载电子数据取证应当遵守相关程序规范和技术标准。

1. 取证前准备工作

（1）工具和设备配备

拍照和录像设备、专用电子数据存储介质、完整性校验软件应为必备工具。根据需要，可以配备汽车 EDR 数据提取解读设备、行驶记录仪数据提取解读设备、视频修复软件等工具。

（2）提取准备工作

了解待提取的汽车车载电子数据设备安装位置和数据类型等信息，确定所需的工具和设备，通过拍照、录像等方式对电子数据设备及所在的汽车外观、型号、序列号等信息进行记录，保持车辆处于未启动状态，尽量避免产生新的数据。

2. 取证过程中安全性要求

（1）保证数据原始性

提取汽车车载电子数据应保持数据的原始性，不应修改、删除原始数据。具备写保护条件的，应通过写保护设备进行数据提取。

（2）避免数据被覆盖

具备外部存储介质的，应在车辆断电条件下及时提取存储介质，避免数据被覆盖。提取过程中尽量避免多次启动汽车和长时间上电引起数据覆盖。提取 EDR 数据，应确保 EDR 控制器可靠固定，防止跌落等外部冲击。

3. 数据提取固定

（1）直接对车载电子数据设备进行数据提取。车辆上电时，可通过取证设备直接提取 EDR 数据。提取过程应通过拍照、录像、笔录等形式予以记录。

（2）对车载电子数据设备的存储介质进行数据提取。汽车行车记录仪具备可插拔的存储卡时，可对存储卡的视频数据进行复制得到电子数据副本。

（3）以车载电子设备屏幕拍照、录像等形式进行数据提取。汽车行驶记录仪数据接口损坏或因故障无法导出数据时，可对其屏幕上显示的行驶记录数据进行拍照、录像。

（4）拆卸车载电子设备或其存储介质进行数据提取。当现场环境条件受限、车辆或车载电子设备受损等情况下，可以从汽车上拆卸设备或存储介质，并使用防水、防静电的物证带进行封存，待条件具备时再提取数据。

4. 典型车载电子设备数据提取

（1）汽车电子控制单元（ECU）。包括提取零件号、生产厂家、生产日期、故障码等数据。

（2）汽车事件数据记录系统（EDR）。对于配备 EDR 的汽车，应提取 EDR 记录数据。根据需要，可提取碰撞前车速、油门、刹车、安全带、档位、转向角等数据。

（3）车载信息娱乐系统（IVI）。提取轨迹、车速、刹车、开\关门、通话记录、蓝牙\WiFi 连接记录、地图使用记录、播放记录等数据。

（4）汽车行驶记录仪（TDR）和具有行驶记录仪功能的定位终端。提取轨迹、车速、疲劳驾驶、刹车等数据。

（5）车载视频行驶记录系统（DVR）。根据是否具备外部存储介质、是否需要进行数据恢复等不同情形，提取视频数据。

（6）电动汽车远程服务与管理系统车载终端（T-BOX）。通过外部存储介质、外置数据端口、远程服务和管理平台在线提取等数据提取方式，提取轨迹、车速、制动状态、电池状态等数据。

（7）其他车载电子设备。根据设备的具体情况，提取车载设备中手机卡等其他电子设备数据。

5. 数据完整性校验和保存

对于提取的结果数据，应使用软件进行完整性校验并予以记录，且应复制到专用电子数据存储介质中进行保存。

6. 检验分析

对上述提取的数据，根据案件的诉求，使用专用的汽车车载电子数据取证软件进行检验分析，以找到关键的证据或线索。

习 题

一、单项选择题

1. 我国电子数据取证领域现行的国家标准共有（　　）项。

A. 0　　　　　　　　B. 3　　　　　　　　C. 22　　　　　　　　D. 37

2. 关于电子数据网络在线提取与远程勘验，下列说法错误的是（　　）。

A. 网络在线提取与远程勘验都属于远程收集提取电子数据的方式

B. 网络在线提取与远程勘验的方法相同

C. 远程勘验兼具收集提取电子数据和进一步收集"有关信息"、查明"有关情况"的功能

D. 网络在线提取只有收集提取电子数据的功能

3. 以下不是 Windows 事件日志的是（　　）。

A. 系统日志　　　　B. 应用程序日志　　　　C. 防火墙日志　　　　D. 安全日志

4. 服务应用日志通常记录了的信息（　　）。

A. 服务的启动、停止、错误等　　　　　　B. 用户的登录、注销等

C. 系统的启动、关闭等　　　　　　　　　D. 硬件的插拔、故障等

二、多项选择题

1. Windows 操作系统中广泛使用的两种文件系统是（　　）

A. FAT32　　　　　　B. NTFS　　　　　　C. Ext2　　　　　　D. HFS

2. 存储介质是数据存储的载体，使用广泛的存储介质包括（　　）。

A. 磁性存储介质   B. 光性存储介质

C. 电性存储介质   D. 粘性存储介质

3. 关于文件系统，下列说法正确的有（　　）。

A. 文件系统是操作系统中的核心组件

B. 文件系统是一套完整的管理规则

C. 文件系统必须能实现文件的建立、存入、读取、修改、移动、复制、删除等基本操作

D. 文件系统中的数据一旦删除，将无法恢复

4. 下列属于电子数据取证的常用工具的是（　　）。

A. 录像设备   B. 存储介质写保护设备

C. 转接卡   D. 数据线

三、简答题

1. 简述数字勘查与取证的含义。

2. 简述简述数据勘查与取证的对象。

3. 简述电子数据的含义。

4. 简述数字勘查与取证技术在网络空间安全领域中的作用。

5. 简述远程勘验的侧重点。

6. 简述磁盘分区的两种主流模式。

7. 简述 FAT32 文件系统的数据恢复原理。

8. 如何理解正则表达式？

9. 简述检查固定的方法。

10. 简述数据完整性校验的方法。

11. 简述 Windows 注册表取证分析的主要内容。

12. 简述浏览器取证分析的主要内容。

13. 简述 Android 手机的主要取证方法。

14. 简述家用路由器取证的方法。

第 10 章

网络威胁情报分析与挖掘技术

本章介绍网络威胁情报分析与挖掘技术，包括网络威胁情报的起源、价值，以及网络威胁情报分析与挖掘的基本含义、网络威胁情报的基本概念和相关基础知识、网络安全领域常见的网络攻击技术、网络威胁情报关键挖掘体系、建立高价值的黑客画像的相关方法、应用和管理网络威胁情报，使读者了解和初步掌握网络威胁情报的基本知识和基础的挖掘技术。

10.1 概述

10.1.1 威胁情报起源

情报学作为一门现代学科，自第二次世界大战后开始迅速发展，但其历史可追溯至中国东周时期。《孙子兵法》阐述了军事情报与战争决策的关系，将古典政治情报理论运用于军事领域，并根据军事特征将情报理论体系化、专业化，形成了战略情报、战役/战场情报、战术情报的分析方法和认识论。孙子认为，情报应具备准确性、及时性，重视人的主观能动作用，主张深入分析，反对经验主义和机械推理。《孙子兵法》的情报思想奠定了中国古典军事战略情报分析流程。

美国情报理论先驱谢尔曼·肯特在《服务于美国世界政策的战略情报》一书中提出情报的三个定义：情报即知识、情报即组织、情报即行动，并提出"战略情报"概念，强调情报对战略家的重要性。肯特将战略情报划分为基本描述型、现实报告型和预测评价型三种类型，分别对应过去、现在和未来。美国官方强调情报分析的必要性，认为"情报 = 信息 + 分析的结果"，经过分析的情报能有力辅助决策。

10.1.2 开展网络威胁情报工作的基本原则

开展网络安全威胁情报工作应遵循"两端一路"原则：掌握攻击端情况，了解攻击者背景、架构、人员情况；掌握被攻击端情况，明确主要攻击目标；掌握攻击路径，了解攻击者攻击资源和手段；及时掌握威胁情报信息，建设威胁情报库；将威胁情报及时报送相关部门，为打击网络违法犯罪和网络安全防御提供支撑；加强威胁情报力量建设、共享机制和技术手段建设，提高工作能力水平。

网络安全威胁情报适用于组织为达成战略目标而持续收集、分析和研判己方和他方信息的过程。在信息产业化、产业信息化和数字化、智慧化进程加快的当今时代，网络安全威胁情报对保障国家、企业安全至关重要，并已达成诸多共识：网络安全威胁情报需为目标组织服务；持续运营需借助专门组织力量；立足现在，面向未来，是动态的、变化发展的；应采用信息化最新手段收集数据、信息和知识；在数据充足、及时的基础上，做好分析研判工作；应用于辅助网络安全决策，让目标组织受益。

10.1.3 威胁情报价值

威胁情报的价值在于其能够为企业、社会和国家安全提供强有力的守护。通过及时、准确的威胁情报，可以有效预防和应对网络安全威胁，减少损失，提高整体的网络安全防护能力。我国对威胁情报工作的重视，以及在行业内推进威胁情报应用和发展的决心，正是基于威胁情报在维护安全中的重要作用。

以 2017 年的"WannaCry"勒索软件事件为例，该病毒利用微软的"永恒之蓝"漏洞在全球范围内迅速传播，导致超过 10 万台电脑被感染，经济损失巨大。然而，英国研究员发现的后门秘密开关域名为这场危机带来了转机。我国网络安全公司迅速响应，发现新变种的开关域名，并通过内网 DNS 解析的方式，使得开关域名能够被顺利解析。这一精准、及时的威胁情报，使得一些大型企业免遭勒索攻击。

在全球范围内，具备国家背景的黑客组织会发起 APT 攻击，这类攻击往往以窃取敏感信息数据为目的。威胁情报的兴起，对防护 APT 组织的攻击具有重要意义。2020 年 1 月中旬，"白象"APT 组织利用新型冠状病毒性肺炎疫情对我国发起网络攻击，我国第一时间披露了具体攻击活动，并通过深度关联扩线，成功发现并追踪了该组织的多次攻击活动。威胁情报的及时披露和应用，有效守护了我国国家安全。

10.1.4 威胁情报分析与挖掘相关概念

威胁情报分析与挖掘是网络安全领域中的核心环节，它涉及从大量数据中提取、分析和理解与安全威胁相关的信息。这一过程包括识别已知威胁和预测未来潜在威胁。以下是威胁情报分析与挖掘的主要概念和组成部分。

（1）威胁情报的分析与挖掘过程：该过程包括四个关键步骤，即采集与融合、分析与挖掘、共享与交换、应用与服务。首先，从网络流量、系统日志、安全事件报告等来源收集数据，并进行整合和融合。接着，利用机器学习、人工智能等先进技术对数据进行深入分析，以识别安全威胁和模式。然后，将分析结果与其他安全实体共享，以增强联合防御能力。最后，将分析结果应用于安全防护措施，如更新防火墙规则、调整入侵检测系统等。

（2）威胁情报的分析与挖掘技术与方法：随着技术进步，威胁情报分析与挖掘方法不断演进，包括智能威胁分析技术、大数据技术、机器学习和自然语言处理技术、人工智能算法等。这些技术帮助构建大数据架构，解决海量数据的接入、解析、分析、存储和输出问题，并对威胁情报进行深度分析，提取高价值情报。

（3）威胁情报分析与挖掘效果的评估方法：评估威胁情报的效果和准确性是多维度的，包括完整性、一致性、时效性、定性与定量评价方法、风险程度的度量、情报来源的多样性和可靠性。一个有效的威胁情报分析工具应全面覆盖这些方面，确保情报的准确性和实用性。

（4）威胁情报分析与挖掘的策略：面对新型威胁，策略包括战术级威胁情报的应用、威胁情报综合分析系统的建设、高级威胁情报的聚类与攻击者分析、开源异构数据的威胁情报挖掘、多源情报汇聚与 APT 事件追踪、自动化威胁情报服务等。这些策略帮助机构识别、预防和应对新型威胁。

（5）威胁情报分析与挖掘过程中的挑战与解决方法：挑战包括数据收集的难度、信息的准确性、有效利用情报、共享和协同、技术和策略方法。解决方法涵盖技术手段和策略方法，如采用基于 APT 攻击的情报挖掘方法、应用人工智能技术提高信息准确性、结合主动学习的方法提高情报利用效率、强化威胁情报的共享和协同、采用动态利用方式提高情报利用效率和质量。

10.2　威胁情报基础知识

10.2.1　威胁情报定义

威胁情报的不同定义有着不同的侧重点，但普遍认同威胁情报是基于证据的知识，涵盖上下文、机制、标示、含义和可执行的建议，与资产面临的现有或潜在威胁相关，辅助相关主体做出响应决策。

知名信息化研究咨询机构 Gartner 对威胁情报的定义强调了其对组织安全性的重要性，认为威胁情报应帮助首席信息安全官（Chief Information Security Officer，CISO）深入了解组织的安全风险，并为未知威胁做好准备。Gartner 的定义将威胁情报视为包括认识组织风险、威胁理解能力与行为，以及通过学习、研究或经验传授所获得的知识。同时，它指出威胁情报需经过收集、整理、验证、评估和解释等处理过程，并要求分析人员的深入分析。

知名企业信息化咨询和培训机构 SANS 在《Analytics and Intelligence Survey 2014》中，

将威胁情报定义为一组收集、评估和应用的数据，这些数据涉及安全威胁、恶意行为、漏洞、恶意软件、漏洞和危害指标。SANS 的定义着重于威胁情报的基础性指标和要素，以及其在帮助组织更有效规划和响应安全事件中的作用。

Jon Friedman 和 Mark Bouchard 在《网络威胁情报权威指南》中提出，网络威胁情报是关于对手及其动机、意图和方法的知识，它通过选择、分析和传播的方式，帮助各级安全和业务人员保护企业的关键资产。他们的定义侧重于威胁情报的过程性和针对性，强调了为不同用户定制情报的重要性。

知名独立研究咨询公司 Forrester 的定义则更侧重于威胁情报的商业决策支持功能，认为威胁情报包括内部和外部威胁行为者的动机、意图和能力的细节，以及他们的战术、技术和程序。

综合上述定义，威胁情报的核心内涵可以概括为：威胁情报是研究网络威胁背景、机制、指标等内容后生产出的结果，具有高准确度和高覆盖度，满足威胁发现、响应、攻击者画像及信息共享等需求。它源自对网络威胁的研究和总结，旨在为受网络威胁影响的组织提供战术或战略数据以辅助决策。

10.2.2　威胁情报的能力层级

威胁情报的能力层级是根据情报的复杂度和价值进行分类，以便在不同场景中应用。David J. Bianco 提出的"痛苦金字塔"模型将威胁情报指标按价值分为不同层级，从基础的 Hash 值、IP 地址到高价值的攻击者 TTPs（Tactics, Techniques and Procedure，战术、技术和程序）。这表明情报的价值随攻击者痛苦程度的增加而提高。进一步地，Allan Liska 将威胁情报分为运营情报、战术情报和战略情报三类，每类对应不同的安全能力和使用目的，从自动化检测分析到安全响应分析，再到指导整体安全策略。

10.2.3　威胁情报的其他分类方式

威胁情报可以根据不同的维度进行分类，以适应不同的使用场景和需求。除了按使用目的分为战术级、运营级和战略级情报，威胁情报还可以基于使用方法分为机读情报与人读情报。机读情报是结构化、可直接被网络安全软硬件设备读取的情报，支持快速检测和响应。人读情报则主要面向安全从业者，用于深入分析、研判和应急响应，包括开放社区查询、威胁通报与分析报告，以及社交媒体上的情报信息。

此外，威胁情报可从使用场景上划分为安全威胁情报和业务威胁情报。安全威胁情报主要解决网络安全问题，而业务威胁情报则与企业业务直接相关，如风控和反欺诈等。按情报来源分类，威胁情报包括自产情报、开源情报、商业情报和第三方共享情报。这些分类方式有助于组织根据具体需求选择合适的威胁情报类型，优化安全策略和响应措施。

10.2.4　威胁情报标准

威胁情报标准是网络安全领域中关键的组成部分，它们为威胁情报的共享、交换和利用提供了规范和框架。这些标准确保了不同组织和系统间高效、准确地交换威胁信息，从而提高整体的网络安全防护能力。

美国在网络安全威胁情报共享方面较为领先，已经提出了一些成熟的威胁情报共享交换标准，包括《美国联邦情报系统安全和隐私控制建议》（NIST 800-53）、《美国联邦网络威胁情报共享指南》（NIST 800-150），以及结构化威胁表达式（Structured Threat Information eXpression，STIX）、网络可观察表达式（Cyber Observable Expression，CybOX）和指标信息的可信自动化交换（Trusted Automated eXchange of Indicator Information，TAXII）。这些为国际网络安全威胁情报的交流和分享提供了可靠的参考。

STIX 是由 MITRE（一个美国非营利性组织）联合 DHS（美国国土安全部）发布的，用于交换网络威胁情报的语言和序列化格式。STIX 是开源且免费的，它允许组织以一致且机器可读的方式相互共享网络威胁情报。STIX 的应用场景包括威胁分析、威胁特征分类、威胁及安全事件应急处理以及威胁情报分享。STIX 有两个大版本：STIX 1.0 基于 XML 定义，STIX 2.0 基于 JSON 定义。STIX 2.0 在 STIX 1.0 的基础上进行了扩展，定义了更多的域对象和关系对象，以支持更丰富的威胁情报表达。

TAXII 是一个成熟的威胁情报标准，由 MITRE 提出。TAXII 通过 HTTPS（Hypertext Transfer Protocol Secure，安全超文本传输协议）交换网络威胁情报，并定义了一个 RESTful API 以及一组针对客户端和服务器的要求。TAXII 支持两种主要的共享模型：集合和通道。集合允许生产者托管 CTI（Cyber Threat Intelligence，网络威胁情报）数据，而通道则允许生产者将数据推送给消费者。TAXII 专门设计用于支持 STIX 中表示的 CTI 交换，也可用于共享其他格式的数据。

CybOX 定义了一种表征计算机可观察对象与网络动态和实体的方法，由 MITRE 提出，并已经被集成到 STIX 2.0 中。CybOX 规范提供了一套标准且支持扩展的语法，用来描述所有可被从计算系统和操作上观察到的内容，这包括动态的事件和静态的资产。CybOX 的应用范围包括威胁评估、日志管理、恶意软件特征描述、指标共享和事件响应等。

2018 年 10 月 10 日，中国发布了国内首个网络威胁情报的国家标准——《信息安全技术　网络安全威胁信息格式规范》（GB/T 36643—2018）。该标准从可观测数据、攻击指标、安全事件、攻击活动、威胁主体、攻击目标、攻击方法、应对措施等八个组件进行描述，构建出一个完整的网络安全威胁信息表达模型。这个通用模型旨在统一业内对网络安全威胁情报的描述，提升威胁情报共享效率和网络威胁态势感知能力。

10.2.5　威胁情报来源

威胁情报的来源多样，包括本地化生产、开源与社区资源、商业产品和服务以及第三方共享。这些来源共同构成了组织网络安全防护的知识基础，使组织能够从不同角度理解和应对网络安全威胁。随着网络安全形势的不断演变，威胁情报的收集、分析和共享变得更加重要，组织需要不断优化其情报策略，以适应不断变化的威胁环境。

1. 本地化生产情报

本地化生产情报是指组织通过自身的安全运营中心（Security Operation Center，SOC）或本地威胁情报管理平台（Threat Intelligence Platform，TIP）生成的情报。这种情报通常基于组织内部的安全设备告警、蜜罐数据、沙箱分析结果和业务风控系统数据等。本地化情报具有高度的相关性和可信度，因为它们直接来源于组织自身的安全实践和观察。这种情报有助于组织快速响应特定于其业务环境的威胁。

2. 开源情报

开源情报（Open-Source Intelligence，OSINT）是通过合法途径从公开资源中收集的数据和信息。这些资源包括公共记录数据库、政府报告、互联网资源、社交媒体、新闻媒体等。社区情报则体现了威胁情报的分享精神，通常由专业的网络安全公司或社区提供，允许用户访问和共享开源、免费的情报，适合安全工作者和爱好者使用。

3. 商业情报

商业情报是由威胁情报供应商提供的、可售卖的情报。这种情报适合那些希望获得更高精度威胁情报或在人力和技术资源不足时仍希望从情报中获益的组织。商业情报的提供方式包括订阅服务、API（Application Programming Interface，应用程序接口）或集成在网络安全产品中，如流量监控、终端保护、网关防护和 DNS 安全等。

4. 第三方共享情报

第三方共享情报涉及基于开放社区的用户生成内容（User-generated Content，UGC）模式和由国家机构主导的细分类别共享，例如漏洞和威胁事件信息。此外，一些商业组织也主导着威胁情报共享联盟。这种共享机制有助于组织获取更广泛的威胁信息，增强对新兴威胁的认识和响应能力。在金融、能源、电信等关键行业中，威胁情报共享对于构建国家级、行业级和产业级的网络安全防护至关重要。通过共享机制，组织可以快速获取和响应威胁，形成联防联控的网络安全环境。

10.2.6　威胁情报与我国网络安全合规要求

威胁情报与我国网络安全合规要求紧密相关，近年来已被正式纳入国家信息安全合规条例和要求中。《信息安全技术 网络安全等级保护测评要求》特别强调了威胁情报的重要性，明确提出在第二、三、四级的测评要求中必须部署威胁情报检测系统，并将威胁情报库的更新和升级至最新版本作为合规的必要条件。

《关键信息基础设施安全保护要求》（GB/T 39204—2022）作为关键信息基础设施保护的核心标准，也对威胁情报提出了具体要求。标准中提出监测预警和主动防御两个方面的要求，强调了制定网络安全监测预警和信息通报制度的重要性，并要求建立威胁情报共享机制，提高主动发现攻击的能力。同时，还要求在攻防演习演练过程中重视威胁情报工作，提升对网络威胁与攻击行为的识别、分析和主动防御能力。

国家标准的制定体现了我国对威胁情报在关键信息基础设施安全保护中作用的重视，要求运营者在日常安全运营和攻防演练中必须重视内外部威胁情报和信息共享工作。目前，基于单位的、行业的威胁情报和信息共享机制与平台正在逐步建设和应用中，以实现跨行业领域的网络安全联防联控。

10.3　威胁情报应对网络攻击

10.3.1　常见恶意软件

恶意软件（Malware）是带有恶意目的、具有入侵行为，并具备破坏性或伴随恶意行为的软件。恶意软件的分类逻辑基于其功能和传播方式，包括计算机病毒、蠕虫、木马、僵尸程序、流氓软件等。每种恶意软件都有其特定的行为特征和技术特点，对网络安全构成不同程度的威胁。恶意软件的发展历史悠久，从最初的计算机病毒到现代的复杂威胁，其形态和技术不断演变。它们作为攻击者发起攻击的直接载体和工具，对网络系统安全构成严重威胁。

1. 计算机病毒

计算机病毒是恶意软件的早期形式，最早由冯·诺依曼在 1949 年提出概念，能够在计算机系统中自我复制和传播。1986 年，第一款能够感染计算机的病毒 Pakistan 出现，标志着计算机病毒的全球性爆发。计算机病毒的发展经历了从理论到现实、产生实质破坏、制造病毒变得更容易、破坏能力的重大升级等阶段。

2. 蠕虫

随着互联网的发展，名为蠕虫的恶意软件走入公众视野，传播力和破坏力不断增强。与计算机病毒不同，蠕虫能够独立进行自我复制，并通过局域网和互联网快速传播，造成网络阻塞。1988 年出现的"莫里斯蠕虫"是第一个造成严重破坏的蠕虫。随着 IoT（Internet of Things，物联网）时代的到来，蠕虫的攻击范围进一步扩大。2010 年出现的"震网（Stuxnet）"蠕虫病毒，以及 2016 年的 Mirai 僵尸网络引发的大规模 DDoS 攻击，都显示了 IoT 设备面临的安全威胁。

3. 特洛伊木马

特洛伊木马（Trojan Horse）是另一种常见的恶意软件，它伪装成正常程序或潜藏在正常程序中，实现窃取密码、删除文件或发起 DDoS（Distributed Denial of Service，分布式拒绝服务）攻击等恶意行为。世界上第一个计算机木马是 1986 年的 PC-Write 木马。随后，木马技术不断进步，从最初的密码窃取和通信能力，发展到隐藏和控制，再到利用 Rootkit 技术深入系统核心层。

4. 僵尸网络

僵尸网络是互联网时代兴起的攻击方式，攻击者利用恶意 Bot 程序控制大量计算机，形成僵尸网络，根据指令进行二次攻击。最早的僵尸网络出现在 1999 年，随后全球化的僵尸网络 GTbot（Global Threat Bot）出现，僵尸网络的构建和爆发速度加快。

5. 勒索软件

近十年来，新型攻击如挖矿、勒索等开始兴起。挖矿攻击利用受害者的计算资源进行挖矿，而勒索软件则通过加密受害者数据并要求赎金。这些攻击方式随着虚拟货币的兴起而变得更加频繁和复杂。

恶意软件的危害广泛，包括信息泄露、系统破坏、广告滥用、沦为"肉鸡"以及直接经济损失等。它们不仅影响个人用户，也对企业组织造成严重影响。威胁情报可通过分析恶意软件的 Hash 值、IP 地址和域名等特征，辅助识别和判断恶意软件及其变种。利用威胁情报平台查询这些指标，结合机器学习技术，可以提高识别准确性。安全团队可据此采取相应措施，如封禁恶意 IP 或域名，进一步分析和响应。充分应用威胁情报有助于安全研究者提前发现潜在威胁，实现主动防御。有关恶意代码分析内容详见第 11 章。

10.3.2 社工攻击

社工攻击，全称为社会工程攻击，是一种利用人际关系和心理技巧来操纵目标，获取敏感信息或访问权限的攻击方式。与传统技术攻击不同，社工攻击侧重于人的因素，攻击者通过伪装、欺骗等手段，诱导受害者泄露信息或执行不当操作。

社工攻击历史悠久，随着电话系统和互联网的发展，攻击手法不断演进。早期的电话诈骗和后来的网络钓鱼都是社工攻击的典型形式。攻击者可能伪装成权威人士或受害者熟悉的角色，通过电子邮件、社交媒体、即时通信等渠道，诱骗受害者点击恶意链接、下载附件或提供敏感信息。

社工攻击的种类多样，包括基于电子邮件、手机短信、社交网络和物理近源的攻击。攻击者可能利用个人信息定制化攻击内容，提高成功率。社工攻击的危害包括个人信息泄露、隐私侵犯、经济损失和声誉损害等。

为了防范社工攻击，需要提高个人和组织的网络安全意识，加强教育培训，谨慎处理个人信息，定期更新密码，并使用安全软件保护系统。使用威胁情报技术，可以识别和拦截恶意链接和附件，降低社工攻击的风险。

10.3.3　勒索攻击

勒索攻击是一种恶意网络行为，攻击者利用勒索软件加密受害者数据，以此要挟支付赎金以解密数据，导致业务中断。勒索软件是实施此类攻击的主要工具，它能够加密用户文件，降低系统可用性，并通过弹出窗口或文本文件发出勒索通知。

勒索攻击自 1989 年的"艾滋病病毒勒索事件"（AIDS Trojan）以来，经历了从恶作剧式攻击到高度组织化的演变。勒索攻击的发展史显示，从 2008 年加密货币出现后，匿名勒索成为可能，暗网发展促进了数据二次交易。2013 年，CryptoLocker 病毒作为首个采用比特币支付的加密勒索软件出现。2015 年，首个 RaaS（Ransomware as a Service，勒索即服务）服务 Tox 诞生。2017 年，"WannaCry"勒索攻击事件成为最知名、影响最大的勒索攻击。加密货币的兴起，尤其是比特币，使得勒索攻击更加匿名和难以追踪，促进了勒索软件的快速发展。攻击者通过系统漏洞、钓鱼邮件等手段传播勒索软件。

勒索攻击的种类多样，手法上分为自动化勒索、半自动化勒索、勒索即服务（RaaS）和勒索 APT 化；后果上分为锁定型勒索、双重勒索、三重勒索和 DDoS 攻击勒索。攻击者可能采用双重勒索和三重勒索策略，增加受害者压力。

从威胁情报视角来看，通过分析勒索软件代码、攻击者使用的基础设施，如 C&C（Command and Control，命令与控制）服务器和攻击行为（TTPs），可以发现并预防勒索攻击。安全人员可以利用威胁情报识别攻击迹象，提前采取防范措施，减少勒索攻击风险。例如，REvil 攻击的三个阶段包括通过钓鱼邮件安装木马、利用 Cobalt Strike 进行横向渗透感染、通过 RDP（Remote Desktop Protocol，远程桌面协议）登录到企业的多台主机安装勒索软件。安全人员可以在这些环节中提前做出相应防范措施，阻止攻击。

10.3.4　挖矿攻击

挖矿攻击是一种利用他人计算机资源秘密挖掘加密货币的网络攻击行为。攻击者通过植入挖矿木马，占用受害者的计算资源，如 CPU（Central Processing Unit，中央处理器）和 GPU（Graphics Processing Unit，图形处理器），进行加密货币的挖掘，从而获取非法收益。这种行为不仅消耗受害者的电力和计算资源，还可能导致计算机性能下降，甚至硬件损坏。

挖矿攻击的历史可以追溯到 2013 年，当时随着比特币等加密货币的兴起，一些攻击者开始利用挖矿木马控制大量机器组建僵尸网络进行恶意挖矿。2017 年，随着"永恒之蓝"等微软 SMB（Server Message Block，服务器信息块）漏洞的曝光，挖矿攻击者开始利用这些漏洞进行更大规模的传播。同年，网页挖矿开始受到关注，一些网站通过在网页中植入挖矿脚本，利用访问者的计算资源进行挖矿。

挖矿攻击的种类主要有两种：基于挖矿木马和基于 Web（World Wide Web，全球广域网）的加密攻击。挖矿木马通过各种传播方式，如恶意链接、漏洞利用等，感染目标计算机。一旦感染，挖矿者就会开始挖掘加密货币，同时保持隐藏在后台。基于 Web 的加密攻击则是通过将挖矿脚本嵌入网页中，当用户访问这些网页时，脚本会在用户的设备上执行，利用用户的计算资源进行挖矿。

虚拟货币价格的波动会引发挖矿攻击态势的起伏。2018 年，针对服务器的挖矿木马家族格局基本定型，没有新的大家族产生。其后，随着加密数字货币价格的回升，挖矿木马又迎来了新一轮的爆发。2021 年，随着国家对虚拟货币相关非法金融活动的打击，国内挖矿产业迅速降温。2022 年，以太坊宣布将共识机制从工作量证明（Proof of work，PoW）转变为权益证明（Proof of Stake，PoS），这标志着依靠算力挖矿的时代正逐步迎来终结。

从威胁情报视角应对挖矿攻击，可以通过分析挖矿攻击的特征和手法来进行。攻击者通常会使用钓鱼邮件、漏洞利用和 USB 等移动设备等多种传播方式，在内嵌的母体文件运行获取权限后，通过模块下载进行内网横移，进行大范围扩散传播。同时，木马的控制端会和受感染的计算机进行通信，从而控制计算机下载安装挖矿模块、回连矿池等。此外，攻击者还会采取各种措施，从而在受感染的计算机中实现长期驻留。挖矿攻击的威胁情报类型包括挖矿木马家族使用的 C&C 域名、恶意文件 Hash、矿池域名和 IP 地址、挖矿木马使用的加密货币钱包地址等。

10.3.5　漏洞攻击

漏洞攻击是指攻击者利用计算机系统、软件或网络协议中存在的安全缺陷或不足，获取未授权访问权限，执行恶意操作的行为。这些漏洞可能存在于硬件、软件、协议或安全策略中，攻击者通过漏洞利用（Vulnerability Exploit）程序，越过系统安全限制，实现对目标系统的控制。

漏洞攻击的特点包括能够破坏系统完整性、可用性，泄露敏感信息，以及对系统控制能力的破坏。攻击者可以利用漏洞进行远程代码执行、提升权限、拒绝服务攻击或信息泄露等。

漏洞攻击的发展历史悠久，从 1986 年前苏联利用 Emacs 漏洞远程获取美国劳伦斯伯克利国家实验室的 Root 权限，到 1998 年 UNIX 和 Windows 缓冲区溢出技术的普及，再到 2014 年"心血漏洞"（Heartbleed）事件，以及 2017 年"永恒之蓝"（Eternal Blue）漏洞引发的"WannaCry"勒索事件，漏洞攻击一直是网络安全领域中最具挑战性的威胁之一。

随着时间的推移，漏洞攻击的种类和手法不断演变。本地提权漏洞允许攻击者非法提升程序或用户的系统权限；远程代码执行漏洞（Remote Code Execution，RCE）使得攻击者能够在受害者的设备上执行任意代码；拒绝服务漏洞导致目标系统或应用失去响应能力；信息泄露漏洞则使攻击者能够访问或泄露敏感数据。

为了应对漏洞攻击，漏洞情报的收集和分析变得至关重要。漏洞情报包括漏洞披露、描述、利用技术、影响范围、排查方式和修复方案等信息。这些情报可以帮助组织进行风险评估，及时响应新出现的漏洞，并采取预防措施减少系统被攻击的风险。

10.3.6　高级持续性威胁

高级持续性威胁（APT）是一种复杂、有组织的网络攻击，通常由具备高度技术水平和资源的攻击者发起。这些攻击者可能是国家级黑客组织、间谍机构、犯罪集团或其他有组织的攻击者，他们的目标往往是政府机构、军事机构、跨国公司、关键基础设施等重要目标。APT 攻击的目的多样，包括但不限于窃取机密信息、植入后门或恶意软件以长期监视目标系统，甚至破坏系统稳定性、使目标系统瘫痪。

APT 攻击的定义和特点包括针对性强、组织严密、持续时间长、高隐蔽性、间接攻击和多样化的攻击手段。针对性强体现在攻击者会进行详细的情报收集，了解目标的网络架构、系统漏洞等信息，以便制定针对性的攻击策略。组织严密则表现为攻击通常由熟练黑客组成团体，分工协作，长期预谋策划后进行。持续时间长意味着攻击者可能在目标网络中潜伏数月甚至数年，通过反复渗透，不断改进攻击路径和方法。高隐蔽性则是指攻击者能够绕过目标所在网络的防御系统，极其隐蔽地盗取数据或进行破坏。

APT 攻击的发展史经历了从冷战期间的信息间谍战到现代的网络战的演变。1986 年，前苏联通过 Emacs 漏洞远程获取美国劳伦斯伯克利国家实验室的 Root 权限，这被认为是历史上最早被记载的类 APT 式攻击。2006 年，APT 概念被首次提出。2010 年，具有明确政治背景的 APT 攻击"震网（Stuxnet）事件"被曝光，这被认为是 APT 的典型案例之一。2010 年以后，多个具有政治背景的 APT 组织开始活跃，攻击基础设施、窃取敏感情报，具有强烈的国家战略意图。2022 年起，APT 攻击成为地缘战争中的一部分，如俄乌冲突中的网络战打击。

典型 APT 组织包括东亚的"APT-C-60（伪猎者）"和"Lazarus"、东南亚的"海莲花"、南亚的"蔓灵花"和"白象"，以及东欧的 SandWorm。这些组织通常具备政府背景，针对特定国家或行业进行攻击，采用高度定制化的攻击手段，包括社会工程学、钓鱼邮件、恶意软件、零日漏洞利用等。

从威胁情报视角应对 APT 攻击，可以通过分析 APT 组织所使用的资产和工具，归纳出攻击特征、手法和工具（TTP），以及构建攻击者画像，从而生成机读情报和人读威胁情报报告。这些情报可以帮助组织调整安全策略，有效防范和应对可能的 APT 攻击。通过持续监控和分析 APT 组织的活动，可以提前发现攻击迹象，采取相应的防护措施，减少 APT 攻击带来的风险。

10.4 威胁情报相关技术

10.4.1 威胁情报技术基础知识

威胁情报是网络安全领域的重要组成部分，其数据类型主要包括 IP 地址、域名、URL（Uniform Resource Locator，统一资源定位符）和 Hash 值。这些数据类型在不同的安全防护场景中发挥着各自特定的作用。IP 地址作为威胁情报的一种数据类型，用于标识网络中的具体设备。当 IP 地址被标记为恶意时，通常意味着该地址可能与网络攻击活动相关，如扫描或入侵尝试。

域名作为另一种数据类型，通常用于标识互联网资源。恶意域名可能与钓鱼攻击、恶意软件分发等活动相关。在实际应用中，通过检测和拦截对恶意域名的访问，可以有效地防止网络钓鱼和恶意软件感染；URL 是网络资源的具体地址，其作用类似于域名，但更具体。Hash 值是文件或数据块的唯一标识符，用于检测文件的完整性和真实性。在威胁情报中，恶意 Hash 值能够标识已知的恶意软件或文件，通过比对文件的 Hash 值可以识别并阻止恶意软件的执行。

威胁情报的威胁类型按照入站和出站的不同场景进行区分。出站情报主要包括远程控制（远控）、恶意下载地址、钓鱼和矿池等。远控情报通常表示设备可能被恶意控制，恶意下载地址则用于分发恶意软件，钓鱼情报则是伪装成合法网站的欺诈网页，矿池则用于非法挖掘加密货币，这些都可能对系统造成直接危害；入站情报主要包括扫描、漏洞利用、垃圾邮件和暴力破解等。扫描通常指攻击者扫描网络以寻找潜在的弱点，漏洞利用涉及利用系统漏洞进行攻击，垃圾邮件可能用于传播恶意软件或进行社会工程学攻击，暴力破解则是通过大量尝试破解密码或加密信息。

10.4.2 逆向分析技术

逆向分析技术（Reverse Engineering）是指对已经编译的可执行文件进行解析和分析，以还原出其中的源代码、算法逻辑、以及程序结构等信息的一种技术手段。在网络安全领域，逆向分析技术主要采用反编译（Decompilation）形式进行，通过将可执行文件转换为高级语言或者汇编语言的等效代码，以便安全研究人员深入分析其中的逻辑和功能，揭示其中隐藏的功能、代码结构、以及调用函数等关键信息。

静态分析是指在逆向分析过程中分析目标程序的二进制代码或源代码，而无须执行程序。常见的静态分析工具包括 Detect It Easy（DIE）、ExeInfo、Interactive Disassembler Professional（IDA Pro）和 VB Decompiler 等。动态分析工具则在程序执行时对其行为进行监控和分析，从而揭示程序的运行时特征和行为。常见的动态分析工具包括 OllyDbg、 x64Dbg、WinDbg 和 GDB 等。

逆向分析技术结合静态分析和动态分析工具，可以全面地理解和评估目标程序的功能和安全性，为安全研究和软件改进提供重要支持。

10.4.3　漏洞分析技术

漏洞的存在为攻击者提供了可乘之机，让他们能够访问未授权的文件、获取私密信息甚至执行任意程序。随着互联网的快速发展，攻击手段日益多样化和复杂化，传统的漏洞防御策略已难以应对。安全攻防需求逐渐由被动防御转变为主动型、以情报为中心的建设模式。

1. 漏洞分析技术种类

漏洞分析技术则是漏洞情报生产的基石，常见的漏洞分析技术种类如下。

（1）二进制漏洞分析技术

漏洞分析涉及对二进制漏洞和 Web 漏洞的深入理解。二进制漏洞通常存在于编译后的程序代码中，可能允许攻击者执行未授权的代码或获得系统级别的访问权限。Web 漏洞则影响 Web 应用程序或服务，与 Web 应用的前端或后端有关。攻击者可能利用这些漏洞窃取用户数据、篡改网页内容或完全控制受影响的 Web 应用。

二进制漏洞分析技术涵盖内存的工作原理、栈溢出和堆溢出的利用方法。栈溢出允许攻击者通过溢出函数调用的栈帧来覆盖重要的内存地址，如 EBP 和 EIP，从而改变程序的执行流程。堆溢出则利用堆内存的动态分配和回收机制，通过溢出改写堆块的管理信息，实现任意代码的执行。除了栈和堆溢出，还有一些其他的内存利用方式，如 Off-by-One 单字节溢出技术和 Heap Spray 堆喷射技术。Off-by-One 单字节溢出技术是利用编程中的小错误，可能破坏 EBP 或重要的邻接变量，导致程序流程改变或整数溢出。Heap Spray 堆喷射技术则通过在堆中预填充大量恶意代码副本，提高漏洞利用成功执行代码的概率。

（2）Web 漏洞分析技术

Web 漏洞分析涵盖客户端和服务端的漏洞。客户端漏洞如跨站脚本攻击（Cross-Site Scripting，通常简称为 XSS）和跨站请求伪造（Cross-Site Request Forgery，CSRF），主要影响用户端，用于钓鱼、篡改等攻击。服务端漏洞则影响服务提供商及所有用户，包括注入漏洞、目录遍历、文件包含等，这些漏洞的后果更为严重，可能导致攻击者入侵程序。

（3）补丁分析技术

补丁分析技术是一种通过比较不同版本软件代码的差异来识别和理解漏洞触发点的方法。该技术包括五个关键步骤：首先备份旧版系统；其次安装并应用补丁；然后使用对比工具分析新旧版本间的代码变更；接着通过逆向工程深入理解补丁的更改及其上下文；最后，结合历史漏洞数据进行综合分析。根据补丁的开源或闭源特性，分析工具也有所区别，开源项目多采用文本对比工具，而闭源项目则需用到反编译工具。

2. 漏洞分析过程

漏洞分析过程是一个系统化的技术流程，目的是发现和定位软件漏洞，并构建漏洞利用的证据（Proof of Concept，PoC）。这一过程包括 6 个关键步骤：

（1）收集漏洞信息，包括官方报告和社区讨论；

（2）搭建漏洞测试环境，确保与漏洞影响系统一致；

（3）分析补丁，确定漏洞可能的触发点和条件；

（4）通过调试技术定位和验证漏洞；

（5）根据触发条件构造 PoC，以复现漏洞；

（6）总结复现过程，形成报告。

此外，应急取证分析技术在网络安全事件中至关重要，它涉及迅速采集和分析攻击相关线索，以追踪攻击者并提供情报支持。

10.4.4　网络安全事件应急取证分析技术

在当今数字化迅猛发展的互联网时代，网络安全事件层出不穷，针对网络安全事件采取有效的应急响应操作，是网络安全领域中非常必要的环节。应急取证技术是指在网络攻击发生后，迅速启动应急响应流程后收集、分析相关线索和证据的应用技术。这一技术在追踪攻击者、揭示攻击手法、保护受害者方面发挥着至关重要的作用。

应急取证技术的核心目标是捕获网络安全事件中的关键信息，揭示攻击者的入侵路径、身份及动机，理解攻击的性质、范围和影响。这不仅对紧急响应和恢复工作至关重要，而且通过取证分析，可以追踪攻击者的行为模式，提取攻击者的特征和资产，总结经验，生成高价值的威胁情报，提升对未来攻击的识别和防范能力，改进网络安全防护策略。

威胁情报和应急响应是网络安全领域中两个密切相关的概念。一方面，通过威胁情报可以驱动应急响应，利用威胁情报指导和支持应急响应过程，提供实时威胁检测、上下文信息、提升取证效率和追踪攻击者的能力；另一方面，应急响应可以驱动威胁情报生产，通过对网络安全事件的应急取证分析，提取新的威胁情报信息，为其他组织了解和应对类似攻击提供帮助。

在取证过程中，应重点关注情报线索、时间线索和行为线索。情报线索提供了关于攻击者的深入了解；时间线索有助于重建事件发生的时间顺序；行为线索则揭示了攻击者的操作和行动。这三个要素相互补充，有助于更准确地重建攻击事件的全貌。这些线索是取证分析过程中的关键点。同时，这些线索的发现也离不开多种维度的分析技术，包括但不限于以下技术。

（1）取证工具的使用：取证分析工作涉及多种工具的运用，包括威胁情报平台、文件分析平台（沙箱）、Sysinternals Suite 工具集、流量分析工具（如 Wireshark）、日志分析工具（如 Log Parser）等。这些工具在取证分析中发挥着关键作用，熟练使用这类工具，可以帮助分析人员高效地识别、分析和定位安全威胁。

（2）操作系统分析技术：主要针对 Windows 和 Linux 操作系统，涵盖账户、网络、进程、启动项和文件等方面的分析，通过对操作系统进行深入排查分析，帮助确定是否存在恶意账户、未经授权的访问、可疑的网络通信行为、恶意进程、自启动项和可疑服务等异常行为。

（3）日志分析技术：日志包括 Windows、Linux、应用服务和网络设备等运行过程中产生的关键信息记录，日志记录了系统中发生的事件，对于检测和分析安全事件、了解攻击活动、进行威胁溯源和调查等方面起着至关重要的作用。通过分析日志，分析人员可以发现异常行为、判定攻击手段、分析威胁情报、进行攻击溯源。

（4）恶意文件分析：通过静态分析、动态调试或者文件沙箱等手段对可疑文件进行分析，以识别其潜在的威胁或恶意构造手法。

网络安全事件的应急响应是一个复杂但至关重要的领域。它要求安全团队不仅要快速响应攻击事件，还要进行深入分析以提取有价值的信息。通过结合威胁情报和运用各种取证分析工具，安全团队能够更有效地追踪攻击者、理解攻击手法，并为未来的网络安全防护提供坚实的支持。随着技术的进步和威胁的不断演变，应急取证技术已成为安全团队必备的基础能力。

10.4.5　大数据分析技术

大数据平台与大数据分析技术的出现，为威胁情报领域提供了新的机遇。大数据平台是基于先进技术构建的数据存储和处理系统，能够高效处理和存储海量数据，并支持复杂的数据分析和挖掘。而大数据分析技术则通过对这些海量数据的深入分析，揭示潜在的规律和信息，为决策提供科学依据和数据支持。

在威胁情报领域，大数据平台能够帮助安全团队高效地收集、存储和管理来自不同来源的大量安全数据，如网络流量、日志数据和恶意代码样本。这些数据来自防火墙、入侵检测系统（Intrusion Detection System，IDS）等多种安全设备，涵盖网络、主机和应用层面的信息。利用大数据分析技术，安全团队能够对这些数据进行深入分析，识别潜在威胁和异常行为。通过数据挖掘和机器学习，安全团队能够实时提取出威胁情报，如恶意 IP地址、域名和文件，并提供预警信息。

此外，结合蜜罐技术，大数据平台能够快速捕获和分析最新的网络威胁。蜜罐技术通过模拟真实环境，引诱攻击者进行尝试，从而收集攻击行为的数据。这些数据与大数据分析技术相结合，可以加快威胁检测和响应速度，提高系统的安全性和抗攻击能力。

10.4.6　图关联分析技术

近年来，图数据和知识图谱的应用逐渐成为信息安全领域的热点。图数据以图形结构表示和存储数据，其中节点代表实体，边代表实体之间的关系。这种结构化的数据表示方式使得复杂关系的表达和分析变得直观和高效。知识图谱则利用图数据的方法，将不同实体及其关系映射成图中的边，从而构建起系统化的知识表示。通过这种方式，知识图谱能够系统地整合和展示领域内的知识，揭示实体间的复杂关系。

在信息安全领域，图数据库和知识图谱广泛应用于黑产团伙的追踪和研究。它们能够帮助安全研究者快速识别和分析新出现的恶意资产。通过图数据的可视化特点，研究者能够直观地发现黑产团伙的结构、活动模式以及与恶意资产的关联，进而制定有效的防御策略，提高对新型威胁的响应能力。

10.5 威胁情报分析与挖掘原理

10.5.1 情报生产

情报生产可以分为自动化生产和人工生产两种模式，这两种模式在精度、效率和适用场景上各有特点。人工生产通常涉及手动分析和解读数据，能够提供更高的精度和详细性，但其缺点是耗费大量人力资源。人工生产特别适用于 APT 攻击和黑产团伙等复杂情报，这些情报涉及的攻击手法和结构往往非常复杂，需要专家进行深入分析，以准确识别和解读潜在威胁。

与此相对，自动化生产主要针对海量数据的处理，适用于如僵尸网络、木马、蠕虫等大规模的情报处理。这些情报类型的原始数据量巨大，传统的人力处理方式难以应对。自动化生产利用规则引擎和机器学习模型来处理数据，通过设定提取规则并结合机器学习算法来进行数据分析。其主要优点在于处理速度快且不占用大量人力资源，能够高效地从海量数据中提取有用的信息。然而，由于依赖于预设的规则和模型，自动化生产在精度上无法完全达到人工分析的水平，理论上存在误报和漏报的风险。

自动化生产的具体实现方式包括基于沙箱的流量检测规则和人工智能模型。基于沙箱的流量检测通过模拟运行环境，捕获和分析恶意软件的行为，帮助识别潜在的安全威胁。人工智能模型则通过训练大量的样本数据，自动学习和识别威胁模式，从而实现对未知威胁的预测和检测。这些自动化技术的应用显著提高了数据处理的效率，但也需要不断优化和调整，以应对新的威胁和减少误报的发生。

10.5.2 情报质量测试

情报质量测试是情报生产过程中的关键环节，确保高准确率和高实时性是情报生产的根本要求。在将情报推送至检测产品之前，必须对生产出的情报进行系统的测试，以保证其准确性。

情报测试的主要目标是去除可能存在的误报，科学的情报测试机制应当是层次化的。

（1）最基础的测试方式是白名单过滤，即将待产出的情报中属于白名单的网络资产过滤掉。例如，一些病毒木马会在测试网络连接性时连接常见的白名单域名如 baidu.com 和 google.com，这些正常域名显然不能作为失陷指标。

（2）进行基础信息分析也至关重要。许多攻击者使用的恶意域名通常具有特定的特征，例如特定的 WHOIS 信息和域名字形。筛选这些特征并设置相关规则可以有效过滤掉大量可能的误报。

（3）应用人工智能模型提升误报检测的能力。通过分析历史情报，积累大量的误报或疑似误报数据，人工智能模型可以作为训练样本，从而优化检测算法。表现优异的人工智能模型能够辅助去除过滤规则难以覆盖的误报，提高情报的整体准确性。

10.5.3　情报评估与生命周期

每条情报在其生命周期中经历从产生到失效的过程，因此，合理的情报过期机制是确保情报持续有效的关键。情报的过期机制依据情报类型和数据特征进行设定，以监控相关网络资产和威胁信息的有效性，并在发现失效时及时更新情报状态。合理的过期机制不仅保证了情报的准确性，还提升了其使用价值。

情报的基础过期时间设置取决于情报的类型。失陷类情报，如与病毒木马相关的信息，通常具有较长的基础过期时间，通常为 6 至 12 个月。由于这些威胁通常具有长期存在的特性，一些历史上的病毒木马相关情报的有效期可能达到 1 年甚至更长时间。相对而言，域名类情报的基础过期时间通常比 IP 类情报更长，因为域名的资产归属较为稳定。另外，由于不同情报对应的资产变化频率存在显著差异，过期机制不能采用一刀切的方法。

对于域名类情报，考虑到域名注册有效期的特性，部分域名服务商会在域名注册到期后保留一段宽限期，以便原持有人续费。因此，域名类情报的过期时间需根据实际情况进行调整，以反映域名的真实状态。而对于 IP 类情报，当数据中心（Internet Data Center，IDC）服务器的主机转让或变更时，相关 IP 地址的作用也会发生变化。此时，需要对这些资产进行实时监测，以准确捕捉其变化情况，并更新相应的情报过期时间。这种动态调整策略确保了情报能够适应快速变化的网络环境，从而保持其准确性和实用性。

10.5.4　威胁情报挖掘的相关数据

威胁情报的分析与挖掘是对安全数据进行聚合、分析和处理的过程，以揭示潜在的网络威胁和攻击活动。此过程涉及多种数据类型的分析，包括网站排名数据、网站分类数据、备案数据、PDNS 数据、WHOIS 数据、ASN 数据、地理位置数据、IP 场景信息数据、空间测绘数据、蜜罐日志数据、病毒样本数据以及公开 Blog 文章数据。每种数据类型提供不同的信息，有助于分析人员深入了解威胁情报及其背后的攻击事件，从而采取相应的防护措施。

1. 网站排名数据

网站排名数据是指根据网站的流量、访问量和其他指标对网站进行排名的信息。常见的主流网站排名数据包括 Alexa 排名、SimilarWeb 排名和 Quantcast 排名。这些排名数据反映了网站的受欢迎程度和用户访问情况。Alexa 排名主要基于全球用户的流量数据，适用于了解网站的受欢迎程度，但可能存在地域和行业偏差；SimilarWeb 排名通过综合流量来源和用户互动来评估网站，提供更全面的分析，但数据收集和更新频率可能影响其准确性；Quantcast 排名则通过直接数据收集来评估网站流量，适用于市场和广告分析，但数据覆盖面有限。在网络安全防护中，这些排名数据可以帮助识别潜在的恶意网站或高流量的目标，从而制定相应的安全策略。

2. 网站分类数据

网站分类数据用于将网站按功能、主题或内容进行分组。这些分类数据通常由分类服务提供商或网络安全公司维护。常见的网站分类包括社交网络、购物网站、新闻网站等。网站分类数据的内在含义在于通过类别信息快速识别网站的性质，从而判断其安全性。例如，社交网络可能成为钓鱼攻击的目标，购物网站可能涉及支付诈骗。不同分类系统的优缺点在于，某些分类可能较为粗略，难以准确反映网站的真实内容，而更精细的分类系统则可能需要更多的维护和更新。在网络安全防护中，网站分类数据有助于筛查和过滤访问流量，从而识别潜在的威胁源。

3. 备案数据

备案数据指的是有关网站和域名的注册信息，包括域名注册者、注册时间、注册机构等。备案数据通常由域名注册机构或国家的互联网监管部门提供。在网络安全防护中，备案数据有助于追踪网站的来源和所有者，识别潜在的恶意站点或非法活动。通过分析备案数据，分析人员可以发现不符合注册规范的域名或识别与恶意行为相关联的注册信息，从而采取措施阻止潜在的攻击。

4. PDNS 数据

PDNS（Passive DNS）数据是指记录 DNS 查询历史的被动 DNS 数据。其技术原理在于通过被动监控 DNS 查询请求，记录域名与 IP 地址的映射关系。PDNS 数据可以帮助分析人员追踪域名的历史记录和变化，识别与恶意活动相关的域名。在网络安全防护中，PDNS 数据能够揭示域名的潜在威胁，如恶意域名的使用历史和变更模式，从而为攻击检测和预防提供支持。

5. WHOIS 数据

WHOIS 数据是指关于域名注册的信息，包括注册者的联系信息、注册时间、到期时间等。技术原理包括通过 WHOIS 协议查询域名的注册信息。WHOIS 数据在网络安全防护中具有重要作用，通过分析域名的注册信息，分析人员能够识别潜在的恶意域名和攻击者的背景。例如，注册信息中异常的联系信息或短期注册行为可能暗示域名用于恶意活动。

6. ASN 数据

ASN（Autonomous System Number，自治系统编号）数据是指与网络自治系统相关的信息。技术原理在于通过 ASN 标识网络中的自治系统，帮助分析网络流量和网络拓扑结构。ASN 数据在网络安全防护中用于追踪攻击源，识别异常流量和网络结构变化。通过分析 ASN 数据，分析人员可以发现与恶意活动相关的网络节点，进而制定针对性的防御措施。

7. 地理位置数据

地理位置数据是指与网络资产或用户位置相关的信息，包括 IP 地址的地理位置。该数据通过地理位置服务将 IP 地址映射到实际地理位置。在网络安全防护中，地理位置数据有助于识别和阻止来自高风险地区的访问请求。通过地理位置分析，分析人员可以发现和应对区域性的攻击模式或恶意活动，提高安全防护的针对性。

8. IP 场景信息数据

IP 场景信息数据包括 CDN（Content Delivery Network，内容分发网络）、学校网络、移动基站、企业专线等的详细信息。技术原理在于通过分析 IP 地址的场景信息，了解其实际应用和网络环境。例如，CDN 提供商通过分布式节点加速内容传输，而学校网络和移动基站则涉及教育机构和移动运营商的网络环境。在网络安全防护中，IP 场景信息数据帮助识别网络资产的具体应用场景，从而进行针对性防护。例如，识别出攻击流量来自于移动基站可以帮助分析其实际来源。

9. 空间测绘数据

空间测绘数据指的是对 IP 地址的各端口开放信息、返回内容和指纹进行收集、整理和鉴别的数据。这些数据通过扫描和分析 IP 地址的开放端口及其服务，提供对网络资产的详细视图。技术原理包括通过网络扫描工具识别和记录开放端口及其返回的服务信息。网络安全防护中，空间测绘数据有助于发现网络资产的安全漏洞，识别潜在的攻击面，从而加强防护措施。

10. 蜜罐日志数据

蜜罐日志数据是指通过蜜罐系统收集的有关攻击活动的日志信息。技术原理包括设置虚拟环境模拟真实系统，以引诱攻击者并记录其行为。在网络安全防护中，蜜罐日志数据能够提供攻击者的行为模式和技术细节，帮助分析人员了解攻击手法和攻击者的目标，从而改进防御策略和响应措施。

11. 病毒样本数据

病毒样本数据是指收集到的恶意软件样本，包括其代码和行为特征。技术原理在于通过对病毒样本进行静态和动态分析，识别其恶意特性。在网络安全防护中，病毒样本数据用于构建和更新病毒库，帮助识别和防御已知的恶意软件。通过分析病毒样本，分析人员可以发现新的变种和攻击方式，从而加强安全防护能力。

12. 公开 Blog 文章数据

公开 Blog 文章数据是指从公开博客和社交媒体平台收集的文章和评论数据。这些数据提供了有关网络安全威胁的情报和讨论信息。在网络安全防护中，公开 Blog 文章数据可以帮助发现新的攻击趋势、漏洞信息和威胁情报。通过分析 Blog 文章，安全团队可以获得及时的情报更新和社区反馈，改进防护策略和响应措施。

威胁情报挖掘的过程可以分为四个主要环节：数据处理、情报生产、质量控制和上下文丰富。这些环节相互关联，共同确保了最终情报的准确性和实用性。

1. 数据处理

数据处理是威胁情报挖掘的第一步，涉及预处理、结构化处理和数据分析三个关键步骤。预处理的主要目标是清理数据，去除无意义和异常信息。这包括删除重复内容、冗余的网页标签、不可读字符以及其他与威胁情报分析无关的数据，如白名单信息。结构化处理则是将数据转化为更适合分析的格式，常用的格式有 JSON 和 CSV。这一步骤涉及对不同类型数据的处理，例如使用 HTML 解析工具处理网页数据，或对文本数据进行标签化和编码格式转换。数据分析是对结构化数据进行深入分析，提取有用的信息。例如，通过分析域名的 WHOIS 数据，可以识别出低成本、短期注册或动态域名等常见的恶意域名特征，这些信息有助于发现潜在的威胁源。

2. 情报生产环节

情报生产环节包括多个方面：白名单生产、基础信息类情报生产、入站情报生产和出站情报生产。白名单生产涉及识别和记录可信的网络资产，以避免将正常活动误判为威胁。基础信息类情报生产则侧重于从基本的网络资产信息中提取情报，比如域名注册信息、IP 地址等。入站情报生产和出站情报生产分别关注从外部（如攻击者）和内部（如受害系统）获取的情报，这些情报能够帮助识别和分析潜在的攻击活动。

3. 情报质量控制

情报质量控制是确保情报准确性和实用性的关键环节。此过程主要通过情报质量测试完成。情报质量测试的目的是去除可能的误报，确保情报的高准确率和实时性。最基础的测试方法是白名单过滤，即排除那些属于白名单的正常网络资产。接下来是基础信息分析，通过分析恶意域名的特征（如 WHOIS 信息和域名字形），进一步过滤误报。最后，利用人工智能模型对历史情报进行训练，生成高效的过滤规则，从而进一步去除难以通过规则过滤的误报。

4. 上下文丰富

上下文丰富是提升情报价值和可操作性的关键环节，包括情报标签体系和威胁等级的设定。情报标签体系用于标识和分类情报，使其在实际应用中更加明确和有用。威胁等级的设定则帮助安全团队根据威胁的严重性和紧急程度来优先处理情报。这些上下文信息有助于提高情报的应用效果和决策的精准性。

总体而言，威胁情报挖掘是一个系统化的过程，涉及数据的全面处理、情报的精细生产、严格的质量控制以及上下文的丰富，这些环节共同保障了情报的准确性和实用性，提升了对网络安全威胁的响应能力。

10.5.6　黑客画像建立

构建黑客画像是网络安全领域中的一项关键任务，其核心在于帮助安全研究者了解网络攻击者的特征和行为模式，从而提高对网络威胁的应对能力。黑客画像的构建涉及对网络攻击者的详细描述和分析，包括攻击者的身份特征、攻击手法、使用的工具、攻击目标、攻击行业以及历史攻击事件等多个维度。通过全面收集和分析这些信息，安全研究者可以更好地理解攻击者的行为模式、技术水平和攻击目标，从而形成对其全面的认知，并据此制定有效的防御策略。

在构建黑客画像的过程中，通常需要进行几个关键步骤。

（1）安全研究者需要进行归因分析和命名，确定攻击者的身份特征和组织形式，这包括研究其攻击行为的模式、使用的攻击工具和技术等。

（2）研究者还需分析攻击者常用的攻击手法，例如漏洞利用、社会工程学攻击以及恶意软件传播等。

（3）针对攻击者使用的工具和技术进行深入分析，了解其恶意软件样本、漏洞利用工具和网络扫描器等工具的使用情况。

（4）分析攻击者的攻击目标和行业，了解其攻击偏好和重点领域，以评估潜在风险并制定防御措施。

（5）通过分析历史攻击事件，了解攻击活动的演变和发展趋势，以更好地预测和应对未来可能的攻击行为。

构建黑客画像是一个复杂的过程，依赖于多个核心分析系统来支持其高效实施。业内常用的关键核心系统包括溯源拓线系统、归因分析系统、黑客知识库和威胁狩猎系统等。这些系统为黑客画像的构建提供了必要的技术支持和数据支撑，确保了分析过程的准确性和全面性。整理和归纳构建的黑客画像信息可以形成一个完整的黑客画像资料库。这个资料库不仅包含各种类型攻击者的特征、攻击手法和攻击目标等信息，还支持归因分析和预测功能，帮助安全研究者及时识别并应对新出现的网络攻击事件。

10.6　威胁情报应用实践

10.6.1　威胁情报应用实践现状

威胁情报在网络安全领域扮演着关键角色，其应用遍及国家、行业和企业层面。在国家层面，它用于预警网络安全风险、打击网络攻击、制定战略政策，并促进国际情报共享。在行业层面上，情报共享助力识别和防御关键基础设施的网络威胁，公安机关利用情报预警和通报网络犯罪。企业则通过情报预警、检测、处置和溯源，加强网络安全防护，保护敏感数据。

威胁情报的应用场景构成完整的生命周期，包括预警、检测、分析、处置、溯源和狩猎。预警基于情报研究，提前揭示新兴威胁。检测利用特征信息，实时发现攻击行为。分析评估攻击影响，确定应对策略。迅速反应处置，限制攻击损害。溯源追踪攻击者，提供可靠依据。狩猎主动追踪最新威胁，增强防御。组织需建立有效架构，确保情报的准确性和合规性，以应对网络安全挑战。

10.6.2　威胁情报平台搭建

威胁情报平台是网络安全的关键工具，帮助组织获取、分析和利用情报以增强防御。平台分为开源、商业、社区和权威发布平台四类。开源平台如 OpenCTI（Open Cyber Threat Intelligence Platform）和 MISP（Malware Information Sharing Platform）以低成本获取广泛情报；商业平台如 TIP（Threat Intelligence Platform）和 NTIP（Network Threat Intelligence Platform）提供专业服务；社区平台如 Google VirusTotal 提供情报搜索引擎；权威平台如 CNVD（China National Vulnerability Database，国家信息安全漏洞共享平台）和 CNNVD（China National Vulnerability Database of Information Security，中国国家信息安全漏洞库）发布行业情报数据。

威胁情报管理平台通过统一数据标准收集和存储多源数据，支持情报分析、高并发检测 API、本地情报生产、情报级联共享、多源情报整合和场景分析。这些功能帮助组织实现情报驱动的安全运营，提升对网络威胁的检测、分析和响应能力。

OpenCTI 和 MISP 是两个主要的开源威胁情报平台。OpenCTI 通过 GraphQL API 和多种连接器实现数据的导入和导出，支持与其他工具集成。MISP 则提供数据引入、结构化、共享、分类、扩充、集成、分析、告警和 API 访问等功能，支持 Docker 安装。这些平台帮助组织构建、存储、组织和可视化网络威胁信息。

10.6.3　威胁情报获取与管理

威胁情报来源主要分为三类：自身和行业相关机构的网络攻击数据、开源与商业威胁情报数据源、情报共享获取的数据。自身网络攻击数据包括安全设备告警和恶意样本，通过技术手段提炼情报。开源与商业数据源如 VirusTotal、AlienVault OTX 等提供现成情报数据。情报共享获取的数据需要与机构自身网络安全关联，进行质量控制和筛选。

通过开源或商业威胁情报管理平台（TIP），配置 Nginx 服务器进行身份验证和请求转发，确保合法性，并利用 API（如 VirusTotal）接口获取威胁情报数据；OpenCTI 作为开源平台，通过 EXTERNAL_IMPORT 等连接器获取第三方情报；爬虫技术用于自动化获取开源情报，但需要遵守合法和道德原则。

多源情报融合管理整合不同来源的威胁情报，提供全面支持。情报类别包括业务反诈、漏洞、IP 信誉等。融合方式有浅层融合和深层次融合，后者通过整合不同来源情报生成统一查询结果，提高情报质量。情报质量评价体系从可靠性、全面性和时效性三方面进行评估，确保情报的准确高效利用。

10.6.4　威胁情报的应用场景

（1）威胁情报检测是网络安全的关键应用，通过比对威胁情报与本地数据，及时发现攻击者和受感染资产。利用 IP 地址黑名单和恶意域名列表等情报，结合网络流量和日志数据，识别外部攻击行为。同时，分析外网连接行为，发现内网被感染的终端，防止数据泄露和系统被控。DNS 隧道技术常被用于隐藏攻击指令，通过威胁情报和 DNS 流量分析，可精准检测和定位内网失陷主机。

（2）威胁情报在事件研判中也发挥重要作用，通过与攻击告警交叉验证，提高研判的准确性。利用情报数据如恶意域名和 IP 地址黑名单，结合上下文信息如网络拓扑和用户行为，综合分析告警事件，确定攻击类型和意图。研判分析还包括攻击时序、影响范围和应对措施，为安全事件的处置提供全面信息。

（3）威胁情报在安全运营中用于实时防护拦截，通过分析攻击 IP 地址、域名和 URL 链接等，将情报转化为防护规则。结合历史访问基线和业务特性，实现对外网 IP 地址的自动化拦截。情报平台内置的 IP 信誉情报和封禁计算模型，支持精细化封禁策略，降低误封率。通过情报基础信息，制定有效的处置响应措施，提升安全防护效果。

（4）威胁情报在追踪溯源中揭示攻击者背后的组织和意图。利用情报数据关联技术，分析攻击者远控域名，关联历史解析 IP 地址、域名和注册信息，识别 APT 组织的攻击行为。通过多层次关联分析，追踪攻击路径，确认攻击来源，为安全防御提供重要线索和依据。

（5）攻击者画像与狩猎是威胁情报的高级应用，通过分析攻击者的行为模式、使用工具和攻击目标，构建攻击者特征模型。利用情报数据，持续监测全球攻击活动，捕获新的攻击特征。攻击者的资产指纹和行为习惯是关键，通过持续监测和分析，识别攻击签名，及时阻止攻击行为。攻击者画像能帮助提前预测和防御潜在威胁，提升网络安全防御能力。

10.6.5　威胁情报共享

美国在威胁情报共享方面已建立从战略到操作层面的完善体系，通过法案和行政命令强调信息共享的重要性，并成立如 CTIIC（Cyber Threat Intelligence Integration Center，网络威胁情报整合中心）和 NCCIC（National Cybersecurity and Communications Integration Center，国家网络安全与通信整合中心）等专门机构以促进情报共享。同时，美国安全产业将威胁情报属性融入产品中，形成行业规范。相比之下，中国的威胁情报市场处于发展阶段，通过成立如中国网络空间威胁情报联盟等行业组织，推动技术研究和共享体系建设，逐渐形成网络安全的合作生态。

国际上，STIX 和 TAXII 作为重要的威胁情报共享标准，分别提供结构化语言描述和自动化交换协议，已被 OASIS（The Organization for the Advancement of Structured Information Standards，结构化信息标准促进组织）作为国际标准认可。国内也发布了国家标准《信息安全技术 网络安全威胁信息格式规范》（GB/T 36643—2018），参考国际标准，为网络安全威胁信息的共享和利用提供结构化方法。

威胁情报共享模式主要包括开放公共服务社区模式、垂直管理机构下的多级情报共享和细分行业监管统筹下的行业情报共享。这些模式通过不同的组织和技术支持，实现了情报的高效流转、存储、分析和共享，加强了网络安全协同防御能力。

在实践案例中，金融业和政府等行业建立了网络安全态势感知与信息共享平台，通过"自下而上"的安全事件数据上报和"自上而下"的威胁情报共享，实现了对网络安全态势的整体管控和风险预警。这些平台的建设不仅提高了安全事件的响应能力，也为网络安全监管提供了有效的技术支持和数据基础。

10.7 威胁情报分析与挖掘技术发展趋势

10.7.1 威胁情报外延不断扩展

随着对网络威胁情报的认识与理解加深，机构逐步将威胁情报作为认识威胁、处置风险的重要能力与手段，威胁情报定义的内涵与外延也逐渐丰富，扩展到数据泄露情报、漏洞情报、数字品牌保护情报等。机构开始向网络威胁情报供应商寻求数据泄露发现、数据泄露黑产交易监测等情报的解决方案。通过威胁情报大数据，挖掘最新高危漏洞，并对全量漏洞进行漏洞优先级排序，支持企业更科学地漏洞修复。通过实时监控和分析企业网络、社交媒体、电子邮件等数字足迹，发现网络钓鱼、恶意软件、仿冒、网络扫描等风险，从而保护组织的数字资产。

10.7.2 大模型语言模型在威胁情报分析与挖掘中的应用

大规模语言模型（LLM）技术，如 GPT 技术，正在威胁情报分析与挖掘中扮演重要角色。GPT 技术通过智能化归集汇总、流量检测与事件解析、漏洞分析与溯源分析、流量分析与攻击研判、安全告警分析与处置建议生成等方面，显著提升了威胁分析的效率和准确性。这种技术不仅提高了安全运营的效率，还降低了专业门槛，为网络安全防护提供了新的思路和方法。

我国一些企业已经在实际应用中展示了 GPT 技术的强大能力，通过 GPT 技术实现了威胁情报的智能化归集汇总，帮助企业安全运营人员快速找到分析切入的视角和线索；安全 GPT 技术通过知识蒸馏、模型量化等技术手段，显著提高了流量检测的检出率和降低了误报率；GPT 技术在智能合约逻辑漏洞检测、自动化溯源分析及处置、生成安全测试用例等方面也展现出其在安全领域的应用价值。

习　题

1. 开展网络安全威胁情报工作应遵循的原则是什么？
2. 威胁情报的核心内涵是什么？
3. 如何从威胁情报视角应对 APT 攻击？
4. 情报有哪几种自动化生产方式，原理是什么？
5. 失陷情报、IP 信誉类情报的基础过期时间如何设置？
6. 应急取证过程中应该重点关注哪些线索？
7. 简述漏洞分析流程。
8. 网络安全威胁情报在国家、行业和企业层面的应用领域分别是什么？
9. 威胁情报在安全运营中的落地场景是什么？
10. 新型威胁情报主要包含哪三类？
11. 大规模语言模型（LLM）技术在威胁分析中的应用场景包括哪些？

第 11 章

恶意代码分析与检测技术

本章介绍恶意代码对抗技术发展的历史过程，以这个历史过程为参照，介绍恶意代码对抗能力体系、恶意代码分析与检测技术，以 Windows 恶意代码及宏和脚本类恶意代码为典型，介绍恶意代码分析，最后简要介绍 APT 攻击中的恶意代码，使读者了解和掌握恶意代码分析的基本概念和检测技术的基本技能。

11.1 恶意代码对抗技术的发展过程

1. 恶意代码基本含义

网络空间对抗的独有范式是针对代码的运行对抗。网络攻击活动要把攻击者的意图封装为执行体，转化为攻击目标的运行逻辑，恶意代码就是承载攻击意图的恶意执行体。几乎所有的网络攻击行动都依赖恶意代码（即俗称的计算机病毒）的投放、执行，因此恶意代码是网络战争的武器、网络犯罪的凶器。恶意代码的发现、检出、精确命名等能力是安全防护的基础支点，通过恶意代码检测，并触发相关的清除、隔离、拒止等动作，阻断恶意代码的投放、加载和执行，缓解其运行后果，是安全防护和运营实践中必备的基础能力。

恶意代码防护能力的生成高度依赖于恶意代码分析这一基础工作，这些能力以规则、脚本、算法、模块、模型、模板、剧本等方式存在，以安全引擎和安全产品的形态封装。持续的威胁分析作为最重要的信息源泉，是威胁对抗能力设计和持续迭代更新的基础保障。

网络空间的对抗具有高度的不对称性，恶意代码分析力求通过拨开攻击者对恶意代码的各种伪装，分析其程序逻辑、工作原理等，来打破攻击的"黑箱"，让执法/监管和防御侧在这种不对称性的对抗中获得更多的可见性和主动权。

恶意代码是对计算机病毒的统称。为了后面叙述的方便，下面先简要说明一下"恶意代码"这个名称的由来，以及为什么有时仍然使用"计算机病毒"这个称谓。

1983 年弗雷德·科恩首次提出"病毒"这个术语，并在一年后的信息安全会议上发表了他的论文，论文开头写道：

This paper defines a major computer security problem called a virus. The virus is interesting because of its ability to attach itself to other programs and cause them to become viruses as well.

弗雷德·科恩根据生物学病毒的感染特性，将能够感染正常程序并带来安全威胁的程序称为计算机病毒。但是，随着计算机系统的发展，计算机病毒也在不断变化，逐步出现一些新的形态，有些完全脱离了"程序感染"的概念，使得"病毒"这个带有比喻性质的称谓无法再正确地揭示所有恶意程序的本质。而反病毒厂商采取的"感染式病毒""蠕虫""木马"的基本分类，则能更加准确的表达恶意程序的"复制"和"感染"特性。

2. 恶意代码基本分类

表 11-1 是恶意代码基本分类，包括如下类别：

（1）感染式病毒：具有感染宿主属性，借助宿主来进行复制传播；

（2）蠕虫：不感染宿主，自身可以进行复制传播；

（3）木马：不具备主动感染传播属性，也不进行自我复制。

表 11-1 恶意代码基本分类表

	感染式病毒	蠕虫	木马
自主感染宿主	是	否	否
自我复制	是	是	否
侵害系统	是	是	是

3. 恶意代码扩展分类

在 Virus、Worm 和 Trojan 三个基本分类确立后，随着威胁的演进和安全工作范畴的不断变化，又依次扩展出了其他分类，包括以下内容。

（1）依托运行的位置，扩展出 HackTool（黑客工具），这类恶意程序虽承载恶意意图，但其威胁的不是运行代码的本机，而是通过网络数据包、垃圾邮件等威胁远端机器，典型例子如各种 DoS 攻击工具。

（2）依托弱侵害风险，扩展出 Grayware（灰色软件）分类，以便标识出一些带来用户干扰和轻量级的信息获取的互联网客户端和插件，同时也将其和严重影响和破坏用户 CIA 安全的 Virus、Worm 和 Trojan 区分开来。对于 Grayware，不同厂商的称呼不同，有部分杀毒厂商使用了 PUA（Potentially Unwanted Application，用户不需要的软件）作为此类的名称。

（3）依托基于非恶意目的编写的代码带来的不确定性风险性，扩展出 Riskware（风险软件）分类。在攻击活动中，攻击者有可能把一些常用的商用、开源软件工具作为恶意代码来使用。这就使对应的执行体文件出现在一些环境下是正常文件，而在另一些环境下是恶意文件的情况，为避免因此导致的误判、误杀，单独把此类可能被攻击利用的正常文件标记为 Riskware。

Virus、Worm、Trojan、HackTool、Grayware、Riskware 这六个类别是有明确区分度

定义的恶意代码的基本类型，而类似勒索软件、远程控制工具、挖矿工具等，多数属于 Trojan 的范畴，带有主动传播能力的则会被分类为蠕虫。

由于恶意代码分类较多且包含诸多定义细节，因此为了方便普通用户理解，在很多场景中都是统一用最古老的"病毒"概念作为统称；"恶意代码"多用于学术场景，"病毒"常用于相对通俗的场合；由于"反恶意代码技术"说起来较为拗口，因此习惯用"反病毒技术"或"防病毒技术"代之。

正如世界上一切漫长而精彩的过程一样，反病毒体系的形成也并非源自马基雅维利似的先验设计，而是在不断的威胁迁移和演进中逐渐成形的。其中既有大量规律和必然，也有部分巧合与偶然。理解其发展的原因和本质、以动态发展的思维进行扬弃和创新，是反病毒工作者需要持有的态度。

11.1.1　反病毒引擎在与感染式病毒对抗中成为成熟技术

1988—1995 年，反病毒引擎在与感染式病毒对抗中成为成熟技术。反病毒引擎是依赖于一组可扩展维护的数据结构，对待检测对象进行病毒检测和处理的程序模块的统称，而其所依赖的可维护数据结构的文件载体就称为病毒库（也称病毒特征库，或特征库）。由于其长期居于反病毒的核心位置，加之其基于病毒库展开工作，所以称其为引擎（Engine）。随着病毒检测能力的需求场景日趋增多，反病毒引擎也逐渐成为一个与环境无关的检测体系。

反病毒软件在早期经历了专杀程序、组合工具、集成工具的发展过程，但当数十个乃至上百个检测清除模块难以维护调试的时候，反病毒工作者开始将其检测方法形式化，将代码和数据分离。今天的反病毒引擎是由十几个主模块（分别用于关键格式解析、预处理、规则匹配等）、成千上万个小模块（用于检测、处理大量不能采用通用规则和参数处理的对象）组成的，而与之配套的病毒库规则条数也以百万计、甚至超过千万。但如果按照不同模块在对象处理中扮演的角色，同样可以对反病毒引擎进行过程抽象，从而将其划分为分流器、预处理器、匹配器、鉴定器、处置器几部分。分流器基于格式识别，把不同的数据对象分流到不同的检测分支；预处理器则是对这些数据进行加工（如脱壳、解包裹、解码等），使它满足特征匹配的场景条件；匹配器是依托病毒库结构去完成特征匹配（如连续特征、正则特征、特征哈希等）；鉴定器则是实现未知检测和判定；处置器主要是进行感染式病毒的清除复原等工作，以及其他的一些场景处理工作。尽管实际的反病毒引擎机理要比其抽象过程更为复杂，但这种抽象思路其实在 DoS 时代已经完成，而后则是持续的能力迭代和归一化维护。

到了 1996 年前后，针对复杂结构的可执行体 PE 的检测处理、针对复合文档 Office 的宏病毒的检测处理方式库化后，本地反病毒引擎的基本思想就已彻底成熟。虽然历经了复杂的 IT 场景环境的变化，反病毒引擎至今依然是恶意代码对抗的发动机。

11.1.2　网络侧检测技术跟随蠕虫扩散发展成熟

1999—2006 年，网络侧检测技术跟随蠕虫扩散发展成熟。网络侧恶意代码检测技术是以网络为工作场景，以网络流量为检测对象，实现网络流量侧数据包获取、协议识别、协议解析、数据包检测、数据流检测和调用反病毒引擎等技术的统称。本世纪初，大规模蠕虫爆发的压力，迫使反病毒的战场必须从主机延展到网络之上，之后网络对抗呈现出层次化和纵深化的特点，使恶意代码的网络侧检测技术逐渐成熟。

初始的恶意代码网络威胁，以 Happy99 等邮件蠕虫、CodeRed 为代表的扫描溢出型蠕虫、BO 为代表的后门控制为主。但此时网络安全的载体能力并不乐观，直路设备从吞吐量来说依然以百兆为主；过滤对象主要在包头层次，而非内容，更难以进行流的完整还原；而旁路设备所需要的零复制、并行协议栈等也并不成熟；加之当时反病毒引擎自身的接口、移植性和检测速度等很多因素，也使其与设备的融合极为困难，而类似 Snort 早期病毒检测的 IDS 规则，则看起来过于粗糙。因此逐渐出现了以 VDS、MDS 等为代表的基于网络流量还原检测的技术形态，以及 UTM、防毒墙、NG-FW 等新型安全网关。

此后，载体设备出现了两条不同的路线：一条仍坚守 x86 架构，坐享摩尔定律带动的能力成长，同时辅以专用加速硬件或 GPU；另一条则走专用硬件道路——如 FPGA 乃至 ASIC 实现，也包括后来的 Cavium 为代表的 MIPS 多核平台。这些都为反病毒技术在网络上的延展建立了能力舞台。

11.1.3　木马数量膨胀驱动了反病毒后端分析体系的完善

1995—2010 年，木马数量膨胀驱动了反病毒后端分析体系的完善。反病毒体系的运行如同一座冰山，反病毒引擎和产品是冰山之上水面的部分，而其更庞大的部分——病毒后台分析机制，则隐藏在水面之下。病毒后台分析机制是一个庞大的基于大量计算节点形成的分布式处理体系，可以将其称之为自动化分析流水线。而驱动这个流水线成熟的最重要驱动力则是恶意代码，特别是木马数量的爆发式增长。体系的成熟可以分成以下几个阶段。

（1）早期的反病毒团队都是规模较小的软件作坊，病毒样本都简单地以本地文件方式存放；一些简单的本地工具用于病毒分析；病毒库则依靠命令工具手工生成，这是典型的手工作业阶段。

（2）随着 Win9x 系统开始普及，TCP/IP 协议得到广泛应用，反病毒团队将原有的单机分析工具进行整合，形成了一套集成化客户端，并从服务端获取样本与任务，再提交回分析结果。而在 C/S 模式的服务端，已能完成基于静态分析的基本的规则自动化提取循环。

（3）2005 年起，一方面是网络大发展拉动的应用数量快速膨胀，另一方面则是地下经济拉动起木马数量急剧地几何级数膨胀，反病毒厂商提取的每日未知文件数量迅速由万量级迅速提升到十万、百万量级。巨大的辨识压力横亘在反病毒工作者面前，依赖自动的方式对全部样本完成辨识成为硬性要求。通过虚拟机技术、分布式计算、云计算技术和行为分析、对照扫描、文件信誉、终端信誉等方法的引入，整个体系的鉴定能力逐步得以对全量文件实现自动化的"鉴定—规则—检测"循环，只把少数疑难问题（如一些加密变形病毒的检测和复杂感染式的清除等）留给人工处理。同时，体系也不再是简单的前台产品与后端处理，而是融为一体。

11.1.4　APT 驱动了分析能力前置化与新技术变局

2010 年至今，APT 驱动了分析能力前置化与新技术变局。2010 年，随着"震网（Stuxnet）"攻击事件爆发，APT 这种带有国家 / 地区利益集团背景、具有高度定向性的攻击活动浮出水面。由于 APT 广泛使用 0day 漏洞、隐蔽通信、签名仿冒等手段，加之攻击者承担成本能力之强大、攻击意志之坚决前所未有，其对安全体系的冲击和造成的心理恐慌都到达了空前的程度。这种压力一方面驱动了传统反病毒技术的改进，另一方面也驱动了新兴的技术应用方式。

例如将以往放在反病毒体系后端（即安全厂商一侧）的沙箱进行前置，与主机反病毒的可疑文件捕获机制、网络侧检测的流量还原机制进行组合，从而让用户侧能够实现细粒度的行为分析、漏洞的有效触发和威胁情报的自我生产运营。从具体机理上来看，沙箱的价值不仅在于可以将可执行对象直接投放到设备附带的虚拟环境中运行、进行行为判定，更重要的是利用这个虚拟环境实现利用不同的解析器以及不同的解析器版本打开，从而诱发文件格式溢出，这样就可以让 0day 漏洞在数据向代码转换的过程中得以显现出来。

在主机系统安全上，APT 的压力也使原有的反病毒引擎开始从"非黑即白"的运行模式切换到反病毒引擎＋签名技术组合的"黑白双控"模式，在更严格的防护场景下，则需要更进一步实施全量执行体的识别管控，达成高水平的执行体治理。

11.2　恶意代码对抗能力体系

经过与恶意代码的长期对抗，现已逐步形成一套对抗能力体系，该体系有两个核心，前端以反病毒引擎技术为核心，后端则以大规模海量分析处理体系为核心。前端的反病毒引擎实现恶意代码检测能力，并在检测的基础上进行恶意代码的处置和预防；后端的核心是恶意代码分析能力，以恶意代码采集和威胁情报交换为驱动。攻击者在不断研究已有的安全产品和技术，制作并投放新的恶意代码，安全厂商或研究机构通过蜜罐采集、威胁情报交换、用户信息上报等渠道采集可疑文件及事件信息，提交后端体系分析处理，而后端则为前端产品提供检测、防御能力升级。这样周而复始，构成了一个持续不竭的信息循环，并在这个过程中延伸出取证、教育培训能力，从而构成一个有机协调的闭环能力体系。

11.2.1　分析能力

分析是对获取的代码样本及可能的关联事件信息进行分析。分析的核心目标是理解样本的功能、行为及可能的意图等，通过这些信息判断样本是否为恶意代码。如果是恶意代码，还需进一步确定它是哪一类恶意代码，与已知恶意代码的相似性，是否为已知恶意代码的变种，是否可以归为一个恶意代码家族等。

分析是对抗能力体系的核心基础能力，为整个对抗能力体系提供支撑，包括不限于以下几种。

（1）检测：根据分析结果，确定检测规则，包括检测方法及相应的检测特征。

（2）处置：在系统中发现恶意代码时，首先要做的并不是直接删除恶意代码本身，而是要检查恶意代码是否已经运行，如果恶意代码已经在运行，需要终止所有恶意代码的进程或释放被系统加载的模块，恢复其对系统所做的修改，防止恶意代码被清除后引起系统异常；最后还要清除无用的垃圾文件等。这些工作一般被定义为处置规则，这些规则的制定依赖于对恶意代码样本的理解。

（3）缓解措施：对于一些传播能力很强的，尤其是利用了漏洞的恶意代码，需要制定缓解措施来防范未来的恶意代码攻击，这些措施包括：及时打安全补丁、加强安全配置、临时限制一些网络访问、用户教育等。这些措施的制定也依赖于对恶意代码的理解。

（4）制定防御策略：通过对恶意代码的分析，可以预见未来的攻击趋势和战术，并制定相应的防御策略，包括：配置防火墙、入侵检测系统，设置合理的安全基线，限制不必要的网络服务等。

（5）取证：分析结果可以为执法机构提供技术细节，协助调查网络犯罪案件。作为法律诉讼的证据，帮助追踪和起诉恶意软件的创作者或操纵者。

（6）威胁情报：安全社区可以通过共享恶意代码分析的情报，提高整体的防御能力和响应速度。

（7）教育与培训：对恶意代码的深入理解有助于教育 IT 人员和普通用户，提高他们对安全威胁的认识和防范意识。

11.2.2　检测能力

检测即发现恶意代码，只有能够发现，才能有效防御。从检测的工作场景上看，恶意代码检测可分为三种方式：样本检测，判断一个文件是否为恶意代码，或被恶意代码感染；系统检测，判断一个系统中是否被恶意代码感染；网络检测，判断一个网络中是否有恶意代码传播。

1. 样本检测

样本检测是静态检测，即不依赖于恶意代码运行状态的检测。样本检测的应用场景包括两种。

（1）在用户系统上检测，防病毒软件就是典型的应用。检测方式包括扫描和文件监控，扫描即通过遍历文件，对文件进行检测；文件监控即通过操作系统的监控文件系统操作，在执行文件或生成文件时进行检测。扫描是一种主动检测行为，可以执行更深度的检测，如解压缩包；文件监控是在系统执行相关的操作时，才触发检测，为减轻检测工作给系统带来的负荷，可以做最小集检测，如只检测可执行的程序文件，不执行复杂的启发式检测等。

（2）在传播途径上检测，现在恶意代码的主要传播途径是基于网络的，包括文件服务器、邮件服务器、网关等。在传播途径上是将检测工作前移，一般情况下是在专有设备上进行检测，可以根据需要投入更多的资源，减少对用户系统或用户业务的影响。

样本检测可以有效阻止恶意代码的运行和传播，是恶意代码检测最主要，也是最有价值的检测方式。

2. 主机系统环境

攻击者会持续不断投放恶意代码变种或新型恶意代码，现在的攻击者在投放恶意代码之前，会使用防病毒软件进行检测，现有产品检测不出来的样本才会投放，因此，样本检测此时可能是无效的。要发现这些新的恶意代码，可以通过对用户系统的行为、事件进行监控，对系统或应用日志分析等，发现系统中的可疑行为及行为对应的代码。

此外，网络蠕虫会通过网络服务漏洞进入系统，并得以运行，它在传播和运行过程中并不产生文件；一些通过 Web 传播的内存马也类似，它通过 Web 服务漏洞，将恶意代码投放给 Web 服务器，且投放的恶意代码直接在 Web 服务中运行，从而实现远程控制目标系统。这两类恶意代码无法进行基于文件的样本检测，需要在用户系统上进行行为监控、分析。

系统检测的目标是判断系统中是否有恶意代码，如果有恶意代码，则阻止恶意代码的运行，提取恶意代码样本，加入样本检测规则库，阻止恶意代码的进一步传播；系统检测所检测的对象是用户的系统环境，也称为环境检测。系统检测是基于恶意代码的运行时行为的检测，也称为行为检测，或动态检测。

3. 网络检测

网络检测即通过网络层面的活动来识别和阻止恶意软件的传播。网络检测的核心方法可以概括为以下三种。

（1）载荷检测：即对病毒体的检测，例如传输中的可执行文件、脚本、溢出文档和溢出包等。这种检测方式需要对网络协议进行深度分析，跟踪网络会话，还原网络协议所承载的文件或代码。

（2）行为检测：对恶意代码心跳、控制、数据回传等的检测，适于检测远程控制类的恶意代码。

（3）地址信息检测：对域名、URL 和 IP 地址的检测等。检测的地址攻击者使用的地址，一些恶意代码在网上传播会持续较长时间，或者一些黑客组织会有一些常用地址，通过这些地址可以检测、预防相应的恶意代码。这个信息也是威胁情报的重要内容。

网络检测，一般是对网络流量复制至旁路后，对镜像流量进行检测，以保证分析能力不会限制正常的网络数据传输。对于网络流量而言，可以分为内网主机间的流量（常称为"横向流量"或"东西向流量"）和内网出口流量（常称为"纵向流量"或"南北向流量"）。早期的流量检测一般是在内网出口进行，也称网关检测；现在越来越多的机构也对横向流量监控，检测网络的网络攻击为行，并对一些网络流量进行协议还原，进行样本检测。

网络检测依赖于网络数据采集与分析技术，从技术的走向来看，一方面要不断细化检测粒度，增加检测维度；另一方面也要不断应对高带宽的影响。这种趋势今后还会持续下去。

除上述方式外，还有一些网络协议支持代理，比如电子邮件协议，可以分为接收和发送设置代理，无论是发送还是接收，邮件代理扮演着服务器的角色，将传输的邮件接收下来，然后对邮件内容进行样本检测，根据检测结果，决定是否转发邮件，或对邮件做处理，以警告用户，防范用户打开邮件时会自动执行恶意代码附件等。

11.2.3　威胁情报

在对恶意代码对抗中，单个安全厂商或组织的能力是有限的，而且恶意代码的传播也需要一个过程，与安全社区共享分析结果、发布恶意代码的特征描述和行为模式以及相关的威胁信息，可以预警潜在的安全威胁，促进协同防御。

计算机安全威胁情报（Cyber Threat Intelligence，CTI）是现代信息安全领域的一个重要组成部分，它涉及收集、分析、理解和传播有关潜在或当前网络威胁的信息，以便能够更好地预防、检测和响应这些威胁。威胁情报可以帮助企业、政府机构和其他组织了解可能针对他们的攻击手法、攻击者动机、使用的工具和技术、目标和可能的漏洞，从而采取更加有效的安全措施，其作用如下。

（1）识别和分类：威胁情报可以帮助安全团队识别已知的恶意软件家族、变种及其特征。通过分析恶意代码的签名、行为模式或 C&C（命令与控制）服务器，可以将其归类，从而快速响应。

（2）事件响应：在恶意代码入侵后，威胁情报可以提供有关攻击源、攻击手段和攻击目标的信息，帮助安全团队更快地定位问题，进行调查和修复工作。

（3）预防和缓解：通过威胁情报，组织可以预先部署防御机制，如更新防火墙规则、配置入侵检测 / 防御系统（IDS/IPS）以及实施更严格的安全策略，以防止恶意代码的侵入。现在已有许多安全产品提供威胁情报联动功能。

（4）预警：利用威胁情报，组织可以建立预警机制，通过监控网络流量和系统活动，检测潜在的恶意活动。一旦发现与已知威胁情报相匹配的行为，系统可以立即发出警报。

11.2.4 取证

在恶意代码对抗中，取证工作需要发现和提取恶意代码样本，并对恶意代码进行分析，同时，还要通过收集、分析和保护证据，确定恶意代码的来源，支持后续的法律行动或政策执行。有关取证的内容见第 9 章数字勘查与取证技术。

11.2.5 教育培训

在恶意代码对抗体系中，教育培训旨在提高个人和组织对恶意代码的认知，加强防御技能，并做到操作安全、合规、合法，减少人为因素带来的安全风险。教育培训的内容及作用如下。

（1）恶意代码基础知识：包括病毒、蠕虫、木马、间谍软件、勒索软件等常见恶意软件类型，以及它们的工作原理和传播方式。

（2）应急响应：涉及如何在遭遇恶意代码攻击时迅速响应，包括如何隔离受影响系统、收集证据、通知相关人员和恢复服务。

（3）案例分析：分析实际发生的恶意代码攻击案例，讨论其影响和教训，以及如何从中学习和改进。

（4）安全操作规程：如何安全地浏览互联网、使用社交媒体、处理电子邮件和附件，以及如何设置和管理强密码。

（5）法律法规与合规性：涉及网络安全相关的法律及合规要求，如等级保护、关键基础设施保护、隐私数据保护等。

（6）技术培训：对于 IT 安全专业人员，可能还包括代码审查、恶意代码分析、网络取证、反病毒软件配置和使用等更深层次的技术培训，使这些 IT 专业人员具备一定的恶意代码分析、处置能力。

11.3 样本分析和检测技术

前面已经介绍过，在整体恶意代码对抗体系中，后端以样本分析为核心，前端以检测技术为核心，本节对这两部分进行更加详细的介绍。

11.3.1 样本分析技术

分析的核心目标是理解样本的功能、行为及可能的意图等。任何代码的运行都依赖于特定的执行环境，代码的功能或意图最终也由运行环境实现，要理解恶意代码，就必须理解恶意代码运行环境。

1. 恶意代码运行环境

恶意代码运行环境有多个维度，以下维度是较为重要的维度，但并非每一种恶意代码都会涉及。

（1）计算机体系结构，引导型病毒依赖于计算机系统的引导过程，依赖于计算机系统的固件，Apple II 上的引导区病毒不能在计算机上运行；计算机上基于 BIOS 的引导区病毒，不能在原生 EFI 环境中运行。

（2）CPU 类型，对于本机二进制恶意代码来说，其代码是 CPU 指令，x86 的恶意代码不能在基于 ARM CPU 的系统上运行，x86 64 位的恶意代码不能在 x86 32 位 CPU 上运行。

（3）操作系统类型及其版本，Windows 操作系统上的恶意代码不能在 Linux 操作系统上运行，即便是 CPU 类型相同，恶意代码的运行也依赖于操作系统提供的功能，不同操作系统提供的功能不同，相同功能（如打开文件）的 API（应用程序编程接口）也不同。同时，对于同一操作系统，恶意代码可能还对操作系统版本有依赖：一是功能依赖，较新版本有更多的功能特性；二是脆弱性依赖，较新版本会修复低版本的漏洞，并有更多安全特性，限制恶意代码的执行能力；三是其他依赖，如语言依赖，有些恶意对系统语言类型或语言编码类型有依赖。

（4）文件系统，一些恶意代码的运行会依赖于文件系统的一些特性，从 DOS 操作系统的 FAT 文件系统，到 Windows 操作系统的 NTFS，都有一些文件系统特性被利用，比如现在 Windows 操作系统的 NTFS 的备用流特性、长短文件名特性、路径支持空白符等特性都有恶意代码在利用。

（5）文件格式，操作系统都有自已的可执行文件格式，Windows 操作系统使用 PE 格式、Linux 使用 ELF 格式，Android 使用 apk 格式，不同的文件格式一般不能跨系统使用。另外，恶意代码在传播过程中，还会利用其他非直接可执行格式，如压缩包、安装包、电子邮件等，这些分析恶意代码时，也需要能够解析处理。

（6）运行时环境，Windows 操作系统上的 .NET 程序中的代码并不是 CPU 指令，而是称为 IL 的中间语言代码，IL 代码运行在 .NET 运行时环境中。与之类似的是 Java 程序，Java 程序中的代码称为 Java 字节码，它运行在 Java 虚拟机 JVM 中。Android 程序也类似，这些不同的环境都有恶意代码在使用。

（7）解释环境，脚本或宏是一类基于源代码形态，不需要编译（有些也支持编译，以实现加速和源代码保护），微软 Office 套件上的宏、网页中的脚本、Windows 操作系统的 PowerShell 脚本、Linux 操作系统上的 shell 脚本等都有恶意代码在使用。

2. 样本分析的技术路径

样本分析从技术路径上说，包括两种：静态分析和动态分析。

（1）静态分析

静态分析是指在不执行代码样本的情况下，通过分析其代码逻辑来理解其功能、行为、机制的方法。静态分析的目标是洞察代码样本的整体结构和机理。对于二进制恶意代码而言，就是逆向分析。逆向分析一直被宣传为一种充满乐趣和带有神秘主义的技能，而逆向分析者的工作看起来更有乐趣的原因，似乎就是在指令奔涌中逆流而上，绕开种种限制和保护，找到代码中的"宝藏"——错误、漏洞或者是被加密算法层层掩盖的数据结构。

对代码样本进行静态分析，首先需要代码样本的运行环境，这些信息已在前面进行了介绍。同时，还需要了解恶意代码常用的手法、技术，恶意代码通常会采用许多对抗静态分析的技术，这些技术如下。

① 加密和编码技术：许多恶意代码为了隐藏自己，对重要的代码或数据进行了加密或编码，分析恶意代码需要够识别和处理恶意软件中的加加密或编码算法，使用工具或编程进行还原，再进行逻辑分析。

② 运行时代码生成：将一部分代码进行加密、编码，运行前生反向解出待执行代码，再执行生成的代码。

③ 混淆：混淆简单地说就是让代码更验证以理解，包括名称混淆，即通过个性类、变量、函数的名字，将本来有意义的名称改为无意义的名称；或代码混淆，将代码进行指令变换、打乱顺序、制造无用指令、无意义的分支、循环，甚至进行指令虚拟化，为代码的逻辑理解制造障碍。

④ 加壳：加壳本来用于软件保护，有很强的对抗静态分析能力和调试能力，但现在被恶意代码制作者广泛利用，恶意代码分析前需要先尝试进行脱壳，在不能脱壳的情况下，可以进行内存镜像，并分析镜像内容。或者转而对样本进行动态分析。脱壳能力已是分析团队或分析系统的标志性能力。

⑤ 漏洞知识：随着操作系统、应有程序越来越安全，系统管理越来越严格，漏洞对恶意代码越来越重要，一些恶意代码还会利用0day漏洞，分析恶意代码需要了解漏洞知识。漏洞知识可以来源于威胁情报交换，但最理想的还是能够通过代码模式，发现恶意代码中的漏洞利用。

（2）动态分析

动态分析是基于样本运行，对样本的行为、过程、对系统的影响进行分析的过程。由于一些样本使用非常复杂或使用很强的对抗静态分析的技术，静态分析需要很长的时间，而在与恶意代码的对抗过程中，时间可能意味着用户的损失，此时就需要引入样本的动态分析。需要特别注意的是：动态分析必须在隔离环境中进行，以防潜在的传播或破坏外溢。

动态分析有多种方式，包括以下内容。

① 调试：对样本调试运行，跟踪执行过程，深入分析样本行为逻辑。调试也是对代码样本进行局部静态分析的手段。

② 行为分析：通过系统监控，在执行样本时，监控并记录其行为，如文件、网络、系统配置等操作行为，为样本定性分析提供依据。

③ 内存分析：捕获特定条件下样本进程内存镜像，对镜像进行静态分析。内存分析可以有效分析无法脱壳的样本。

④ 沙盒运行：也叫沙箱运行，为运行样本运行提供一个模拟的环境，提供常见的恶意行为执行条件，记录样本的所有行为和结果，然后根据执行过程和结果进行分析判断。沙箱技术适用于自动、快速、多种环境执行，为代码样本的恶意行为提供触发条件，从而揭示恶意代码的真实目的。

动态分析技术也同样存在相应的对抗技术，例如各种反调试、防止内存分析、伪装、隐藏、驱动保护等技术，分析人员需要具备应对这些对抗技术的能力。

（3）自动化和协同分析

现代的恶意代码日益复杂，对抗性日益增强，涉及的系统、应用也日益广泛，完全的人工分析已不可行，需要工具化、自动化；另一方面，单兵作战已不能满足需要，必须是团体作战。建立高效的分析团队，需要将分析工作拆解为不同的类型、不同的阶段，实现分析工作的协同化。可以说，一个恶意代码分析团队的能力很大程度体现在自动化、协同分析能力上。

从分析技术维度上说，对于分析团队而言，恶意代码分析不仅需要分析人员能够理解代码，更重要的是团队需要掌握如何编写恶意代码分析工具，构造协同分析能力。或者说，开发能力是分析团队能力的重要组成部分。

11.3.2　样本检测技术

样本检测的目的是判断一个代码样本是否为恶意代码、是哪一种恶意代码，也就是说，既要能够区分恶意代码与正常程序，也要区分出不同恶意代码。

1. 检测技术要求

样本检测是用户可以感知的，其实现也受用户环境的约束，因此检测技术需要满足多方面要求。

（1）检出率：指系统能够正确识别恶意代码的比例。高检测率意味着系统能够有效拦截大多数已知和新型的恶意软件。

（2）误报率：指系统将合法软件错误标记为恶意软件的概率。低误报率对于避免不必要的干扰和系统可用性至关重要。

（3）漏报率：指系统未能检测出实际存在的恶意代码的比例。低漏报率意味着可以拦截更多的威胁。

（4）响应时间：指检测系统识别并响应恶意代码的速度。快速响应有助于减少恶意软件造成的损害。

（5）资源消耗：指检测系统在运行时对 CPU、内存和磁盘空间的需求。高效的系统应尽可能减少对系统性能的影响。

（6）更新频率和有效性：定期更新特征库和检测引擎的能力，以应对新出现的恶意软件。更新频率高且更新包有效，能提高系统的防护能力。

（7）可扩展性：检测系统能够适应不同规模的网络环境，无论是小型企业还是大型数据中心。

（8）兼容性：检测系统与不同操作系统和硬件平台的兼容性，确保广泛的适用性。

（9）用户友好性：用户界面的直观性和易用性，以及是否提供详细的报告和警报，使管理员能够轻松理解系统的状态。

前三项是样本检测能力的核心指标，是检测技术演进的核心需求，其他指标是环境约束，影响的是不同场景下检测技术的选择。

2. 特征检测技术

样本检测不可能直接进行代码样本比较，需要从代码样本中提取一些特征信息，按特征信息进行匹配，这些检测技术基本可以统称为特征检测技术，不同技术的差异关键在于特征的提取与匹配算法。

（1）特征提取和匹配

特征提取最直接的思路是使用恶意代码"独特且稳定的代码或数据片段"作为特征数据计算其特征值，然后在待检测样本中匹配这些特征，这是最直接的方式，也是恶意代码检测早期使用的方式。特征提取和匹配的过程如下。

①分析恶意代码样本，确定"独特且稳定的代码或数据片段"的位置和其匹配方式并计算其特征值，加入特征库（传统上也称为病毒库）中。

② 检测时，遍历特征库，使用每一种恶意代码的特征定位和匹配算法在待测样本中进行特征值匹配，确定它是否为恶意代码，是哪一种恶意代码。

这种方式在概念上非常符合对恶意代码的认知，也比较灵活，易于区分不同的恶意代码，但这种方式有两个问题：一是匹配过程与恶意代码特征数量成正比，因为不同恶意代码的特征定位和匹配算法可能不同。二是特征提取需要在分析的基础上完成，不经分析无法确定其"独特且稳定"的特征。

这种方式无论是特征提取，还是特征匹配，效率都非常低，在恶意代码数量比较少的时候没有问题，但是现在的恶意代码数量已上千万的情况下，每次样本检测都需要进行千万次的特征提取和匹配是一个极大的资源消耗。

（2）恶意代码检测引擎

现在比较成熟的恶意代码检测引擎，则使用以下方式。

① 对恶意代码样本进行分类，按类型提取特征信息，并将特征信息按类型加入特征库。

② 检测时，对待检测代码样本进行分类，按类型提取特征，并在经过分类的特征库中进行特征匹配，此时特征库可以按特征进行排序，从而实现特征的快速匹配。

显然，这种方式与前一种试相关，效率有很大的提升。同时，该方式还有如下优势。

① 特征的提取工作与分析工作分离。恶意代码的特征提取可以不以恶意代码分析为前提，安全厂商有一个常规做法：在收到一个可疑恶意代码样本时，会首先使用多个可信反病毒产品对样本进行检测，一旦确认样本是恶意代码，可以不经分析，直接根据样本的分类，提取特征，经大样本集测试无问题后，入库并向用户推送更新，从而及时形成防御能力。分析工作可以并行或延后，因为详细分析一般需要更长的时间才能完成。

② 特征码提取与匹配可以分离。可以实现独立的恶意代码检测服务，甚至云上的检测服务。用户系统上的检测引擎只是提取代码样本的特征，然后将特征提交给检测服务判断代码样本是否为恶意代码。

（3）成熟的特征检测技术

现代成熟特征检测技术的特征提取与匹配算法与代码样本类型相关，与它是否为恶意代码无关，特征检测已脱离"恶意代码独特且稳定的代码或数据片段"的概念，是一种工程化技术。

另外，本质上，恶意代码的特征库是一个黑名单，但是特征检测技术难以保证不误报，为防止误报，特征库中还需要一个白名单，防止重要文件被误报。而且，从对抗的角度看，黑名单机制容易被绕过，因为很容易通过等效修改代码样本，改变代码样本的特征，从而躲避检测。因此，长期以来一直有以黑名单还是以白名单为主导更为合理的争论，尤其是在黑名单数量远大于一个系统中的所有文件数量的情况下。

现代的特征匹配技术针对一种样本文件有时使用多种特征提取方式，或者说从多个维度提取一组特征，多维特征为特征向量。当一个新型恶意代码出现时，已有检测算法可能会失效，比如新型加壳技术出现，反病毒引擎无法完成脱壳，此时可能需要专门的算法进行检测，或者在引擎中支持脚本，通过脚本灵活实现新的特征提取与匹配算法。此时，特征库称为规则库更为恰当。

3. 启发式检测技术

为了对抗特征检测，尤其是现在基本样本类型的特征，攻击者会通过变形、加密、编码等技术随机生成一个隐藏层，将恶意代码隐藏起来；或者通过等效变换，随机生成恶意代码样本。在检测引擎不能有效还代码样本，或对样本进行归一化处理时，特征码检测技术就会失效，而启发式检测可以在一定程度上解决这个问题。

启发式检测可以分为静态的启发式检测和动态的启发式检测。静态的启发式检测一般需要对代码进行模拟执行，并模拟代码所依赖的环境，通过模拟执行，还原出原来的代码，或者在模拟执行过程中，记录代码样本的行为特征，根据行为特征，判断样本是否为恶意代码。启发式检测也可以在沙箱中进行动态检测，即在隔离的环境中受控运行代码样本，根据代码样本的行为和结果对样本进行判断。

启发式检测对于代码量很小的感染型病毒来说，效果很好，需要的资源可以接受。但对于现在恶意代码，恶意代码复杂度已比较大，无论是静态的启发式，还是动态的启发式检测，需要的资源都非常大，适于在独立设备上实现，并且效果还有很大提升空间。

11.4 恶意代码分析入门

本节选择两类典型环境进行恶意代码分析的概要性介绍，可以作为初学者概念性知识和恶意代码分析的切入点。

11.4.1 Windows 二进制代码样本分析

Windows 操作系统是最广泛使用的计算机操作系统，使用越广泛的系统也自然承载更多的信息资产，也就必然成为恶意代码侵害的重灾区，目前绝大部分恶意代码都是运行在 Windows 操作系统上的。根据前面的介绍，分析 Windows 环境下的二进制恶意代码，需要的具体多方面的知识，下面对照 11.3.1 节，对这些知识进行梳理。

1. Windows 持久化方式

恶意代码在系统重启后仍可以自动运行，这个功能称为持久化，绝大部分恶意代码都会使用一种或几种方式实际持久化，以实现其传播、潜伏、获取用户信息等目的。

（1）自启动项

自启动项包括注册表自启动项和启动文件夹。注册表是 Windows 的配置信息库，从启动加载、登陆、运行、锁屏、关机整个过程，有诸多配置项影响程序执行、模块加载、事件处理等，这些配置项存储在注册表中。启动文件夹，也称启动目录，用于存储自启动项，目录中一般存储程序运行的快捷方式。启动文件夹在 Windows 的开始菜单中可以看到。系统配置工具 msconfig、任务管理器中的"启动"页中都可以查看常用的自启动项；但许多注册表中的自启动项这两种方式都看不到，可以使用注册表编辑器 regedit 查看。另外也有一些第三方工具收集了更多自启动项。

（2）服务

Windows 服务是在 Windows 操作系统启动时可以自动加载并在通常在后台运行的程序。服务程序可以以用户身份运行，也可以以系统身份运行，在没有用户登录的情况下运行。恶意代码利用服务这种形式可以得到自动执行，同时，还可以获得较高的执行权限，并可能先于反病毒软件启动，躲避检测，甚至阻止反病毒软件的运行。Windows 操作系统提供了服务管理工具（services.msc），以及命令行工具如 net.exe 和 SC.exe，可以查看、修改、控制系统服务。

（3）计划任务

计划任务是在特定时间或事件触发时自动运行的一种机制。恶意代码常通过这种机制，设置执行条件和触发时间，以确保自身在系统中长期存在并在适当的时机执行恶意操作。在创建计划任务时，恶意程序可能指定多种触发条件，例如特定的时间间隔、系统启动时、用户登录时、网络连接变化等。此外，有些恶意程序通过设置计划任务的执行动作，例如运行脚本、执行程序或者执行系统命令，实现其恶意目的。

查询、创建、修改计划任务，可以通过"任务计划程序"进行。Windows 操作系统还提供命令行工具"schtasks"，"schtasks /query /fo LIST /v"可列出计划任务的详细信息。

2. Windows 操作系统运行对象

Windows 操作系统是一个复杂的操作系统，分析了解其工作机制，尤其是与安全相关的工作机制。一般通过相关的系统分析工具或 ARK（AntiRootKit 工具）来完成。

（1）文件和磁盘工具，包括文件信息查看、文件系统信息查看、磁盘管理工具、系统中打开的文件、注册表监控等功能。

（2）网络工具，包括活动目录、网络共享、系统中的网络连接等相关工具。

（3）进程工具，包括自启动项、进程中加载的动态库、打开的对象、端口监控、进程浏览、进程监控、系统服务等。

（4）安全工具，包括 RootKit 检测，系统监控等工具。

（5）系统信息，包括 CPU 信息、内存信息、内核对象（安全相关）等查看工具。

（6）其他工具。

类似工具包括 Sysinternals Suite、ATool、冰刃等，其中 Sysinternals 实用工具是微软提供的一套 Windows 操作系统工具。对这些工具的功能学习和使用，不仅可以给 Windows 安全研究人员带来多方面的知识和研究切入点，许多工具也经常用于实际的恶意代码分析。

11.4.2　二进制样本分析

对照 11.3.1 节，二进制样本分析还需要了解如下相关的知识。

（1）CPU 类型。目前绝大部分 Windows 恶意代码是运行在 x86 及兼容 CPU 上的，运行模式为 32 位或 64 位平面内存模式，需要具有相应的反汇编知识。

（2）操作系统。在分析恶意代码时，除需要了解前面提到 Windows 操作系统知识外，还需要在代码层面了解相关的 API。Windows 操作系统提供的基础 API 称为 Win32 API，为支持 64 位程序，微软对 Win32 API 进行了少量扩展，大部分情况下，32 位和 64 位程序使用相同的 API，也因为这个原因，微软现在倾向于将 Win32 API 改名为 Windows API。Win32 API 相关信息可以在 Windows 软件开发包（SDK）及开发文档中找到。除 Win32 API 外，Windows 操作系统还提供了更上层的组件对象模型（COM）定义了二进制互操作性标准，可利用此标准创建在运行时交互的可重用软件库。COM 已成为许多微软产品和技术的基础，例如 Windows 桌面扩展、Windows Server 等。另外，分析一些高级恶意代码时，可能还会涉及 NT Native API、内核 API 等。

（3）文件系统。Windows 操作系统推荐或在一些情况下强制使用 NTFS，它的一些特性（如附加流）会被恶意代码利用。

（4）文件格式。Windows 操作系统的可执行文件为 PE（Portable Executable）格式，用于程序、动态链接库（DLL）、静态链接库（lib）、设备驱动程序等类型可执行文件。

（5）运行时环境。Windows 操作系统除提供本机代码（即 CPU 指令代码）外，Windows 操作系统还支持 .NET 程序，.NET 程序的代码是一种称为 IL 的中间语言代码，程序运行需要运行时环境支持，这个运行环境包括 .NET Framework，因此，分析 .NET 代码需要了解 .NET Framework 提供的 API。

11.4.3　脚本类样本分析

脚本程序是一种使用脚本语言编写的程序，这种程序通常是以人可以阅读的源代码为内容的文本文件，它不需要编译成二进制代码，而是可以直接由解释器直接解释执行；宏在特定应用程序内部定义和运行，目的是实现应用内指令的自动化执行，而且越来越多的应用使用通用的嵌入式脚本语言实现宏的功能。脚本 / 宏类恶意代码由脚本解释器或宿主应用解析执行，相对于直接运行在操作系统上的本机程序，这类恶意代码难以在操作系统层面进行直接分析和处置，而且这类恶意代码利用了用户对日常使用应用软件的信任和依赖，在用户日常工作中触发恶意代码的执行，造成用户敏感信息泄露或数据破坏。

脚本类恶意代码分为两大类，一类是以独立脚本程序形态存在的恶意代码；另一类是嵌入式恶意代码，大部分是嵌入在网页中。下面是一些常见的恶意代码脚本类型。

1. PowerShell

PowerShell 是微软开发的一种强大的命令行解释器和脚本语言，专为系统管理与自动化而设计，同时也会被恶意代码利用。

2. .WSF 脚本

.WSF（Windows Script File）是一种用于在 Windows 操作系统上运行的脚本格式。.WSF 文件可以包含多种脚本语言，如 VBScript、JScript 等。在 Windows 操作系统上 .WSF 脚本由系统提供的 CSCRIPT.EXE 和 WSCRIPT.EXE 执行，由于 Windows 操作系统支持，也易被恶意代码利用。

3. .HTA 脚本

.HTA（HTML Application）脚本是一种在 Windows 操作系统上运行的脚本，它使用 HTML、CSS 和 JavaScript 等 Web 技术来创建本地应用程序。与普通的 HTML 页面不同，HTA 脚本在本地计算机上以独立程序的形式运行，具有更多的系统级权限。因此，它们可以访问本地文件系统、执行系统命令、创建用户界面、与操作系统交互等。

4. Shell 脚本

Shell 脚本是一种用于 Linux、UNIX 操作系统上的脚本语言，用于执行系统命令、自动化任务和系统管理。它们由一系列 Shell 命令和控制结构组成，可以通过命令行解释器

（通常是 bash、sh、zsh 等）执行。Shell 脚本可以与系统命令、其他程序和脚本结合使用，具有很高的灵活性。Shell 脚本系统脚本可以用在各种模式下，常用于执行系统管理任务，如文件操作、进程管理、用户管理等，也易于被恶意代码利用。

5. 网页脚本

网页脚本类型的恶意代码主要是网页中用脚本语言（如 JavaScript、VBScript 等，JavaScript 最为常用）编写的恶意代码块，这类恶意代码在网页浏览器中执行，可以采取多种形式，利用网页浏览器和脚本语言的特性来实施攻击。以下是一些常见的网页恶意代码类型。

（1）跨站脚本攻击（Cross-Site Scripting，也记为 XSS）：可以用来窃取用户的登录信息，或者将用户重定向到恶意网站。

（2）网页挂马：在网页中嵌入恶意的控件或其他可执行内容，当用户访问这些网页时，这些内容会触发下载并执行。

（3）Web Shell：当 Web 服务器受到攻击并被上传了 Web shell 时，攻击者就可以通过浏览器界面在 Web 服务器上执行命令，控制服务器。

11.4.4　宏形态恶意代码分析

宏形态恶意代码是使用复合文档结构中的宏或脚本语言编写的，也被称为"宏病毒"。多数宏病毒主要是基于 MS Office（包括 Word、Excel、PowerPoint）文档编写的，其中多数是 Word 宏病毒。Office 宏使用 VBA（VBScript for Application）语言编写，宏代码保存在 Office 文档或文档模板中，保存时会编译成 P-Code 中间代码，目的是加速代码的执行和保护源代码。Office 应用打开 Office 文档时，会自动加载文档或模板中的宏（如果允许的话，Office 97 及以后的 Word 应用有"禁用宏"功能，更早的版本没有），并根据事件，执行相应的宏。宏病毒通常利用文档操作事件，如文档打开、文档关闭、文档保存、文件创建等。

Office 宏代码运行 Office 应用环境内，一般与宿主操作系统无关。分析 Word 病毒，涉及以下知识技能。

（1）文件分析。宏病毒存在于文档中，分析宏病毒，首先需要分析文档格式，Office 文档格式随 Office 版本的不同，有两种格式：Word 2003 及以前，使用一种二进制格式，有时称为 Ole 文档格式；Word 2007 及以后，基于 Open XML 标准的文档格式，它是一个 ZIP 包，包括若干文件，文本及格式信息保存在 XML 文件中。

（2）宏代码提取。Word 文档中的宏可能只有 P-Code，分析时，需要从 Word 文件提取 P-Code，并将 P-Code 转换为 VBA 源代码。

（3）VBA 分析。分析提取的 VBA 代码，需要了解 VBA 语言及 Office 相关 API 及 Office 应用的开发的相关知识。

11.5 APT 攻击中的高级恶意代码分析

11.5.1 APT 攻击

APT 是"Advanced Persistent Threat"的缩写,中文译为"高级持续性威胁"。APT 攻击是一种复杂的、有针对性的网络攻击,通常由高度组织化的团体实施,可能具有政府背景或由资金雄厚的犯罪组织支持,有很强的技术能力。APT 攻击的主要目标是长期潜伏在受害者的网络中,窃取敏感信息或进行破坏活动。

1. APT 攻击特性

APT 攻击有以下特性。

(1)隐蔽性和长期性:APT 攻击者可能长期存在于目标网络中而不被察觉,他们使用高级的隐匿技术来避免检测。

(2)高度专业化:APT 攻击者通常拥有高度专业化的技术和资源,包括先进的恶意软件、网络攻击技术和深度的目标研究。

(3)目标明确:APT 攻击通常针对特定的组织或个人,目的是窃取敏感信息、知识产权或进行破坏。

(4)多阶段攻击:APT 攻击通常涉及多个阶段。

① 情报收集:收集目标的业务流程、网络架构、系统信息、员工详情和潜在的弱点等,也称为侦察阶段。

② 防线突破:利用漏洞或社会工程学技巧获取初步访问权限,建立立足点。

③ 通道建立:在目标网络中建立持久存在的后门或 C&C(命令与控制)机制。

④ 横向渗透:从立足点出发,在内部网络中持续移动,以获取更高的权限和访问高价值敏感系统。

⑤ 信息收集及外传:搜集所需数据,并将其安全地传输给攻击者。

(5)利用零日漏洞:APT 攻击者倾向于利用尚未公开的漏洞(0day 漏洞),以增加攻击的隐蔽性和成功率。

2. APT 恶意代码特性

APT 攻击由攻击者发起,以恶意代码为载体或武器实施。与 APT 攻击特性相对应,APT 攻击中的恶意代码(简称为 APT 恶意代码)有如下特性。

(1)高度定向化和定制化:APT 恶意代码往往是专门为特定目标定制的,利用目标系统中未公开的漏洞(0day 漏洞)或针对特定的软硬件环境设计,以增加攻击的成功率和隐蔽性。

(2)高度复杂:APT 恶意代码可能使用加密、混淆、多态性或变形技术,使其难以被检测和分析;APT 恶意代码可能由一系列恶意代码组成,在不同的攻击阶段和系统环境使用不同的恶意代码。

（3）隐蔽性：APT 攻击的恶意代码能够识别并绕过常见的安全防护措施，比如反病毒软件、防火墙和入侵检测系统，可能还包括关闭或绕过安全软件的功能；其网访问可能隐藏在正常的网络流量中，以避免引起安全系统的警报。

（4）持续性：APT 攻击追求长期潜伏，持续搜集信息或进行其他恶意活动。这种持续性可能长达数月甚至数年。

（5）数据窃取能力：APT 恶意代码的主要目的之一是窃取敏感数据，包括商业机密、知识产权、政府机密等，这些数据可能被用于经济间谍活动或政治目的。

（6）指挥与控制（C&C）能力：APT 恶意代码通常与远程的 C&C 服务器保持通信，接收指令并上传窃取的数据。这些 C&C 通信可能采用加密通道，使用特殊协议或随机生成的域名，以逃避检测。

（7）横向移动能力：一旦在目标网络中立足，APT 恶意代码会尝试在内部网络中横向移动，感染更多的系统，扩大控制范围，以获取更深层次的访问权限。

11.5.2　APT 攻击中的高级恶意代码分析

根据上述 APT 攻击和恶意代码的特征，分析这些恶意代码，需要的能力和关注点与普通恶意代码是不同的。

1. 环境分析

APT 攻击中的恶意代码一般是高度定制的，这意味着两点：一是 APT 恶意代码样本多数情况下只能在受到 APT 攻击的情况下获取，二是恶意代码样本中可能包括目标环境的相关信息。因此，对 APT 恶意代码的分析需要目标环境进行分析。

（1）主机资产分析，充分了解目标环境内的网络资产信息，一方面，了解网络资产中包含哪些数据采集设备，基于已有的监测采集设备制定信息采集需求和制定部署方案，如不同的操作系统，其日志或全流量采集工具的类型可能是不同的，因此需要根据设备的差异定制排查方案。另一方面，充分了解资产信息及资产地理位置，支撑现场排查阶段快速准确查找到失陷的主机。

（2）网络环境分析，主要是各种网络服务相关日志分析，发现可疑线索。

① 互联网通联日志，互联网通联日志指的是记录了单位内部网络设备与外部互联网之间通信活动的日志。这些日志通常包含了设备与外部系统之间的通信时间、源 IP 地址、目的 IP 地址、使用的端口、通信协议等信息。在应排查时间范围内的互联网通联日志，能对定位到可疑沦陷设备发挥关键作用。

② IP 使用者日志，IP 使用者日志指的是记录了网络中各个 IP 地址的使用情况的日志。这些日志通常包含了 IP 地址的分配情况、使用时间、使用者信息等。在进行网络分析时，应该确定与攻击者网络资产通联过的 IP 地址所属的使用者身份，通过与其沟通，搜集到受害者当时使用该 IP 地址所绑定的设备，以及与攻击活动相关的人为交互历史。

③ 邮件服务日志，提取应排查时间范围内的邮件服务器日志。APT 攻击往往通过钓鱼邮件作为初始渗透点，攻击者可能会发送带有恶意附件或链接的邮件，诱导收件人点击或下载，从而植入恶意软件。通过监控邮件服务日志，可以及时发现异常的邮件活动，如大量的垃圾邮件或来自可疑发件人的邮件，这可能是 APT 攻击的前兆。而且一旦 APT 攻击开始，攻击者可能会利用失陷的邮件账户进一步扩散攻击，通过发送更多的恶意邮件给其他目标，利用邮件服务日志，可以追踪到这种传播路径，帮助了解攻击的范围和影响。

2. 威胁情报

威胁情报在 APT 恶意代码分析中的作用更加重要。

（1）提前预警：威胁情报能够提供关于潜在威胁的早期预警信号，帮助组织识别可能的 APT 活动迹象，如特定的恶意软件家族、攻击者使用的基础设施或 TTPs（Tactics，Techniques and Procedures），这使得防御者能够预先调整检测策略。

（2）情境感知：通过持续收集和分析关于 APT 组织的信息，组织可以更好地理解攻击者的动机、能力和目标，从而获得对威胁形势的更深入理解。这有助于组织建立更加精确的风险评估和优先级排序。

（3）入侵指标：威胁情报提供有关 APT 攻击的入侵指标（Indicators of Compromise，IoC），是网络入侵或恶意活动的直接标识，可直接用于恶意代码攻击检测，IoC 包括以下内容。

① IP 地址：与已知的恶意活动相关的 IP 地址，可能属于 C&C 服务器。

② 域名：被用作恶意软件分发、指挥控制（C&C）的域名。

③ URL：指向恶意软件下载位置、网络钓鱼页面或命令控制服务器的完整 URL。

④ 电子邮件地址：发送网络钓鱼邮件或垃圾邮件的电子邮件地址。

⑤ 程序名称：一些 APT 组织对于程序命名有自己的偏好。

⑥ 数字证书：被用于签署恶意软件的数字证书，或者是被盗用的合法证书。

⑦ 恶意行为模式：特定于 APT（高级持续性威胁）的攻击战术、技术和程序（TTPs），例如横向移动、权限提升或数据外泄的模式。

⑧ 恶意社交媒体账号：用于传播恶意链接或进行社会工程学攻击的社交媒体账户。

3. 供应链分析

攻击组织可通过感染供应链中的软件甚至添加硬件的方式对目标实施入侵。在软件开发环节中，对于源代码、库的篡改或污染是很难发现的，这些披着"合法"外衣的恶意软件能够轻易规避终端防护软件的检测，使其能够长期潜伏在目标系统中而不被发现。

在供应链的整个环节中，供应链开发环节的安全隐患涉及软件开发实施的整个过程中面临的脆弱性风险。软件开发环节是一个复杂的过程，包括用户需求分析、编程语言和知识库准备、软硬件开发环境部署、开发工具、第三方库的采购、软件开发测试、封包等多个环节。如此复杂的开发过程，本身就存在诸多的安全风险，其中任意环节都可能成为攻击者的攻击窗口，然而部分厂商还在不同的软硬件产品中加入信息采集模块、预制后门或在研发阶段预留调试接口，给攻击者留下更多可乘之机。

在分析目标系统中的软件样本时，即便是持有合法的数字签名的程序也不一定是可靠的，一方面需要关注样本的来源、软件组成分析，另一方面要不放过任何不合理的线索。

4. 追踪溯源

样本层次上的追踪溯源，可以从被动分析恶意样本和主动释放诱饵文档两个方面展开。

恶意样本分析的主要目的是寻找样本中包含的可能与攻击者身份产生关联的溯源线索，如变量命名、代码注释、编译路径、编译时间、拼写错误、高频字符串、典型算法、字体、俚语等。从恶意样本中提取关键溯源线索的案例屡见不鲜：Careto 的代码中含有大量西班牙语元素；Dukes 的大部分模块的错误提示是俄语；Project Sauron APT 的配置文档中有很多意大利词汇；Sanny APT 的钓鱼文档虽然通篇是俄语，却使用了韩语特有的字体；白象 APT 的恶意样本含有疑似梵语的单词"Kanishk"。

主动施放文档诱饵利用了攻击者急于窃取文件数据这一心理，是网络欺骗的思路。在蜜饵文档中嵌入漏洞利用代码是主动追踪溯源的好办法，但是容易被攻击者检测。相比之下，利用文档解释器的特性来追踪溯源则更容易躲避攻击者的防备。

习　题

1. 什么是恶意代码？有哪些种类？
2. 简述恶意代码的分析能力。
3. 简述恶意代码检测的三种方式。
4. 恶意代码分析包含哪些分析方法？静态分析与动态分析有什么区别？
5. 简述样本检测技术要求。
6. 请比较特征检测技术和启发式检测技术的优缺点？
7. 在 Windows 环境下，恶意代码可能通过哪些方式隐藏自身的文件存在？
8. 请简述宏和脚本类恶意代码的主要传播途径。
9. 简述 APT 攻击的特性、APT 攻击中恶意代码可能采用的供应链攻击方式，并说明检测这种攻击的方法。

第 12 章
漏洞挖掘与渗透测试技术

本章介绍漏洞挖掘与渗透测试技术，包括漏洞概念与分类、常见漏洞与利用技术、漏洞挖掘技术、外网渗透测试技术、内网渗透测试技术，使读者掌握有关漏洞的基本概念、基础知识和基本技术，为有针对性开展网络安全防护奠定基础。在网络攻防技术中，漏洞是最尖锐的矛，基于漏洞才能实现有效的攻击。渗透技术是基于漏洞的实战应用。学习漏洞挖掘和渗透测试技术，可深入理解网络攻击的方法和技术，目的是面对网络攻击，有针对性地更好地开展网络安全防御，以攻促防，达到"知己知彼，百战不殆"的目的。

12.1　漏洞概念与分类

本节对漏洞的基本概念和漏洞的分类方法进行介绍，以了解网络攻防技术中，漏洞这个"最尖锐的矛"的原理和概念。

12.1.1　漏洞的概念

漏洞也称为脆弱性（Vulnerability），是计算机系统的硬件、软件、协议在系统设计、具体实现、系统配置或安全策略上存在的缺陷。这些缺陷一旦发现并被恶意利用，就会使攻击者在未授权的情况下访问或破坏系统，从而影响计算机系统的正常运行甚至造成安全损害。

漏洞的基本概念中，包含了三个基本含义。第一，漏洞是计算机系统本身存在的缺陷；第二，漏洞的存在和利用都有一定的环境要求；第三，漏洞的存在本身是没有危害的，只有被攻击者恶意利用，才能给计算机系统带来威胁和损失。

为了对漏洞的深层次内涵有个全面的了解，下面介绍常见的 Web 漏洞、二进制漏洞、协议漏洞和其他软硬系统漏洞。

12.1.2　Web 漏洞

目前 Web 漏洞依然是被黑客利用最多的一种漏洞，它主要存在于各种 Web 应用程序当中。Web 漏洞被利用的最多，很大程度是因为企业会使用各种 Web 类的内容管理系统（Content Management System，CMS）用于企业的信息系统管理和对外提供各类处理服务。因为其使用面非常广，如果相关 CMS 中出现了 Web 类漏洞，那么就很可能会对这个企业带来近乎灾难性影响。

常见的 Web 漏洞，按照实现原理不同，可分为 SQL 注入漏洞、服务端请求伪造、跨站脚本攻击、不安全的反序列化、命令执行漏洞、服务端模板注入等。下面介绍其中被广泛应用的 Web 漏洞及其利用原理。

1. SQL 注入漏洞

SQL 注入漏洞主要源于开发者不安全的在代码中执行 SQL 语句所导致的，开发者使用了不安全的编码方式来处理用户的输入。SQL 注入可以分为：报错注入、时间盲注、布尔盲注、Quine 注入等，并且视不同数据库还有不同的利用方式，如 Redis（Remote Dictionary Server）主从复制，MySQL、MariaDB、PostgreSQL 使用用户自定义函数（User-Defined Function，UDF）方法进行远程代码执行等。

2. 服务端请求伪造

服务端请求伪造的意思就是攻击者以服务端的本体去请求内网或其他位置的一些服务，这种漏洞的危害性是非常大的，它不仅可以探测内网信息，还可以利用内网中有缺陷的服务进行攻击，而且在目前的云环境下还可以请求到元数据从而达到获取云服务器或集群隐私信息的目的。

3. 跨站脚本攻击

跨站脚本攻击（Cross Site Scripting，也记为 XSS）可以说是危害性较为不确定的一种攻击，在一些情况下它可以通过 XSS 获取用户的会话 Cookie，从而伪造用户登录，或执行 JS 脚本从而达到某些效果。而有时浏览器有着较为严格的内容安全策略（Content Security Policy，CSP）就很难进行后利用，还有时可以配合浏览器漏洞进行水坑攻击，从而控制访问者的计算机。

4. 不安全的反序列化

序列化和反序列化的过程是计算机进行跨平台、跨服务通信数据的一种方式。通过序列化和反序列化可以操作对象进行一些特殊操作。如 PHP 中所含的魔术方法，它可以在一些反序列化的情况下自动被调用。Python 中所包含的 pickle 以及相关库中的 yaml 等数据格式也有对应的反序列化方法。目前最热门的反序列化漏洞当属 Java、.Net 反序列化漏洞。它们普遍可以操作对象在反序列化中的运行路径，通过提前设置属性，从而控制反序列化的执行流程。

5. 服务端模板注入

服务端模板注入一般是模板渲染时所产生的漏洞，也分为渲染时和渲染后。其中主流的模板引擎如 Python 中的 flask、jinja2，以及 Go 中的 Gin 或是 PHP 中常用的 twig、smarty 经常是由于用户输入的数据在渲染为模板时造成了代码执行的结果。而 Node.js 中

jade、ejs、pug 等模板则是由于模板渲染过程中利用如原型链污染的漏洞对渲染时代码进行了修改，造成了代码执行的结果。

12.1.3　二进制漏洞

二进制漏洞主要是指存在于二进制可执行软件或系统程序中的安全漏洞。二进制漏洞可导致拒绝服务、远程代码执行、信息泄露等安全问题，常见二进制漏洞包括缓冲区溢出漏洞、格式化字符串漏洞、整数溢出漏洞、类型混淆漏洞和逻辑漏洞等。

1. 缓冲区溢出漏洞

这是一种十分常见的二进制漏洞。其中成因主要是用户输入可以超出程序为变量所分配的内存空间，导致覆盖了相邻内存域的空间，从而可以实现一系列的攻击操作。常见的有栈溢出漏洞、堆溢出漏洞。其利用手法也多种多样，需要攻击者对于操作系统、汇编语言等技术有充分的了解。

2. 格式化字符串漏洞

当程序使用未经检查的用户输入作为格式字符串参数时，攻击者可以利用这种漏洞来读取内存内容或执行恶意代码。也可以利用这种漏洞泄露内存数据，从而进行下一步的利用。

3. 整数溢出漏洞

当程序使用整数进行运算时，结果超出了变量所能表示的范围，可能导致溢出。同时利用整数溢出漏洞可能可以越界地访问一些内存上的数据，从而配合其他漏洞进行利用。

4. 类型混淆漏洞

类型混淆漏洞是真实软件中经常出现的一种漏洞。通常由于程序在处理不同数据类型时发生了错误，这种漏洞可能导致程序执行恶意代码或绕过一些检查从而进行其他攻击面方向的拓展。

5. 逻辑漏洞

逻辑漏洞不仅出现在二进制中，在二进制中的利用也很常见并衍生出很多关于逻辑问题相关的漏洞，如条件竞争、TOCTOU 等。这些漏洞的出现也为当今的网络安全研究者带来了很多的启发。可能某些条件竞争型漏洞在一些情景之下就可以很好地绕过保护措施并完成攻击，而非复杂的构造二进制的利用方式。

上述二进制漏洞主要影响各类使用二进制可执行程序的应用系统，包括常见的操作系统和应用软件、浏览器、虚拟机，以及使用二进制可执行程序的网络设备、物联网设备。通常二进制漏洞是可以被软件模块处理通信数据包时被触发，也可以是通过处理的本地数据导致被触发。大多数二进制漏洞在只能造成程序的崩溃，也有一部分能达到远程命令执行等后利用效果。

12.1.4　协议漏洞

协议漏洞是由处理协议数据的软件存在安全漏洞所导致的，所以从本质上它也属于二进制漏洞的范畴，但是它的触发方式是通过协议数据包实现远程触发的，所以表现形式具有自身的特殊性。各种网络通信协议，如果支持协议运行的协议栈代码存在安全漏洞，以及协议机制本身设计不当存在的漏洞，都属于协议漏洞。下面以蓝牙协议和 TLS 协议漏洞为例介绍协议漏洞。

1. 蓝牙协议

针对蓝牙协议的漏洞研究，目前主要集中在安卓设备蓝牙协议栈的漏洞，因为其代码是开源的，更便于审计调试和分析。其中，CVE-2020-27024、CVE-2021-0918、CVE-2021-39805 等漏洞编号对应的漏洞，都可以被利用，实现针对蓝牙传输过程中协议的缺陷点进行攻击。分析上述 3 个漏洞的触发原理，2 个是数组越界漏洞、1 个是内存越界读写（Out-Of-Bounds Read/Write，OOB）漏洞，其利用过程本质上属于二进制漏洞利用的范畴。

2. TLS 协议

TLS 协议在传输层和应用层之间，为应用层提供安全传输通道。在 TLS 协议漏洞中，影响最大的是心脏滴血（Heartbleed）漏洞。它出现在开源项目 OpenSSL 中，被应用于实现 TLS 协议。在实现 TLS 协议的心跳检测时，由于对输入条件没有进行边界检查，导致缓冲区溢出获得非法权限，实现对内存部分区域的内容进行读取。在所有开启 TLS 协议的网站中，可以通过这个协议来泄露出更多的内容，甚至包括服务器中的重要登录口令和配置信息。在这个漏洞之外，也有 TLS 协议漏洞不断被爆出，导致了很多的安全问题。

12.1.5　其他软硬件系统漏洞

随着互联网信息技术的发展，越来越多的漏洞及其利用方法也在不断发展。下面介绍云平台、移动通信网、人工智能模型、NFC、集成电路等新型信息平台存在的安全漏洞，以进一步扩展对漏洞的了解。

1. 云安全漏洞

目前很多企业会将自己的服务上云，方便部署而且也有着更高的安全性。同时云服务用户可以根据需求快速扩展或缩减计算资源，而无须购买或配置额外的硬件设备。云服务并不是牢不可破的。一旦云服务存在安全漏洞被渗透，对其产生的安全威胁等同于 Web 漏洞攻击的效果。

云平台的漏洞包括容器逃逸漏洞、安排配置缺陷和存储泄露漏洞等。

（1）容器逃逸漏洞

云平台对外提供了访问服务，攻击者在通过服务拿到容器权限后，就可以利用容器逃逸漏洞开展对虚拟环境的跨层攻击，从而获得整个集群或者宿主机的控制权限。常见的容器逃逸漏洞包括容器内核漏洞、容器配置漏洞等。

（2）安全配置缺陷

当云管理平台/API等服务的安全配置存在缺陷时，攻击者可以以未授权的方式接入云环境，并操作云上的服务系统。这种缺陷的利用条件低，通常API端口为了方便客户对云服务进行管理，所处网段会暴露访问端口，在这种情况下这种方式也是最容易利用的。

（3）存储桶信息泄露漏洞

存储桶（Bucket）常见的安全问题也基本是由于安全配置问题导致的信息泄露。当存储桶被初始化为公共模式时，利用非正常的访问权限就可以实现存储桶的目录遍历、文件覆盖上传等非法操作。其次，当存储桶自定义域名时，攻击者可以在管理者删除桶但没删除解析的情况下来接管桶域名。此外，存储桶中设定事件使用lambda函数对上传文件进行操作时，如果对用户可控数据进行了不安全的操作，可能也会导致非法代码执行的情况出现。

2. 移动通信系统漏洞

移动通信系统已成为现代社会中重要的通信基础设施，移动通信系统可能存在多种漏洞，包括网络攻击、窃听与拦截、欺骗与伪装、短信和呼叫劫持、身份验证漏洞以及软件漏洞。这些漏洞可能导致用户隐私泄露、通信中断、恶意劫持和未经授权的访问。确保系统安全性，及时修复漏洞，是保障移动通信网络正常运行和用户信息安全的重要措施。

随着4G/5G网络彻底拥抱IP化，来自互联网的攻击也愈发频繁，而且也曾曝出国际移动用户识别码（International Mobile Subscriber Identification Number，IMSI）捕获攻击、伪造地震海啸短信信息等攻击方式。相比于之前，4G/5G时代人们在手机上的个人隐私和数据越来越多，用户隐私泄露、数据泄露等问题也会给个人和企业带来了极大的损失。

3. 人工智能模型漏洞

当前人工智能的应用面逐渐扩大，越来越多的软件集成了人工智能的功能和应用，例如现在非常广泛的刷脸支付应用就属于人工智能应用的成功案例。然而，人工智能也面临着非常多的攻击面。相关的技术人员们曾针对于人脸识别做过非常深入的研究，Deepfakes在Reddit社区分享过他的一些人工智能换脸的视频，这引起了安全研究者们的关注。同时，很多人工智能模型也受到了对抗样本攻击、模型投毒攻击的危害。

近年来爆火的ChatGPT，让大语言模型深入到人们的生活中。安全研究者同样找到了危害大语言模型的方法，他们使用特殊的Prompt使其泄露了真实数据，或者内部系统真实的情况，这对提供服务的服务商也会造成较大的影响。

4. NFC中继攻击漏洞

NFC（Near Field Communication）进场通信中继攻击是利用NFC技术的安全漏洞实施的攻击。它被用于攻击具有NFC功能的设备，例如智能手机、信用卡等。这种攻击利用了NFC通信的特性，通过将两个NFC设备的通信中继到一个中间设备，使得攻击者能够在不触及目标设备的情况下，通过中间设备对 NFC 通信进行攻击。NFC 中继攻击曾出现于没有安全防护机制的银行卡、智能门锁、智能车钥匙等场景中。该漏洞的利用前提是需要近距离物理接触到被攻击者的 NFC 设备，在符合该前提条件下，使得利用该漏洞的攻击变为现实可行。

5. 集成电路侧信道攻击漏洞

集成电路也被通称为芯片，集成电路在运行过程中，不可避免因实时处理的数据有所不同，导致泄露的电磁信息有所变化。在捕获电磁信号分析的基础上，可以进一步获取集成电路处理的内容（如电流消耗、电磁辐射、处理器执行时间等）。同时在探测到电磁信号的基础上，可以实时实施电磁信号的注入，改变集成电路运行的比特流，从而改变集成电路中运行程序的执行路径。侧信道攻击是一种难以避免并且隐蔽性极高的一种攻击，Starlink 公司的天线终端曾在 2023 年被爆出一个利用故障注入获取卫星 Shell 的攻击方式，它是通过电磁注入，干扰芯片程序的正常运行，让其程序可以执行到获取 Shell 的部分。它是侧信道攻击中的一个创新性的实战应用。

12.2　常见漏洞与利用技术

本节介绍常见漏洞与利用技术，包括程序静态逆向分析技术、程序动态逆向分析技术，内存破坏型漏洞、逻辑类漏洞，这些漏洞在软件开发和网络安全中都具有重要意义。

12.2.1　程序逆向技术

程序逆向技术（Reverse Engineering，RE）又称逆向工程，是指从软件的二进制文件中提取信息，以了解其工作原理和设计思路的过程。程序逆向技术的主要目的是对软件进行分析、调试、修改等操作，以实现特定目的（如安全分析、病毒分析、破解等），包括静态逆向分析和动态逆向分析两类技术。程序逆向分析常用的工具，包括 IDA Pro、Ghidra 等。

1. 程序静态逆向分析技术

静态逆向分析即通过反汇编或反编译的方式，将机器代码转换成方便人类理解的代码，如汇编代码或高级语言的伪代码，从而更便于分析程序的业务流程或设计逻辑。程序静态分析不需要运行程序就可以分析二进制代码的结构和逻辑，可用于检测程序中的错误、漏洞、风险、复杂度等，以提高程序的质量和安全性。代码静态逆向分析的主要方法有以下几种。

（1）语法分析：语法分析是对程序代码的结构进行分析，检查其是否符合语法规则，是否有语法错误或者不规范的写法。语法分析可以帮助程序员发现和修正一些低级的错误，如括号不匹配、变量未定义、语句缺少分号等。语法分析的工具有编译器、解释器、代码编辑器等。

（2）语义分析：语义分析是对程序代码的含义进行分析，检查其是否符合逻辑，是否有语义错误或者不合理的设计。语义分析可以帮助程序员发现和修正一些高级的错误，如变量类型不匹配、函数调用错误、逻辑错误、死循环等。语义分析的工具有静态分析器、代码审计工具、代码规范检查工具等。

（3）数据流分析：数据流分析是对程序代码中的数据流进行分析，追踪数据的来源、传递、变化和消亡，检查其是否有数据流错误或者潜在的漏洞。数据流分析可以帮助程序员发现和修正一些安全相关的错误，如缓冲区溢出、空指针引用、内存泄露、未初始化变量等。数据流分析的工具有符号执行工具、污点分析工具、漏洞扫描工具等。

（4）控制流分析：控制流分析是对程序代码中的控制流进行分析，追踪程序的执行路径、分支、循环和跳转，检查其是否有控制流错误或者潜在的漏洞。控制流分析可以帮助程序员发现和修正一些逻辑相关的错误，如无限递归、死锁、竞态条件、逻辑矛盾等。控制流分析的工具有调试器、反汇编器、反编译器、二进制分析工具等。

2. 程序动态逆向分析技术

利用程序的静态逆向分析技术，即使在静态层面能获得很多代码信息，仍无法确定程序在动态执行过程中的实际执行信息，此时就需要动态逆向分析技术加以辅助，观察程序在实际运行中的状况，甚至控制并修改程序。

程序动态逆向分析技术，即通过断点调试的方式，让程序单步执行进行分析，实时读取当前变量的值，从而进一步分析程序的逻辑、获取程序关系数据。通过程序动态逆向分析，可在程序运行的过程中，观察和修改程序的行为和数据。程序动态逆向分析技术的主要方法有以下几种。

（1）动态调试：动态调试是指使用调试器等工具，对程序进行单步执行、断点设置、内存查看、寄存器修改等操作，以实时监控和控制程序的运行状态。

（2）动态跟踪：动态跟踪是指使用跟踪器等工具，对程序的执行路径、函数调用、系统调用、异常处理等事件进行记录和分析，以获取程序的运行轨迹和行为特征。

（3）动态注入：动态注入是指使用注入器等工具，对程序的代码或数据进行动态修改或插入，以改变程序的运行结果或增加程序的功能。

（4）动态模拟：动态模拟是指使用模拟器等工具，对程序的执行环境进行模拟或仿真，以在不同的平台或条件下运行程序。

程序动态逆向分析技术是一种非常强大和灵活的技术，可以应用于各种场景和目标，但也需要较高的技术水平和经验，以及合适的工具和方法。

12.2.2　内存破坏型漏洞原理与利用技术

内存破坏型漏洞是指通过破坏内存原有栈和堆的布局方式，从而获得非法的内存堆栈区域执行权限的漏洞。最基本的内存破坏型漏洞包括栈溢出漏洞和堆溢出漏洞，下面以栈溢出漏洞和利用方法为例，介绍内存破坏型漏洞。

由于栈内存中保存着函数局部变量和程序执行必须的函数调用过程信息，一旦发生栈溢出漏洞，轻则会破坏函数局部变量数据，造成程序执行异常或程序崩溃，重则非法攻击者可以通过该漏洞，修改函数的返回地址以执行任意代码，对程序宿主机发起攻击。本节从栈溢出原理以及栈溢出漏洞的返回导向式编程（Return-Oriented Programming，ROP）利用方法等方面，介绍栈溢出漏洞原理与利用，从而了解内存破坏型漏洞的基础原理以及攻击利用方法。

1. 栈溢出原理

当一个函数在执行过程中，将数据写入超过其栈分配的空间时，就会发生栈溢出。这通常是由于函数内部的局部变量或函数参数使用过量的栈空间导致的。下面是一个简单的示例程序，演示了栈溢出的基本情况，如图 12-1 所示。

```
#include <stdio.h>

void vulnerableFunction（）{
char buffer[20];
printf（"Enter a string: "）;
gets（buffer）; // 不安全的字符串输入函数，容易导致栈溢出
printf（"You entered: %s\n", buffer）;
}

int main（）{
vulnerableFunction（）;
return 0;
}
```

图 12-1　栈溢出原理示意代码

在这个示例中，vulnerableFunction（）函数声明了一个长度为 20 的字符数组 buffer 作为局部变量。然后，使用 gets（）函数来获取用户输入的字符串，并将其存储在 buffer 中。gets（）函数不会检查输入的长度，因此如果用户输入的字符串超过 20 个字符，就会发生栈溢出。

在栈溢出的情况下，用户输入的字符串会覆盖 buffer 数组之后的栈空间，可能会影响到之后的返回地址、局部变量等。这可能导致程序崩溃、执行意外的代码，或者被恶意利用进行攻击。为了更清晰地分析栈溢出的过程，我们来看一下在 vulnerableFunction（）函数中发生的情况。

（1）在函数开始时，分配了一个长度为 20 的 buffer 数组，它位于 vulnerableFunction 栈内存空间的局部变量位置。

（2）用户输入的字符串通过 gets（）函数存储到 buffer 数组中。如果用户输入的字符串超过 20 个字符，超出的部分将覆盖栈上的返回地址和其他局部变量。

（3）当用户输入的字符串超过 20 个字符时，超出的部分将覆盖栈上的其他数据。这

可能包括 vulnerableFunction 函数的返回地址，其主要记录程序在函数结束后要返回到主函数中继续执行的位置。

（4）当函数结束时，程序将尝试将控制权返回到返回地址指定的位置。然而，由于返回地址被覆盖，程序将跳转到一个未知的位置，这可能导致程序崩溃或执行意外的代码。

2. 栈溢出漏洞的利用

当一个程序存在栈溢出漏洞时，可根据操作系统的不同环境和场景，采用不同的漏洞利用技术，实现对栈溢出漏洞的利用，从而劫持程序的原有执行流程，转而执行指定的特定代码或函数。

计算机安全是不断博弈的过程，在最初的栈溢出漏洞的利用过程中，仅需控制当前函数返回地址指向跳转指令 jmp rsp 的地址，并在后续溢出字符串中添加 shellcode，则会在当前函数返回时跳转至 jmp rsp 指令，进而执行任意指令实现恶意攻击。为了提高缓冲区溢出漏洞的利用难度，现代操作系统引入多种通用防御机制，如数据执行保护（Non-Executable，NX）保护，限制了对堆栈内存空间代码执行权限，使得恶意引入的外来代码无法执行，因此上述通过跳转指令至 shellcode 的方式变得难以利用。

下面介绍栈溢出漏洞的利用技术，包括 ROP、Ret2Text、Ret2Shellcode、Ret2Syscall 等多种技术。

（1）ROP

ROP 攻击最早是在 2005 年的一篇名为《The Geometry of Innocent Flesh on the Bone: Return-into-libc without Function Calls（on the x86）》的论文中被提出的，在此之后内存破坏漏洞的相关利用中，ROP 技术成为不可绕过的关键利用手段。在 ROP 攻击中，攻击者利用程序中已存在的代码片段（称为"gadgets"），这些片段通常以 ret 指令结尾，攻击者通过构造一系列精心设计的堆栈布局，将这些 gadgets 串联起来，最终实现执行恶意代码的目的。

ROP 攻击的基本原理是利用现有程序的代码段，而不是向内存中注入新的代码，从而避免了 NX 等防御机制的干扰。攻击者通过构造合适的 ROP 链，能够在程序中执行特定的操作，比如执行系统调用或者获取特权级别。

ROP 攻击是一种高级的内存攻击技术，对程序具有挑战性。当然，现代操作系统为了防范 ROP 攻击，一些新型的通用保护措施应运而生，如使用 ASLR、代码签名等，严重限制了 ROP 攻击链的构造难度，需要完成各种保护的绕过后，才可以进行 ROP 攻击。

（2）Ret2Text

返回导向式编程中最基本的利用方式即 Ret2Text，它是通过 ROP 攻击技术，直接劫持程序执行流到指定代程序代码段的一种利用技术。首先，利用栈溢出覆盖栈溢出漏洞函数所有的局部变量栈内存空间；然后，继续输入溢出数据，覆盖栈溢出漏洞函数返回时 rbp 指针以及返回地址；最后，只需将栈溢出漏洞函数的返回地址，覆盖并修改为希望跳转的目标函数地址，即可实现执行流的劫持。

（3）Ret2Shellcode

Shellcode 是一小段专门设计用于利用计算机系统中的漏洞或弱点的代码，通常用于利用缓冲区溢出等漏洞。Shellcode 通常是用机器码编写的，目的是在系统中执行特定的操作，如获取系统权限、执行恶意操作等。Shellcode 通常非常紧凑，因为它需要在受限的缓冲区内运行。它通常以可执行的二进制代码形式存在。Shellcode 代码的功能通常被设计为执行恶意操作，如获取系统权限、执行命令等。

Ret2Shellcode 是一种 ROP 利用技巧，通过利用栈溢出漏洞将程序控制流转移到栈上或其他内存空间的 Shellcode（恶意代码）的地址，从而执行恶意操作。这种利用技巧需要在程序运行时，将 Shellcode 注入到具有可执行权限的内存空间。

（4）Ret2Syscall

系统调用（System Call）是操作系统提供的接口，类似于用户函数，可使程序在内核空间执行特定功能，实现特权模式切换。通过系统调用，应用程序进入操作系统内核空间执行特定功能。系统调用与用户函数的主要区别在于，系统调用代码运行在底层内核环境中，而用户函数代码运行在上层应用环境中。

Ret2Syscall 是一种 ROP 攻击手法，通过利用栈溢出漏洞将程序控制流导向系统调用指令 Gadget，来绕过数据执行保护（如 NX 保护），以执行特权操作。攻击者利用栈溢出漏洞覆盖返回地址指向系统调用指令 Gadget，然后通过 ROP 链触发这些系统调用来实现攻击目的，如获取系统权限、执行 Shell 命令等。

12.2.3　逻辑类漏洞及利用技术

1. SQL 注入

SQL 注入是一种严重的网络安全漏洞，允许攻击者通过控制用户输入来执行恶意的 SQL 代码。这种漏洞的核心原理是应用程序在构建 SQL 查询时未正确验证、过滤或处理用户提供的输入，使得攻击者能够注入额外的 SQL 语句，从而执行未经授权的数据库操作。

当应用程序接收用户输入并将其直接拼接到 SQL 查询中时，如果未对输入进行充分验证，攻击者可以利用这一点注入恶意的 SQL 代码。使用注入的 SQL 语句，攻击者可以实现多种攻击，包括绕过身份验证、访问敏感信息、篡改数据库内容，权限获取等。

2. 反序列化

本节以 Java 为例，对反序列化漏洞及利用技术进行介绍。Java 中的序列化和反序列化功能是其一项重要的机制特性，这一机制最早出现在 Java 1.1 版本中，主要目的是允许对象在网络上传输或在不同 Java 虚拟机（Java Virtual Machine，JVM）之间进行持久化存储。这个机制为 Java 对象提供了一种将对象转换为字节流（序列化），并在需要时重新构造对象（反序列化）的方式，而不需要开发者手动编写对应的转换代码。

Java 序列化机制主要基于 java.io.Serializable 接口来实现。通过这个接口，Java 对象可以被序列化并通过网络传输或保存到磁盘文件中。当对象被序列化时，它的所有非瞬态字段都被转换为字节流，并且对象的类信息也被包含在序列化数据中。在反序列化时，这些字节流将被还原成原始对象。这种序列化和反序列化机制在分布式系统和持久化存储中具有重要意义，使得开发人员可以轻松地将对象保存到文件系统中或通过网络发送对象，而不需要手动编写复杂的转换代码。

然而，尽管 Java 序列化提供了方便，但它也引入了安全风险。反序列化漏洞是在应用程序中使用了反序列化机制时，程序未对输入的序列化数据做充分的校验和过滤，导致攻击者可以构造特制的序列化数据，包含精心构造的恶意命令数据，从而在反序列化后，导致构造的恶意命令被执行的效果。这种安全风险因为 Java 的反序列化机制不会验证序列化数据的完整性或安全性而变得尤为严重。

通过利用 ysoserial 等反序列化工具或者手工编写反序列化脚本，允许使用者生成特定于目标应用程序的序列化数据，这些数据可以触发反序列化漏洞并执行恶意操作。通过编写不同依赖场景下的各种 payloads，可以根据不同的目标和场景进行定制，以在反序列化漏洞利用成功后执行各种攻击，包括命令执行、远程代码执行等。

3. 命令注入

命令注入（Command Injection）漏洞是一种可以拼接操作系统命令，导致系统中任意命令被执行的漏洞。命令注入漏洞通常出现在 Web 应用程序中，通过 Web 表单提交、API 调用等交互方式，攻击者可以在需要传递的参数中注入特定的命令语法或者代码，并导致应用程序将其认为是合法命令进行执行。

命令注入漏洞可以导致的危害包括但不限于以下几种。

（1）远程命令执行。攻击者在目标主机上执行任意命令，比如反弹 shell 命令，获得对主机完全的控制权。

（2）信息泄露。攻击者可以读取目标主机上的系统配置、数据库连接凭证等信息，导致数据库和系统中的敏感信息泄露，危害数据安全。

上述的命令注入、SQL 注入、反序列化等漏洞，都会被远程的服务器执行一段代码，代码可以是 SQL 语句、操作系统命令以及 PHP、Java 等后端开发语言的代码。这类漏洞都属于远程代码执行（Remote Command/Code Execution，RCE）漏洞。

12.3 漏洞挖掘技术

本节介绍漏洞挖掘技术，包括静态漏洞挖掘技术、动态模糊测试技术等。静态漏洞挖掘技术主要介绍源代码静态分析和二进制代码静态分析技术。动态模糊测试技术介绍有关概念和相关分类，以便深入理解动态模糊测试技术。

12.3.1 静态漏洞挖掘技术

静态漏洞挖掘是指在不运行目标程序的前提下分析目标程序（源代码或二进制）的词法、语法和语义等，并结合程序的数据流、控制流信息，通过类型推导、安全规则检查、模型检测等技术挖掘程序中的漏洞。

静态漏洞挖掘是常用的软件测试技术，在软件测试中占有非常重要的地位。具有代表性的静态漏洞挖掘工具有面向 C/C++ 源码的 Cppcheck、FlawFinder，面向 PHP 源码的 RIPS，面向 JAVA 源码的 FindBugs，专门为代码逻辑推理分析而设计的声明式语言 Datalog 语言和 Codeql 语言，以及能支持多种类型目标对象的商业化漏洞检测工具 VeraCode、Fortify、Coverity、Checkmarx 等。此外，LLVM、Clang 等编译器也提供了大量的静态检测功能，能在编译阶段实现对源代码的安全性检查。

针对目标程序的不同形式，所采用的静态分析技术也不尽相同。下面将针对源代码和二进制代码两种目标程序，分别介绍静态漏洞挖掘技术。

1. 基于源代码的静态分析

源代码漏洞检测针对软件设计开发阶段。通过提取源代码模型和漏洞规则，基于静态程序分析技术检测源代码中的漏洞，具有代码覆盖率高、漏报率低的优点，但对已知漏洞的依赖性较大，误报较高。源代码漏洞检测方法主要包括基于中间表示的漏洞检测和基于逻辑推理的漏洞检测。

基于中间表示的漏洞检测方法，首先将源代码转换为有利于漏洞检测的中间表示，然后，对中间表示进行分析，检查是否匹配预定义的某个漏洞规则，从而判断源程序中是否含有对应规则相关的漏洞。

基于逻辑推理的漏洞检测方法将源代码进行形式化描述，然后利用数学推理、证明等方法验证形式化描述的一些性质，从而判断程序是否含有某种类型的漏洞。基于逻辑推理的漏洞检测方法由于以数学推理为基础，因此分析严格，结果可靠。但对于较大规模的程序，将代码进行形式化表示本身是一件非常困难的事情。基于中间表示的漏洞检测方法没有上述局限性，适用于分析较大规模程序，因此得到了更为广泛的应用。

（1）基于中间表示的静态分析

基于中间表示的静态分析在中间表示上进行语义或未定义的行为分析，然后结合各种预定义规则或者用户自定义规则检测源代码的各种漏洞或缺陷。在现代编译器和静态分析工具中，通常会使用 CFG 来表示程序的控制流，使用静态单赋值 SSA 来表示程序中数据的使用，即定义链（Use-Def Chain）。

依据中间表示的不同分析方式，静态分析方法可以分为 4 类：基于符号执行的静态检测、基于规则的静态检测、基于机器学习的静态检测以及基于代码相似性的静态检测。其中，前三类方法基于漏洞模式，针对各种原因导致的漏洞进行检测；最后一类方法主要针对由于代码复制（Code Clone）导致的相同漏洞进行检测。

（2）基于逻辑推理的静态分析技术

基于逻辑推理的漏洞检测方法由于以数学推理为基础，因此分析严格，结果可靠。但对于较大规模的程序，将代码进行形式化表示本身是一件非常困难的事情。

基于逻辑推理的静态分析技术主要是指模型检测、安全规则检查，如 MOPS、BLAST、SLAM 是典型的面向 C 程序的模型检测工具，其基本思路是将程序结构抽象为状态机（布尔程序），然后基于归纳的安全属性对状态机进行遍历，检测其中存在的漏洞。Datalog 作为声明式查询语言，可用于构建指针分析、污点分析等查询模型。Codeql 将代码视为数据，针对一个或多个数据库运行查询。每个数据库都包含仓库中所有代码的单一语言表示形式，支持编译语言包括 C/C++、C#、Go、Java 及 Python，填充此数据库的过程涉及生成代码和提取数据，通过提供面向对象的查询方法，测试人员可构建漏洞查询模型辅助漏洞挖掘过程。

2. 基于二进制代码的静态分析

基于二进制代码的静态分析是在源码不可用的情况下，在二进制代码层面对软件或系统进行各种分析。当需要分析恶意软件、已编译软件以及闭源操作系统（例如 Windows、iOS 等）时，就会出现这种情况。

在介绍二进制静态分析技术之前，首先介绍三个基础的关键部分：反汇编、函数调用图和控制图。它们是二进制静态分析中核心组成部分。

二进制反汇编是汇编过程的反向实现，将机器码转换为汇编语言。对于大部分商用软件（Commercial Off-The-Shelf Software，COTS），其源代码通常是不可获得的，为了挖掘闭源软件中的缺陷，二进制反汇编技术在过去十几年中取得了突破性的发展。出现了大量开源的框架和工具。函数调用图 FCG 用于描述函数调用之间的流程关系，其中每一个节点表示一个函数，节点之间的有向边表示函数之间的调用关系。控制流图用于描述程序的执行流程信息，其中每一个节点表示基本块，通过节点之间的有向边表示程序的控制流流向。

（1）二进制数据流分析技术

二进制数据流分析技术通过静态代码分析来获取有关数据如何沿着程序执行路径流动的相关信息。面向二进制程序的数据流分析技术与面向源代码数据流分析的核心思想类似。在源代码数据路分析时，可通过代码路径访问描述内存访问位置，从而实现数据流的跟踪。但在二进制分析过程中，缺少符号和数据结构等信息，使得难以跟踪内存访问位置以及数据流。

针对二进制程序的数据流分析主要都在解决同一个关键的问题：如何跟踪内存访问之间的数据流。目前最为著名的方法是 VAS 算法，计算地址的值集来跟踪内存访问。在此基础上，采用符号值表示不确定的值（如外部输入），通过跟踪符号值和符号表达式在寄存器或内存间的传播来提高数据流的准确性。

（2）二进制符号执行技术

二进制符号执行技术的核心原理是在执行符号执行时，将程序的输入或不确定的变量用符号值代替。这些符号值初始时无约束条件，遇到程序的分支条件时，系统将生成符号值的约束，并保存至路径的约束集合中。传统的静态符号执行在每个条件分支上生成一个新的执行路径以探索各不同路径。随后，利用约束求解器检查路径的约束是否可解，解得的路径即为可行路径，为此路径生成符合约束的测试案例。从理论上讲，符号执行旨在覆盖程序所有可能的执行路径，并为它们生成相应的测试案例。

但由于传统静态符号执行的局限性，二进制程序分析领域主要采用符号执行与实际执行相结合的技术。在二进制程序分析方面，尤其是 IoT 设备固件安全分析中，符号执行技术较为成熟，应用包括基于 Qemu 的动态固件安全测试和结合符号执行与污点分析的静态固件漏洞挖掘。当前，符号执行技术主要采用混合执行策略。特别是在 IoT 固件分析中，该技术需与固件仿真技术相结合。总之，尽管符号执行技术在多方面有待提高，如缓解路径爆炸问题、优化符号内存访问和提升约束求解效率等，它仍是一个值得深入研究的重要领域。

12.3.2　动态模糊测试技术

动态模糊测试技术是目前最常见、最有效的漏洞挖掘技术，被广泛应用于各个场景，本节将从动态模糊测试技术、动态模糊测试技术分类、动态模糊测试工具和动态模糊测试实战等方面对该技术进行详细介绍。

1. 动态模糊测试技术概述

模糊测试（Fuzzing）是一种自动化或者半自动化的软件测试技术，通过构造随机的、非预期的畸形数据作为程序的输入，并监控程序执行过程中可能产生的异常，之后将这些异常作为分析的起点，确定漏洞的可利用性。模糊测试技术可扩展性好，能对大型商业软件进行测试，是当前最有效的用于挖掘通用程序漏洞的分析技术，已经被广泛用于如微软、谷歌和 Adobe 等主流软件公司的软件产品测试和安全审计，也是当前安全公司和研究人员用于挖掘漏洞的主要方法之一。虽然模糊检测存在着效率低、代码覆盖率低等缺点，但在安全性和稳定性等方面具有其独特优势，已成为目前最高效和最先进的漏洞挖掘技术。

模糊测试的一般流程可分为以下环节。

（1）确定模糊测试对象。在选择测试对象时，首先需要考虑对象本身的因素，例如目标程序或系统的性质、功能、运行环境和实现语言等。测试对象通常包括二进制代码或者软件系统。由于获取软件源代码通常较为困难，因此大多数情况下模糊测试的对象为二进制代码。对测试对象进行宏观审视是整个模糊测试的基础，因为它直接影响了模糊测试技术的选择。

（2）选择输入向量。测试对象的因素包括文件数据、网络数据、注册表键、环境变量以及其他信息等。恶意攻击者能够利用系统的安全漏洞，主要是因为系统未对输入进行充分的校验或处理非法输入。输入向量和测试用例生成策略是模糊测试的关键因素。测试用例生成策略应该考虑各输入向量的影响权重，并结合相应的生成策略，以生成具有高覆盖率的测试用例。

（3）生成测试用例。测试用例的生成是基于选定的输入向量进行的，通常采用变异或生成方法来产生大量的测试用例。

（4）执行测试用例。将测试用例发送到目标软件或系统，以确保测试对象能够成功处理测试用例。

（5）监视器。在测试用例执行完成后，需要对目标对象的结果进行监视。当目标对象发生崩溃或报告错误时，监视器模块将收集和分析相关信息，记录产生异常的测试用例以及异常的详细信息，以确定漏洞的真实性。

（6）有效性评估。分析异常产生的原因，追踪异常发生前后的处理流程，评估漏洞的利用潜力。

2. 动态模糊测试技术分类

根据在模糊测试过程中所需的输入信息或对程序内部信息分析的程度，动态模糊测试技术可分为三大类：黑盒模糊测试、白盒模糊测试和灰盒模糊测试。

（1）黑盒模糊测试

黑盒模糊测试也称为输入输出驱动模糊测试或者功能模糊测试。其原理是把目标视为一个看不到内部逻辑结构的黑盒，在完全不考虑内部结构和性能的情况下，使用一些预定义的种子文件创建表单输出的模糊测试技术。在测试过程中，由于黑盒模糊测试无法跟踪目标内部的执行状态，只能通过检测目标的输出数据来判断目标的状态。测试过程中会生成大量冗余的测试用例，是导致该类技术的代码覆盖率低、测试效果差的主要原因。

（2）白盒模糊测试

白盒模糊测试也称为逻辑驱动模糊测试。与黑盒模糊测试截然不同，白盒模糊测试是将目标视为一个内部结构高度可视化的透明盒，在全面了解目标内部逻辑的基础上进行的模糊测试技术。白盒模糊测试是将目标内部结构单元化，并将单元测试的范围扩展到整个目标的安全测试。白盒模糊测试具有测试全覆盖的优势，但正是由于其高度可视化，在实际应用中，目标对象内部的复杂程度严重制约了它的发展。

（3）灰盒模糊测试

灰盒模糊测试是白盒模糊测试的一种变体，继承了黑盒模糊测试与白盒模糊测试的优点，同时对两者的缺点进行了改进。它是在对目标对象有部分了解的情况下进行的漏洞检测方式。与白盒模糊测试相比，两者都是利用目标程序的信息来减轻黑盒模糊测试的盲目性，但对目标信息的依赖程度不同。最常见的目标程序信息是代码覆盖的信息。很多灰盒模糊测试技术使用边覆盖率作为内部执行状态。使用覆盖率的基本假设是，发现更多的执行状态（如新覆盖率）会增加发现缺陷的可能性。

除了以上提到的两种模糊测试，还有其他模糊测试分类方法。例如，根据模糊测试过程中所依照的策略，模糊测试可以分为基于覆盖率的模糊测试和定向模糊测试。根据模糊测试过程中监控程序执行状态和生成测试用例之间是否存在反馈，模糊测试可以分为哑模糊测试和智能模糊测试。

12.4　外网渗透测试技术

本节介绍外网渗透测试技术，包括外网渗透过程中信息收集的方法、网络漏洞攻击技术、木马植入和远程控制方法等内容。

12.4.1　外网渗透测试流程

本节将简单概述渗透测试的各个环节，了解渗透测试的基本概念与一般流程。

（1）在渗透测试正式开始前，渗透测试团队需要与客户进行交流沟通，以确认渗透测试的范围、目的以及其他需求。非授权的渗透测试属于违法行为，因此，在前期交互阶段确认好靶标以及可以使用的渗透手段等细节，是不可缺少的环节。

（2）情报搜集/信息搜集是渗透测试中的重要环节。在渗透测试开始时，渗透测试团队会尝试使用各种主动或被动的方式获取渗透目标的信息，例如使用 nmap 扫描目标网段、使用搜索引擎对目标进行查询等。情报搜集的目的是获取系统的各种信息，以便于规划接下来的渗透测试。

（3）基于情报搜集所获取的信息，渗透测试团队后续将进行威胁建模。威胁建模即针对已经获取的信息，规划后续的渗透路径，帮助团队更快更全面地发现系统的弱点。

（4）在进行漏洞分析时，渗透测试团队将尝试发掘系统中存在的漏洞，并对这些漏洞的利用方法进行分析，例如尝试发现 Web 服务器上存在的 CVE 漏洞，并编写对应的利用脚本。

（5）渗透攻击是整个渗透测试流程的核心部分，渗透测试团队会使用已经发现的漏洞尝试进入系统内部，获取系统中的各种权限，包括但不限于利用远程代码执行漏洞获取服务器的命令执行权限、利用 SQL 注入漏洞获取数据库的操作权限、利用弱口令获取网站管理员账号的控制权等。渗透测试团队要注意在此过程中对系统造成严重影响或数据泄露。

（6）在后渗透阶段，渗透测试团队将通过已经获取的权限，再次尝试深入系统内部，尝试获取系统中的更多权限。渗透团队此阶段将执行的行为包括横向移动、提权、权限维持、痕迹清除等。

（7）测试报告是整个渗透测试流程的收尾阶段，渗透测试团队将编写详细的报告，其中包括团队是如何对渗透目标进行攻击、利用了什么漏洞、获取了什么样的权限等，有时还会给出修复建议和对潜在安全风险的评估。

12.4.2 信息收集

1. 信息搜集在渗透测试中的关键作用

信息收集在渗透测试和漏洞挖掘中扮演着不可或缺的关键角色，它是深入了解目标系统的最早阶段。随着搜集到的信息逐渐丰富，对目标的全面了解也随之提升，从而发现更多的攻击面，这将大大增加渗透目标的可能性。

信息收集阶段涉及信息搜集技术和工具的使用，包括但不限于网络扫描、开放源情报（Open Source Intelligence，OSINT）、社交工程和目标系统架构分析等。通过深入了解目标的基础设施、网络拓扑、人员结构以及潜在的弱点，分析人员能够更有针对性地制定攻击计划，并增加渗透测试的成功几率。

（1）网络扫描：通过主动地扫描目标网络，识别活跃的主机、开放的端口和运行的服务，有助于确定目标系统的整体结构和可能的入口点。

（2）OSINT：OSINT 是通过搜集公开可得的信息来了解目标的一种技术。这包括搜索引擎的使用、查找社交媒体信息、浏览公共数据库等。OSINT 提供了关于目标组织、员工和技术架构的有用信息。

（3）社交工程：社交工程是利用欺骗技术获取目标人员的信息。攻击者可能通过伪装成可信任的实体，通过电子邮件、电话或其他方式诱导目标人员提供敏感信息，或执行不安全的操作。

（4）目标系统架构分析：深入了解目标系统的架构，包括硬件和软件组件的布局、数据流程、系统交互等。这有助于发现系统的弱点和潜在漏洞，为后续攻击计划提供有力支持。

2. 主动收集和被动收集技术

主动信息收集和被动信息收集在渗透测试和网络安全领域中扮演着不可或缺的双重角色。主动信息搜集着眼于直接与目标互动的情况下，被动信息收集则以观察和分析目标公开可得的信息为核心，通过不引起目标注意的方式来获取深入的洞察。在这两者之间的相互补充和协同作用下，形成了一个全面、多维度的信息收集策略。

主动信息搜集注重主动发现和获取目标系统、组织或个人的信息，包括直接扫描目标网络、系统，发起端口扫描、漏洞扫描等手段，以便获取更实时、更详细的目标状态。这一方面提供了直接的、实时的反馈，但也容易引起目标的注意和防范。

相反，被动信息收集通过利用目标自身在网络和公共领域留下的痕迹，以及分析公开数据库和档案，侧重于获取目标的非直接互动性信息。这种方式低调且不干扰目标，为渗透测试人员提供了更高的潜在隐匿性。被动信息收集特别适用于深度信息挖掘，例如利用 OSINT 技术，搜索引擎的使用、查找社交媒体信息、浏览公共数据库等，从而获取更全面、深入的信息。

综合而言，主动和被动信息收集的结合体现了渗透测试的全面性和策略性。在面对不同的测试场景和目标时，选择合适的收集方式或两者结合，可以更好地达到测试目的，帮助网络安全专业人员全面评估目标的安全性。

12.4.3　基于网络漏洞的渗透测试

对于从外网开展的渗透测试，主要利用暴露在外网的网络端口和服务漏洞开展，即包括各类应用层的 Web 服务和 API 接口漏洞，也包括操作系统层对外提供服务的各类漏洞，同时也包括网络设备等硬件层对外提供的可访问端口和服务漏洞。本节以一个典型应用组件 Apache Log4j 为例，介绍网络漏洞的利用和渗透技术。

1. Log4j 概述

Apache Log4j 是一个工业级 Java 日志框架，用于在 Java 应用程序中记录日志信息。它是 Apache 软件基金会的一个项目，开发人员可以通过配置文件或代码设置日志记录级别、输出目标（如控制台、文件、数据库等）以及日志消息的格式。通过使用 Log4j，开发人员可以更好地管理应用程序的日志输出，以便在开发、测试和生产环境中跟踪和调试问题。

2. CVE-2021-44228 漏洞

Log4j 是 Java 平台上常用的日志库之一，由于其漏洞利用简单，使用范围广，截止到 2021 年 12 月，影响了 35000 多个 java maven 软件包，受影响的网站不计其数，阿里、美团和苹果等知名大厂也纷纷中招。

CVE-2021-44228 漏洞也被称为 Log4Shell，阿里云团队率先发现了该漏洞的在野利用方法。该漏洞是 Apache Log4j 库中的一个严重漏洞，被誉为核弹级漏洞。Log4jShell 是 Log4j 库的第一个远程代码执行漏洞，该漏洞的成因与 JNDI Lookup 功能有关。JNDI 是 Java 平台的一部分，提供了统一的、平台无关的方式来访问不同的命名和目录服务，例如 LDAP、DNS、RMI 和文件系统。

在 Log4j 的某些版本中存在一种称为 JNDI Lookup 的功能，它允许将日志消息中的占位符（例如 ${jndi：ldap：//...}）解析为 JNDI 上下文，并执行相应的操作。攻击者可以构造特定的 JNDI URL，以触发对远程服务器的 LDAP 查询或其他恶意操作，从而执行远程代码。这个漏洞影响了 Log4j 2.x 版本中的许多版本，包括 2.3.1、2.4、2.14.1 和 2.14.3 等，漏洞触发也受 JDK 版本影响。

图 12-2 是一个漏洞利用简单的例子，这个例子中使用的 JDK（Java Development Kit）版本为 JDK1.8.0_65，Log4j 版本为 2.14.3。通过占位符将 error 日志 {} 中的内容替换为指定的 message，可以触发 LDAP 的查询操作，导致代码执行。这个漏洞的利用非常简单，只要有可以被用户控制被记录到日志的参数，就可以利用。在实际的 Web 服务中，无论是 GET、POST 方法中的参数，还是 HTTP HEADER 中的内容，都有可能触发该漏洞。

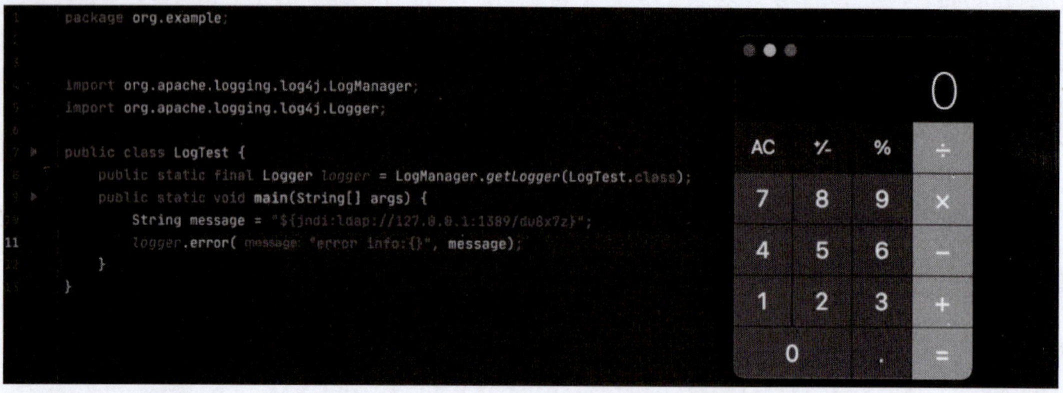

图 12-2　Log4j 利用实例

LDAP 服务使用了 JDNI 工具进行生成，这里使用了弹出计算器的命令，如图 12-3 所示。

```
java -jar JNDI-Injection-Exploit-1.0-SNAPSHOT-all.jar -C "open /System/Applications/Calculator.app" -A 127.0.0.1
```

图 12-3 生成 JNDI 服务端

-C 参数后面为要执行的命令，可以根据实际情况修改，比如 Windows 下可以执行 calc.exe 弹出计算器。-A 后面的参数为 LDAP 等服务的 IP 地址，可以根据实际情况修改为本地或远程 IP 地址。

12.4.4　木马植入与远程控制

木马植入与远程控制是渗透测试过程中拿到目标系统权限的重要阶段，木马植入一般需要考虑杀毒软件对抗、流量伪装等隐藏手段。

渗透测试者一般通过远程控制软件（Remote Access Tool，RAT）或命令与控制工具（Command & Control，C2）进行远程控制。远程控制软件是在渗透测试过程中渗透测试人员远程控制目标计算机的一种控制工具。远程控制软件的功能一般包括：文件上传下载、执行系统命令、创建网络代理、进行内网渗透、进行本地提权等。

下面首先介绍远程控制软件基本功能，然后介绍针对杀毒软件的免杀技术。

1. 远程控制软件概述

在渗透测试环境下，远程控制软件又称为命令和控制软件，简称 C2。利用 C2 软件，攻击者可控制和管理已经感染系统的服务器或网络。攻击者使用 C2 软件用来下达命令、收集数据、传播恶意软件或执行其他恶意活动。

由于 C2 软件在渗透测试过程中处于关键位置，需要满足以下特点。

（1）隐蔽性：C2 通信往往具有很高的隐蔽性，以避免被检测到，包括使用加密通信、模拟正常网络流量，或者利用合法的网络服务（如社交媒体平台）来传递指令。

（2）多样性的通信机制：为了防止被封锁或检测，C2 软件可能使用多种通信机制，包括 HTTP、HTTPS、DNS 查询、即时消息服务等。

（3）持久性：C2 软件通常要保持对目标系统的长期控制，即使在系统重启或网络中断后也能重新建立连接。

（4）模块化和定制能力：C2 软件支持模块化加载，允许攻击者根据需要添加额外的模块功能，例如键盘记录、屏幕截图、文件窃取等。

（5）逃避检测：C2 软件需要针对安全软件进行特定的优化，以逃避安全软件的检测查杀，包括通信模式优化、加密或混淆代码、采用免杀技术等。

常见的 C2 软件一般采用 Teamserver（团队服务器）架构，如图 12-4 所示。Agent（木马端）通过多种信道与 Teamserver 建立控制连接，Alice、Bob 采用客户端与 Teamserver 建立连接，从而控制多个 Agent。Teamserver 作为中枢服务器，需要承担通信、控制、管理等多项功能。

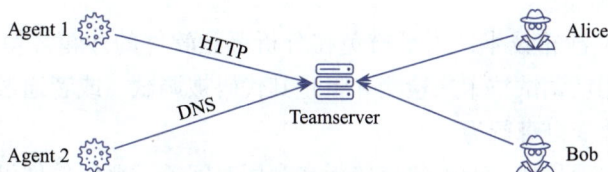

图 12-4　常见远程控制软件结构

Agent 是运行在受控主机上的恶意代码，一般是一个可执行程序，有时也会通过 Shellcode 方式注入进程当中。在进行木马植入的过程中，Agent 当中的恶意代码载荷一般有两种：Stageless Payload（无阶段有效载荷）和 Staged Payload（分阶段有效载荷）。

Stageless Payload 是两种载荷方式中功能简单的一种，它会将所有的 C2 功能全部打包进入 Agent 当中，不需要进行分阶段加载。相较于 Stageless Payload，Staged Payload 则是通过分阶段来加载特定的功能，第一次运行的 Agent 仅仅是一个加载器，具体的功能通过后续的通信进行动态加载。

2. 免杀技术概述

免杀技术（Anti-Anti-Virus，Virus AV），又称为反病毒逃避技术，是指恶意软件一系列避免被安全软件检测到的防范技术。它旨在欺骗或绕过杀毒软件的检测机制，使得恶意软件能够更隐蔽地执行其恶意行为。常见的免杀技术包括如下多个方面。

（1）加密和混淆：通过对恶意代码进行加密或混淆，可以隐藏其真实意图，使得杀毒软件难以识别和分析。例如，使用自定义的加密算法或混淆器，来改变恶意代码的 PE 文件结构和行为代码。

（2）多态和变形：多态和变形技术使恶意代码每次执行或传播时都有所不同，从而避免基于静态特征的检测。它通过改变代码的某些部分，如指令序列或 API 调用，来生成新的恶意样本。

（3）压缩和打包：使用压缩或打包工具来封装恶意软件，可以减少杀毒软件通过扫描文件内容来识别恶意行为的机会。一些压缩工具还提供了基本的加密功能，增加了检测难度。

（4）代码注入和反射 DLL 注入：通过将恶意代码注入合法的进程中运行，或者使用反射 DLL 注入技术，从而使恶意软件可以隐藏在正常进程运行，避免直接被杀毒软件检测查杀。

（5）Rootkit 技术：Rootkit 是一种深层次隐藏恶意软件组件的技术，它可以在操作系统的内核级别运行，通过拦截系统调用和 API 调用，从而隐藏文件、进程、网络连接等。

（6）文件和注册表隐藏：通过修改文件属性或使用特定的 API 调用，恶意软件可以隐藏其在文件系统和注册表中的痕迹，使得杀毒软件难以发现其存在。

（7）无文件攻击：无文件攻击技术不依赖于传统的恶意软件文件，而是通过利用内存中执行的脚本（如 PowerShell、VBScript）来执行攻击，这种方式不易被基于文件扫描的杀毒软件检测到。

（8）反调试和反沙箱技术：为了避免在分析恶意软件的沙箱环境中被发现，恶意软件开发者可能会使用反调试技术来检测和阻止其代码被调试，或者通过检测沙箱环境的特征，来避免执行或改变自身行为。

（9）时间差和快速传播：通过快速传播和利用时间差，恶意软件可以在安全软件更新其签名数据库之前，感染尽可能多的系统，从而减少被检测的机会。

12.5 内网渗透测试技术

本节介绍内网渗透测试技术，从代理、扫描、提权、移动、隐藏、痕迹消除等方面介绍内网渗透技术，包括内网渗透中的正向方向代理技术、内网中的扫描技术、Linux 提权漏洞和内网横向移动漏洞、持久化隐藏的多种方式、内网渗透时攻击痕迹消除手法。

12.5.1 内网渗透常用的基础技术

1. 内网代理技术

在内网渗透的过程中，代理的搭建是经常遇到的问题。代理从方向上可以分为两类，正向代理与反向代理。其中，内网渗透主要使用的是正向代理，Web 服务器如 Nginx，则会使用反向代理技术来隐藏真实的后端服务器。

正向代理的基本原理是由代理服务器代替客户端向目标发送请求，如图 12-5 所示，因此对于目标服务端来说，真实的客户端是不可知的。客户端和代理服务器之间通过代理协议交互，协议中包含客户端想要访问的目标以及请求载荷，代理服务器以自己为请求的发起方，将请求载荷发送给目标，并将响应包装到代理协议中，发送回客户端。正向代理可简单理解为客户端利用代理服务器的身份向目标发送了请求。

在正向代理中，常见的代理协议包括 SOCKS5 及 HTTP。SOCKS5 是会话层代理协议，支持对于 TCP 以及 UDP 流量的代理，并且支持身份认证。

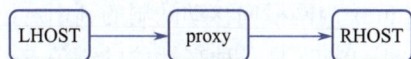

```
LHOST ──→ proxy ──→ RHOST
```

图 12-5　正向代理示意图

反向代理和正向代理是相反的，客户端无法知道真实的服务器身份，代理服务器来接受客户端的连接请求，然后将请求转发给内部网络上的真实服务器，并将从服务器上得到的结果返回给客户端，此时代理服务器对外就表现为一个服务器，从客户端的角度，真实的服务器是透明不可知的。

2. 内网扫描技术

在渗透过程中，构建代理只是渗透的第一步，后续将通过搭建的代理对内网进行探测、扫描。内网扫描和外网扫描从原理上是相似的，也存在不同点，即内网扫描中添加了对于存活主机的扫描。因为在外网扫描时，往往是对于一台主机上运行的各个服务进行扫描，而在内网中，攻击者事先不知道存活主机的地址，只能通过遍历内网网段的方式去扫描存活主机。在探测到存活主机之后，再进一步探测主机上开放的端口以及运行的服务。

探测到存活主机后，将对存活主机的端口开展扫描，这和外网的端口扫描原理也是相同的，通过 TCP、UDP 协议对端口进行探测。因为一台主机的端口总数有 65535 个，而一般服务的端口都是 1～10000 范围内的，所以对全部端口都进行探测是没有意义的。实际内网扫描工具往往会探测一个事先定义好的常见端口列表，或者根据运行参数让用户传入需要探测的端口范围。

12.5.2　Linux 内网渗透技术

1. 利用 Linux 漏洞进行本地提权

Linux 操作系统提权漏洞是指攻击者利用系统中的漏洞，从普通用户权限提升到更高级别的权限（通常是 root 权限）的安全漏洞。这类漏洞可能存在于系统内核、系统服务、应用程序，或者配置不当的系统中。下面以内核漏洞为例，介绍 Linux 的本地提权。

利用内核漏洞进行提权，是最直接的提权方法。攻击者通过利用内核中的漏洞，往往可以直接获得最高权限。例如，"Dirty Cow"（脏牛，CVE-2016-5195）就是一个典型的 Linux 内核漏洞，允许攻击者通过一个竞争条件漏洞提升到 root 权限。

为了进行内核漏洞提权，首先可以用 uname -a 指令查看当前内核的版本号。在获取了版本好之后，可以在 Exploit-DB（https://www.exploit-db.com/）或者其他的漏洞查询网站上搜索相关漏洞的提权代码，通过在本地运行提权代码进行内核漏洞利用和提权。例如针对 Dirty Cow 漏洞，可使用 https://www.exploit-db.com/exploits/40847 下的漏洞代码进行提权利用。

2. 利用 Linux 漏洞进行内网横向移动

在内网渗透过程中，掌握常见内网服务器的漏洞并进行远程利用，是从内网本地计算机横向移动到内网服务器的关键方法。下面以 Redis 服务器的未授权访问漏洞为例，介绍 Linux 内网横向移动漏洞的利用。

Redis 是一种高性能的键值存储系统，常用于缓存、消息队列等场景。由于其高效的性能，Redis 成为了许多 Web 应用和服务的重要组成部分。然而，如果 Redis 服务器配置不当或暴露在公网或内网，就可能出现未授权访问并被渗透的风险。Redis 未授权访问漏洞有两种常见的攻击方式：写公钥 / 定时任务文件和主从备份漏洞导致的 RCE。

（1）Redis 攻击方式

公钥文件是在 SSH 环境下，进行远程登录的一种方式，Redis 的攻击方式如下。

① 生成 SSH 公钥和私钥：攻击者首先在自己的机器上生成一对 SSH 公钥和私钥。

② 连接到 Redis 服务器：利用 Redis 的未授权访问漏洞，攻击者连接到目标 Redis 服务器。

③ 写入 SSH 公钥：通过 Redis 命令，攻击者将自己的 SSH 公钥写入目标机器用户目录下的 ~/.ssh/authorized_keys 文件。这通常涉及使用 Redis 的 CONFIG SET dir 命令更改 Redis 的工作目录到目标用户的 .ssh 目录，然后使用 SET 命令将 SSH 公钥写入 authorized_keys 文件。

④ 通过 SSH 访问：攻击者现在可以使用之前生成的私钥，通过 SSH 连接到目标机器，而无需输入密码。

（2）主从备份

主从备份是 Redis 的一个重要机制，允许多个 Redis 进行同步，攻击者也可以利用这个机制获得 Redis 主机的访问权限。

① 准备恶意负载：攻击者首先创建一个恶意 Redis 数据文件，该文件包含攻击者希望执行的命令或脚本。

② 设置 Redis 服务器为从服务器：通过未授权访问，攻击者连接到目标 Redis 服务器，并将其配置为从服务器，指向攻击者控制的恶意 Redis 服务器。

③ 触发同步：将目标 Redis 服务器配置为从服务器后，它会尝试从攻击者的服务器同步数据，这会导致恶意数据文件被加载并执行。

12.5.3　隐藏运行与持久化驻留

1. Linux 隐藏驻留技术

Rootkit 是一种恶意软件（或软件工具套件），用来隐藏包括自身和第三方软件在系统中的存在，以便在受感染的系统上持续保持特权访问。它通常用来隐藏恶意程序、进程、文件和系统日志记录，从而避免被操作系统的安全机制和防病毒软件检测到。Rootkits 可以根据它们的工作层级和隐藏技术被分成多类。

① 用户模式 Rootkit：在操作系统的用户空间运行，修改用户级应用程序的行为，如

进程、窗口和文件系统浏览工具。

② 内核模式 Rootkit：在操作系统的内核空间运行，提供对系统级操作的直接访问权限，因此更难以检测和移除。

③引导记录 Rootkit（Bootkit）：感染系统的启动扇区（如 MBR 或 EFI 系统分区），在操作系统加载之前启动，这使得它们能够绕过操作系统级别的安全措施。

下面介绍 LD_PRELOAD 和 eBPF 两种隐藏驻留技术。

（1）LD_PRELOAD Rootkit

LD_PRELOAD 是 Linux 操作系统中的一个环境变量，用于指定在程序启动时先于其他库加载的共享库（.so 文件）。这个特性可以用于改变库函数的行为，比如替换标准的库函数（如 open、read 等）以执行额外的代码。在 Linux 操作系统中，可以通过修改 /etc/ld.so.preload 文件，将一些自定义的库文件先于其他库加载到内存空间，利用这个特性，可以劫持一些常见的库函数，从而实现文件隐藏和进程隐藏。

（2）eBPF 技术

eBPF（扩展的 Berkeley Packet Filter）是一个高效的内核特性，允许用户空间程序向内核注入代码片段（称为 eBPF 程序），而无须更改内核源代码或加载内核模块。这些程序在虚拟机中运行，提供了一种安全的方式来增强内核的功能，包括网络监控、性能监控、安全分析等。

通过编写 eBPF 程序，可以从用户态向内核中注入相应的代码，从而获得在内核中运行的权限。攻击者往往会利用 eBPF 特征，将恶意的代码放入 eBPF 中运行，在这种情况下，很多 HIDS、EDR 检测将无法直接进行检测，从而实现长久的驻留和隐藏。

2. 痕迹消除

在内网渗透测试中，攻击者在执行攻击行为的同时，无论多么隐蔽，总会在目标系统上留下各种攻击痕迹。这些痕迹对于防守方来说，是还原攻击者行动过程、识别威胁、提高系统安全性的关键信息。

在渗透测试过程中，攻击者必须穿越目标系统的各种防御层，运用多种攻击手段以获取敏感信息或达成其他恶意目的。这一系列渗透行为通常会在目标系统中留下明显或微小的痕迹，引发系统管理员或安全团队的关注。因此，攻击者必须采取一系列巧妙的痕迹消除措施，以最大程度地减少被侦测和追踪的风险。

攻击者留下的痕迹种类繁多，涵盖系统日志、应用程序日志、网络流量、临时文件，以及残留的攻击工具和脚本等。为防止被检测到并维持攻击的潜伏性，攻击者必须有效地清理这些痕迹。痕迹清理的过程是整个渗透测试中至关重要的一环，攻击者需谨慎操作，确保在留下最小痕迹的同时不影响目标系统的正常运行。

为了减少留下的踪迹，攻击者可能会采取多种措施，包括清空系统日志、删除攻击过程中生成的文件，以及使用加密通信以避免明文传输。同时，使用特定的攻击工具和技术，如 PowerShell 和 Meterpreter Payloads，有助于降低被检测到的概率。

习 题

1. 什么是漏洞？其三个基本含义是什么？

2. 常见的漏洞有哪些？

3. Web 漏洞和二进制漏洞的异同点是什么？

4. 栈溢出漏洞不同利用方式之间的区别是什么？

5. 什么是程序逆向技术？

6. 什么是程序静态逆向分析技术？

7. 什么是程序动态逆向分析技术？

8. 简述内存破坏型漏洞原理与利用技术。

9. 简述逻辑类漏洞及利用技术。

10. 什么是漏洞挖掘技术？

11. 静态漏洞挖掘技术和动态漏洞挖掘技术主要挖掘的目标程序分别是什么？

12. 什么是动态模糊测试技术？其作用是什么？

13. 什么是外网渗透测试技术？

14. 什么是内网渗透测试技术？

15. 外网渗透测试技术和内网渗透测试技术在实现流程方面有什么不同之处？

16. 内网代理技术中正向代理和反向代理分别适用的使用场景是什么？

参考文献